U1019673

天津市一流本科建设课程“非线性编辑”自建教材

天津市高等学校研究生教育改革研究计划项目“基于5W模式的工科高校戏剧与影视专硕文艺工匠人才培养体系构建及实践”（TJYG048）的阶段性成果

中国高等教育学会高等教育科学研究规划课题“人工智能时代大学生数智能力及其培养路径研究”（24SZ0211）的阶段性成果

影视类“十四五”规划教材 · 实用系列

影视编辑理论与实务

第二版

THEORIES AND PRACTICES OF AUDIO VISUAL EDITING

赵　鑫　韩　岳　车传锋 / 编著

中国传媒大学出版社

·北　京·

图书在版编目(CIP)数据

影视编辑理论与实务/赵鑫,韩岳,车传锋编著.--2版.--北京:中国传媒大学出版社,2025.6.

ISBN 978-7-5657-3900-2

I.TN94

中国国家版本馆CIP数据核字第2025MC7484号

影视编辑理论与实务(第二版)

YINGSHI BIANJI LILUN YU SHIWU(DI-ER BAN)

编　　著	赵　鑫　韩　岳　车传锋
策划编辑	蒋　倩
责任编辑	蒋　倩　李明远
特约编辑	龙连飞
封面制作	拓美设计
责任印制	秦　英

出版发行	中国传媒大学出版社		
社　　址	北京市朝阳区定福庄东街1号	**邮　　编**	100024
电　　话	86-10-65450528　65450532	**传　　真**	65779405
网　　址	http://cucp.cuc.edu.cn		
经　　销	全国新华书店		

印　　刷	北京中科印刷有限公司
开　　本	787mm×1092mm　1/16
印　　张	23.25
字　　数	682千字
版　　次	2025年6月第2版
印　　次	2025年6月第1次印刷

书　　号	ISBN 978-7-5657-3900-2	**定　　价**	65.00元

本社法律顾问:北京嘉润律师事务所　郭建平

序

电影自1895年诞生,至今已有100余年的历史;电视事业自1936年诞生,至今也已有80余年的历史。21世纪,人们被各种屏幕包围着,人类社会已经进入视觉文化的时代,人们的生活离不开各种视频。在这个视频无处不在的时代,影视艺术一方面受到网络与新媒体的挑战,另一方面借助网络与新媒体产生诸如短视频、网络剧集、网络电影、网络综艺、网络纪录片等新的影视艺术新形态,影视艺术的内涵、类型和表现形式等都得到较大的丰富和拓展。诸如网络与新媒体等新兴媒体与诸如电影、电视等传统媒体的深度融合,在不断满足人们日渐增长的精神文化需求和视听体验需求的同时,也在不断探索影视艺术的边界和无限可能。

无论技术发展到何种水平,也无论影视艺术的内涵和类型做出怎样的探索,内容为王永远都是影视艺术创作的不二法则,是必须遵循的铁律。这在一定程度上要求影视艺术创作者需要具有专业主义精神,需要心系观众,需要从丰富多彩的现实生活中挖掘生动鲜活的影视题材,需要从中华优秀传统文化中汲取中国哲学思想和中国美学理念,需要用艺术的语言讲好中国故事,终极目标是创作出集思想性和艺术性于一体的内容积极向上和价值观正确的精品力作,这也体现了站在新时代的历史语境下影视艺术工作者的使命和责任。

影视创作是集体智慧的结晶,是团队协同合作的结果,涉及若干环节和众多工种。在这些环节中,影视编辑既是影视创作的重要组成部分,又具有相对的独立性,是零散镜头的加工厂,是作品从素材到成品的必经之路,其重要性可见一斑。在众多工种中,影视编辑是重要的工种之一,影视编辑师是影视创作团队的重要成员,既要完成导演的意图,又要发挥主观能动性。

影视编辑既有章可循,又不可千篇一律。说它有章可循,是因为影视编辑需要遵循一般的编辑理念、编辑规律和编辑技巧,这是众多影视编辑师的经验体现;说它不可千篇一律,是因为影视编辑从本质上来说属于艺术创造的范畴,是影视编辑师主观创造的产物,带有太多的不可测性和个性化色彩。需要指出的是,影视编辑的千变万化是以有章可循为基础的,在没有掌握基本的影视编辑理论知识的前提下,任何由着性子来的"大胆尝试"都带有很强的莽撞色彩,失败的概率自然会大大提高。

本教材的目的就在于将影视编辑的一般性编辑理念、编辑规律、编辑技巧,通过大量的案例分析,尽量通俗易懂地传达给读者。本教材不仅介绍影视编辑理论的一般性知识,包括影视编辑的基本知识、蒙太奇与长镜头、影视编辑要素、影视编辑类型、画面编辑、声音编辑等内容,还针对影视编辑的实践属性,从软件使用的角度入手,介绍几种常用非线性编辑软件的基础操作方法、技巧和注意事项,以便让读者既能快速掌握各种软件的使用技巧,又能体会到它们的异同,进而根据具体的编辑内容选择合适的软件,以求充分发挥各种软件的优势。

正如影视作品是集体智慧的结晶,本教材也是团队智慧的凝结。赵盼超、梁慧超、陈旗、刘钰和刘娜英参与了本教材(第一版)的编写和校对工作,王兆敏、彭晓凤、刘文静、杨梦杰、郝镇华、司心如、王倩、赵悦参与了本教材(第二版)的编写和校对工作。

为了向读者呈现丰富的案例,本教材涉及大量优秀的影视作品实例,因各种原因无法向每部作品的创作者亲自表达谢意,在此一并感谢。

本教材是编写人员共同商讨、反复修改、多次校对的成果,所有成员都为此付出了巨大的努力,但因编写人员的能力所限,难免存在疏漏,编写组真诚欢迎广大读者向我们指出问题,并提出宝贵的意见和建议。

目 录

01

第一章 影视编辑概述

学习重点

影视编辑的内涵及外延
影视编辑的发展历程
影视编辑的职责及任务
影视编辑的完整流程
影视编辑的思维方式

学习难点

影视编辑中技术与艺术的融合
影视编辑的时空创造

能力目标

分辨不同的编辑技术及其发展演变的内在逻辑
掌握影视编辑的流程并识别各个阶段的重要性
理解并应用影视编辑的思维方式
掌握时空创造的基本技巧及其实际应用

本章微课

本章知识更新

"教育、科技、人才是全面建设社会主义现代化国家的基础性、战略性支撑。必须坚持科技是第一生产力、人才是第一资源、创新是第一动力,深入实施科教兴国战略、人才强国战略、创新驱动发展战略,开辟发展新领域新赛道,不断塑造发展新动能新优势。"①由此可见,实施科教兴国战略,强化现代化建设的人才支撑,成为当今时代发展的重中之重。对于位列我国文化产业中的影视行业来说,优秀人才的培养显然尤为重要。

从影视作品上看,影视编辑占有十分重要的位置,如果将影视作品创作比喻成一个生命体,那么影视编辑就像是处于控制中心的大脑,决定着影视作品的技术含量和艺术魅力。但从整个影视工作体系上看,影视编辑却处于一个相对独立的工作流程中,其中包含的理论知识与实践操作是完成相关工作的根本。因此,本章从概念、由来、任务、流程、思维方式和时空创造等方面来介绍影视编辑的基础知识,以帮助初学者为未来从事影视实践打下坚实的理论基础。

第一节　影视编辑的概念

学习影视编辑的第一步就是要对各个概念进行了解,避免因为概念混淆导致理解上的偏差。

首先,在影视领域中,"编辑"和"剪辑"两词经常混用,一是由于英文词语"editing"具有"编辑"和"剪辑"两种释义,二是因为"在传统的概念中,剪辑好像只应该是电影的专用名词——在机械平台上直观性地剪切和拼接画面,而在电视中则通常用电视编辑一词以示有别于电影剪辑。但是作为一种制作手法,电视编辑和电影剪辑并没有本质的差别,它们的基本技巧和方法是大同小异的,而且它们在技术手段上曾经存在的巨大差别,在电子技术和数字化技术的平台上正在逐渐弥合,呈现出趋同的态势"②。《辞海》对两者的解释还是有一定差别的:剪辑是"影片创作过程的重要阶段之一。以分镜头剧本为基础,根据总体艺术构思和电影表现方法的要求,将已拍成的全部镜头(画面)和声带(对白、音乐、音响效果)经过选择、整理和修剪,有机地组接起来,形成一部完整的影片"③;编辑是"以生产精神文化产品为目的,策划、组织、审读、选择和加工作品的专业性精神生产工作,是传播媒介工作的中心环节"④。显然,编辑一词在适用范围上更为广泛,它包含了剪辑的概念。因此,本教材统一采用影视编辑的概念,将剪辑界定为影视编辑工作中的一个具体工作流程。

关于影视编辑的概念,众学者和媒体人说法不一。段晓明认为:"影视编辑就是

---

① 中共中央党史和文献研究院,中央学习贯彻习近平新时代中国特色社会主义思想主题教育领导小组办公室.习近平新时代中国特色社会主义思想专题摘编[M].北京:党建读物出版社,中央文献出版社,2023:195.

② 崔玉峰.影视剪辑:观念与技巧[M].北京:中国广播电视出版社,2006:4.

③ 夏征农,陈至立.辞海[M].第六版彩图本.上海:上海辞书出版社,2009:1066.

④ 夏征农,陈至立.辞海[M].第六版彩图本.上海:上海辞书出版社,2009:151.

将记者、摄影师拍下来的影片录像素材进行剪裁、组接,编辑成完整的节目。”[①]李曼则认为:“影视编辑是影视创作的后期工作,它是根据节目的要求对镜头进行选择,然后寻找最佳剪辑点进行组合、排列的过程。”[②]郗孟祥认为:“所谓影视编辑,即指将大量的影片分镜头根据一定的意图进行剪切并串接起来达到一定的艺术表现力。”[③]纵观以上表述,虽然在语言描述上有所不同,但其核心理念是统一的。简言之,影视编辑就是通过对素材的取舍与组接,来传达创作者的某种创作意图的工作。

第二节　影视编辑的由来

一、编辑思想的诞生

1895 年 12 月 28 日,在法国巴黎卡普辛路 14 号的一家咖啡馆的地下室里,卢米埃尔兄弟[④]组织了一次电影公映活动,而这次活动也成为世界上首次电影公映活动。这次活动放映的影片包括《工厂大门》《拆墙》《火车进站》《婴儿的午餐》《水浇园丁》等 12 部。虽然这 12 部影片都是采用纪实手法拍摄的短片,但在当时引起了巨大的轰动,这标志着人类从此进入活动影像的时代。此后,这一天被定为世界电影的诞生日,卢米埃尔兄弟也因此被载入电影艺术的史册。

当时由于技术的限制,一卷胶片的长度只有 17 米,通过手摇放映机虽可降低放映速度,但公映影片的时长也均在一分钟左右,且所有镜头都是采用单机位、单角度的形式拍摄完成的,即用一个镜头来讲述一个故事,以实现对现实生活的再现。在那个年代,还没有编辑的意识。此后,卢米埃尔兄弟对放映机不断进行改良,他们尝试把拍摄同一对象的影片组接在一起,例如,由《水龙出动》《水龙救火》《扑灭火灾》《拯救遭难者》四部影片组成的《消防员》(1896)在叙事方面表现得更为完整,且具有一定的戏剧性效果。最初的编辑思想便由此诞生了。

二、镜头组接意识的出现

虽然卢米埃尔兄弟是电影事业的开创者,但在发明电影摄影机和放映机时,他们并没有意识到电影的艺术属性,只是将电影作为一种新型杂耍来谋取利益。身为魔术师的乔治·梅里爱(Georges Méliès)在看到《火车进站》后,对这种表现形式产生了兴趣,但当他向卢米埃尔兄弟的父亲提出购买“活动电影机”时,遭到了拒绝。回到伦敦后,梅里爱从英国人手中购买了一部机器并进行改造,从此踏上了电影创作之路。但

① 段晓明.影视编辑学[M].杭州:浙江大学出版社,2004:1.

② 李曼,夏光富.影视编辑技艺[M].重庆:西南师范大学出版社, 2007:4.

③ 郗孟祥.友立影视编辑入门与提高[M].南京:河海大学出版社,2007:3.

④ 卢米埃尔兄弟指路易斯·卢米埃尔(Louis Lumière)和奥古斯塔·卢米埃尔(Auguste Lumière)。

事实上,梅里爱所拍摄的影片仍是对卢米埃尔兄弟的纪实性拍摄手法的模仿。尔后,一次偶然机会的出现让他走上了拍摄戏剧性影片之路。1896 年的一天,梅里爱在放映有关巴黎歌剧院广场上热闹街景的内容时,发现画面上一辆行驶的公共马车突然变成了一辆灵柩车,这种带有魔术性质的画面立刻引发了梅里爱的好奇。经过细心研究,他发现造成这一效果的原因是:在拍摄行驶着的公共马车时,机器曾出现过故障,胶片因机器故障被卡住,无法继续拍摄,机器经维修恢复运转得以继续拍摄时,一辆灵柩车恰好行驶到公共马车消失的位置。因此,影片放映时便出现了马车变灵柩车的奇妙效果。梅里爱由此发明了“停机再拍”技术,电影创作也因此成为梅里爱表演魔术的第二个“舞台”。在这个“舞台”上,梅里爱不但利用“停机再拍”技术创造了许多充满想象力的影片,而且将照相中所使用的特技运用到电影中,如“二次曝光”“多次曝光”“合成摄影”等。另外,梅里爱还发明了溶入、溶出、淡入、淡出等多种组接方法。[①] 梅里爱在电影领域内的成就展现了影视的艺术表现力,奠定了影视编辑艺术的发展道路,为影视事业的发展做出了巨大的贡献,其代表作《月球旅行记》(1902)是其高超艺术成就的集中体现。

《月球旅行记》片段

《月球旅行记》在剧情上改编自儒勒·加布里埃尔·凡尔纳(Jules Gabriel Verne)的小说《从地球到月球》和赫伯特·乔治·威尔斯(Herbert George Wells)的小说《第一个到达月球上的人》。影片主要讲述了一群科学家探索月球的故事。该影片作为首部真正意义上的科幻电影,虽然还有许多不成熟的地方,但是打破了用单个镜头叙述故事的局限,成功迈出了影视编辑的第一步。具体而言,体现在以下几个方面:第一,《月球旅行记》的创作深受舞台剧的影响,梅里爱将银幕变成舞台,将摄影机放置在最佳观众席的位置上,用镜头间的组接代替落幕与启幕,从而形成了电影的创造能力;第二,与舞台剧不同的是,梅里爱意识到影视画面中人物运动的方向问题——出画与入画。例如,在制造火箭的这一场景中,科学家们首先是从右往左走出画面的,下一个镜头中科学家们则自然而然地从右侧入画进入下一个场景。另外,这种组接方式还被运用到科学家与外星人打斗的几个场景中。除此之外,叠化、淡入、淡出等技巧的运用不仅增强了影片的戏剧性效果,也丰富了影片的视觉奇观。由此可见,梅里爱在影视编辑史上具有功不可没的地位。

三、蒙太奇思维的萌芽

美国人埃德温·斯坦顿·鲍特(Edwin Stanton Porter)也是世界电影史上的一位先驱人物。1900 年前后,他在托马斯·阿尔瓦·爱迪生(Thomas Alva Edison)的实验室负责摄影与放映工作。之后,受卢米埃尔兄弟所拍作品的影响,再加上对梅里爱的影片独特处理技巧的关注,鲍特确信自己可以拍出与众不同的影片。[②] 事实亦如此,

---

① 崔玉峰.影视剪辑:观念与技巧[M].北京:中国广播电视出版社,2006:30.

② 崔玉峰.影视剪辑:观念与技巧[M].北京:中国广播电视出版社,2006:34.

鲍特丰富了电影的叙事方法，拓展了影片的叙事空间，奠定了蒙太奇思维诞生的基础，为电影艺术的发展做出了巨大的贡献。

1902 年，鲍特通过利用旧素材和补拍的镜头完成了一部名为《一个美国消防员的生活》的影片，证明了他的影视编辑能力。他成功地将影片的叙事空间打乱，而后又重新组合成完整的叙事结构，实现了内景与外景之间的不断切换，这就是现代影视作品中经常使用的“交叉蒙太奇”手法的前身。在此基础上，鲍特于 1903 年创作的《火车大劫案》成为他的代表作品。在该影片中，镜头的顺畅组接体现了蒙太奇思维的魅力。例如，影片的第 9、10、11 个镜头分别将同一时间、不同空间的三个场景巧妙地结合起来，这三个镜头分别表现了逃跑的劫匪、被救的电报员和正在跳舞的警察们（如图 1-1 所示），虽然片中没有任何文字说明，但观众可以凭借生活经验对此进行补充，因此影片在叙事上依然具有连贯性和流畅性。鲍特的影片打破了顺时叙事的原则，突出了蒙太奇在影视编辑中的作用，为后来蒙太奇学派的成立奠定了实践基础。但不可否认的是，鲍特深受舞台剧的影响，他的影片的局限性在于没有打破镜头与场景之间的关系，严格遵守着一个镜头对应一个场景的规则。因此，此时的电影并没有真正成为一门独立的艺术，而电影跨出这重要的一步离不开格里菲斯所做出的贡献。

《火车大劫案》片段

图 1-1　《火车大劫案》中的第 9、10、11 个镜头

四、影视编辑艺术的雏形

美国导演大卫 · 格里菲斯（David Griffith）可谓是影视界的一位传奇人物，他人生的大起大落都与世界电影的发展紧密相连，他“是电影史上具有划时代意义的伟大艺术家。如果说卢米埃尔兄弟是‘拍摄生活中的场景’，梅里爱是‘拍摄舞台上的艺术’，那么格里菲斯就是‘拍摄生活中的戏剧’。如果说梅里爱创造了电影的字母，那么格里菲斯就创造了电影的句法和文法。”[①]格里菲斯的伟大创举在于他通过自己非凡的才能使电影走向艺术的大舞台，并成为一门独立的艺术门类。格里菲斯的主要贡献体现在三方面：对电影基本叙事单位的确立、对影视语言的创新和对交叉剪辑的进一步探索。格里菲斯电影创作的主要成就体现在《一个国家的诞生》（1915）和《党同伐异》（1916）这两部影片中。

---

①　谢红焰，王涛.电视画面编辑［M］.3 版.北京：中国传媒大学出版社，2024：36.

格里菲斯对电影基本单位——镜头的确立保证了电影的独立地位,使之与戏剧有了本质上的区别。格里菲斯充分发挥了摄影机的调度作用,在展现全景与远景的同时,也会将摄影机靠近人物,记录人物动作或面部表情的变化,突出人物的情感,最终在镜头的切换中完成对某一场景的讲述,这一做法确立了电影的基本单位为镜头。只有将一系列单个镜头通过内在的联系组接在一起,才能构成具有深意的场景,继而由若干场景形成有内涵的镜头段落,并最终由若干镜头段落组成一部完整的影片。《一个国家的诞生》展现了格里菲斯强大的镜头运用能力。该影片最为经典的段落无疑是林肯总统遇刺这一情节。在该段落中,既有展现整个环境的远景镜头,又有表现人物动作和表情的近景镜头,尤其是杀手给手枪上膛的特写镜头,为影片营造了一种紧张的氛围,同时也确立了这一情节的主线——刺杀总统。由此可见,即使在其中穿插了其他人物的镜头,如观众、演员、保镖等的镜头,影片在视觉上依然能够保持流畅的呈现,并且,这些镜头能为氛围的营造、细节的展现、故事的讲述提供极大的帮助,这就是影视编辑艺术的真正魅力。此外,这一段落也体现了格里菲斯对影视语言运用的独到之处,他会根据影片情绪和氛围的需要来组接镜头,并且,他拍摄时对光影、构图、景别的考究也为后期其对编辑节奏的把握奠定了良好的基础。最终,影片在确立电影基本叙事单位的基础上,通过对影视语言的合理运用,完成了导演思想的表达和情感的传递。

《一个国家的诞生》片段

《一个国家的诞生》的成功促使格里菲斯更有信心、更敢于创新地制作了他的第二部电影《党同伐异》,但他在这部影片中所使用的超前的编辑风格并没有得到当时观众的认可,他的电影事业至此走向下坡路。然而,影片《党同伐异》对世界电影所产生的重大影响是不可忽视的,尤其是格里菲斯在影片中所创造的"最后一分钟营救"就是现代影视语言中经常使用的"交叉蒙太奇"手法的具体运用。具体而言,在该影片"母与法"的故事中,为表现拯救工人这一情节,格里菲斯将两组镜头进行交叉编辑,一组镜头表现罢工的工人含冤被送往刑场处以绞刑的过程,另一组镜头则表现了工人的妻子极力为他伸冤的过程,当两组镜头交替出现时,观众也逐渐紧张起来。随着时间的推移,画面和音效的节奏逐渐加快,就在工人即将要被处以绞刑之际,妻子终于拿着赦免令赶到现场,工人最终得救了。[①] 格里菲斯的"最后一分钟营救"至今依然在影视界占有重要的地位,其主要利用几条并行的情节线将现实时间延长,以此积累紧张的情绪。但格里菲斯并没有把这种实践上升为理论,更没有进行归纳总结,这一创造性实践只是为影视艺术打开了一扇大门,为蒙太奇的发展奠定了基础,真正深入并系统地提出蒙太奇理论的是 20 世纪 20 年代的苏联蒙太奇学派,详见第二章。

《党同伐异》片段

① 谢红焰,王涛.电视画面编辑[M].3 版.北京:中国传媒大学出版社,2024:36.

第三节　影视编辑技术的发展

在艺术的发展历程中，艺术与技术有着密不可分的联系。艺术是技术发展的产物，而技术也在艺术的需求中不断得到发展。同理，影视艺术的发展也离不开影视编辑技术的进步。了解影视编辑技术的历史有利于初学者清晰地把握影视艺术的发展脉络和发展趋势。影视编辑技术曾在电影和电视两个领域内展现出不同的编辑方法，而由于数字技术的出现和电影电视合流发展的趋势，二者在编辑技术上趋于统一。"从时间上划分，影视编辑有三个发展阶段：基于胶片、磁带的物理剪辑的机械阶段，基于盒式磁带编辑的线性（电子）编辑阶段，以及基于数字视频技术的数字化非线性编辑阶段。"①从技术类别上划分，影视编辑可分为线性编辑和非线性编辑。本章综合考虑以上两种分类标准，将影视编辑技术的发展划分为以下几个阶段。

一、基于胶片的电影剪辑

电影的诞生首先得益于电的发明，其次源于照相术的发展，尤其是柯达公司创始人乔治·伊斯曼（George Eastman）所研制的卷式感光胶片，为当时影像的记录提供了可能。但为电影的诞生做出关键性贡献的是爱迪生，他发明的电影视镜使用的是"一条穿有齿孔的胶片，在高速旋转遮光器的断续遮蔽下，载有序列影像的胶片被一个光源断续地照亮"②。简单来说，电影视镜就是一个具有活动画面的照相机，而这就是电影即将成形时的状态。所以，在电影诞生之后的很长一段时间内，电影的编辑工作都是基于胶片的"非线性剪辑"。

采用"非线性剪辑"的概念可以很好地概括当时电影剪辑的特点。首先，从"剪辑"上来看，本教材在本章第一节已阐明剪辑与编辑的区别，剪辑的概念就是在电影胶片时代提出来的。随着技术的发展，编辑的概念也随之产生，由此出现如今剪辑与编辑混用的局面。但在电影胶片时代使用"剪辑"一词是毋庸置疑的，因为电影制作过程就是一个对胶片进行选择、裁剪、排列和拼贴的过程，而处于中心环节的裁剪则是使用真正的剪刀或裁刀进行的，所以这一过程被形象地称为"剪辑"，也即物理意义上的剪辑。其次，从"非线性"的概念上来说，"非线性"虽然是后来相对于磁带式线性编辑而提出来的，但此时的剪辑在某些方面已具有非线性编辑的特点。"在剪辑影片时，剪辑师利用剪辑台把需要的镜头从胶片（一般是将底片冲洗过后再复制的）中选取并分剪开来，成为一条条独立的、可以随意组接的素材片段，然后按照导演和剪辑师的创作意图利用接片器把一个个镜头（素材片段）重新排列连接起来。"③由此可见，基

① 周建国.影视非线性编辑教程[M].合肥：中国科学技术大学出版社，2015：1.

② 李铭.爱迪生电影视镜的发明与兴衰[J].现代电影技术，2013（11）：45-57.

③ 周建国.影视非线性编辑教程[M].合肥：中国科学技术大学出版社，2015：4.

于胶片的电影剪辑在镜头的组接上具有很强的灵活性,能够给予创作者充足的艺术表现空间,这就是胶片剪辑与非线性编辑的相似之处,但对于真正的非线性编辑来说,这种方式只是最基本的操作。因此,我们称此时的影视编辑为基于胶片和物理意义上的非线性剪辑,即电影剪辑。

二、基于磁带的电视编辑

电视的出现为影视编辑的发展开辟了一片新的天地。英国科学家约翰·洛吉·贝尔德(John Logie Baird)经过多年的努力和研究,实现了图像信号的无线电远距离传送。1936 年,英国广播公司(BBC)采用贝尔德机电式电视广播,建成英国第一座公共电视台,并于 11 月 2 日正式播放电视节目,这座电视台也成为世界上公认的第一座电视台。由于此时录像机并未问世,因此影像还不能被记录下来,电视节目只能采用直播的形式进行传播。此外,也可以"利用电影摄影机对准电视接收机屏幕把图像拍摄在胶片上,经过洗印加工后播出,这种方式不仅成本高,而且画面质量差"①。

(一)物理剪辑方式

1956 年,美国的安培公司推出了"首款实用的磁带录像机",从此,电视除了直播之外还可以录播,即先录制下来,剪辑后再进行播出,电视剪辑就此诞生。此时的电视剪辑其实是对电影剪辑的一种模仿和借鉴。剪辑者通过放大镜观看磁带上的磁迹来确定剪辑点,然后采用与电影胶片相同的剪辑方式——剪刀剪与胶带粘,最终完成画面的剪辑,这就是所谓的物理剪辑。这种方式其实还属于手动剪辑,由于胶片与磁带的特性不同,在磁带上寻找剪辑点的难度较大,且不能实时观看剪辑画面,因此易造成工作量较大、精确度不高的问题,最重要的是,这种物理剪辑还会对磁带造成永久性损伤。因此,此时的编辑还不是真正意义上的影视编辑,只能说是电影剪辑向电视编辑过渡的一个阶段,也是技术发生变革的一个转折点。

(二)电子编辑系统

电子编辑系统的问世为电视编辑带来了新的发展空间,正如杨方琦在书中所说:"1961 年,由于录像技术的发展和录像机功能的完善产生了一个质的飞跃,节目编辑人员可以利用先进的录像和显像设备构成标准的对编系统,从而实现从素材到节目的转录,这标志着电视编辑进入了电子编辑时代。"②对编系统通常由一台编辑放像机、一台编辑录像机、一台编辑控制器和两台监视器组成,一台监视器连接编辑放像机显示母带(录有影像的磁带)上的画面(素材),另一台监视器则连接装有空白磁带的编辑录像机,可以对素材进行有选择的录制,而所有的操作都是由编辑控制器来控制(如图 1-2 所示)。这就相当于在编辑控制器的控制下,编辑人员选择性地将母带上

---

① 周建国.影视非线性编辑教程[M].合肥:中国科学技术大学出版社,2015:5.

② 杨方琦.影视媒体非线性编辑:Adobe Premiere Pro CS5[M].北京:清华大学出版社,2012:2.

的画面复制到新的磁带上，从而实现素材的“搬家”，但母带上的画面并没有被破坏。综上所述，电子编辑的优势主要体现在两方面：一方面，电子编辑避免了剪刀与磁带的直接接触，从而最大限度地减小了对磁带的损伤；另一方面，由于编好的磁带也可作为母带，因此实现了录制内容的多次转录。然而，由于当时技术的限制，电子编辑在剪辑点选择的准确性上和画面衔接的流畅性上还具有一定的缺陷。

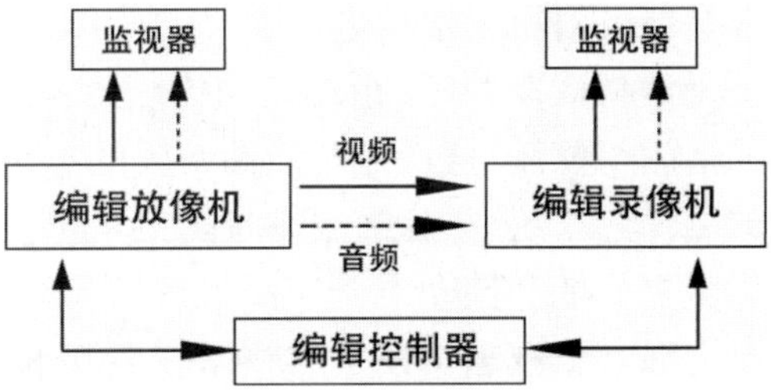

图 1-2　电子编辑系统

(三)时码编辑系统

1967 年，美国电子工程公司研制出了 EECO 时码系统，1969 年，使用小时、分钟、秒、帧对磁带位置进行标记的 SMPTE/EBU 时码在国际上实现了标准化。此后，在电视编辑领域内涌现出大量基于时码的编辑控制设备，而编辑技术与编辑手段也得到了改善。[①] 除了利用时码提高编辑精度外，编辑机的其他功能也有效提高了编辑效率，例如：预卷功能，它通过先倒带再编辑的方式保证了画面在硬切(直接切换)时的稳定性；编辑预演功能，在正式编辑前，编辑人员可通过编辑预演功能反复修改剪辑点，保证编辑的准确度与画面的流畅性；多机编辑功能，通过程序的设置，编辑机可操控多台录像机，也可实施特技画面的制作；脱机编辑功能，该功能是相对于联机编辑而言的，为了节省成本，编辑人员可采用低档的编辑设备先进行预编，达到满意效果后再到联机系统上形成节目。然而，尽管编辑系统有了很大的改善，但由于磁带本身的一些特性和编辑系统的固有限制，信号丢失问题并没有得到彻底解决，而且系统在存取和处理素材时也只能按照一定的顺序线性进行，不能够做到随机存储。

三、基于硬盘的数字非线性编辑

1970 年，世界上第一台非线性编辑系统在美国诞生了。此系统可以将图像信号以调频方式记录在可装卸的磁盘上，编辑时可随机读取磁盘上的内容，这为编辑工作提供了极大的便利。随着数字技术的发展，20 世纪 80 年代便出现了纯数字化的非线性编辑系统，此系统的记录载体为磁盘或光盘。由于两者在存储容量和压缩技术上的限制，所以处理视频的长度不宜太长，通常只适用于制作几十秒或几百秒的广告或片头。直到 1988 年，基于硬盘的数字非线性编辑系统出现，这一问题才得以解决。

非线性编辑系统由一台普通计算机加上视频卡和编辑软件构成，它能够对视音频信号进行数字化处理，并将其存储在大容量的硬盘中。在编辑人员通过计算机平台上的编辑软件对视频进行处理前，视频卡会将输入计算机中的视音频数据转换成计算机可识别的数字数据，之后便存入硬盘中成为可编辑的数据文件。如此，在操作时编辑

① 杨方琦.影视媒体非线性编辑：Adobe Premiere Pro CS5[M].北京：清华大学出版社，2012：2.

人员便可对所存素材进行随机的选择、剪辑、组合等,也可随机加特效、字幕、配音等,不受素材读取顺序的限制。编辑完成后的视频以数字方式记录在硬盘上,以利于后期的播放与复制,这就是非线性编辑的整个过程。数字非线性编辑使得电影与电视节目的制作趋于统一,且为创作者提供了更大、更自由的创作空间,也为以往制作的影片提供了更好的存储介质,丰富了影视编辑的内涵和价值。

纵观影视编辑技术的整个发展历程,非线性编辑的特点主要体现在以下几个方面:视音频信号的数字化处理、非线性的编辑方式、拍摄素材的随机存取、视频存取的永久性、编辑方式的灵活多变、系统集成度高、信号丢失程度较小、资源共享的便捷性等。在以后的学习与实践中,学习者便会慢慢领会各个特点背后的意义。

第四节 影视编辑的任务

随着电影中声音的加入和影视理论的逐渐完善,电影编辑逐渐形成一个独立的部门,电视编辑也随之产生,并经历了基于磁带的机械剪辑、线性电子编辑和基于硬盘的数字非线性编辑,之后,电视编辑逐渐与电影编辑走向统一,从而形成影视编辑。在整个发展过程中,影视编辑的任务也越来越明确,具体体现在以下几个方面。

一、寻找剪辑点,完成对故事的讲述

影视编辑在整个影视制作环节中属于第三度创作,也是最后一次具有决定性意义的创作。影视艺术的第一度创作是编剧对影视剧本的创作,第二度创作是导演、摄影师、演员之间的通力合作,致力于将文字内容转换成用镜头拍摄的画面。因此,属于第三度创作的影视编辑必须在理解剧本、熟悉镜头的基础上,才能开始对影视作品进行最后的艺术加工。

影视编辑的基本任务是在保证画面流畅性的基础上,实现叙事的完整性和逻辑的连贯性,这也是制作一部影视作品的基本要求。剪辑点的恰当选择是保证视觉流畅的关键,可以使观众在观看时忘记剪辑点的存在,全身心投入故事情节中去。因此,剪辑师在进行镜头组接时,要注意以下六个因素:"(1)动作的连续,(2)语言的节奏,(3)情绪的贯穿,(4)镜头的运动,(5)画面的造型,(6)时空的关系。"①除此之外,还有多种剪辑原则需要遵守。要指出的是,以上只是寻找剪辑点的参考因素,并不是唯一标准,影视编辑的初衷在于使影片巧妙地讲好故事,达到叙事的目的。因此,真正的影视编辑大师并不会刻意追求画面流畅度。

如上所述,用镜头的组合来讲好故事是影视编辑的根本任务。无论是好的剧本,还是高超的摄影技术,都需要影视编辑的紧密配合,才能共同成就一部优秀的影视作品。因此,影视编辑在追求画面流畅度的同时,更要注重镜头与镜头间的内在联系,丰

---

① 傅正义.电影电视剪辑学[M].北京:北京广播学院出版社,2002:7.

富影视作品的内涵。例如，电影《我和我的父辈》[1]（2021）“乘风篇”中的一段剪辑——新生儿出生的镜头与战士牺牲的镜头相互交织，临产妇女痛苦的呐喊与枪声交叉出现，将镜头间的内在联系展现了出来，即战士们不屈不挠的精神代代传承，中华民族一定会有更加美好的未来。

二、准确鲜明地突出影视作品的主题思想

人是有思想的，人的思想可以通过影视作品来表达，影视作品则因人的思想而生动与深刻。显然，影视编辑是人与作品沟通的桥梁，是赋予作品生命的渠道。通过影视编辑，作品的主题更为突出，其传递的思想更为鲜明。

《辛德勒的名单》[2]（1993）是20世纪末的一部影片，但导演史蒂文·斯皮尔伯格（Steven Spielberg）却将它处理成以黑白影调为主、黑白与其他色彩相间的影片。该片主要讲述了二战时期辛德勒倾家荡产拯救犹太人的历史故事，其在思想上的深邃性不言而喻。同时，黑白影调的处理方式更为影片增添了一份悲痛感和凝重感，但令观众印象最为深刻的还是黑白中的那一抹暗红。在黑白且残忍的屠杀场景中，一个穿红色衣服的小女孩出现在观众的视野中，那一抹暗淡的红色冲击着观众的眼球，敲打着观众的心灵。它像是希望，却散发着如此暗淡的光。当那一抹暗红再次出现在运尸车上时，纳粹法西斯惨无人道的行为得到强有力的揭露，观众积蓄已久的悲伤情绪在这一刻也彻底爆发。此时，影片的思想得以传递，主题得到升华。

三、实现影视作品的艺术表现力和感染力

影视编辑作为影视制作的最后一个环节，不仅要实现编剧、导演和摄影等工种的艺术追求，还要在此基础上实现对影视作品的再加工与深度美化，进而提升影视作品的艺术感染力，即实现编辑工作者对作品进行二度创作的艺术追求。

在实际编辑过程中，编辑工作者应将各个元素进行深度融合，不仅要保证画面的流畅性和故事的完整性，还要注重听觉上的真实性与视听的相互融合。例如，电影《侏罗纪公园》[3]（1993）正是实现了音效与特效的完美配合。该影片在特效的制作上可谓是经典之作，具有强烈的视觉冲击力和震撼力。影片中恐龙的形象在银幕上活灵活现，其逼真的效果足以让观众忘却特效的存在，而这一切都是在音效的烘托之下实现的。在影片所使用的音效中，恐龙声音的编辑工作是最难的，如何利用动物声音制造恐龙声音、如何使恐龙声音与画面相融合、如何将恐龙声音与环境音效相混合，这一系列问题都是影视编辑工作者所要面对的。最终通过丰富的创造力和想象力，影视编辑出色地完成

《侏罗纪公园》片段

---

① 《我和我的父辈》获奖记录：第19届中国电影华表奖优秀故事片奖，第35届中国电影金鸡奖评委会特别奖、最佳故事片提名，中央宣传部第16届精神文明建设“五个一工程”特别奖等。

② 《辛德勒的名单》获奖记录：第66届奥斯卡金像奖最佳影片、最佳导演、最佳改编剧本、最佳摄影等。

③ 《侏罗纪公园》获奖记录：第66届奥斯卡金像奖最佳音效剪辑、最佳视觉效果、最佳音响。

了音效的编辑工作,使整部作品的各个视听元素浑然一体,提升了影片的艺术表现力和感染力,这也使《侏罗纪公园》成为20世纪90年代的经典之作,并流传至今。再如纪录片《舌尖上的中国(第一季)》①(2012)在音响音效与画面的配合上也做得比较好。该片在音响音效的处理上可谓是炉火纯青,主人公在寻找食材、处理食材、烹饪食材时的声响与极具美感的画面相融合,产生了诱人的效果,观众沉醉于片中所展示的中华传统饮食文化之中久久无法自拔,而在这一共情产生的过程中,音响音效起到了十分重要的作用。在该片第一季的第一集《自然的馈赠》中,挖竹笋时锄头破开土层的扑哧声、掘出竹笋时的轻微破裂声、用锄头回填土壤时产生的沙沙声、剥开竹笋外衣时的撕裂声、刀切开竹笋时的清脆声、炖竹笋时锅里发出的咕嘟声等,这些充满生活气息和立体感十足的声响与画面内容完美结合在一起,再配合解说词和音乐的使用,竹笋鲜美的滋味在屏幕上也被淋漓尽致地呈现出来。正是因为对音效的出色编辑,整部作品的视听元素浑然一体,从而有效地提升了作品的艺术表现力和感染力,使之成为中国美食题材纪录片的经典之作。

虽然影视编辑在影视制作的过程中有明确的任务,但要掌握这一门技艺却非易事,需要经过大量的实践,才能从中摸索到既符合专业标准又个性化鲜明的影视编辑风格,从而创作出大众喜爱、社会需要,同时具有时代意义和艺术魅力的影视作品。

第五节　影视编辑的流程

影视编辑发展至今已形成一套成熟的工作流程,整体而言可以分为三大步骤,分别为:预览、剪辑和合成。每一步骤中还会有更为细致的分工,明确细致的分工可以使成员各司其职,从而共同完成一部优秀的影视作品。

一、拍摄素材的预览

当拍摄完成后,编辑首先要对所有素材进行预览,了解素材内容、掌握情节结构、预判编辑效果、设计编辑方案。由此可见,预览素材并不是一项简单的工作,它需要个人努力及团队的配合。预览工作越细致、素材整理得越有条理、团队配合越默契,越有利于提高影视编辑的效率。

影视素材的时长通常是影视作品的几倍甚至几十倍。面对如此繁杂的素材,编辑人员必须认真审阅,不仅要考量素材质量及素材内容与分镜头脚本内容的相关程度,还要寻找素材的亮点与创新点。对于缺失的素材,编辑应及时告知团队,以便有充足的时间可以进行补拍;对于可以激发创作灵感的素材,编辑应及时标记,以便后期剪辑时选取和加工这些素材,丰富影视作品的整体内涵。经过一番预览之后,杂乱无章的

---

① 《舌尖上的中国》(第一季)获奖记录:2012年"海峡两岸电视艺术节两岸交流优秀作品"奖,第10届中国(广州)国际纪录片节评审团特别推荐纪录片等。

素材便会井然有序，影视编辑的思路也逐渐清晰，但一部影视作品的形成凭借的并不是一家之言，它是整个创作团队共同努力的结果。因此，创作人员需要共同讨论，确定影视作品最终的编辑风格。

当导演、编辑和其他制作人在思想上达成共识时，便可拟定编辑方案。这是一种将思想认识转化为文字的过程，有利于进一步挖掘每一个段落的深层价值，完善各个段落之间的逻辑关系，并从中确定影视作品的最终结构框架。拟定编辑方案是对预览成果的检验，也是对下一步编辑工作的铺垫。“编辑方案是剪辑的依据，完成编辑方案的过程也是对该片进行分析研究的过程，其中，关乎节目成败的因素有：如何提炼主题、确立结构、谋篇布局。”①一部影视作品的框架就是通过编辑方案确立的，包括作品的情节发展、情节点的设置、作品时长和逻辑关系等，保证作品在整体上的完整性与逻辑性，其具体内容的填充还需要通过编辑工作来完成，并在镜头的组接过程中实现作品的艺术性。

二、镜头的剪辑

剪辑，通俗来说就是依照分镜头脚本将拍摄到的素材进行剪切和组接的工作，但分镜头脚本与实际剪辑工作存在一个想象与现实的差距。想象往往是理想化的，但现实存在很多不可控的因素，例如设备无法拍摄到预期效果、天气变化导致光影色彩不协调、群众演员数量不足、动作组接不连贯、镜头缺失、穿帮镜头过多等。因此，凭借一定的经验和技巧将不完美的现实素材打造成如想象般完美的作品也是剪辑的工作之一。剪辑工作的成败是影响影视作品好坏的直接因素，无论是细节还是整体，剪辑师都应认真对待。为了更好地呈现一部作品所要表现的内容，剪辑工作通常分为两步——粗剪和精剪。

粗剪，是一项将文字转化为影像的工作，实质上是从影视作品的整体出发，按照分镜头脚本对镜头进行选取与定位，并根据编辑方案对镜头进行组接的工作。粗剪的目的在于检验编辑方案的可行性，即影像是否完整地讲述了一个故事、是否能传递出预先设计的思想、是否具有一定的逻辑性、时空关系表达是否明确、情节设置是否合理等，粗剪搭建起来的框架必须结实、牢靠，才能经得起精剪阶段的精雕细琢。因此，粗剪时每一个镜头的时长要留长一些，以便为接下来的精剪留有足够的雕刻空间。另外，面对镜头的缺失时，要利用已有素材进行补救，遇到难以取舍的镜头要暂时留用，看到穿帮镜头时要及时标记，以便后期修正。

精剪，是在粗剪的基础上对细节进行细致修饰的工作。精剪工作必须借助影视语言来完成内容的表达与风格的确立。首先，在画面剪辑点的选择上，恰当地选择剪辑点既能保证影视作品所需的节奏，又能使影视作品在内容表达上保持准确，还能兼顾其视觉上的流畅性。其次，在精剪过程中还需考虑镜头的组接顺序是否合理、是否有多余或缺失的镜头等问题。粗剪的结构可以作为一种最有效、最合理的参照，但它并不代表最终的结构，因此，在精剪的过程中，编辑人员可以根据需要对镜头的结构顺序

---

① 谢红焰，王涛.电视画面编辑[M].3 版.北京：中国传媒大学出版社，2024：12.

做进一步调整。最后,编辑人员要对影调、色彩做统一调整,使影视作品的内容与风格相一致。精剪的整个过程就是对影像的故事化与艺术化的加工过程,影视作品中所要表达的思想、内涵和情感,也在这一过程中进一步确定。由此可见,精剪的深度决定了影视作品的厚度。

三、影视作品的合成

合成是一门装饰的艺术。人有骨架、有血、有肉是不够的,出门在外还需要一定的装饰,如衣服、鞋子是必不可少的。影视编辑就如同人一样,只有粗剪、精剪是不够的,还需要有最后的合成,即为影视作品添加字幕、配上音乐与音效、制作恰当的特效、调整色彩和影调等。合成的目的是提升作品的艺术感,而不是炫耀作品的技术感,切不可因过度装饰而毁掉一部好的作品。

第六节　影视编辑的思维方式

思维方式是人们看待事物的一种角度,也是大脑的一种内在活动,它决定人们处理事情的方式和方法,同时具有非物质性和物质性。影视编辑领域也存在思维方式,它是“艺术思维的一种特殊形式,指为创作影片所进行的与未来银幕形象有直接关联的思维活动。其基本特征是:对未来影片放映效果的想象支配着整个思维过程,最大限度发挥电影特性的要求制约着整个思维过程”①。这是《电影艺术词典》中对“电影思维”的定义,它也同样适用于影视思维。影视艺术的综合性决定了其思维方式的复杂性与缜密性,因此,在影视编辑过程中,编辑人员必须保持头脑清醒,具有前后一致、正确且明确的思维方式,保证作品在整体上一气呵成且结构紧凑、剧情连贯、风格一致,同时还要突出作品的闪光点,提升作品的思想内涵,从而满足现代观众的审美需求。因此,在影视编辑领域有着多样且独特的思维方式,每一种思维方式都有可能为影视制作打开新视野和新思路。

一、形象思维

影视艺术通过连续的画面来讲故事,因此,形象思维自然而然地成为影视编辑最基本的思维方式之一。“形象思维活动以客观形象为思维对象,以感性形象为思维材料,以意象为主要思维工具,以指导创造物化形象的实践为主要目的”②,贯穿于影视制作的全过程。简而言之,运用形象思维就是利用已有的素材,并在技术手段和艺术表现形式的调动下,创作出可以让观众身临其境的画面,从而表达出某种具体的情绪、情感或思想,并产生一定的艺术魅力与感染力。因此,镜头内部形象是形象思维的基本单位,它决定着一部影视作品最基本的价值。

---

① 许南明,富澜,崔君衍.电影艺术词典[M].修订版.北京:中国电影出版社,2005:15.

② 张晓锋.电视编辑思维与创作[M].北京:中国广播电视出版社,2001:70.

影视作品的基本价值建立在普通大众所能理解的基础上，即影视画面能让观众形成一个清晰的认知，无论是单纯画面的表现，还是多种视听元素的混合，都必须遵循世间万物的普遍规律，如此观众才能透过现象看到本质，在理解影视作品的同时才能有更多独立思考的空间。例如，在《飞屋环游记》[①]（2009）中，一个横移镜头表现了两个完全不同的场景，一边是夫妻二人在幸福地装扮婴儿房，画面色彩鲜艳亮丽，随着镜头向右移动，画面的色调逐渐变得阴沉低暗，妻子坐在椅子上面对医生捂脸抽泣着，医生的神情流露出无奈与悲伤。即使画面没有语言、没有对白，观众也可以从两个场景的对比中，读懂夫妻二人的不幸遭遇。

《飞屋环游记》片段

此外，形象思维还要求从细节出发，注重细节内涵的挖掘与表现，[②]为影视作品注入细腻的情感与深邃的思想。例如，在影片《十月围城》[③]（2009）中，众多的细节描写为最后保护孙文行动做了铺垫，有方红身上那件被父亲缝过的衣服、商人李玉堂为车夫阿四订婚、赌徒沈重阳认女儿等，而影片最具疑惑性的段落为将军阎孝国刺杀假孙文。其实，影片已通过被乞丐刘郁白剪辫子、沈重阳撞马、被阿四纠缠三个事件中阎孝国的反应（如图 1–3 所示），印证了老师陈少白对他的评语——“功课优秀，头脑简单，一介莽夫，难为大才”，而阎孝国也在一系列事件中开始自我怀疑，以至不敢揭开事实的真相，而选择在自我欺骗中完成他的使命。

《十月围城》片段

被刘郁白剪辫子时的惊恐

面对沈重阳撞马时的疑惑

面对阿四纠缠不休时的逃脱

图 1–3　《十月围城》中阎孝国的反应镜头

---

① 《飞屋环游记》获奖记录：第 82 届奥斯卡金像奖最佳动画长片、最佳原创配乐。

② 朱羽君，王纪言，钟大年.中国应用电视学［M］.北京：北京师范大学出版社，1993：288.

③ 《十月围城》获奖记录：第 29 届香港电影金像奖最佳电影、最佳导演、最佳男配角、最佳摄影、最佳美术指导、最佳动作设计、最佳原创电影音乐等。

《你好，李焕英》片段

在影片《你好，李焕英》①(2021)中，众多的细节描写为最后揭秘年轻的李焕英记得女儿贾晓玲做了铺垫。年轻的李焕英看着贾晓玲，眼神里充满慈祥。在贾晓玲还在床上睡觉时，年轻的李焕英坐在床边为贾晓玲缝裤子。依照影片开头的介绍，李焕英是在照顾女儿贾晓玲成长的过程中才学会缝裤子这项技能的，而现在年轻的李焕英已在熟练地缝裤子。由此可见，此时年轻的李焕英其实并不是没有记忆、一无所知的。总之，年轻李焕英的神情与举动给观众暗示：她认得自己的女儿、拥有之前的记忆。在这一情节中，贾晓玲以为的“穿越”其实并不是真的回到过去，贾晓玲以为自己的行为可以改变母亲的命运，实则是作为母亲的李焕英一直在包容女儿贾晓玲、满足女儿的愿望(如图 1-4 所示)。对于优秀的影视作品，观众并不是一遍就能完全看懂、看全、看透的，而是在一遍一遍重温中发现更多的细节，体会不曾有或久违了的情感，这也正是形象思维的魅力所在。

年轻的李焕英看贾晓玲的眼神　　年轻的李焕英为贾晓玲缝裤子

图 1-4　《你好，李焕英》中李焕英的神情与举动

二、逻辑思维

逻辑思维是人类进行理性认知的重要思维方式，通常运用概念、判断、推理等方法来揭示事物的本质特征及运动规律，因此它主要被运用在理论研究等方面。但有些影视创作者并不甘于只依赖形象思维，他们还想通过逻辑思维来打破传统的创作模式，例如谢尔盖·爱森斯坦(Sergei Eisenstein)曾打算将卡尔·海因里希·马克思(Karl Heinrich Marx)的《资本论》搬上银幕。“按照今天的观点，不久前发现的爱森斯坦日记片段中有关这项计划的若干设想似乎并非不切实际。爱森斯坦的最初几部杰作为他提供了丰富的经验：正如改编《资本论》的大胆计划一样，这些影片力图通过电影手段表现思维的辩证法，‘从具体生活的再现跃为抽象化和普遍化的意象’，完全突破逸闻琐事的单纯展示，以便‘把事件处理为一系列论题的结论，而不是单纯的事件’。爱森斯坦设想，影片可以成为杂文集，甚至论文集，可以提出问题，并且通过最通俗的题材做出哲理性的回答。”②虽然爱森斯坦并没有完成这一作品，但在 2008 年，德国导演

① 《你好，李焕英》获奖记录：第 34 届中国电影金鸡奖最佳女主角，第 19 届中国电影华表奖优秀故事片奖。

② 皮洛.世俗神话：电影的野性思维[M].崔君衍，译.北京：中国电影出版社，2003：15.

亚历山大·克鲁格(Alexander Kluge)却创作完成了这一鸿篇巨制。

《广岛之恋》片段

然而,对逻辑思维的应用并不是指单纯地将理论文献拍摄成影片,而是在运用形象思维讲述故事的同时,还要把握人物的内心活动和故事的情节结构,例如,采用多时空交叉结构的《广岛之恋》[①](1959)。首先,从导演来看,该片的导演是法国新浪潮电影流派的阿仑·雷乃(Alain Resnais),他深受西格蒙德·弗洛伊德(Sigmund Freud)的精神分析学和让-保罗·萨特(Jean-Paul Sartre)存在主义的影响,因此该影片在创作上采取了意识流的表现手法:从人物的心灵来展开叙事,逐步剖析人与事之间的各个层面,并准确把握各个情节结构,从而构建丰富且真实的人物内心世界。其次,从表现方式上来说,影片运用了大量的闪回镜头,打破了时间与空间的限制,在过去与现在、法国与日本的相互交织中表现了女主角内心的意识活动,过去的痛苦并没忘却,如今的幸福就在眼前,而两者却是如此相像。人物的情感在整个过程中的变化就是影片所表现的主题,虽有点晦涩难懂,但该影片是运用意识流表现手法的经典之作。另外,大量内心独白的运用不仅给该片增添了浓厚的文学气息,还加深了影片表达人物内心世界的意愿。最后,影片采用多时空交叉结构,有条不紊地将现实、回忆、想象搬上银幕,体现出阿仑·雷乃较强的逻辑思维。

总之,"逻辑思维可以推进编辑对各种符号传递信息的认识,有助于形象的深化,并及时调整和修正形象思维的理智程度,增强形象信息内隐思想的外化和进一步深刻化"[②]。

三、创造思维

"科技是第一生产力、人才是第一资源、创新是第一动力"[③],因此,要想全面建设社会主义现代化国家,坚持创新是非常重要的。对于影视作品来说,一部作品要经历编剧、导演、演员、剪辑师等多人的解读,每一环节的创作都携带了一定的主体性色彩。影视编辑的创作是整个创作过程中的最后一环,编辑人员独一无二的创造思维是决定该作品能否脱颖而出的关键。

在影视编辑中,创造思维表现为运用独创的、新颖的和具有吸引力的方法,对要讲述的故事进行创造性的包装和加工,从而引导观众从不同的角度认识生活的本质与方向,甚至能够为观众开辟一片新的认知领域。

具体而言,创造思维具有以下四个特性:第一,独特性。一部影视作品的独特性是由时代和编辑人员所决定的,时代的发展为影视编辑提供了更多的可能,编辑人员的思想为作品内容注入了独特的生命力。因此,要从内容和技术两方面入手创作影视作

---

① 《广岛之恋》获奖记录:第 33 届奥斯卡金像奖最佳原创剧本提名。

② 张晓锋.电视编辑思维与创作[M].北京:中国广播电视出版社,2001:74.

③ 中共中央党史和文献研究院,中央学习贯彻习近平新时代中国特色社会主义思想主题教育领导小组办公室.习近平新时代中国特色社会主义思想专题摘编[M].北京:党建读物出版社,中央文献出版社,2023:195.

《小城之春》片段

品,才能打造出独一无二且具有个人风格的优秀作品。例如,在2002年,田壮壮导演对半个世纪前费穆的作品《小城之春》(1948)进行了重拍。虽是重拍,但在画面色彩和镜头语言上都有了21世纪的印记,并且观众也能从中看到田壮壮独特的叙事风格。因此,这既是对早期电影人的致敬,也是为未来电影创作树立榜样。第二,新颖性。独特的方式并不一定能够吸引观众,而当作品具有新颖性和出众性的特点时,则更易于获得观众的认可。例如,歌舞片《爱乐之城》[①](2016)将老套的爱情故事以歌舞的形式演绎出来,并且将音乐与舞蹈的结合做到了极致,为影片的风格特征贴上了鲜明的标签。这一创新不仅令观众为之痴迷,还让歌舞片焕发出新生机。第三,外延性。这是指影片能够触类旁通、举一反三,打破思维定式和功能固着,即编辑人员需要开阔视野、更新思维、激发想象,才能创作出令观众耳目一新的影视作品,这种特性在科幻片中尤为凸显。例如,斯坦利·库布里克(Stanley Kubrick)的《2001太空漫游》[②](1968)、斯皮尔伯格的《人工智能》[③](2001)以及郭帆的《流浪地球》[④](2019)等,其故事的内容只是导演有根据的想象而已,而这正是创造思维外延性的体现。第四,内涵性。所谓创造,是指真正创造出有意义、有价值的东西,影视创造也是如此,其体现在一部影视作品的思想及内涵上,优秀的影视作品能够发人深思、引人共鸣,甚至令人获得心灵上的启迪。

四、整合思维

影视艺术是一门综合的艺术,这在本质上决定了其创作者需要具备整合思维。整合思维体现在影视编辑的各个方面,包括团队成员之间的整合、各类视听元素之间的整合和主题思想与情节内容之间的整合。在整合的过程中,各个要素融为一体,共同为影视作品创作服务。

如今,影视制作采取的是分工协作的方式,每一成员、每一部门之间更需要紧密配合,尤其是影视编辑团队的内部沟通与外部交流会直接影响到影视作品的最终效果。外部交流主要涉及搭建结构、确立主题与人物形象,内部沟通则关系到各类视听元素的综合运用。从比较宏观的层面来看,视听元素包括视觉形象和听觉形象,对视觉形象的构建包括画面的组接、特效的运用和字幕的添加,听觉形象则指编辑时加入的人声、环境音和音乐。每一类元素的背后都有专门的编辑人员,他们各司其职,同时又相互沟通,致力于将各个元素都融入所创设的情景中,如此才能使影片引人入胜。另外,在整合视听元素的同时还要顾及主题与内容之间的整合,这表现为变化无常的故事情节要围绕始终如一的主题思想而展开,即内容要时时刻刻为主题服务。例如,影片

---

① 《爱乐之城》获奖记录:第89届奥斯卡金像奖最佳导演、最佳女主角、最佳摄影、最佳原创配乐、最佳艺术指导、最佳原创歌曲等。

② 《2001太空漫游》获奖记录:第41届奥斯卡金像奖最佳视觉效果。

③ 《人工智能》获奖记录:第74届奥斯卡金像奖最佳视觉效果提名、最佳原创配乐提名。

④ 《流浪地球》获奖记录:第15届精神文明建设“五个一工程”优秀作品奖,第32届中国电影金鸡奖最佳故事片、最佳录音。

《雄狮少年》[①]（2021）的主题是成长，影片一开始便将男主角阿娟比作病猫，借看舞狮的情节暗示阿娟胆小怯懦的性格，随着剧情的发展，受舞狮精神鼓舞的阿娟勇敢地面对生活中的挫折，由“病猫”成长为“雄狮”。影片开头借一只瘦骨嶙峋的猫来暗示阿娟当时怯懦弱小的状态；影片结尾又通过比喻的手法，将勇于挑战擎天柱的阿娟比喻为跃起的雄狮，指代此时的阿娟直面挫折、不畏不惧的精神。前后两组不同含义的镜头给观众留下了深刻的印象，同时也帮助观众更好地理解该片的主题（如图 1-5 所示）。

瘦骨嶙峋的病猫（片头 A）　佛像前雄狮的剪影（片尾 B）

胆小怯懦的阿娟（片头 A'）　扛起生活重担的阿娟（片尾 B'）

图 1-5　《雄狮少年》片头 A 与片尾 B 相呼应、片头 A'与片尾 B'相呼应

五、换位思维

“社会主义文艺是人民的文艺。源于人民、为了人民、属于人民，是社会主义文艺的根本立场，也是社会主义文艺繁荣发展的动力所在”[②]，这就要求文化艺术战线上的工作者应该始终将“以人民为中心”的理念放在首要地位。影视编辑的最终目的是制作能够让观众看得懂的影视作品，而以上无论哪种思维都是编辑站在自己的立场上进行思考的，并没有切实地从观众的角度出发，因此需要换位思维对此进行补充。

所谓换位思维，就是影视编辑摒除思想上的认知，将自己摆放在对影片信息一无所知的观众位置上，用观众的视角重新审视影视作品，同时找出不足之处，并加以改善，这是检验影视作品质量最简单有效的方法。2016 年在印度上映的《摔跤吧！爸爸》[③]于 2017 年在中国内地上映，虽为同一部作品，但后者是经过删减的版本，其删减的依据是中国人

《摔跤吧！爸爸》片段

---

① 《雄狮少年》获奖记录：第 2 届金榆花奖最佳影片奖。

② 中共中央宣传部.习近平新时代中国特色社会主义思想学习纲要[M].北京：学习出版社，人民出版社，2023：201.

③ 《摔跤吧！爸爸》获奖记录：第 62 届印度电影观众奖最佳电影、最佳男主角等。

的观影习惯和文化底蕴,在保证中国观众观看舒适的同时,避免因文化差异而带来困惑与误解。虽然部分引进作品上映时未经删减,但这并不代表影视编辑人员没有进行换位思考。换位思考的内容审核是影视作品发布前必经的一个工作流程,国产或引进的电影都是如此。

总之,影视编辑具有独特而又全面的思维方式,必须考虑到观众所考虑的,又要顾及观众所想不到的,最终使影视作品达到一种"意料之外,情理之中"的效果。

第七节　影视编辑的时空创造

时间和空间(简称时空,下同),作为物质运动的存在形式,也成为影视编辑中必须考虑的两个因素。在影视编辑中创造出来的时空不同于现实生活中的时空,但基于现实的时空,正所谓"艺术源于生活又高于生活"。

一、影视编辑中的有限时空和无限时空

在电影发展初期,影视中的时空与现实生活中的时空是完全吻合的,影像也只是单纯地起到了记录生活的作用,但随着技术的发展、观众审美需求的提高以及影视艺术的逐步成熟,尤其是蒙太奇表现手法的日趋完善,影视编辑逐渐形成了一套独特的时空表现手段。① 如今,影视编辑实现了对现实生活的艺术化处理,能够通过镜头的组接自由操控影视的时空,但这种自由操控又不是天马行空的,它必须为影视主题服务,这就对影视编辑工作提出了更高的要求。因此,从根本上来说,影视编辑不仅要创造完美且合理的时空,还要将时间艺术和空间艺术的表现力发挥到极致,即在有限的时空内表现无限的时空感。所谓有限时空,是指拍摄的素材是有限的、影视作品的时间长度是有限的、影视作品的表现空间是有限的、影视作品的播放渠道是有限的。虽然现实的影视时空是有限的,但影视编辑的合理创造却可以构建出无限的时空。

在时间上,影视作品本身的时间跨度基本是根据影视作品的情节发展走向来确定的,什么时间出现怎样的情节点,这需要影视编辑人员来把握。控制好影片的时间节奏可以有效地吸引观众的注意力,即使影片不超过两个小时,也能在有限的时间内丰富影片的内涵,增强影片的艺术魅力与感染力。对于观众来说,全身心投入影视编辑创造的时空,有利于观众感受角色内在的情感,喜他们所爱、悲他们所伤。影视作品中情节发展的时间是不受限制的,因此,借助时间来呈现艺术性的影视作品大致可以分为两类,一类有明确的时间概念,另一类则在模糊的时间概念中讲述故事情节。显然,前者将时间因素作为情节发展的推动力之一,例如,在影片《正午》②(1952)中,情节发展的时间等于影片放映的时间,时钟多次出现在镜头中,不但有力地增强了影片的紧

---

① 黄著诚.实用电视编辑[M].北京:中国广播电视出版社,2000:35.

② 《正午》获奖记录:第25届奥斯卡金像奖最佳男主角、最佳剪辑、最佳原创歌曲等。

张氛围,而且时间的流逝推动了剧情的发展。后者的时间只是作为故事讲述的基本元素,除了明显的白天、黑夜和其他必要的时间介绍外,这类影片通常会使用模糊的时间概念,专注于讲述故事情节。

在空间上,影视作品虽取材于现实空间,但编辑可以赋予素材新的生命,使其成为真正的影视空间。影视作品在空间上同样拥有自由的创作空间,例如对历史空间的复原、对现实空间的概括、对未来空间的展望、对未知空间的探索等,影视编辑只要具备一定的文化底蕴和丰富的想象力,就可以创造出任何想要的空间,梦境、回忆、幻觉、想象等人们脑海中的一切都可以通过影视空间创造的方式搬上银幕。例如,影片《盗梦空间》①(2010)就是围绕梦境而展开的,人物游走于梦境与现实之间。最令观众感叹的是,影片创造了三层梦境,每一层梦境的时间不尽相同,如何将错综复杂的空间和需要精确计算的时间清晰地表达出来、如何将时间与空间完美地结合在一起、如何在有限的影视时空中创造出无限的可能是该片的后期编辑所要考虑的问题,也是每一位影视编辑必备的影视时空创造技能。

《盗梦空间》片段

二、影视时间的塑造

以上是从宏观的角度来讲述影视编辑是如何创造影视时空的,此部分和下一部分将从微观层面介绍影视编辑独特的时空创造魅力。为了达到某种叙事效果或营造某种情感氛围,影视编辑通常会对影视中的某一个或几个镜头进行时间上的处理,往往采用延长、压缩、定格、倒流、追溯等几种形式,以下是对这几种形式的具体分析。

(一)时间的延长

在影视作品中,时间的延长是指通过编辑可以使动作发生的时间延长几倍甚至几十倍,从而形成慢动作效果,使观众从中看到其背后更深层次的含义,或者凸显某种力量的强大。总之,通过时间的延长可以增强影像的感染力、冲击力和吸引力。例如,在影片《中国乒乓之绝地反击》②(2023)中,中国球员黄昭争夺最后一分的场景就运用了时间的延长手法,在这组镜头中,两位球员打球的动作与现场其他球员、观众的反应都得到细致的展现。对方球员发球后,球的运动速度、运动轨迹以及两位球员击球的动作都在时间的延长中变慢,在衣服摩擦声、球拍击球声、球员呼吸声等环境音响与现场解说的烘托下,黄昭使用杀手锏正手快带回击对手打来的球,在这一球过后,影片的时间恢复正常,在观众的欢呼中黄昭拿到制胜的最后一分,比赛结束。时间的延长不仅放大了黄昭争夺最后一分时的心理压力,同时还将这场比赛中的其他球员与观众紧张、期待的心理状态展现得淋漓尽致。时隔两年,黄昭战胜昔日对手,中

《中国乒乓之绝地反击》片段

---

① 《盗梦空间》获奖记录:第83届奥斯卡金像奖最佳摄影、最佳音效剪辑、最佳视觉效果等。

② 《中国乒乓之绝地反击》获奖记录:第36届中国电影金鸡奖最佳故事片提名等。

国乒乓球男队一雪前耻,时间的延长让观众感受到黄昭心理活动的变化,同时体会到中国乒乓球男队的艰苦付出和重获胜利的喜悦。由此可见,时间的延长使情感得到有力的升华。

时间的延长也可以通过蒙太奇来实现,即在一个或多个场景中将采用不同角度、不同景别,以及不同运动方式拍摄的镜头进行反复组接,从而延长事件的时间长度。时间的累积可以有效地增强观众的期待心理或紧张感,进而有力地渲染影片的情绪或主题,引起观众的情感共鸣。最经典的段落莫过于爱森斯坦创作的《战舰波将金号》(1925)中的敖德萨阶梯段落,这一段落成功地表明时间的延长会对观众观影时的心理感受产生巨大的影响,且能很好地吸引观众的注意力,将观众带入影片渲染的情景氛围。这一段落讲述的是沙皇军队追杀跑下阶梯的民众的情节,为了突出这一情节的紧张感和压迫感,影片采用大量镜头来表现民众被迫害的细节,例如用手奔跑的残疾人、一个个倒下的躯体、民众惊恐与伤心的表情、顺阶梯滚动的婴儿车和整齐划一的军队等。影片用六分多钟的长度将原本时间并不是很长的屠杀场景表现得淋漓尽致,但这六分钟不是对镜头的简单拼凑,而是精心设计的:首先,从宏观上表现了民众的恐慌与不知所措;其次,其中描写了一位母亲在儿子受重伤后,迫不得已抱着儿子走到军队前说明情况,军队却射杀母亲后继续开枪前进;最后,描述了另一位母亲被击中后,她的婴儿随着婴儿车从阶梯上快速下滑。观众的心随着影片而起伏,为人群的安全而紧张,为母亲的行为而不忍,为婴儿的命运而担忧。这一段落虽长达六分钟,但故事情节紧凑,不会给观众造成枯燥无味之感,反而通过时间的延长达到了渲染沙皇军队残忍、无情和民众惊恐、悲痛的效果。

《战舰波将金号》片段

(二)时间的压缩

时间的压缩是指影视叙事的时间比现实时间短。通过将叙事节奏压缩得更为紧凑,影片的情感表达能够更为突出,影视主题更为鲜明。时间压缩的技巧主要有以下五种类型。

第一,省略片段。在编辑影视作品的过程中,编辑要非常注重叙事的节奏,因此,选择恰当的剪辑点就显得尤为重要。通俗点说,这一技巧就是要考虑省略哪些片段既能完美地衔接到下一画面,又能讲清楚故事,还能让观众在视觉上和心理上能自动弥补省略的片段。这是影视编辑必备的技能,优秀的影视作品都是通过片段的省略完成精练、清晰的叙事的。例如,在影视作品中要表现一个人从家里出门到公司上班,通常三个镜头即可交代清楚,即走出家门、车水马龙的街道、抵达公司,若要表现上班路上遇到的意外,则需要多几个镜头交代意外发生的经过。总之,在省略片段的同时,还要做到叙事完整、条理清晰、讲述明白。

第二,插入镜头。并不是所有的片段省略都能完美地衔接到下一镜头,这需要在两个镜头之间插入与之相关的第三个镜头,起到连接两个不同时间的镜头的作用。一般情况下,第三个镜头会选用空镜头,特殊情况下为表达一些更深层的含义,则会将插入镜头融入情节的叙述中，巧妙地完成时间的压缩。例如，《阳光灿烂的日子》[①]（1994）中就有一个段落利用插入镜头来完成时间的压缩：马小军和几个玩伴比赛扔书包，结果马小军的书包被扔上去后久久没有掉落，接着镜头中出现书包正在回落的场景，而下一个镜头则是几年后的马小军接住书包的场景。显然，这一段对马小军由童年过渡到少年的镜头衔接非常流畅，在叙事上也简洁明了，其背后的含义值得细细推敲。马小军扔出去的是自己的书包，而接回来的却是他人的书包，这种“扔书包”的形式表明了他们的生活状态并没有太大的变化，依然嬉笑打闹，无忧无虑，懵懵懂懂。但从整部影片来看，书包又是包袱的象征，当马小军接住他人的书包时，也就说明了他背负起了他人的精神负担，因此后来的事情是真实发生的，还是马小军臆想的，就连马小军自己也分辨不清了。

《阳光灿烂的日子》片段

第三，借物暗示。利用物象随时间的变化来暗示时间的流逝，这种方式更注重对时间压缩的效果表达，以及突出其中蕴含的情感、情绪、态度等。例如影片《公民凯恩》[②]（1941）在表现凯恩与妻子的感情日渐破裂时，并没有直接地展现出来，而是采用在餐桌前的细节变化来体现。夫妻两人一开始在餐厅里很亲密，但随着着装的变化、表情的转变，两人之间的语气越来越冷漠，话语间也表现出各种不满，到最后两人怒目而视，镜头也从近景拉至全景，夫妻两人坐在偌大餐桌的两端，由此揭示了他们之间感情的破裂。影片的高超之处正在于此，服装的变化和容颜的变老代表着时间的流逝，说明这并不是几天之内的事情，而是较长时间内的转变。两人之间表情、语气和态度的转变则象征着他们之间关系的恶化，如此复杂的情感变化在几组正反打镜头中表现得淋漓尽致。即使镜头比较单一，观众也没有对此感到乏味，与此相反，正是由于前几组镜头的铺垫，才使得最后的全景镜头能够将这一段的叙事和表意有机地融合在一起，展现了导演用艺术讲故事的高超技艺，也为后世留下了珍贵的影视财富。

《公民凯恩》片段

第四，特技编辑。在影视编辑中，以特技编辑为主要手段来压缩时间的方式有叠化、淡入淡出、划像等，这种手法与以上通过画面蒙太奇组合来压缩时间的方式相比，视觉效果更为丰富，也为影视创作带来了更多可能性。例如，影片《魂断蓝桥》[③]（1940）采用叠化效果使玛拉从房间空间内自然过渡到滑铁卢桥上，在不同的空间转换中实现了时间上的压缩。随后的一系列叠化镜头更是展现了时光的流逝，从晴天到雨天再到雪天，最后到雾天，不同的天气状况给予观众最直观的感受，让他们感受到时间流逝。特技编辑不仅能够实现时间的压缩，更能创造出一种全新的视觉奇观。关于特技编辑的内容详见第四章第一节。

第五，快动作以及数字特效的使用。快动作是实现时间压缩的最直接、最有效的

---

① 《阳光灿烂的日子》获奖记录：第 33 届台湾电影金马奖最佳剧情片、最佳导演、最佳摄影等。

② 《公民凯恩》获奖记录：第 14 届奥斯卡金像奖最佳原创剧本、最佳影片提名、最佳剪辑提名等。

③ 《魂断蓝桥》获奖记录：第 13 届奥斯卡金像奖黑白片最佳摄影提名、最佳原创配乐提名。

手段,但同时也存在很多限制因素,比如影片的整体节奏、画面信息的表达、视觉冲击力等。因此,快动作的使用首先要保证画面信息能够得到充分表达,其次迎合影视作品的整体节奏与情感基调,最后满足快动作本身的视觉表达。例如,《天使爱美丽》①(2001)的结尾使用快动作来表现两人之间愉快的相处状态,符合影片的整体氛围和情感基调。同时,数字特效的使用也能够实现时间的压缩,例如影片《美丽心灵》②(2001)中的一个拉镜头,在镜头拉的过程中画面内的大雪正在消融,其色调也随之变化,整个过程一气呵成,保证了视觉上的流畅性(如图 1-6 所示)。

《天使爱美丽》片段

图 1-6 《美丽心灵》中的拉镜头

(三)时间的定格

定格在影视编辑中也是常用的时空创造技巧之一,其表现为活动影像在银幕或屏幕上骤然停止,形成一幅静止的画面。定格是指画面瞬间"凝结",而画外音却不会因此戛然而止。在此时的氛围中,静止的画面往往会使观众产生更多的联想和想象,同时也有充足的时间观察画面中的每一处细节和人物的每一个神态,聆听每一句画外音,沉浸在作品所营造的氛围中,体会其所要表达的深层内涵。时间的定格在技术上很容易实现,但艺术性的表达是影视编辑所要追求的目标。因此,要从以下三个方面进行考虑:首先,根据情节需要选取恰当的静止时间点,并确定画面静止的时长;其次,静止的画面必须具有视觉上的美感,在构图、光线、色彩等方面都很考究;最后,画面配合画外音或背景音乐产生一种意境,使观众能够沉入其中被人物的情绪所牵引。例如,《过春天》③(2018)在表现佩佩的两次变化时均采用了定格技巧,每一次定格都象征着人物心理的转变。第一次,佩佩过海关后突然被某位躲避海关的走私者塞了手

① 《天使爱美丽》获奖记录:第 14 届欧洲电影奖最佳影片、最佳导演、最佳摄影。

② 《美丽心灵》获奖记录:第 74 届奥斯卡金像奖最佳影片、最佳导演等。

③ 《过春天》获奖记录:第 2 届平遥国际电影展最佳影片,第 26 届北京大学生电影节推委会特别推荐影片。

机，面露诧异。配合节奏感十足的音乐，佩佩第一次接触走私时诧异、不知所措的心理活动被展现了出来，定格的画面给予观众更多的思考与感悟的时间，让观众感受到佩佩的心理变化，也为佩佩误打误撞成为走私者的命运埋下伏笔；第二次，佩佩看到团伙中的一位伙伴因走私失败而被打得头破血流，心中既诧异又恐惧，走私犯们温情的假面在此刻被揭穿，佩佩诧异的表情被定格，观众感受到佩佩的害怕与抵触情绪，并且对佩佩两次诧异的微妙变化有了清晰的认知（如图 1–7 所示）。从观众的角度来说，当大量信息涌入脑海时，他们需要一定的时间去消化和吸收，因此，定格的作用不仅在于强调，也在于为观众提供思考的空间。

《过春天》片段

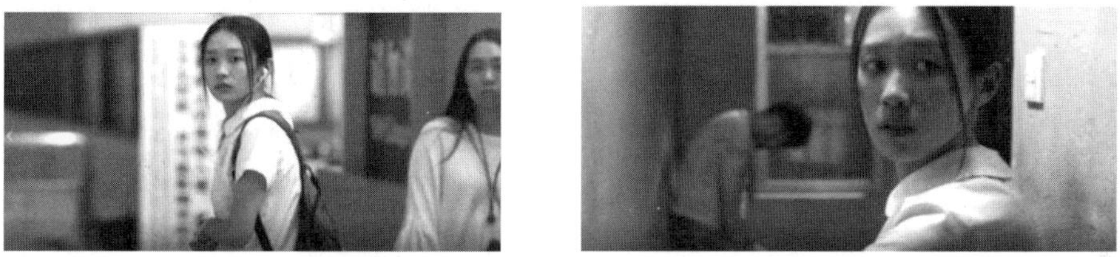

过海关时突然被走私者塞手机　　发现团队中的人因走私失败被打

图 1–7　《过春天》中的定格画面

时间的定格也可用在影片的片尾，使时间凝固在那一秒、镜头定格在那一帧、故事就此停留在那一刻，持续下去的唯有观众放飞的思绪。在影片结尾使用定格与书画作品中的留白有异曲同工之妙，能够给观众留下想象的空间，暗示剧情可能沿着观众期望的故事情节发展下去。例如，在人物悬崖勒马之际采用定格，对于最后结局不给予最直白的讲述，可以给人物留有劫后余生的余地。在影片《四百击》[①]（1959）的最后，安东尼一路跑向大海，当他的双脚踏入海水中，无边的大海阻断了他前进的道路时，他便停下往回看向摄影机，画面就在此处定格并放大。安东尼那清澈的眼眸清晰地展现在观众面前，其中透出的迷茫与无助深深地印在观众的脑海中。此处的定格也为观众与安东尼的眼神交流提供了时间，观众也从旁观者转化为亲历者，对于安东尼未来的路，观众内心或许为其做出了规划。

《四百击》片段

以上讲述的时间定格只是把某一帧的画面延长至几秒钟，但另一种时间定格是以高科技为依托，将画面中运动的人或物体定格在某一瞬间，而镜头围绕主体做慢速运动，致力于从更多的角度展现主体在此时的运动状态。这种时间定格的手段最早出现在影片《黑客帝国》[②]（1999）中，尼尔躲避特工子弹的镜头使该片因这一定格的艺术成为影视经典之作，这种拍摄方式也被称为“子弹时间”。“子弹时间”的基本原理是利用计算机辅助摄影技术模拟变速特效，其产生的效果为强化慢镜头、时间静止等。

① 《四百击》获奖记录：第 12 届戛纳国际电影节最佳导演，第 32 届奥斯卡金像奖最佳原创剧本提名。

② 《黑客帝国》获奖记录：第 72 届奥斯卡金像奖最佳剪辑、最佳音效剪辑、最佳音响、最佳视觉效果。

“子弹时间”是一种较为特殊的时间定格,但它作为科技发展的成果,在未来的影视编辑中将有更为广泛的运用。

(四)时间的倒流

时间的倒流属于一种特技手法,它将完全不符合现实规律的时间展现在屏幕上,不仅在内容上满足了观众想让情节重新来过的内心需求,也在技巧上彰显了影视编辑创造时空的独特魅力。时间的倒流是一种幻想的表达方式,但这种幻想不是凭空产生的,它是对未来社会的映照和对内心深处想法的表达。在美国流行天王迈克尔·杰克逊(Michael Jackson)的 MV *Earth Song* 中,时间倒流手法被运用得游刃有余,其开头便展现了一幕幕触目惊心的画面,树木全都被砍伐、动物尸横遍野、人们颠沛流离。但在飓风过后,所有的一切一点点地恢复到最初美好的样子:被砍伐的大树回到树桩上重现昨日的生机;大象的伤口愈合、象牙重新出现,它又获得了最初的欢乐;受伤的人也逐渐醒来……短小精悍的 MV 因时间倒流的运用而多了几分深意与感染力。

这种时间倒流的方式在电影中也经常被用到。例如,《阳光灿烂的日子》中有两段画面经典的生日宴会的场景,这两段场景通过时间倒流的方式进行连接,展现了两个完全不同性格的马小军。通过画外音观众便可知,后者所展现的才是马小军真实的所作所为,前者完全是臆想出来的场景。于是观众不禁想问导演为什么要采用这种方式来进行表达,其实这里生动地揭示了影片重要的组成部分——臆想的场景。影片中许多场景都只是马小军的臆想,如何通过艺术性的表达来向观众解释这一切无疑成为整部影片的核心部分,而时间的倒流或许是最佳的表达方式。

(五)时间的追溯

影视作品的本质是讲故事,如何使故事具有吸引力则是影视编辑的任务。在影视作品的开篇设置悬念是吸引观众的有效方式之一。所谓“开篇设悬”,就是将故事的部分结局在影视作品的开篇之处展现给观众,这样不仅能激发观众的好奇心,引导观众继续观看下去,还能奠定影视作品整体的叙事风格和感情基调。这种时空的创造方式可以称为时间的追溯,即由主人公在“现在”讲述之前发生的故事,将现在时转换为过去时,并在回首或钩沉往事中完成对整个故事的叙述。经典电影《泰坦尼克号》①(1997)在讲述泰坦尼克号上的爱情故事时便采用了时间追溯的手法。尽管已是 84 年前的事情,年老的罗丝依然记忆犹新,当她再次回忆起当时的场景时,眼中充满了无尽的悲伤,但随着记忆的深入,她悲伤的眼中慢慢流露出了幸福与浪漫,甚至是喜悦之情。此时,镜头中呈现的是泰坦尼克号起航时的模样,伴有人们的欢声笑语,显然时间在这里已经追溯到 84 年前。影片不但在开篇紧紧地抓住了观众的好奇心,而且在转场的处理上更是精益求精,彰显了影视编辑的高超技艺。

---

① 《泰坦尼克号》获奖记录:第 70 届奥斯卡金像奖最佳影片、最佳导演、最佳电影剪辑、最佳音效剪辑、最佳摄影等。

三、影视空间的创造

从空间层面来看，影视编辑对空间的创造最初来源于列夫·弗拉基米罗维奇·库里肖夫（Lev Vladimirovich Kuleshov）的画面剪辑实验。他从五个不同的地点拍摄了五组画面，并完成了画面的组接工作，最终实现了影视空间的创造。以下是他所组接的镜头及镜头的组接顺序：

（1）一个青年男子从左向右走来。（在莫斯科国营百货大楼前拍摄）

（2）一个青年女子从右向左走来。（在莫斯科果戈理纪念碑附近拍摄）

（3）他们相遇、握手。青年男子用手指点着。（在莫斯科大剧院拍摄）

（4）一幢有宽阔台阶的白色建筑物。（美国的白宫）

（5）两个人走向台阶。（在莫斯科的救世主教堂拍摄）①

从编辑效果上来看，由于人物的动作之间存在一定的联系，于是观众在心理上形成了一个影视空间，将五个镜头融于同一场景中——男女青年在白宫前相遇，并走向白宫。这种构成性的空间打破了现实空间的局限性，“它利用画框将空间分割、压缩，又利用人的视觉错觉和心理机制使空间扩展、延伸，在一种独特的运动形态中提供空间表现的自由”②，这也为未来影视空间的创造奠定了坚实的基础。例如在《爱情神话》③（2021）中，老白邀请李小姐（老白正在追求的女性）来家中吃饭，结果格洛瑞亚（老白的追求者）与蓓蓓（老白的前妻）都不请自来，三位女性与老白都有微妙且复杂的情感联系，四人共处一室，每个人的想法都不一样，气氛略显尴尬。在这一场景中，如何完整、清晰地展现三个女人与老白之间的复杂关系和微妙情感成为影视编辑需要考虑的问题。创作者对这一场景的空间进行了再创造，并没有以一览无余的全景景别展示老白、李小姐、蓓蓓、格洛瑞亚等人聚会的场景，而是将有情感关系的四人分散开，三人或两人一组，以近景景别展现人物的神态，展现四人之间微妙的感情纠葛。在饭桌上，蓓蓓、李小姐、格洛瑞亚将老白比作饭菜，彼此之间相互揶揄。在拍摄这段内容时，导演以老白为前景进行拍摄，在后期制作时，编辑再将几段素材创造性地衔接在一起，从而表现出三位女性对待感情的态度，突出三位女性的可爱与风趣。

《爱情神话》片段

幻想空间、想象空间、梦境空间等在现实中不存在的虚幻空间也是影视编辑要创造的，创造这些空间要在形式上采用一定的技巧，在内容上借助必要的联想和想象进行建构。事实证明，充分调动起观众丰富想象力的影视作品容易吸引观众的注意力。瑞典电影大师英格玛·伯格曼（Ingmar Bergman）的作品《野草莓》④（1957）在开端展现了主人公的梦境，梦中的一切是如此不可思议，例如没有指针的怀表、没有脸的男人

---

① 谢红焰.电视画面编辑[M].北京：中国传媒大学出版社，2013：59.

② 谢红焰.电视画面编辑[M].北京：中国传媒大学出版社，2013：61.

③ 《爱情神话》获奖记录：第35届中国电影金鸡奖最佳编剧、最佳剪辑。

④ 《野草莓》获奖记录：第8届柏林国际电影节金熊奖。

和躺在棺材里的自己。这场噩梦一方面深刻地表现了老教授在晚年的孤独和恐惧,另一方面为接下来的几个梦境做了铺垫。因此,虚幻空间中的事物在表面上有其存在的不合理性,但在不合理的背后,它却具有娱乐大众、传递思想、塑造人物、表达主题等作用,因此,合理运用虚幻空间会在一定程度上提升影视作品的思想内涵和艺术价值。《少年派的奇幻漂流》①(2012)主要讲述了少年派与一只孟加拉虎在救生小船上漂流了227天的故事,人与老虎的漂流注定是残酷的,而片名中的“奇幻”显然说明影片并不仅仅局限于此。结合少年派最后所讲述的故事,影片中的各种暗示、表征或意象逐渐得到揭示,“奇幻”之本意也可得到合理解释——整个漂流过程或许是少年派幻想的场景,但它与真实场景具有密切的联系,从而增加了幻想空间的广度和深度,值得观众细细品味。总之,对虚幻空间的创造靠的是想象力,凭借的是影视编辑的真功夫,即在娱乐性的基础上丰富影视作品的内涵,提高影视作品的观赏性,最终每一个细节都会激发观众无限的想象力。

《少年派的奇幻漂流》片段

随着观众审美水平的提高、数字技术的发展和影视编辑手段的不断创新,数字绿屏技术应运而生。数字绿屏技术是一种影视编辑技巧,在前期拍摄时,演员通常是在用绿色幕布包围的摄影棚内完成拍摄,在后期编辑时,人物与绿色背景被分离开来,编辑人员用编辑好的场景替代绿色背景,便可以实现人物与场景、真实与虚构的完美融合。数字技术在影视编辑行业中的快速发展,不仅为影视作品提供了更多的创作空间,也为影视编辑提供了更多的技术手段。例如,影片《流浪地球2》②(2023)借助数字绿屏技术创造了一个十分具有荒凉感与科幻感的环境。在这种环境中,人们在太阳危机来临前的种种自救行为更加真实可信,满目疮痍的地球与庞大复杂的重工业机器一起呈现在观众眼前,紧张氛围油然而生,满足了观众对末日的幻想。由此可见,数字绿屏技术在当今社会的运用得到了广大观众的认可,越来越多的影视作品在创作时也热衷于在摄影棚内拍摄,然后通过数字绿屏技术进行后期合成创作。继数字绿屏技术之后,扩展现实(extended reality,简称XR)技术被越来越多地应用在影视制作中。扩展现实技术包含增强现实(augmented reality,简称AR)、虚拟现实(virtual reality,简称VR)、混合现实(mixed reality,简称MR)等技术。创作者利用扩展现实技术可以打造人机互动、虚拟与现实相结合的环境,使影像效果更加丰富。影视编辑借助扩展现实技术可以省去绿幕抠像的时间,做到实时渲染,达到移步换景的效果。当前,XR虚拟演播室、XR虚拟影棚正陆续在北京、武汉等地建设并投入使用。扩展现实技术为影视作品中的空间创造提供了更多可能性,可以使影视创作者脑海中关于影视空间的想法得以完美呈现。河南卫视中国节日系列节目《中秋奇妙游》(2022)便借助扩展现实

《流浪地球2》片段

① 《少年派的奇幻漂流》获奖记录:第85届奥斯卡金像奖最佳导演、最佳视觉效果、最佳摄影、最佳原创配乐等。

② 《流浪地球2》获奖记录:第36届中国电影金鸡奖最佳故事片提名等。

技术，实现了舞台场景从古代皇宫到现代大街的瞬间转变，既展现了古时洛阳的繁荣景象，又表现了当今洛阳的烟火气息。同时，节目利用扩展现实技术打造极具国潮浪漫感的创意空间，将仅存在于神话中的月宫呈现在观众眼前，以嫦娥奔月的神话传说唤起国人对中秋节日的共同记忆，传达出“共赏一轮月”的节目主题。

但不可忽视的是，并不是所有的影视作品在编辑时都能创作出完美的时空场景，或达到观众满意的效果，也不是所有的影视作品在内容上都适合使用这种技术。因此，影视创作者应慎重考虑包含数字绿屏技术在内的数字技术的应用，要真正从故事讲述、艺术表达和实际拍摄情况出发来选择数字技术进行后期编辑，若选择或处理不当则会产生粗制滥造的效果，从而降低观众的观影欲望。

综上所述，影视编辑独特的时空创造能力是影视创作中的一大亮点，它丰富了影视作品的时空场景，增强了影视作品的艺术感染力，满足了观众多样化的观影需求。

本章小结

本章围绕影视编辑的基础知识，包括概念、由来、技术发展、任务、流程、思维方式和时空创造形式等内容进行界定和梳理，帮助初学者形成具体而全面的认知。其中，多样化的思维方式与时空创造能力在影视编辑领域发挥着重要作用。本章对二者的简单概述意在抛砖引玉，希望学习者在今后的学习和实践中不断探索和发现。

本章思考题

1.如何界定“影视编辑”与“影视拍摄”的界限？两者有哪些关联与区别？影视编辑需要学习影视拍摄的相关知识吗？为什么？

2.在影视创作的各个环节中，你认为影视编辑的创造性体现在哪些方面？

3.在数字技术日益发展的当下，你认为未来的影视编辑技术会有哪些可能的趋势或变革？我们应该如何应对这些变化？

4.如果你是一名影视编辑，为了创作出高质量的影视作品，你将如何平衡技术、艺术和故事叙述三者之间的关系？

本章实训题

1.任选一部经典的影视作品，从中选取一个在时空创造方面较为出色的片段，分析这个片段是如何通过编辑技巧来创造特定的时空感觉的。

2.请将第一题中的影视片段进行重新剪辑，尝试创造出一个与原片段不同的情感表达或故事叙述作品，要求仅使用该片段的原有素材。

参考文献

[1]朱羽君，王纪言，钟大年.中国应用电视学[M].北京：北京师范大学出版社，1993.

[2]黄著诚.实用电视编辑[M].北京：中国广播电视出版社，2000.

[3]张晓锋.电视编辑思维与创作[M].北京:中国广播电视出版社,2001.

[4]傅正义.电影电视剪辑学[M].北京:北京广播学院出版社,2002.

[5]皮洛.世俗神话:电影的野性思维[M].崔君衍,译.北京:中国电影出版社,2003.

[6]段晓明.影视编辑学[M].杭州:浙江大学出版社,2004.

[7]许南明,富澜,崔君衍.电影艺术词典[M].修订版.北京:中国电影出版社,2005.

[8]崔玉峰.影视剪辑:观念与技巧[M].北京:中国广播电视出版社,2006.

[9]李曼,夏光富.影视编辑技艺[M].重庆:西南师范大学出版社, 2007.

[10]郗孟祥.友立影视编辑入门与提高[M].南京:河海大学出版社,2007.

[11]夏征农,陈至立.辞海[M].第六版彩图本.上海:上海辞书出版社,2009.

[12]杨方琦.影视媒体非线性编辑:Adobe Premiere Pro CS5[M].北京:清华大学出版社,2012.

[13]谢红焰.电视画面编辑[M].北京:中国传媒大学出版社,2013.

[14]周建国.影视非线性编辑教程[M].合肥:中国科学技术大学出版社,2015.

[15]中共中央党史和文献研究院,中央学习贯彻习近平新时代中国特色社会主义思想主题教育领导小组办公室.习近平新时代中国特色社会主义思想专题摘编[M].北京:党建读物出版社,中央文献出版社,2023.

[16]中共中央宣传部.习近平新时代中国特色社会主义思想学习纲要[M].北京:学习出版社,人民出版社,2023.

02

第二章

蒙太奇与长镜头

学习重点

蒙太奇的定义

蒙太奇的美学特征

蒙太奇的主要类型

镜头内部蒙太奇

蒙太奇与长镜头结合的实际应用分析

学习难点

不同类型蒙太奇在影视作品中的运用

蒙太奇与长镜头的结合

能力目标

熟练辨识蒙太奇的不同类型及其应用场景

灵活运用蒙太奇和长镜头来提升叙事效果

本章微课

本章知识更新

“蒙太奇(montage)来自法语,原义为建筑学上的构成、装配,借用到电影艺术中有组接、构成之意。”①关于蒙太奇的定义,中外学者众说纷纭,但是万变不离其宗,核心要旨即镜头与镜头的组接。蒙太奇手法以人类视听感受为基础,以科学技术发展为条件,同时满足“艺术来自生活又高于生活”的美学原则。它既是影视剪辑技巧,被广泛应用于影视镜头、画面和段落的组接中,又可以上升为一种独特的思维方式。从某种意义上而言,蒙太奇带给我们的不仅仅是浅层次的视听审美体验,更有思想层面的价值与意义。但蒙太奇手法如果使用不当,则有可能会影响内容的真实度和说服力,从而使观众感到虚假和做作。以安德烈·巴赞(André Bazin)为代表的理论家从理论的角度对蒙太奇做出深入剖析和批判,高度赞扬长镜头的纪实、记录特性。安德烈·巴赞认为电影的本质是“真实的艺术”②,齐格弗里德·克拉考尔(Siegfried Kracauer)主张电影的本性是“物质现实的复原”③,在意大利新现实主义和法国“新浪潮”电影运动的推动下,长镜头的艺术魅力更是得以充分展现,实现了其自身理论与实践的共同发展。由此可见,蒙太奇强调主观思想,是一种写意的艺术;长镜头主张客观真实,是一种写实的艺术。虽然二者形式不同、流派各异且存在一定的观念分歧,但它们都是当今影视语言的重要组成部分,共同架构起影视编辑的天地。

第一节　蒙太奇

作为影视语言的重要组成部分,蒙太奇对影视创作具有非常重要的意义。本节将从基本概念、发展脉络、美学特征、基本分类等方面入手,详细分析蒙太奇,以期为实践创作奠定良好的理论基础。

一、蒙太奇的基本概念

蒙太奇,法文 montage 的音译,原为建筑领域的学术词语,意为构成、装配。路易·德吕克(Louis Delluc)最先将蒙太奇借用到电影领域。目前,蒙太奇已成为世界通用的电影专门术语。④ 蒙太奇这个概念之所以能够实现从建筑领域到电影领域的无缝衔接,是因为二者的基本原理具有相通之处。正如房子是建筑师根据具象的图纸用砖头、瓦片、钢筋、水泥等原材料搭建而成的,电影亦是导演根据主观意图将许许多多的镜头编辑组成的。值得强调的是,无论是盖房子还是拍电影,它们都不是简单层面上的装配和组接,而大多能在新建基础之上生成新的意义与内涵。

关于蒙太奇的定义,虽然中外学者的说法各有侧重,究其根本还是落脚到蒙太奇

---

① 许南明,富澜,崔君衍.电影艺术词典[M].修订版.北京:中国电影出版社,2005:150.

② 傅正义.影视剪辑编辑艺术[M].修订版.北京:中国传媒大学出版社,2009:87.

③ 周星.电影概论[M].北京:高等教育出版社,2004:93.

④ 周星.电影概论[M].北京:高等教育出版社,2004:82.

的基本原理之上。以下列举数种，借以观摩。

库里肖夫："把运动的各个镜头在一定的顺序下连接（装配）成一个完整的艺术作品，这就叫蒙太奇。"①

普多夫金："把各个分别拍好的镜头很好地连接起来，使观众终于感觉到这是完整的、不间断的连续的运动——这种技巧我们惯于称之为蒙太奇。"②

爱森斯坦："这就是条理贯通地阐述主题、情节、动作、行为，阐述整场戏、整部影片的内部运动——更何况我们的影片所面临的任务，不仅仅是合乎逻辑的条理贯通的叙述，而正是最大限度激动人心的、充满感情的叙述。蒙太奇——就正是解决这次任务的强有力的助手。"③

夏衍："所谓蒙太奇，就是依照着情节的发展和观众注意力和关心的程度，把一个个镜头合乎逻辑地、有节奏地连接起来，使观众得到一个明确、生动的印象或感觉，从而使他们正确地了解一件事情的发展的一种技巧。""蒙太奇实际就等于文章中的句法和章法……"④

史东山："蒙太奇的意思是将各种个别的材料，根据一个总的计划，分别加以处理而把它们安装在一起，使它们提高到比原来个别所有的作用更高的作用。"⑤

张骏祥："蒙太奇最初的意义只是对镜头的剪辑而言。逐渐地，已经包括到起码有这几个方面：画面（镜头）的组织关系，音响、音乐的组织关系，画面与音响、音乐的组织关系，由这些组织关系而发生的意义和作用。"⑥

库里肖夫和费谢沃洛德·普多夫金（Vsevolod Pudovkin）对蒙太奇的界定是最基础的表述，爱森斯坦对蒙太奇的解读突出了其内在的逻辑性，夏衍对蒙太奇的定义强调了其依据的生理效应，史东山则立足于蒙太奇的功能和效果，张骏祥又扩充了蒙太奇含义的范围。

基于国内外专家学者对蒙太奇的认知，本书将蒙太奇的基本概念界定如下：蒙太奇，即根据导演的主观意图将原本无序的、混乱的、单义的、独立的镜头组接在一起，使其可以完成交代情节、塑造人物、表达情绪、生成内涵、传递思想等任务。

简言之，蒙太奇不仅仅是一种"技术手段"，还具有艺术、思维和哲学层面的功能和作用。由此可见，蒙太奇的概念具有狭义和广义两个维度。狭义上的蒙太奇指的是将镜头进行组接的技巧，广义上的蒙太奇则是一种思维，而这种思维贯穿影视创作过程。

二、蒙太奇的发展脉络

在电影诞生之初，导演们通常采用固定机位、单一镜头的拍摄方式完成对现实生活场景或者舞台表演场景的原始记录，即使有人将多个单一镜头拼贴在一起，也显得非常生硬，缺乏艺术性。当时的影视创作者大多无编辑意识或编辑意识薄弱，使用蒙太奇手法更是无从谈起。

随着科技的进步和电影创作者的不断探索，摄影机逐渐摆脱了固定视点的传统拍

①②③④⑤⑥ 傅正义.影视剪辑编辑艺术[M].修订版.北京：中国传媒大学出版社，2009：69.

摄方式,逐步开始采用分镜头的拍摄方式。这一尝试使得电影画面呈现出多视点、多角度、多空间的特征,同时也不再受制于舞台时间、空间的局限。电影获得了自己独有的表现方法——蒙太奇。

20世纪伊始,人们开启了对蒙太奇手法的探索之旅。1900年,乔治·阿尔伯特·史密斯(George Albert Smith)开始尝试在以往惯常使用的镜头(全景镜头、中景镜头)中插入特写镜头,《祖母的放大镜》(1900)就是其中典型的代表。乔治·萨杜尔(Georges Sadoul)说:“这种技术就是现代意义的蒙太奇,也就是特写镜头与全景镜头的交替出现,而中间没有任何说明来为这种视点的骤然改变寻找理由。”[①]乔治·梅里爱因为早期从事戏剧创作,故而在电影创作的初期仍被定点摄影的思维定式所左右。虽然在《月球旅行记》的拍摄过程中,他在无意中犯了很多蒙太奇应用的错误,但该片成功打破了单一镜头叙事的局限,蒙太奇手法已经开始被他不自觉地使用起来。美国人埃德温·鲍特是世界电影史上举足轻重的人物之一,对交叉蒙太奇的最早运用可追溯到他的《一个美国消防员的生活》,而在其另一部经典作品《火车大劫案》中,平行蒙太奇的特征已初现端倪。在同一时期,其他导演也对蒙太奇手法进行了探索,例如詹姆斯·威廉森(James Williamson)在拍摄《中国教会被袭记》(1900)时亦采用了平行蒙太奇手法,再如阿尔弗莱德·柯林(Alfred Colins)借《汽车上的婚礼》(1903)这部作品证明了他是第一个使视点自由化的人。

如果说上述电影人对蒙太奇的使用还停留在初期探索的层面,那么,真正将蒙太奇作为电影的一种创作元素的电影人是大卫·格里菲斯。他对蒙太奇的发展做出了巨大贡献,他的创作实践启迪着人们发现了电影的特性,蒙太奇变成了一种语言方法,叙事蒙太奇由此诞生,表现蒙太奇初露端倪。

卡雷尔·万桑曾说:“格里菲斯是爱森斯坦和普多夫金远在异地的老师”[②],这一主张被人们广为接纳。在实际创作中,爱森斯坦和普多夫金虽然沿着不同的发展方向前进,但是他们的探索共同推动了蒙太奇理论的发展,也促进了蒙太奇手法的创新。具体而言,普多夫金遵循“铁的分镜头剧本”[③]原则进行电影创作,诠释了“演绎的”蒙太奇[④]的核心意义,其代表作品有《母亲》(1926)等;爱森斯坦提出“电影小说”[⑤]的概

① 马尔丹.电影语言[M].何振淦,译.北京:中国电影出版社,2006:124.

② 阿里斯泰戈.电影理论史[M].李正伦,译.北京:中国电影出版社,1992:127.

③ 阿里斯泰戈.电影理论史[M].李正伦,译.北京:中国电影出版社,1992:141.“铁的分镜头剧本”是普多夫金提出的主张,强调导演进入摄影棚之前,应把拍摄的注意事项都在分镜头剧本上备注完善,例如演员的活动、摄影机的位置等具体信息。

④ 阿里斯泰戈.电影理论史[M].李正伦,译.北京:中国电影出版社,1992:137.普多夫金主张镜头的组接如同用砖块砌墙一样,导演按照一定的顺序把镜头排列组合。“演绎的”蒙太奇就是以“铁的分镜头剧本”为原则,把剧本的文字信息通过镜头语言展现出来。“演绎的”蒙太奇注重规则秩序,但也不免呆板生硬。

⑤ 阿里斯泰戈.电影理论史[M].李正伦,译.北京:中国电影出版社,1992:142.“电影小说”是爱森斯坦提出的主张,强调在电影创作之前先写出故事梗概,注重情节的戏剧性和故事的感染力。

念，他创作的《战舰波将金号》(1925)、《罢工》(1925)等作品成功演绎了“归纳的”蒙太奇[①]的典型特征。除了上述两人外，贝拉·巴拉兹(Bela Balázs)、库里肖夫、吉加·维尔托夫(Dziga Vertov)、鲁道夫·阿恩海姆(Rudolf Arnheim)等人同样也为蒙太奇的进步和发展做出了突出的贡献。值得注意的是，在苏联电影大师库里肖夫、普多夫金、爱森斯坦等人的共同努力下，蒙太奇已经从电影语言上升至电影理论的高度，蒙太奇理论应运而生。

可以说，蒙太奇的发展史就是一部影视技术的演进史。无声时期的视觉蒙太奇技巧已臻于成熟，影视声音的出现为蒙太奇的发展注入了新的活力，声画结合的蒙太奇由此诞生。蒙太奇的发展并不是一帆风顺的，在第二次世界大战之后，以安德烈·巴赞为代表的理论家就大胆地对蒙太奇提出批判，自此以后，蒙太奇与长镜头作为影视语言的两种截然不同的表现形式，以此消彼长的态势共同进步、共同发展。在电影艺术演进的漫长过程中，伴随着彩色、宽银幕、立体声的出现，蒙太奇的表现手段也在不断地丰富和完善。如今，随着 VR、AR、MR 等技术逐渐发展并被广泛应用于影视领域，一批运用新技术的影视作品出现了。相较于传统的影视作品，这类作品因新技术的使用在电影语言上产生了或多或少的新变化，甚至颠覆了传统的电影语言。例如，VR 电影需要观众佩戴 VR 眼镜进行观影。观众沉浸在一个似真似幻的虚拟世界中，获得全景沉浸式的视听体验。与之相适应，VR 电影并未频繁使用蒙太奇，而是采用基于段落长镜头的场景切换，传统的基于多元景别的蒙太奇在 VR 电影中被替换成全景式段落镜头的组接，以让观众充分沉浸在 360°的立体场景中。随着技术的不断迭代，5G、元宇宙、人工智能等不断涌现，在影视领域，蒙太奇又将表现出怎样的新变化、产生怎样的新应用、形成怎样的新表达？这些问题值得影视工作者思考和探索。

三、蒙太奇的美学特征

以上，我们已经对蒙太奇的相关概念和发展演变进行了较为简略的梳理。蒙太奇之所以被很多影视工作者喜爱，是因为它具有独特的美学特征，具有属于它自己的魅力。

纵观相关书籍，现有对蒙太奇美学特征的认知大致可归为以下几点：

- 选择和取舍，概括和集中
- 引导观众的注意力，激发观众的联想
- 创作独特的电影时间和空间
- 形成不同的节奏

---

① 阿里斯泰戈.电影理论史[M].李正伦，译.北京：中国电影出版社，1992：156.爱森斯坦主张镜头组接的多义性，他认为镜头组接不是简单意义上的叠加，而是通过巧妙的组接使其衍生出新的含义。“归纳的”蒙太奇就是以“电影小说”为原则，把抽象的文字信息通过具象的画面展现出来。“归纳的”蒙太奇重视传达深刻的思想和表达复杂的感情。

●组织、综合各种元素

●表达寓意,创造意境

在前人研究的基础之上,本书对蒙太奇的美学特征作如下阐释:

第一,提炼和升华现实生活。阿尔弗雷德·希区柯克(Alfred Hitchcock)曾经说过,戏剧是去掉了枯燥无味的时刻的生活,戏剧不是对于生活的机械照搬。影视是一门艺术,它同样也不是机械地照搬生活,它是对生活原貌“取其精华、去其糟粕”的结果,蒙太奇就是促成这个结果的方式和手段。

第二,营造“虚假”时空。众所周知,影视的时空和现实的时空一般不能完全吻合。现实时空表现出顺序性、一次性、连续性等特点,影视时空则体现出可控性、随意性、断裂性等特征。与现实时空的真实性相比,影视时空是“虚假”的,是影视创作者主观创作的影像世界。蒙太奇手法就是塑造这个“虚假时空”的强而有力的手段。

第三,表达深邃的思想。文字是抽象的,图像是具象的;思想感情是抽象的,视听语言是具象的。影视艺术正是借助蒙太奇手法将导演深邃的思想通过直观的视听语言表达出来。

四、蒙太奇的基本分类

在明晰蒙太奇的基本概念、发展脉络、美学特征之后,有必要对蒙太奇进行合理的分类。在此之前,巴拉兹、普多夫金、爱森斯坦、阿恩海姆、保罗·罗沙(Paulo Roucha)等电影理论家,以及多部中外影视类书籍都对蒙太奇的类型进行了划分,且存在不同的观点。本书列出以下数种,仅供读者学习。

巴拉兹对蒙太奇的分类①:

●思维蒙太奇(创造思想)

●隐喻蒙太奇(如《战舰波将金号》中表现机器和水兵脸部的镜头)

●诗意蒙太奇(如《母亲》中冰块解冻的镜头)

●寓意蒙太奇(如《圣西尔维斯特之夜》中海洋的镜头)

●理性蒙太奇(如《十月》中塑像又重回基座的镜头)

●节奏蒙太奇(音乐性与装饰性)

●形态蒙太奇(视觉形态的对立)

●主观蒙太奇(摄影机以“第一人称”出现)

普多夫金对蒙太奇的分类②:

●对比(如:琳琅满目的橱窗—乞丐)

●平行[如:游行示威者—冰块(见《母亲》)]

●比拟(如:《罢工》中屠宰场的隐喻)

●同时发展(如:《党同伐异》中的救人场面)

---

① 马尔丹.电影语言[M].何振淦,译.北京:中国电影出版社,2006:138.

② 马尔丹.电影语言[M].何振淦,译.北京:中国电影出版社,2006:138-139.

●主题反复出现（如：《党同伐异》中妇女摇摇篮）

爱森斯坦对蒙太奇的分类①：

●长度蒙太奇（又称“最早动力”，以镜头的长度为基础，与乐曲的长度相仿）

●节奏蒙太奇（又称“最早感染力”，以镜头长度与画面内部的运动为基础）

●音调蒙太奇（又称“抒情感染力”，以镜头的感染反响为基础）

●谐调蒙太奇（又称“多音调感染力”，以全片总的主导情绪为基础）

●理性蒙太奇（又称“理性感染力”，是理性反响与良知的主导感染力这两者的结合）

《电影艺术词典》对蒙太奇的分类②：

●叙事蒙太奇（平行蒙太奇、交叉蒙太奇、重复蒙太奇、连续蒙太奇）

●表现蒙太奇（心理蒙太奇、隐喻蒙太奇、对比蒙太奇）

●镜头内部蒙太奇

《影视剪辑编辑艺术》对蒙太奇的分类③：

●叙述的蒙太奇（平行式蒙太奇、交叉式蒙太奇、复现式蒙太奇、叫板式蒙太奇、错觉式蒙太奇、积累式蒙太奇、扩大与集中式蒙太奇、夹评夹叙式蒙太奇）

●表现的蒙太奇（对照式蒙太奇、梦幻式蒙太奇、象征式蒙太奇、联想式蒙太奇）

《电影概论》对蒙太奇的分类④：

●叙事蒙太奇（线性蒙太奇、平行蒙太奇、交叉蒙太奇、重复蒙太奇）

●表现蒙太奇（对比蒙太奇、隐喻蒙太奇、心理蒙太奇、抒情蒙太奇）

●理性蒙太奇（杂耍蒙太奇、思想蒙太奇）

除了以上提及的各种蒙太奇的类型以外，还有前进蒙太奇、后退蒙太奇、集合蒙太奇等，亦存在以下的分类形式：

●叙事蒙太奇（前进蒙太奇、后退蒙太奇、集合蒙太奇、平行蒙太奇、交叉蒙太奇、连续蒙太奇）

●表现蒙太奇［积累蒙太奇、对比蒙太奇、联想（隐喻、象征）蒙太奇、重复蒙太奇、抒情蒙太奇］

●镜头内部蒙太奇

通过以上梳理我们不难发现，关于蒙太奇的分类经历了一个从混沌到清晰的过程。前期电影理论家对其的认知和分类是基础和前提，在后续的演进中，各方关于蒙太奇的分类逐渐形成较为规范的认知。本书将以上的划分方法命名为“蒙太奇二分法”和“蒙太奇三分法”。具体而言，如果从大的类型上划分，“蒙太奇二分法”将蒙太奇分为叙事（或称叙述）蒙太奇和表现蒙太奇。“蒙太奇三分法”又有两种划分方法：

---

① 马尔丹.电影语言[M].何振淦，译.北京：中国电影出版社，2006：139.

② 许南明，富澜，崔君衍.电影艺术词典[M].修订版.北京：中国电影出版社，2005：153-155.

③ 傅正义.影视剪辑编辑艺术[M].修订版.北京：中国传媒大学出版社，2009：80-84.

④ 周星.电影概论[M].北京：高等教育出版社，2004：86-89.

叙事(或称叙述)蒙太奇、表现蒙太奇和理性蒙太奇,叙事(或称叙述)蒙太奇、表现蒙太奇和镜头内部蒙太奇。

通过以上分析,我们也不难发现这样一个问题:从小的种类上来看,蒙太奇的类型虽然名目众多,但这些分类思路大多息息相关,部分如出一辙。所谓"息息相关"指的是两种或者两种以上的蒙太奇之间存在的"血缘"关系,它们既可以基于某种共性而形成密切的组合,各自又具有非常鲜明的特点。例如,联想蒙太奇、象征蒙太奇和隐喻蒙太奇,连续(或称线性)蒙太奇、前进蒙太奇和集中式蒙太奇。所谓"如出一辙",指的是蒙太奇的种类虽然叫法不一,但内涵一致。例如,对比蒙太奇对应对照式蒙太奇,连续蒙太奇对应线性蒙太奇,扩大与集中式蒙太奇对应后退蒙太奇和前进蒙太奇,等等。

鉴于以上复杂的情况,本书试图对蒙太奇进行较为细致且合理的划分。具体而言,首先,本书采用"蒙太奇二分法"(镜头内部蒙太奇实际上应归入长镜头,因此,本教材将在长镜头部分介绍镜头内部蒙太奇),将蒙太奇划分为叙事蒙太奇和表现蒙太奇;其次,鉴于"如出一辙"的情况,本书将连续(或称线性)蒙太奇、平行(或称并列)蒙太奇、交叉(或称交替)蒙太奇、重复(或称复现式)蒙太奇这四种归于叙事蒙太奇;再次,将对比(或称对照式)蒙太奇、心理(或称梦幻式)蒙太奇、联想蒙太奇、抒情(或称诗意)蒙太奇这四种归于表现蒙太奇;最后,鉴于"息息相关"的情况,遵循追根溯源的原则,在论及连续(或称线性)蒙太奇时介绍由它所衍生出来的前进蒙太奇或集中式蒙太奇,在论及联想蒙太奇时将其分为隐喻蒙太奇和象征蒙太奇。

本书所采用的分类方式可以在一定程度上避免以往因蒙太奇的名目众多而带来的分类困扰,当然也会存在很多不足之处。蒙太奇不是一成不变的,它会随着时代的发展而不断演进,也许还会衍生出新的种类,或者出现同类合并的情况,从而进一步产生新的分类方式。

五、蒙太奇的主要类型

如前所述,蒙太奇的分类林林总总。本书采用"蒙太奇二分法"将其划分为叙事蒙太奇和表现蒙太奇这两大基本类型。鉴于蒙太奇自身千变万化的表现形式,在本书中仅列出叙事蒙太奇和表现蒙太奇的主要类型,并将相似或者雷同的类型归于一处集中论述,借以观摩。

(一) 叙事蒙太奇

叙事蒙太奇,又称"叙述蒙太奇",它是以交代情节、展示事件为主旨的一种蒙太奇类型。"它按照情节发展的时间流程、逻辑顺序、因果关系,来分切组合镜头、场面和段落,表现动作的连贯,推动情节的发展,引导观众理解剧情。"①依据叙述方式的不同,叙事蒙太奇可以进一步划分为连续(线性)蒙太奇、平行(并列)蒙太奇、交叉(交

---

① 许南明,富澜,崔君衍.电影艺术词典[M].修订版.北京:中国电影出版社,2005:153.

替)蒙太奇、重复(复现式)蒙太奇。它们的内涵不一,形式各异,特点突出,但并无优劣之分,导演在进行艺术创作时应根据具体内容及创作需要进行选择。

1.连续蒙太奇

连续蒙太奇,又称线性蒙太奇,顾名思义,它以单一情节为线索,旨在按照事件发展的逻辑顺序进行详尽叙述,着重强调事件发展的起承转合。连续蒙太奇与李渔在《闲情偶寄》一书中提出的“立主脑”“密针线”“减头绪”①等主张具有异曲同工之妙,都是主张对主要事件进行集中叙述。

采用连续蒙太奇手法创作的影视作品会使观众感觉到作品脉络条理清晰,结构层次分明,线索有条不紊,叙事连贯顺畅。最能体现连续蒙太奇特色的当属前进蒙太奇或称集中式蒙太奇,采用“远景—全景—中景—近景—特写”的组接方式层层递进,在顺利完成叙事的同时,起到吸引观众入戏、促进观众感情升温、制造戏剧悬念的作用。

电影《黄土地》将镜头对准辽阔厚重的黄土地,运用寓言叙事的创作手法将世世代代生活在黄土地上的人们的生活与思想展示得淋漓尽致,体现了导演对处于转型时期的中国社会的思考,对传统文化和现代文明的洞察。其中,“祈雨仪式”场面一方面反映了黄土高原上农民对自然力量的敬畏和依赖,展现了他们面对生存挑战时的传统应对方式;另一方面也通过宏大的场面与强烈的视觉冲击给观众带来心灵的震撼,加强了观众对当地老百姓内心世界和生存环境的理解,突显了影片的主题。

《黄土地》片段

导演在“祈雨”片段中大量运用了连续蒙太奇的手法,以“远景—全景—中景—近景—特写”的镜头组接方式将黄土地上的人们对求雨的虔诚、求雨场面的隆重、仪式背后的思考、翠巧弟弟的迷茫充分地表现了出来。该场面以骄阳炙烤着大地的远景作为开端,镜头足足持续了十几秒,让观众仿佛置身于干旱的大地之上,真切地感受到农民的绝望。之后,镜头稍稍推进,祈雨仪式开始,领头人悲怆地祈祷着,村民们虔诚地跪在地上,给人以一种压抑感和庄严肃穆感。接着,以全景镜头表现“龙王碑”,碑身位于画面的中心位置,这让观众的注意力很自然地集中在“龙王碑”上,推动了故事情节的发展。镜头此时转换为中景,将黄土地上瘦骨嶙峋的农民那种虔诚、恐慌、无奈表现得淋漓尽致。下一个镜头则为翠巧弟弟的近景,弟弟的迷茫与不知所措和当地农民形成了鲜明的对比,让人不禁思考社会转型下的传统文明该何去何从的问题。接着,镜头切换至水中的碗的特写,该物件细节在下一个镜头中以相同景别出现,只不过碗下沉至水里,而这也代表着祈雨成功,但真的成功了吗?当然没有,导演在片尾将镜头定格至依旧干旱的大地,也表明了祈雨的失败,并用歌词巧妙引出了祈雨成功的唯一方式——救万民靠共产党!是啊,无论何时何地,我们永远坚持党的领导,在党的领导下,我们才能克服万难,共创辉煌!

在影视创作中,连续蒙太奇是应用最为广泛的一种蒙太奇类型。就影视作品本身而言,纵然创作背景千差万别、艺术手法形式各异、演员表演各具特色、叙事结构不尽

---

① 李渔.闲情偶寄[M].北京:中国画报出版社,2013:7-11.

相同,但每部作品都是独一无二的,都在向观众讲述着完整的故事。从这个层面上来说,每部作品都是一次连续蒙太奇的精彩演绎。就影视创作规律而言,有的作品以人物为核心,例如国外经典作品《公民凯恩》、《四百击》、《毕业生》[①](1967)、《阿甘正传》[②](1994)和中国经典作品《神女》(1934)、《推手》[③](1991)、《活着》[④](1994)、《小武》[⑤](1998)等;有的作品则倾向于以事件为线索,例如《卡萨布兰卡》[⑥](1942)、《雌雄大盗》[⑦](1967)、《辛德勒的名单》(1993)、《悬崖之上》(2021)等。虽然手法不同,结构各异,但它们都借助连续蒙太奇的手法彰显影视艺术的叙事魅力。

2.平行蒙太奇

关于平行蒙太奇,有两种解释:第一,两条或者两条以上的线索并列出现,它们虽然分别叙事但始终统一于一个完整的情节之中;第二,多条情节线索交织穿插叙事,它们本身自成一体且归于一个共同主题的统领之下。

生活是一条单行线,它只能完成"此时此刻"和"彼时彼地"的叙事,而影视作品则可利用平行蒙太奇手法向观众展现多线叙事的魅力。以多线叙事为特征的平行蒙太奇可以进一步划分为以下三种情形:不同时空、同时异地、同时同地。虽然表现形式不同,但它们都以多条线索为前提,以并列或交织叙事为特征,以统一、整体的主旨为主导,在叙事上无论是齐头并进还是交织盘绕,在展现平行蒙太奇自身凝聚力和向心力的同时,也可以多线、多面、多角度、多方位地诠释作品主题的深度。

下面我们围绕平行蒙太奇的三种不同表现形式分别举例论证。

首先是展现不同时空的交织叙事。此种方式旨在通过对不同时空中线索的并列或对比的呈现来凸显同一个主题。例如,在纪录片《沙与海》(1991)中,一边是茫茫无际的沙漠,另一边是遥遥无边的海洋,对于刘泽远和刘丕成而言,他们面对的是截然不同的生活环境,他们选择的是完全不同的生存模式。观众可以从相互交错的平行蒙太奇手法中去理解人性的深刻,去洞察生活的哲理,去品味现实的辛酸,去体悟精神的不屈。又如,纪录片《阳光宝贝》(2010)采用纯观察的记录方式,向观众清晰呈现了美国、纳米比亚、蒙古、日本这四个国家的四个婴儿从出生到学会走路的成长经历。该片采用平行蒙太奇的手法带领观众穿梭于不同时空之中,共同见证孩子们的喜怒哀乐,体验儿童世界的纯真与美好,从而使观众的心灵得到净化,甚至启迪观众去思考有关

---

① 《毕业生》获奖记录:第 40 届奥斯卡金像奖最佳导演。

② 《阿甘正传》获奖记录:第 67 届奥斯卡金像奖最佳影片、最佳男主角、最佳导演等。

③ 《推手》获奖记录:第 28 届台湾电影金马奖最佳男主角、最佳女配角等。

④ 《活着》获奖记录:第 47 届戛纳国际电影节评审团大奖、最佳男演员等,第 48 届英国电影学院奖最佳外语片。

⑤ 《小武》获奖记录:第 20 届法国南特三大洲电影节金热气球奖,第 48 届柏林国际电影节沃尔福冈・施多德奖、NETPEC 亚洲电影促进联盟奖等。

⑥ 《卡萨布兰卡》获奖记录:第 16 届奥斯卡金像奖最佳影片、最佳导演、最佳编剧。

⑦ 《雌雄大盗》获奖记录:第 40 届奥斯卡金像奖最佳女配角、最佳摄影。

教育、生活等各个方面的问题。再如，在电影《无间道》(2003)[①]中，黑帮成员刘健明听从老大安排，加入警察队伍成为黑帮的卧底，而警察训练学校优秀学生陈永仁被上级要求去黑帮做卧底，该片就是围绕这两个“卧底”来展开故事讲述的。在影片开头，双方的卧底生活通过平行蒙太奇的手法呈现，作为警察卧底的陈永仁砸人玻璃、被古惑仔追着跑、躲避警察，与此同时，黑帮的卧底刘健明却在警校获得了优异的成绩，在街上抓捕罪犯。两人完全相反的卧底生活被统一于同一个主题之中，这段蒙太奇以刘警官抓住了陈永仁结束，给观众呈现出两人截然不同的成长过程，使观众产生强烈的反差感，从而激发观众的兴趣。

《无间道》片段

其次是表现同时异地的情节对比。这种方式打破了现实生活中“一时一事”的局限，也突破了戏剧艺术“三一律”手法的桎梏，实现了对时空的灵活转换和对主题的多面阐释，其应用极其广泛，由此被观众广为熟知。《长津湖》[②](2021)以抗美援朝中的长津湖战役为背景，讲述了在1950年的深冬，志愿军在劣势的条件下将装备精良的美军打得落荒而逃的故事。在九团的士兵接收到进攻美军的任务时，大家仅有的食物是僵硬的土豆，而美军却拥有火鸡、披萨。在这一情节中，通过镜头的不断切换，冷色调的土豆和暖色调的火鸡形成鲜明的对比，观众在镜头的反复切换之间，感受到强大的视觉冲击力，体会到志愿军艰苦的条件和美军的贪图享乐，这也为美军战败埋下伏笔。电影《疯狂的石头》[③](2006)也出色地使用了平行蒙太奇的手法，将保卫工作与偷盗准备的情节相互穿插，产生了强烈的戏剧效果。保卫科科长包世宏针对展览区周围的环境进行布防，小偷三人帮在展览区周围进行踩点，国际大盗麦克则在置办各种盗窃工具，三个不同场景中的三组不同的人物在同一时间为即将展出的翡翠忙碌着，翡翠是将三个平行事件合三为一的关键性元素，是表现同时异地情节对比的必备元素。

最后是展现同时同地的真实情况。诚然，平行蒙太奇手法最突出的特色就是基于时空转换之上的多线叙事，以不同时空和同时异地这两种情况居多，但不容忽视的是，平行蒙太奇同样也可以完成对发生在同时同地的故事的精彩讲述。在电影《摔跤吧！爸爸》结尾处，吉塔不负众望成功进入2010年英联邦运动会女子摔跤55公斤级决赛，吉塔的教练出于嫉妒的心理，派人将吉塔的父亲锁到摔跤馆的某个黑暗的房间里。在摔跤馆这个特定的地点里，一边是女儿激烈的比赛场面，另一边是父亲焦急等待的场面，导演运用平行蒙太奇手法进行叙事，此举既强化了情节的戏剧性，又深化了影片的主题。纵然父亲没有亲眼看到女儿取得胜利的时刻，但女儿的成功离不开父亲一直以来的谆谆教导。吉塔赢得了摔跤比赛的冠军，在更重要的

---

① 《无间道》获奖记录：第40届台湾金马奖最佳剧情片、最佳导演、最佳男主角，第22届香港电影金像奖最佳电影、最佳导演、最佳编剧等。

② 《长津湖》获奖记录：第35届中国电影金鸡奖最佳故事片、最佳导演，第36届大众电影百花奖最佳影片。

③ 《疯狂的石头》获奖记录：第7届华语电影传媒大奖最佳电影，第12届中国电影华表奖优秀数字电影奖、优秀电影技术奖、优秀新人导演奖。

层面上,这也预示着印度的女孩可以自由地追求梦想,而不是一味地陷入相夫教子的传统模式之中。纪录片《我在故宫修文物》(2016)将故宫博物院作为故事的发生地。该片在利用平行蒙太奇手法方面也别具匠心,它将故宫中不同院所里诸如钟表组、陶瓷组、青铜组等的工作情况一一展现出来。由此,观众可以见证宫廷修复师这个群体的工作情况,也可从整体上感知发生在这个巨大的高墙院落里的故事。例如,在第一集中,导演采用平行蒙太奇的手法向观众展现了钟表组的王津、亓昊楠师徒,陶瓷组的王五胜、纪东歌、窦一村师徒,青铜组的王有亮、高飞师徒的不同工作情况。王津、亓昊楠师徒克服重重困难,使铜镀金乡村音乐水法钟重新发声,王五胜、纪东歌、窦一村师徒齐心协力使唐三彩马重现光彩,王有亮、高飞师徒顺利完成了海南黄花梨柜子等文物的修复工作。他们面对不同的文物,克服不同的困难。纪录片创作团队运用平行蒙太奇手法将不同工种的文物修复专家为故宫博物院九十周年院庆所做的一系列工作展现出来,既可以渲染院庆来临之前的紧张气氛,又可以凸显文物修复专家兢兢业业的工作态度。

3.交叉蒙太奇

交叉蒙太奇,又称交替蒙太奇,在平行蒙太奇的基础上发展而来,且两种手法经常混合使用,故而有人将其合称为“平行交叉蒙太奇”。交叉蒙太奇虽与平行蒙太奇具有相似之处,但二者之间的差异还是比较明显的。平行蒙太奇是统一主题引领下的多线交织,更加强调的是主题的一致性和情节的统一性;交叉蒙太奇则更加突出各个线索之间的同时性,甚至更加强调其内在的因果关系,因为其在表现形态上呈现出各线索间频繁交替的状况,故而有利于营造紧张激烈的氛围并以此来吸引观众的注意力。

《我和我的父辈》片段

格里菲斯的《党同伐异》虽然遭受非议,票房惨败,但是该影片中极具代表性的“最后一分钟营救”彰显了交叉蒙太奇的魅力与特色,此种艺术手法沿用至今,并被创作者津津乐道。又如,在电影《我和我的父辈》“乘风篇”的结尾处,作为冀中骑兵团的团长,为了掩护百姓撤离,让一村的群众免受死亡的威胁,马仁兴忍痛让战友打响信号弹,将敌人引到另一条路上,而他的儿子马乘风刚去往这个方向,这个决定无疑将马乘风置于险境之中。这时,电影用交叉蒙太奇的手法呈现两方的情况:一边是马乘风在枪林弹雨中浴血杀敌,奋勇前行,奔向死亡;另一边是在其父亲马仁兴的掩护下,一位孕妇在小舟上分娩,迎接新生。两条线索交叉进行,这样的剪辑方式直击观众心灵,将革命精神代代传承体现得淋漓尽致。

电影创作者在运用交叉蒙太奇时,不能将“最后一分钟营救”僵硬地应用于电影结尾,当它出现在电影的其他部分时同样也可以起到夺人眼球的作用。电影《疯狂的石头》在开头将交叉蒙太奇的手法运用得十分出色。在同一时间,谢小盟、包世宏、四眼、骗子集团四条线索并列前行,电影通过一个可乐瓶子的意外坠落将四条线索串联在一起,形成因果的顺承关系。具体而言,缆车中的谢小盟无意间丢下的可乐瓶子砸碎了包世宏的前窗玻璃,当包世宏下车对着缆车破口大骂时,包世宏的车在无人驾驶的情况下对正在贴广告的四眼的车子进行了猛烈的撞击，强烈的撞击声引起了警察的注意，骗子集团借此逃过一劫。由此可见，可乐瓶子意外坠落种下的“因”引发了后续一系列精彩故事的“果”，而此处，交叉蒙太奇手法就起到了制造紧张气氛、增强戏剧悬念、平添故事趣味等多重作用。

4.重复蒙太奇

重复蒙太奇，又称“复现式蒙太奇”，以导演想要表现的核心思想为根本，以人物、景物、场面、物件、细节、语言、音乐、色彩等为依托，形成独具韵味和蕴含深刻寓意的镜头或者场面，并使其反复出现在影片情节的关键时刻，在引起观众高度重视的同时，形成对比、强调、呼应、渲染等艺术效果。重复蒙太奇借鉴了文学修辞手法中的重复手法。需要着重强调的是，观众在理解和领会重复蒙太奇手法的时候，不能仅仅局限于视听语言、表现手法、组合方式等浅层表象，更要透过现象看本质，用心洞察深藏于其影像背后的“象外之象”，去揣测和领悟重复蒙太奇手法的应用与影片主题、人物命运、事件本质等之间千丝万缕、不可割裂的紧密联系。

电影《秋菊打官司》[①]（1992）改编自陈源斌的小说《万家诉讼》，讲述了农村妇女秋菊在身怀六甲的情况下不辞劳苦“为夫申冤”的精彩故事。一个柔弱的女子，为了给丈夫讨个说法，不畏权势誓与村长据理力争，亦坚持诉讼说理。作品主题突出，故事曲折，人物性格鲜活且立体。秋菊善良、坚毅、勇敢的性格跃然于电影中，给观众留下了深刻的印象。在该片中，蜿蜒曲折的山路反复出现，而这正是秋菊自身经历的真实写照：丈夫被村长踢伤，秋菊把受伤的丈夫接回家，山路意味着不幸的开始；秋菊心里不服，首次去乡政府讨说法，山路意味着告状的曲折经历；村长蛮不讲理，将钱扔在地上，秋菊备受屈辱，她毅然再次踏上去乡政府告状的路途，但恰巧李公安不在，此次告状无疾而终；乡政府解决不了纠纷，秋菊卖辣椒赚钱再次踏上去县里告状的路途；李公安劝解无效，秋菊毅然决然地去市里说理；连丈夫都埋怨她惹是生非时，她坚决再次踏上去市里说理的山路；秋菊难产，村长等人连夜架着她奔赴医院，曲折的山路意味着生死未卜的命运；秋菊顺利生产后，丈夫将秋菊母子拉回家，曲折的山路意味着事情发展的不可预知；村长被抓，秋菊拼命追赶，蜿蜒的山路隐喻世事的难以捉摸。通过巧妙运用重复蒙太奇，导演既含蓄委婉地交代了秋菊的坎坷经历，又引导和启迪着观众对人的生活状态及人生道路的深刻思考（如图 2-1 所示）。

《秋菊打官司》片段

① 《秋菊打官司》获奖记录：第 49 届威尼斯国际电影节金狮奖、最佳女演员，第 13 届中国电影金鸡奖最佳故事片、最佳女主角等。

镜头 1

镜头 2

镜头 3

镜头 4

镜头 5

镜头 6

镜头 7

镜头 8

镜头 9

镜头 10

镜头 11

镜头 12

镜头 13

镜头 14

镜头 15

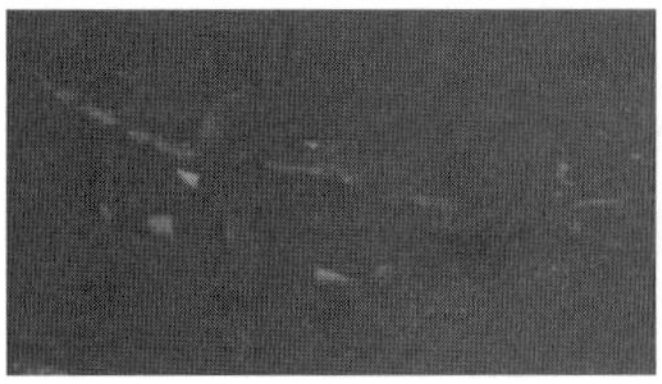
镜头 16

镜头 17

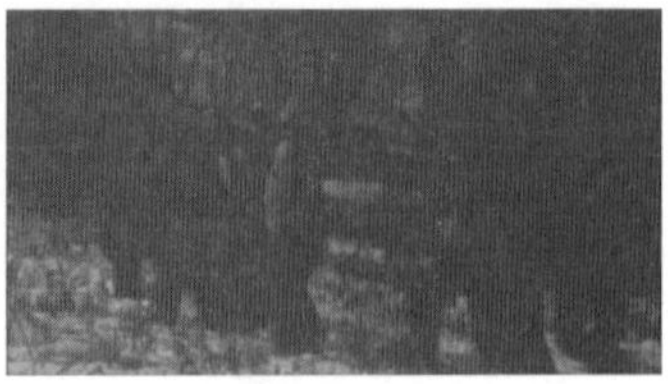
镜头 18

镜头 19

镜头 20

镜头 21

镜头 22

镜头 23

镜头 24

镜头 25

镜头 26

镜头 27

镜头 28

镜头 29

镜头 30

镜头 31

图 2-1　《秋菊打官司》中的场景

（注：镜头 1 是秋菊把受伤的丈夫接回家；镜头 2—5 是秋菊第一次去乡里说理；镜头 6—7 是秋菊第二次去乡里说理；镜头 8—11 是秋菊去县里说理；镜头 12—13 是秋菊首次去市里说理；镜头 14—15 是秋菊再次去市里说理；镜头 16—21 是秋菊难产求医的场景；镜头 22 是丈夫拉着秋菊母子回家；镜头 23—31 是村长被抓，秋菊奔跑追逐。）

《听禅》片段

在纪录片《听禅》①(2011)中,陈家欣的镜头反复出现,且每一次出现都有不同的寓意和作用。她第一次出场是在康有为的故居中,在此,导演巧妙地利用声音转场和前进蒙太奇结合的方式,顺利完成了上承孩子们背诵《公车上书》、下接渔夫们江面划船的场景;她的第二次出场是坐在椅子上,字幕显示"康有为成立了全国第一个不缠足会",接着镜头从她的手部特写自然转切到自梳女(为了摆脱夫权缠发不嫁的女子)晃脚的特写;第三次出场是陈家欣在低声吟唱并以此来表明歌颂的态度;上接"浮生若茶"的画面,从喧嚣归于平静,此时陈家欣第四次出场,她在康有为故居的窗前若有所思,下接太极拳表演的画面,此组镜头凸显了中华优秀传统文化的特色;陈家欣第五次、第六次出场是与谦伯交替出现,她或仰头思索或离我们远去,这个"远去的背影"寓意深刻,为接下来将要展现的新旧文明矛盾埋下伏笔;第七次出场是陈家欣的三个不同角度的脸部特写镜头和一个手部特写镜头,背景声是孩子们的读书声,最后画面定格于陈家欣向窗外观望,接着转向工人搬运佛山陶瓷的场景,此部分展示了佛山地区的地域文化特色;第八次出场是伴随着孩子们朗读《大同书》,陈家欣呆坐在椅子上,下方字幕显示"爱众生、去苦界、至极乐",向观众传递一种关于人生哲理的思考;第九次出场是当耳边传来拆迁的声音时陈家欣转身回头,导演借她的眼睛去见证传统文明与现代文明之间的强烈冲突;第十次出场是陈家欣撑着一把红油伞漫步雨中,水中的倒影若隐若现,从而营造出一种朦胧的美感;陈家欣最后一次出场是在该片即将结束之时,她双手合十虔诚祈祷,耳畔传来谦伯的唱曲,其中的"禅意"不言而喻。

又如,在电影《暴裂无声》②(2017)中,石头堆砌成的三角形石堆反复出现。在电影的开场中,张保民的儿子张磊在堆石头玩,把石头堆成了像自己名字"磊"一样的形状。在后续的剧情中,父亲张保民来到此地寻找儿子,镜头再次给到石堆,此时画面中的石堆已经倒塌。这组重复蒙太奇起到了呼应和强调的作用,暗示张磊很可能已经遭遇不测,前后呼应的石堆超越了浅层表象,成为张磊的象征,隐喻张磊的命运。

(二)表现蒙太奇

表现蒙太奇是一种具有很强的概括力、表达力和感染力的蒙太奇类型。"它以镜头的对列为基础,通过相连或相叠镜头在形式上或内容上相互对照、冲击,从而产生一种单独镜头本身不具有或更为丰富的含义,以表达某种情感、情绪、心理或思想,给观众造成强烈的印象。"③叙事蒙太奇注重逻辑,强调理性;表现蒙太奇在乎情绪,突出感性。根据表现形式的不同,表现蒙太奇又可以进一步划分为:对比(或称对照式)蒙太奇、心理(或称梦幻式)蒙太奇、联想蒙太奇、抒情(或称诗意)蒙太奇。它们定义有别,特色各异,作用不同,但并无高低之别,导演在进行艺术创作时可以根据主题表达的需

---

① 《听禅》获奖记录:第11届四川电视节国际纪录片"金熊猫"奖最佳创意奖提名、最佳导演奖提名。

② 《暴裂无声》获奖记录:第2届澳门国际影展评审团特别奖、最佳男主角奖,第10届中国电影导演协会年度青年导演提名、年度编剧提名等。

③ 许南明,富澜,崔君衍.电影艺术词典[M].修订版.北京:中国电影出版社,2005:153.

要进行选择。

1.对比蒙太奇

对比蒙太奇,或称对照式蒙太奇,小到镜头与镜头之间的组接,大到段落与段落之间的组接,都旨在形成鲜明的对比。就其内容而言,可以细分为生死、爱恨、贫富等的对比;就其形式而言,可以借助景别的大小、色彩的冷暖、声音的强弱等进行对比。无论是立足于内容还是形式,其根本目的都是表现创作者的主观思想和核心观点。对比蒙太奇就是通过凸显差异、明晰对立、强化对照等方式,让观众去体会反差带来的强大的震撼力。对比蒙太奇集中西方哲学思想精髓于一体,它既可以从德国哲学家康德所主张的"二律背反"中寻找踪迹,也可以从老子所提倡的"反者道之动"①中追踪线索。

纪录片《青春致敬青春》(2013)以"青春"为名,以"梦想"为线,在历史与当下的交织中诠释青春的意义,在理想与现实的碰撞中重塑信仰的力量。就理想而言,以李敏为代表的特种兵们虽然家境不同,爱好迥然,但是面对国家危亡的局面他们共同坚守保家卫国的夙愿;以杰子为代表的北漂群体虽然兴趣有别,特长不一,但是面对艰难的生存状况他们依然坚守理想。平行蒙太奇手法的使用彰显了不同时代的年轻人对理想的追求。就选择而言,以李敏为代表的特种兵们在残酷战争里面对生死抉择和忠贞考验,以苏俊为代表的北漂群体在冷峻现实中面对去留选择(留在以北京为代表的一线城市奋斗或者回到家乡安稳度日)和人生规划,平行蒙太奇手法的应用强化了不同环境中人们的选择困境。就境遇而言,以李敏为代表的特种兵们为了摆脱流亡而浴血奋战,以老骆和小辉为代表的北漂群体为了挣脱漂泊而勇敢奋斗,平行蒙太奇手法深化了奋斗的意义。就情感而言,一边是冯仲云和薛雯长达十二年的分离,另一边是朴天龙与母亲分隔十四年的无奈,平行蒙太奇的应用凸显了亲情的可贵……全片采用对比蒙太奇的手法一气呵成,既歌颂了以李敏为代表的勇士们在战场上用热血谱写的青春,又赞扬了以杰子为代表的年轻人在生活中用坚毅书写的青春。

在电视剧《觉醒年代》②(2021)青年毛泽东出场的片段中,作品用了约两分钟的段落展现出军阀割据时代中国的社会环境和人们的生活状况。在狂风暴雨来临时,横冲直撞的军阀、在汽车里吃汉堡的富家少爷、因避让军阀而摔倒的鱼贩、匍匐进食的乞丐和在雨中等待买主的哭泣的女孩形成鲜明的对比,众生百态在这两分钟里被刻画出来,给观众强烈的视觉冲击,底层民众的艰辛和上层社会的骄奢反映出社会的不公以及当时政府的无能。毛泽东在雨中奔跑的这一出场段落,将百姓水深火热的现实处境展现无遗,同时也象征着中国新青年立志要开辟一条救国之路。

《觉醒年代》(第三集)片段

① 冯友兰.中国哲学简史[M].涂又光,译.北京:北京大学出版社,2013:18.

② 《觉醒年代》获奖记录:第27届上海电视节白玉兰奖最佳导演、最佳男主角等,第31届中国电视金鹰奖最佳电视剧、最佳电视剧编剧等,第33届中国电视剧飞天奖优秀导演、优秀电视剧。

《双胞胎姐妹》片段

纪录片《双胞胎姐妹》(2015)讲述了一对分隔于地球两端的中国双胞胎姐妹的真实故事。一个是生活在挪威弗雷斯维克的亚历山德拉，一个是生活在美国萨克拉门托的米娅，不同的成长环境塑造了两姐妹不同的性格。弗雷斯维克人口稀少，风景优美，安逸放松的生活环境加之父母教育观念的影响使得亚历山德拉内敛害羞，她经常独自一人玩耍。萨克拉门托人口众多，车水马龙，紧张快速的生活节奏加之父母教育观念的影响使得米娅活泼可爱，多才多艺。该片通过对比蒙太奇手法将二人的差异真实、客观地展现在观众面前(如图 2-2 所示)。

图 2-2 《双胞胎姐妹》中的场景

(注：镜头 1—4 是挪威的弗雷斯维克的场景，镜头 5—8 是美国的萨克拉门托的场景，镜头 9 是亚历山德拉独自玩耍的情景，镜头 10—12 是米娅学习各种才艺的情景。以上镜头并不是连续的镜头序列。)

2.心理蒙太奇

心理蒙太奇手法通过镜头组接、音画结合等外在形式来表现人物丰富的内心世界，旨在刻画人物的心理活动、反映人物的精神状况、展现人物的思想情感。鉴于人类心理活动的错综复杂，故而心理蒙太奇会表现出无序性、随意性、断裂性、跳跃性等特点。与心理蒙太奇相近，梦幻式蒙太奇也是为了突出梦境、想象、思索、闪念、回忆等精神活动而精心安排镜头组接的一种蒙太奇类型。它们虽然叫法不一，但实质相同，本书将其统称为心理蒙太奇。

在电影《中国机长》①(2019)中，导演多次使用心理蒙太奇手法。例如，在飞机玻璃炸裂后，面对强劲的大风，机长的体能渐渐耗尽，但他记起这次飞行任务结束后要和家人团聚，六岁女儿还在等着他过生日，这时他的脑海中浮现出一家人其乐融融陪女儿过生日的场景；他仿佛还看到女儿正在客舱中，戴着天使的翅膀，拿着仙女棒，朝他走来。随后，又出现一位藏族男孩对他说“扎西德勒”。他意识到他的女儿正在等他回去，而且119名乘客需要他带他们走出危险。于是，他回归现实，坚定信念，一定要带领乘客安全着陆。此处，影片采用模糊画面边缘的处理方式，说明这些画面是机长的想象而非现实，将机长在已到人类体能忍受极限时仍始终不放弃、担起责任的复杂情绪展现了出来。

《中国机长》片段

电影《阳光灿烂的日子》采用马小军第一人称叙事的方式结构全片，片中人物对爱情的向往与追求、对性爱的冲动与幻想，以及青春的苦涩与甘甜、成长的苦痛与愉悦等都融入作品“意识流”式的故事讲述中。该片对心理蒙太奇手法的娴熟运用更是为故事增添了一份神秘的色彩，青春的记忆在这种若有若无的混乱叙述中亦愈加美好。例如，生日这场戏就是把心理蒙太奇构建的幻想场景与现实生活中真实发生的场景进行鲜明对比。具体而言，导演首先运用心理蒙太奇手法演绎了一遍马小军幻想出来的生日场景，先是马小军与米兰发生争执，后来引发刘忆苦与马小军大打出手，马小军甚至用啤酒瓶子狠狠攻击刘忆苦。在此之后，画面又回到了当时的真实场景，生日那天并没有发生任何不愉快，马小军和刘忆苦和谐相处，他们共同度过了一个非常难忘的生日。导演采用心理蒙太奇的手法塑造了一个英勇的、大胆的、无畏的马小军形象，这虽然是记忆与现实的冲突，但同时也揭示出马小军真实的心理活动。

《阳光灿烂的日子》片段

3.联想蒙太奇

联想蒙太奇以两个相似事物或形象为依托，通过镜头的组接产生新的含义，以求达到隐喻或者象征的目的。联想蒙太奇包含两种类型：隐喻蒙太奇和象征蒙太奇。隐喻蒙太奇，或称比拟蒙太奇，是通过镜头在相似事物之间的对列或交替，引导观众将这些镜头自觉联系在一起，并主动探寻其背后所蕴含的深刻意义，从而真正领会导演的意图。象征蒙太奇与隐喻蒙太奇极其相似，以至于有些学者将它们混为一谈，有些创作者将它们混合使用。本书需要指出的是：隐喻蒙太奇是借助两个相似的事物或形象在隐喻上的关联性来完成表意，而象征蒙太奇则主张探究眼前所见之物的引申含义，甚至隐去该形象的原有意义而格外观照由其引申出的意蕴。无论是利用具有隐喻性的两种形象间的对照，还是挖掘某种形象的深层意义，它们都基于人类的生理机能——联想和想象得以完成，故而人们习惯于将隐喻蒙太奇和象征蒙太奇统称为联想蒙太奇。

① 《中国机长》获奖记录：第39届香港电影金像奖最佳音响效果提名、最佳视觉效果提名，第33届中国电影金鸡奖最佳女配角。

戏曲和电影电视同属叙事艺术,情节的安排至关重要。通常情况下,导演和编剧尤其重视开头和结局的情节设置。正如李渔主张"戏法无真假,戏文无工拙。只是使人想不到、猜不着,便是好戏法,好戏文。猜破而后出之,则观者索然,作者赧然,不如藏拙之为妙矣"[①]。电影《末代皇帝》[②](1987)的结局就实现了余音绕梁的效果,使观众回味无穷。年迈的溥仪从龙椅后面拿出装蛐蛐的盒子递给小男孩,在小男孩转身之际,溥仪消失不见。小男孩匪夷所思,他打开盒子之后,蛐蛐从里面爬出来。此处,导演以"自由"为主旨,将原本毫不相关的动物形象蛐蛐和人物形象溥仪联系在一起,观众就不难理解蛐蛐的逃脱和溥仪的消失之间的隐喻关系了。正如蛐蛐从束缚已久的盒子中逃离出来获得了自由,并不是溥仪不见了踪迹,应该说是在紫禁城中备受束缚的溥仪"消失不见"了,他以新中国劳动人民的身份重获新生。几个镜头的巧妙组接既言简意赅又寓意深刻,实现了"言有尽而意无穷"的艺术效果。

《末代皇帝》片段

在电影《八佰》[③](2020)中,一匹白马贯穿整部影片。白马的第一次出现是老算盘发现它被困在笼中,观众的目光前一秒还被一群灰头土脸的逃兵所吸引,后一秒就感受到在黑暗的笼子里白得发亮的一匹白马带来的视觉冲击,这让电影多了一份超现实主义的意味。白马的第二次出现是它受惊跑出了仓库,小七月为了看一眼白马,被流弹击中。白马的第三次出现是与日军谈判时它作为团座谢晋元的坐骑出现。电影中的白马显然被导演赋予了特殊的含义。对于小七月而言,白马象征着希望和寄托;在团座身骑白马赴约谈判时,白马与对方黑马的对比,也是双方身份与立场不同的体现,白马成为正义和善良的象征。白马还与赵子龙身骑白马的典故结合在一起,被赋予了强烈的理想主义精神。在影片结尾处,端午为护旗牺牲,此时他仿佛化身赵子龙,身骑白马独自杀入敌军,这时的白马体现了中华民族面对敌人毫不退缩的勇气,白马化身为战马,承载着将士们的希冀(如图 2-3 所示)。

在影片《肖申克的救赎》[④](1994)中,联想蒙太奇手法的应用更是绝妙至极。在电影开头的法庭审判场景中,当安迪面对律师咄咄逼人的追问时,他身后出现的是代表美国精神符号的星条旗,且在视觉上让观众感受到近实远虚的效果;当安迪接受审判时,他身后出现的背景却是陪审团。这组镜头颇具匠心,尽显象征蒙太奇和隐喻蒙太奇的魅力与特色。首先,画面通过星条旗向观众暗示了其所象征的法律力量;其次,借助背景物体形象的变换,影片巧妙地隐喻了安迪现在的处境:他逐渐失去法律的庇护、失去宝贵的自由,即将开启漫长而难熬的囚禁岁月。

---

① 李渔.闲情偶寄[M].北京:中国画报出版社,2013:52.

② 《末代皇帝》获奖记录:第 60 届奥斯卡金像奖最佳影片、最佳导演、最佳改编剧本、最佳摄影等。

③ 《八佰》获奖记录:第 12 届澳门国际电影节最佳影片大奖、最佳导演奖,第 68 届美国音效剪辑协会奖最佳外语片音效剪辑。

④ 《肖申克的救赎》获奖记录:第 67 届奥斯卡金像奖最佳影片提名、最佳男主角提名、最佳改编剧本提名、最佳剪辑提名、最佳摄影提名、最佳音响提名、最佳原创配乐提名。

镜头 1

镜头 2

镜头 3

镜头 4

镜头 5

镜头 6

镜头 7

镜头 8

图 2-3　《八佰》中的段落截取

（注：镜头 1—2 是老算盘第一次发现被困在笼子里的白马；镜头 3 是白马从仓库跑出去；镜头 4—6 是团座谢晋元身骑白马去跟日本人谈判；镜头 7—8 是端午在小湖北的幻想中变成了身骑白马的赵子龙。）

4.抒情蒙太奇

抒情蒙太奇，又被称作“诗意蒙太奇”，是一种无论在画面的组接还是在声音的组接上，均以表达情感和追求诗意为目标的蒙太奇类型。它具有感性、细腻、委婉的特点，给予观众诗意的视听享受和强烈的情感体验。

《苏州河》片段

电影《苏州河》①(2000)里演绎了两段爱情故事:马达与牡丹的故事在曲折离奇的情节中呈现出爱情的沉痛与悲伤,摄影师与美美的故事在平静沉稳的叙述中显示出爱情的惆怅与无奈。该片既是对社会中普通人群生活状态的客观反映,又是向观众传递导演对故事、记忆、传说的真实感受,影片营造出一种似是而非的情境,表现了一种朦朦胧胧的诗意情怀。例如,在美美出场的一场戏中,伴随着摄影师的介绍,镜头从美美神秘的背影转切到她如“美人鱼”一般在水中畅游的情景,再转到游历于街道中的她、沉迷于幻想中的她、自娱自乐中的她、陷入悲伤情绪的她……此处的抒情蒙太奇手法将一个复杂而多变的、真实而不定的美美带入观众的视野。

电影《雏菊》②(2006)讲述了发生在画家惠瑛与国际刑警正佑、杀手朴义之间的爱情故事。在电影开头,导演即采用抒情蒙太奇的手法将这段错综复杂而又动人心弦的故事铺展开来。优雅动听的歌曲在观众的耳边萦绕,节奏时而欢快时而舒缓,曲调时而高昂时而低沉,旋律时而轻松时而紧张。跟随镜头的变换,映入观众眼帘的是无边的旷野、青翠的树林、盛开的雏菊,惠瑛骑车穿梭于城市与山野之间,她安静从容地用画笔描绘眼前所看见的美好画面,她亦会驻足于屋檐下等待雨停、等待爱情……此刻,诗意与美好共生,静谧与和谐共舞,简洁流畅的镜头背后是情绪的积累与情感的酝酿,惠瑛画笔下的雏菊也同样预示着她无疾而终的爱情结局。

在张以庆导演的纪录片《幼儿园》③(2003)中,歌曲《茉莉花》出现了五次。第一次出现是在幼儿园开学那天,孩子们和父母依依惜别,《茉莉花》增强了感染力;第二次出现是在孩子们入园第一次睡觉的时候,此刻没有哭泣、没有吵闹,《茉莉花》营造了安静的氛围;第三次出现是在陈志鹏等待妈妈来接他时,《茉莉花》既表达了他的期盼之情,又反映了他的孤独和无助;第四次出现是在孩子们户外活动时,《茉莉花》传达了孩子们的欢乐之情;第五次出现是在孩子们拍毕业照时,《茉莉花》见证了孩子们的健康成长。当出现送别场面、入睡场面、等待场面、玩闹场面、毕业场面时,歌曲《茉莉花》就会相伴而生,特定的声音和变换的画面组合在一起,既表达了含蓄的情感,又深化了该片的主题思想。在电影《城南旧事》④(1983)中,“淡淡的哀愁、浓浓的相思”之所以一直萦绕在观众心头,在很大程度上得益于作品对音乐与画面的巧妙组接。从歌曲角度来说,导演为每一段故事都配上了合适的抒情音乐,再以歌曲《送别》将该片中秀贞、妞儿、宋妈等人“离‘我’远去”的悲伤之情毫无保留地展现出来;从器乐角度而言,抱笙和竖琴的演奏配合长城、骆驼的画面,将观众带入特定的历史语境。秀贞和妞儿离去之后,新笛和钟琴的旋律排解了英子内心的思念之情,在此伴奏声中,导演又将歌曲《送别》的曲调穿插进来,交错重叠的复杂声音与英子回忆的美好画面为影片平添了一份忧伤与孤寂的诗意情怀。

---

① 《苏州河》获奖记录:第29届鹿特丹国际电影节金虎奖,东京FILMEX国际电影节影展大奖。

② 《雏菊》获奖记录:第43届韩国电影大钟奖最佳女演员提名。

③ 《幼儿园》获奖记录:第10届上海电视节最佳人文类纪录片创意。

④ 《城南旧事》获奖记录:第3届中国电影金鸡奖最佳导演、最佳女配角、最佳音乐。

第二节　长镜头

当提及长镜头，我们会想到安德烈·巴赞、齐格弗里德·克拉考尔等理论家；想到弗朗索瓦·特吕弗（François Truffaut）、让-吕克·戈达尔（Jean-Luc Godard）、克劳德·夏布洛尔（Claude Chabrol）、罗伯托·罗西里尼（Roberto Rossellini）、维托里奥·德·西卡（Vittorio De Sica）、卢基诺·维斯康蒂（Luchino Visconti）等电影大师；想到世界电影史上赫赫有名的意大利新现实主义电影和法国“新浪潮”电影这两场电影运动。本节将从基本概念、发展脉络、美学特征等方面入手，系统介绍长镜头的相关知识，使读者能够掌握长镜头的精髓。

一、长镜头的基本概念

蒙太奇和长镜头是影视语言的重要组成部分，它们在概念、内涵、艺术特征、形式、风格等方面存在着鲜明的差异。正如蒙太奇的定义尚无定论，迄今为止，中外学者对长镜头的概念亦无一致界定。一般而言，长镜头指在影片中持续时间较长的镜头，时长多在 30 秒到 10 分钟之间，基本等于其展开事件的实际时长，由此便可以在连续的时空内表现所拍摄对象的全过程。本书将长镜头的概念阐述如下：长镜头拍摄是一种以保持事物常态发展为宗旨，以保证时空的连续性为原则，以再现事件发展的原貌为要义的镜头拍摄方式，用这种拍摄方式拍摄下来的一段连续不间断的影像即长镜头。

二、长镜头的发展脉络

如果追溯长镜头的起源，可以上溯到电影诞生之初。与爱迪生在黑玛丽亚（Black Maria）摄影棚中录制并在全美的“活动电影放映机”①放映厅公映的影片不同，卢米埃尔兄弟遵行威廉·莎士比亚（William Shakespeare）主张的“对自然举着镜子”的原则，将镜头对准普罗大众，捕捉和记录了现实生活的场景。《工厂大门》《火车进站》《水浇园丁》等影片就是其中典型的代表。由于受到当时技术条件的制约，因此卢米埃尔兄弟多采用单机位固定镜头的拍摄方式，往往一部影片即一个镜头，加之人们对电影的“偏见”，无论是创作者还是欣赏者都没有把电影当作艺术看待，甚至戏称其为“杂耍”。在此背景下，“长镜头”只被当作一种简单的记录方式而并没有上升到艺术和美学的范畴。

随着科技的进步，以梅里爱和格里菲斯为代表的先驱开始探寻镜头与镜头的组接，蒙太奇手法由此诞生。蒙太奇因简洁、直接、流畅、新奇的特征备受观众青睐，加之维尔托夫、库里肖夫、爱森斯坦、普多夫金等人的不懈努力，他们将蒙太奇手法上升到

---

① “活动电影放映机”放映厅放映的内容是演员表演的跳舞、拳击和变戏法、做游戏等，其形式上没有摆脱“照相馆”的模式，图像以一张张“活动的照片”的样式出现在观众眼前。

理论的高度,也就是后人通称的“蒙太奇理论”。在此阶段,蒙太奇逐渐取代了长镜头,成为电影创作的核心理念,但在纪实性影片中还可见到长镜头的运用。罗伯特·弗拉哈迪(Robert Flaherty)的《北方的纳努克》(1922)就是其中的典型代表。除此之外,以埃里克·冯·施特罗海姆(Erich Von Stroheim)、奥逊·威尔斯(Orson Welles)、阿尔弗雷德·希区柯克为代表的一批优秀的电影艺术家也在坚守长镜头的阵地,并创作出《贪婪》(1924)、《公民凯恩》(1941)、《夺魂索》(1948)等电影佳作。

二战之后,电影技术和电影美学观念发生了深刻的变化,长镜头重新获得肯定。电影理论家们强调电影“特别擅长记录和揭示具体的现实,因而现实对它具有自然的吸引力”①,并于20世纪50年代系统提出长镜头理论。就长镜头的创作实践而言,罗西里尼的《罗马,不设防的城市》②(1945)、《战火》(1946),西卡的《偷自行车的人》③(1948)、《风烛泪》(1952),维斯康蒂的《大地在波动》④(1948),特吕弗的《顽皮鬼》(1957)、《四百击》(1959)、《最后一班地铁》⑤(1980),夏布洛尔的《漂亮的赛尔吉》(1958),戈达尔的《精疲力尽》(1960)……共同成就了意大利新现实主义电影运动和法国“新浪潮”电影运动的辉煌,启迪和引导着后人领会长镜头之美、之奇、之真、之妙。

就国内而言,观众可以在杨德昌、侯孝贤、蔡明亮、贾樟柯等当代电影导演的作品中看到大量的长镜头。就国外而言,早期的西奥·安哲罗普洛斯(Theo Angelopoulos)、安德烈·塔可夫斯基(Andrei Tarkovsky),当代的阿彼察邦·韦拉斯哈古(Apichatpong Weerasethakul)等人都对长镜头情有独钟,并将其广泛应用于作品的创作之中。纪录片以追求真实为基本原则,故而视长镜头为基本创作手法。此外,长镜头在电视剧中也得到广泛应用,《雍正王朝》(1999)、《大明宫词》(2000)、《橘子红了》(2002)就是其中的典范之作。

三、长镜头的美学特征

我们已经对长镜头的相关概念和发展演变进行了较为简略的梳理。在实际的影视创作中,长镜头的应用极其广泛。在长期的发展过程中,长镜头逐渐形成了独特的美学特征,不同的学者对此抱有不同的看法。本书将对长镜头的美学特征进行如下阐释。

第一,以客观真实地再现生活原貌为目标。就时间而言,长镜头强调时间的连续性,遵循时间的线性流逝规律;就空间而言,长镜头重视空间的完整性,往往用景深镜

---

① 克拉考尔.电影的本性:物质现实的复原[M].邵牧君,译.北京:中国电影出版社,1981:35.

② 《罗马,不设防的城市》获奖记录:第1届戛纳国际电影节电影节大奖,第12届纽约影评人协会奖最佳外语片电影。

③ 《偷自行车的人》获奖记录:第7届美国电影电视金球奖最佳外语片奖。

④ 《大地在波动》获奖记录:第13届威尼斯国际电影节国际奖最佳影片。

⑤ 《最后一班地铁》获奖记录:第6届法国电影凯撒奖最佳影片、最佳导演、最佳剧本、最佳剪辑、最佳摄影、最佳男演员、最佳女演员等。

头进行实时记录；就表现对象而言，长镜头多用于展现事件发展的原有样貌，再现人物的真实状态。由此，长镜头使得生活原貌得以完整、流动、连续地展现出来，其所呈现的生活状态更加贴近现实世界中的真实状态，保持了生活的真实感、透明性和多义性。长镜头打破了省略手法的原则，摒弃主观因素的束缚，最大限度地实现了对生活原貌的复原。例如，电影《芳华》[1]（2017）讲述了20世纪70年代军队文工团的少男少女在时代的洪流中经历成长中的爱情萌动和充满变数的人生故事。电影使用了长达六分钟的长镜头跟随文工团男兵刘峰的视角穿梭在枪林弹雨的战争中，从前线受袭到反攻，从和敌人枪战到为救队友右臂中弹，让观众身临其境地感受到战争的残酷。极具写实感的长镜头真实得让人紧张到难以呼吸，电影以冷静客观的视角还原真实的战争场景，战争的惨烈氛围被体现得淋漓尽致。

《芳华》片段

第二，以冷静克制地表现纪实风格为原则。长镜头理论的开宗立派人物安德烈·巴赞在《电影是什么?》中提出：“摄影的客观性赋予影像令人信服的、任何绘画作品都无法具有的力量。”[2]他还借用几何学的名词，提出了电影是现实的“渐近线”的主张。[3] 由此观之，长镜头的美学特征从长镜头理论诞生伊始就有了明确的方向。具体而言，它以照相本体论为理论基础，以实现其自身的纪实性为基本原则，以真实客观地反映生活为主要目标。由此，我们便不难理解意大利新现实主义电影在内容和形式上分别提出“还我普通人”和“把摄影机扛到大街上”的响亮口号的原因，也不难理解法国“新浪潮”电影运动主张采用实景拍摄和现场即兴的导演、表演风格的初衷。电影《战狼2》[4]（2017）的开头用了五分钟的长镜头引出电影的主要人物——冷锋，镜头跟随冷锋从船上跃入大海中与海盗搏斗。在长镜头的引导下，观众产生对人物的好奇感，被迅速带入电影创设的故事情境。影片用这个长镜头交代人物的性格，奠定了影片写实的基调。这个长镜头除了展现冷锋的作战能力之外，也让观众看到了海盗凶狠残暴的现实，因而更具真实感。

《战狼2》片段

长镜头美学既体现了长镜头理论的核心要义，又在长期的实践中展现了长镜头的独特魅力。只有以理论指导实践，以实践验证理论，长镜头才能更加深入人心，长镜头理论才能更加扎实可靠，长镜头美学才能更具感染力。

四、镜头内部蒙太奇

长镜头手法在影视语言中占据重要的地位，其应用也较为广泛，在世界电影的发展进程中，与长镜头密切相关的电影佳作更是不胜枚举。尽管它们诞生于不同的时

---

① 《芳华》获奖记录：第12届亚洲电影大奖最佳电影，第54届台湾电影金马奖最佳改编剧本提名等。

② 巴赞.电影是什么？[M].崔君衍，译.北京：中国电影出版社，1987：12.

③ 巴赞.电影是什么？[M].崔君衍，译.北京：中国电影出版社，1987：353.

④ 《战狼2》获奖记录：第34届大众电影百花奖最佳故事片提名、最佳导演提名等。

代、出自不同导演之手、受制于不同的技术条件,讲述着不同的故事、诠释着不同的主题、演绎着不同的情节、塑造着不同的主人公……但它们共同彰显了长镜头的魅力,共同实现了长镜头的价值。

其实,长镜头与蒙太奇并不是非此即彼的,二者之间也是有一定联系的。在经典的长镜头段落中往往也存在蒙太奇手法的痕迹。就本体而言,蒙太奇是通过镜头的组接来完成表意任务的,而长镜头虽无镜头的分切,但镜头内部演员位置的变动、景别的变换、镜头的调度等,无不体现着蒙太奇的思维,因此,安德烈·巴赞也曾经称长镜头为内部蒙太奇,称短镜头为外部蒙太奇。[①] 由此可见,长镜头与蒙太奇无优劣之分,也并非完全对立,它们是剪辑思维"一外一内"的表现形式而已。因此,导演惯用蒙太奇手法去串联长镜头或者在长镜头拍摄中体现蒙太奇思维的做法,亦是情理之中的事情。

特吕弗导演的作品《四百击》是法国"新浪潮"电影运动的代表作品,片中主人公安托万的不幸经历不免会引发观众的无限同情。在家庭中他感受不到应有的温暖,在学校里他得不到良好的教育。更令人愤怒的是,因为意外的"偷窃"事件他被继父送上法庭,从此开启了无趣的"少管所"监禁岁月。如果说整部电影给人一种压抑的感觉,那么,结尾长镜头的流畅应用则会让观众感到释然。在结尾片段中,导演使用蒙太奇手法完成了对三段长镜头的无缝连接。具体而言,第一个长镜头是安托万从少管所逃离之后,开启了他漫长的奔跑,树林、小桥、农场等在他的身后不断变换;在第二个长镜头中,只有首尾出现安托万的身影,其他部分则是表现绵长海岸线的空镜头;第三个长镜头则记录了安托万来到沙滩之后一路朝着海边奔跑的场景,他的双脚踏入海水之后转身回头面向摄影机,此刻画面定格,影片戛然而止。当观众面对安托万迷茫无助的眼神时,会不自觉地回顾起他曾经的不幸遭遇,而当导演采用长镜头的拍摄方式将他漫长而疲惫的奔跑过程呈现出来时,观众会为之动容。正是这三段长镜头的连续剪辑,才实现了观众压抑情绪的宣泄与释放。

由蔡明亮执导,李康生、陈昭荣、杨贵媚等人领衔主演的电影《爱情万岁》[②](1994),通过讲述发生在地摊小贩、售楼小姐和推销员三人之间的爱情故事,表达了导演对孤独的思考、对人性的体悟、对情感的领会。在该片结尾处,导演就采用长镜头的拍摄方式记录了女主角长达 11 分钟的完整状态。她或急速或缓慢地行走于空旷的道路中,观众不知其前进的目的地究竟在哪里。当她走进公园坐在长椅上时,观众为其松口气,但此刻女主角又开始哭泣起来。可以说,漫长的行走只是后续情绪的铺陈,此处长镜头的应用就起到了欲扬先抑的作用,从行为的积累到情绪的迸发,导演使用长镜头手法使其一气呵成,观众无不感叹其真实,而这种真实又具有穿越内心的力量,导演也借此去表现人性中最真实的一面和最脆弱的一面。与《四百击》中长镜头和蒙太奇的无缝连接不同,此处的长镜头尽显蒙太奇思维在场面调度(分为镜头的调度和演员的调度)上的作用。

---

① 傅正义.影视剪辑编辑艺术[M].修订版.北京:中国传媒大学出版社,2009:90.

② 《爱情万岁》获奖记录:第 31 届台湾电影金马奖最佳剧情片、最佳导演等。

电影《云水谣》[①](2006)在镜头内部蒙太奇的使用上做出了新探索。故事发生在20世纪40年代末的台湾,以主人公陈秋水和王碧云的感情为线索,讲述了陈秋水与王碧云在年轻时私定终身,为避难秋水逃往大陆,与王碧云失去了联络,后被部队护士王金娣打动,与其成婚,却不知身在台湾的王碧云终身未嫁,一直在等他。影片在开头部分用了一个三分钟左右的长镜头,但这个长镜头与普通的长镜头不同,它是由七个实拍镜头和一个数字特效合成镜头通过数字合成技术无缝连接后组合而成的数字长镜头。它在视觉上十分连贯,如行云流水般一气呵成,让人很难发现它其实并不是直接拍摄的传统的长镜头。这个长镜头将20世纪40年代台湾的社会现状和特有的风土人情在时空一体中展现出来,镜头运动自然流畅,人物不断变换,场景不断切换,角度不断转换,将观众置于彼时彼刻台湾的街头巷尾,代入感极强。

《云水谣》片段

第三节　蒙太奇与长镜头的结合

依据蒙太奇和长镜头鲜明的差异性,在影视艺术发展的过程中,影视理论家、影视艺术家对此各抒己见,并在此基础上逐渐建立完备的理论体系,构建起风格不同的学派。从历史演进的角度来看,它们并非完全格格不入。起初,蒙太奇和长镜头呈现出分庭抗礼的态势。具体而言,以爱森斯坦为首的蒙太奇学派将矛头直指长镜头,大胆论述其缺点;以安德烈·巴赞为首的长镜头学派也不甘示弱,针对蒙太奇进行了犀利指证。后来,蒙太奇和长镜头达成和谐相处的状态,爱森斯坦在《蒙太奇1938》这篇论文中彻底地纠正了"蒙太奇就是一切"[②]的片面论点,安德烈·巴赞也没有把蒙太奇和长镜头对立起来:"威尔斯并没有摒弃蒙太奇的表现主义方法,但是,正由于在用景深表现的'镜头段落'之中穿插运用了它们,蒙太奇手法才获得了新含义。"[③]这句话就可以体现出安德烈·巴赞的鲜明态度。

蒙太奇和长镜头既是影视语言的两大流派分支,又是影视表达的两种具体形态,也是影视创作的两种思维方式。从实践角度而言,它们虽然特点不一,但并非完全对立。如前所述,在长镜头的拍摄过程中我们也会用到蒙太奇思维,而蒙太奇亦可以完成对多个长镜头片段的组接工作,由此可见,二者是相互补充、相互促进的关系,因而在实际应用中二者的结合也是合情合理的。

在同一部电影中,既展现蒙太奇的魅力又演绎长镜头的特质的经典片段并不少见。万玛才旦导演的《塔洛》[④](2016)在电影开头即展现了长镜头和蒙太奇手法的成

---

① 《云水谣》获奖记录:第26届中国电影金鸡奖最佳故事片、最佳导演、最佳录音,第29届大众电影百花奖优秀故事片、最佳导演提名等。

② 周星.电影概论[M].北京:高等教育出版社,2004:100.

③ 巴赞.电影是什么?[M].崔君衍,译.北京:中国电影出版社,1987:78.

④ 《塔洛》获奖记录:第52届台湾电影金马奖最佳改编剧本,第31届中国电影金鸡奖最佳中小成本故事片。

《塔洛》片段

功衔接,此段落分为如下镜头:镜头1(长镜头)展现了塔洛背诵《毛主席语录》、塔洛和警察站立交流、警察询问塔洛的场景;镜头2(短镜头)展现了塔洛从派出所到照相馆的过程;镜头3(长镜头)展现了一对夫妇分别以西藏布达拉宫、北京天安门城楼、美国纽约自由女神像为背景照相的场景;镜头4(短镜头)展现了塔洛刚到照相馆并且询问相关事宜的过程;镜头5(长镜头)展现了一对夫妇更换西装后抱着羊羔照相的场景;镜头6(长镜头)展现塔洛开始照相,但是由于头发太乱、留有辫子等问题而被迫中止,摄影师建议他去理发店把头发修剪一下,再回来拍身份证照片。虽然在这个段落中长镜头和蒙太奇的分工不同(长镜头既可以起到真实记录的作用,又同样凸显了镜头内部的场面调度;而蒙太奇则主要起到转场的作用,既交代了主人公自身的场景切换,又推动了故事情节的发展),但二者的混合使用自然流畅,既向观众明确交代了诸如核心人物、主要事件、时代背景、地域特征等基本信息,又同时起到客观再现、真实记录、塑造人物、凸显仪式等重要的作用。

本章小结

蒙太奇与长镜头是影视语言的重要组成部分,蒙太奇侧重于通过镜头的组接来完成叙事任务,长镜头则擅长利用单个镜头的纪实性拍摄来实现表意功能。本章分别从基本概念、发展脉络、美学特征、基本分类等方面入手展开介绍。在当今的影视创作中,影视工作者应从主题、内容、风格等角度综合考虑,灵活使用蒙太奇与长镜头,让二者完美融合在影视作品中,为影视叙事服务,为表情达意服务。

本章思考题

1.在影视史中,为什么蒙太奇成了一个独特且重要的影视编辑技巧?请结合其美学特征和发展脉络来分析。

2.长镜头在维持叙事连贯性的同时可能面临哪些挑战?如何通过镜头内部的蒙太奇来缓解这些挑战?

3.蒙太奇分为哪些类型?这些类型在艺术表达上有怎样的区别?

4.在长镜头中,除了镜头的持续时间外,还有哪些元素和技巧可以增强其美学和叙事效果?

5.任选一部同时使用蒙太奇和长镜头的经典影视作品,分析二者在该片中如何相辅相成地共同增强叙事效果。

本章实训题

1.选择一个简单的故事或情境,例如,一位同学在校园里的一天或几个同学聚餐的时刻等。使用蒙太奇技巧制作一个1—2分钟的短片,并撰写分析报告来总结所使用的蒙太奇技巧及其在短片中的功能。

要求:(1)包含至少三种不同的蒙太奇类型;(2)确保每种蒙太奇的使用都服务于

故事讲述或情感表达。

2.选择一个场景,如学校、公园、火车站或商场等。使用长镜头拍摄一个1—2分钟的片段,在长镜头中使用镜头内部蒙太奇技巧,并分析你所使用的镜头内部蒙太奇的艺术效果。

参考文献

[1]许南明,富澜,崔君衍.电影艺术词典[M].修订版.北京:中国电影出版社,2005.

[2]巴赞.电影是什么?[M].崔君衍,译.北京:中国电影出版社,1987.

[3]阿里斯泰戈.电影理论史[M].李正伦,译.北京:中国电影出版社,1992.

[4]周星.电影概论[M].北京:高等教育出版社,2004.

[5]马尔丹.电影语言[M].何振淦,译.北京:中国电影出版社,2006.

[6]傅正义.影视剪辑编辑艺术[M].修订版.北京:中国传媒大学出版社,2009.

[7]李渔.闲情偶寄[M].北京:中国画报出版社,2013.

[8]冯友兰.中国哲学简史[M].涂又光,译.北京:北京大学出版社,2013.

[9]克拉考尔.电影的本性:物质现实的复原[M].邵牧君,译.北京:中国电影出版社,1981.

03

第三章

影视编辑的要素

学习重点

景别在影视编辑中的运用
运动在影视编辑中的运用
拍摄角度在影视编辑中的运用
影视节奏的主要类型及其运用
影视声音的类型及其运用
影视作品的结构设计与编辑
影视特效的主要类型及其运用

学习难点

综合运用影视编辑各要素实现连贯、高效且具有艺术性的叙事
通过对节奏和结构等的处理让影视作品更清晰、主题更明确

能力目标

理解影视编辑各要素在影像叙事中的重要性及其互相之间的关系
掌握影视结构的设计原则

本章微课　本章知识更新

"江山就是人民,人民就是江山。"[①]我国影视剧创作也应将满足人民的审美需要奉为创作旨归。随着数字技术的发展,观众对影视作品的类型、主题、内容、形式及视听效果等逐渐提出更高的要求,这就要求包括影视编辑在内的影视创作者更加认真细致地对待影视语言及影视创作的各要素。在影视语言中,景别的大小、运动的方式、角度的方位、节奏的快慢、声音的强弱、结构的安排、特效的使用等,都可能对观众的视听审美体验产生影响,因此,它们是影视编辑中必须考虑的要素,对影视声画的呈现效果起着至关紧要的作用。换句话说,影视编辑要想创作出让人民满意的精品力作,就必须认真对待各种影视编辑要素,通过编辑将各要素完美地组合在一起,为主题思想服务,为传情达意服务。

第一节　景别与影视编辑

镜头是影视艺术最基本的叙事单位,用于向观众展现不同视域范围内的景物,从而形成了各异的景别。不同的景别在视觉效果、视觉节奏等方面存在明显的差异。就视觉效果而言,远景广阔而浩渺、全景丰富而详细、中景让人感觉舒适、近景适宜交流、特写强调细节或作者的意图等。就视觉节奏而言,通常情况下,景别越小,节奏越快,景别越大,节奏越慢。

一、景别及其类型

景别,即镜头摄取景物的范围,范围越广,包含的景物越多,景别也就越大;相反,景别越小,被摄主体在镜头里所占的面积越大。一般而言,以画框里成年人的身体作为衡量标准,我们将景别进一步划分为五种最常见的类型,景别由大到小依次为:远景、全景、中景、近景、特写。

(一)远景

远景,是视距最远的景别,也是包含景物范围最广的景别。就表现对象而言,远景可以展现自然风光和人物群像:浩瀚无边的海洋、层峦叠嶂、一望无际的草原……远景通过广阔的视觉空间给予观众震撼的审美体验;激烈的战争场景、壮观的群众集会、拥挤的穿梭人群……远景通过对宏大场景的展示给予观众强烈的心灵冲击,具有铺垫、抒情和对比等功能。所谓铺垫功能,指的是通过远景交代地域环境、展现人文风情、渲染周边氛围,将观众带入特定的情境;所谓抒情功能,指的是通过将远景所呈现的广阔的空间感、庄重的仪式感和严肃的画面感等作用于观众心理,从而积蓄情绪,激发情感;所谓对比功能,指的是在远景所呈现的画面中,通常人物占据的空间较小,景物占

---

① 中共中央党史和文献研究院,中央学习贯彻习近平新时代中国特色社会主义思想主题教育领导小组办公室.习近平新时代中国特色社会主义思想专题摘编[M].北京:党建读物出版社,中央文献出版社,2023:107.

据的空间较大,通过人物与环境形成的鲜明的点面反差来实现某种特定的目的。

图 3-1 《最后的马帮》中的远景画面

纪录片《最后的马帮》①(2000)将拍摄地点定位于高黎贡山脉,将镜头聚焦于国家马帮成员,记录他们艰难的生存境遇,反映他们与大山难以割舍的情感,而高耸的高黎贡山脉则成为故事展开的自然场域。在第一集《翻越高黎贡山》的开头,导演即采用远景向观众展现了大雪覆盖的高黎贡山的壮丽景象,并以字幕的形式交代了该地区积雪堆积阻碍交通的艰苦环境。由此,该片既将该地区别样的地域景观呈现在观众眼前,又为马帮遭遇的艰难境遇营造了氛围,埋下伏笔(如图 3-1 所示)。

《万里归途》片段

在电影《万里归途》②(2022)中,导演采用远景来呈现被困同胞历经千难万苦穿越沙漠前往边境撤离点的情景,将被困同胞在画面中的“小”与沙漠在画面中的“大”进行对比,显示出被困同胞在战争面前的彷徨和无助,侧面烘托宗大伟带领被困同胞“回家”的坚定信念,这不仅让观众心生敬畏之情,更使观众对宗大伟与被困同胞们的命运走向产生担忧(如图 3-2 所示)。

图 3-2 《万里归途》中的远景画面

电影《芳华》(2017)根据严歌苓的同名小说改编,该片将故事发生的时间定位于20 世纪 70 至 80 年代,讲述了发生在军队文工团中的精彩故事。人物在青春芳华的岁月中体验生命的厚重、爱情的懵懂、命运的捉弄、成长的苦痛……这些微妙的情绪都在影片中得以展现。在影片的前半部分,何小萍在破碎重组的家庭中感受不到亲情的温暖,在社会上因家庭出身备受歧视,在部队中不断遭遇冷落和排挤,只有置身战争之中她才能感受到自己的价值。在影片的后半部分,她成了英雄,但原本已经适应了外

① 《最后的马帮》获奖记录:第 18 届中国电视金鹰奖优秀电视纪录片、纪录片最佳摄影等。

② 《万里归途》获奖记录:第 36 届中国电影金鸡奖最佳美术,第 37 届大众电影百花奖最佳影片提名、最佳编剧提名。

界不断诋毁和打压的她，在“英雄”的光环下无法承受身份骤变的压力，巨大的反差使她精神异常，最终成了一名精神病人。在影片结尾处，军队文工团最后的演出引起何小萍潜意识中对于舞蹈的回忆，她在空旷而静谧的草坪中翩翩起舞，导演采用远景将其呈现出来，美好与失意交织，辛酸与悲凉共生，暗示了独立的个体对残酷环境的无力抵抗（如图 3-3 所示）。

图 3-3 《芳华》中的远景画面

（二）全景

全景，不像远景那样高度概括而不拘泥于细节，也不像中景、近景、特写一样重视局部而忽视整体。就表现对象而言，全景主要用于交代景物和人物的全貌。全景具有明显的整体意识，景物全貌的介绍给予观众整体的感知，人物全身的展示给予观众准确的判断。值得一提的是，全景在展现景物或人物全貌的同时，仍然让观众可以清晰地看到环境，用于展现特定环境中的特定主体，充分发挥了环境的作用，清晰而完整地诠释了整体环境中主体的具体情况。

电影《大红灯笼高高挂》[①]（1991）根据苏童的小说《妻妾成群》改编，该片通过讲述妻妾之间争风吃醋的故事，鞭挞了封建礼教对人性的压迫。在颂莲结婚的这场戏中，导演采用全景交代了婚房的整体样貌，画面中对称的陈设暗示了封建家庭的严格秩序，温馨的灯光营造了喜庆、和谐的结婚场景。颂莲居于画面中间，端坐在婚房之中，言明了她是这场婚礼的主要人物，孤独的身影预示着她不可捉摸的命运。在梅珊遇害的这场戏中，导演同样采用全景予以呈现，皑皑的白雪加剧了梅珊对死亡的恐惧，众人的架抬让梅珊求生的欲望破灭。同为封建社会的牺牲品，无论是颂莲置身于喜庆的婚房之中，还是梅珊落魄于寒冷的天地之间，她们都或迟或早地走上了自己的悲剧之路，都难以逃脱受制于人的悲惨命运（如图 3-4 所示）。

《大红灯笼高高挂》片段

颂莲结婚

梅珊遇害

图 3-4 《大红灯笼高高挂》中的全景画面

① 《大红灯笼高高挂》获奖记录：第 48 届威尼斯国际电影节银狮奖，第 64 届奥斯卡金像奖最佳外语片提名。

电影《闻香识女人》①(1992)讲述了查理(一名学生,因他人的恶作剧而受到牵连)与史雷得(一名中校,因战争而双眼失明)因一次共同的旅行而成为忘年交的感人故事。面对生活的不幸,两人在相互鼓励中获得重生。两人的纽约之行十分有趣,他们住豪华酒店、品美味佳肴、跳探戈……其中,史雷得跳探戈的精彩场景成为电影的经典片段。如图3-5所示的镜头中,导演通过全景的使用为观众呈现出三个"圆":第一个是观众的围观所形成的圆形,第二个是地板的圆形轮廓,第三个是两位舞者的探戈舞姿所形成的圆形轨迹。这些圆形元素在全景中得到了有力的体现,也使得主人公史雷得在画面的圆形元素中格外醒目,众人的瞩目唤醒了史雷得孤独的灵魂,孤寂的生命被注入活力,这为他后来放弃自杀做了铺垫。

图3-5 《闻香识女人》中的全景画面

电影《泰坦尼克号》讲述了杰克与露丝之间荡气回肠的爱情故事,他们敢于冲破当时的阶级束缚,勇于追求自己的幸福。导演使用全景将他们在船头约会的情景展现出来,两人在夕阳中站立,光线柔和又暧昧,爱情的寓意一目了然,此刻的牵手亦是表明他们一起面对阻碍的决心(如图3-6所示)。

图3-6 《泰坦尼克号》中的全景画面

同样是表现爱情,电影《我的父亲母亲》②(1999)讲述了母亲招娣与父亲骆长余相

---

① 《闻香识女人》获奖记录:第65届奥斯卡金像奖最佳男主角。

② 《我的父亲母亲》获奖记录:第20届中国电影金鸡奖最佳故事片、最佳导演、最佳摄影、最佳美术,第23届百花奖最佳故事片、最佳女演员,第6届中国电影华表奖优秀故事片奖,第50届柏林国际电影节银熊奖—评审团大奖。

知、相爱、分离，最终相守一生的故事，是一段不折不扣的含蓄、纯粹、质朴的中国式爱情。如图 3-7 所示，导演采用全景表现招娣坐在教室中思念骆长余的情景。画面中，招娣坐在空无一人的教室里，黄色的光线透过窗户照进室内，这不仅表现出招娣对骆长余的思念之情，也表现出招娣勇于追求自己的幸福，更将招娣内心的温暖与纯洁表现得淋漓尽致。

图 3-7　《我的父亲母亲》中的全景画面

（三）中景

中景，是叙事功能明显的景别，在影片中占据很大比重，中景处理的好坏与否会直接影响到影片的叙事效果。就表现对象而言，它主要用来展现成年人膝盖以上或者局部场景的情况。中景突出表现人物上半身的动作细节或者场景的重要部分，用于推动影片情节发展，起到叙事的作用。中景看似缩小了表现范围，实则更加有利于表现人与人、人与物、物与物之间的关系，以及人物的动作细节和情绪状态等。

电影《红玫瑰白玫瑰》①（1994）根据张爱玲的同名小说改编，该片将时间追溯到 20 世纪三四十年代，展现了中西文化的交流和碰撞，反映了普通人的情感与婚姻。对于佟振保而言，王娇蕊热情如火，孟烟鹂身材单薄、静如止水。如图 3-8 所示，导演同样采用中景来表现他们之间的关系：佟振保与王娇蕊为情人关系，他们亲密无间，置身于自由的天地之间，没有束缚没有压迫，对于王娇蕊的迷人魅力，佟振保无力抵抗诱惑，沉醉于美好的热恋之中；佟振保与孟烟鹂为夫妻关系，彼此冷漠无情，他们同处一室，却呈现出疏远的状态：孟烟鹂手忙脚乱，而作为丈夫的佟振保只是冷眼旁观，双手倒背着，这为两人感情的破裂埋下伏笔。两相对比之下，关系了然于目，情感不言而喻，反差毋庸赘述，表意不问可知。

佟振保与王娇蕊　　佟振保与孟烟鹂

图 3-8　《红玫瑰白玫瑰》中的中景场面

① 《红玫瑰白玫瑰》获奖记录：第 31 届台湾电影金马奖最佳女主角、最佳电影音乐、最佳美术设计、最佳造型设计、最佳改编剧本。

(四)近景

近景,是刻画人物性格的景别,通过捕捉人物脸部神态反映人物的内心世界。就表现对象而言,它主要表现成年人胸部以上或者物体范围更窄的局部的情况。在近景中,主次分明,环境全貌和周边信息逐渐淡化,主体凸显在观众眼前。近景十分有利于展示作品中的人物细节,突出人物的主体地位,细腻地展示人物的面部神态以及细节动作,捕捉人物多变的情绪:欢喜、愤怒、哀伤、快乐……观众可以通过人物情绪的变化去揣测人物的内心世界。相对于其他景别来说,近景和观众的视觉距离和情感距离最为贴近,环境的模糊突出了人物的地位,神态的变化反映了人物的情感,距离的拉近触碰到观众的心灵,让观众仿佛置身其中,更容易使其与主要角色进行沟通与交流。

纪录片《最后的沙漠守望者》(2016)将镜头对准塔克拉玛干沙漠腹地,探寻居住于"死亡之海"的克里雅人的生存境遇。在该片开头,导演以近景拍摄牧羊人买提库尔班在沙漠之中喝水的场景,茫茫的沙漠成了模糊的背景,买提库尔班被镜头拉近到观众眼前,透过他从容的表情和沉着的状态,观众可以感受到他内心的平静与坦然(如图 3-9 所示)。买提库尔班是克里雅人的一员,观众亦可以通过他的状态去感悟其族群在面临危机时的内心情感。

图 3-9 《最后的沙漠守望者》中的近景画面

纪录片《三十二》[①](2014)通过讲述慰安妇韦绍兰老人和她的中日混血儿子罗善学的故事,向观众揭示了特殊群体所承载的悲痛经历,也反映了日军残忍暴行给普通中国人带来的伤害。当导演将镜头对准韦绍兰老人时,多采用近景进行拍摄,老人口述历史的时候,或平静讲述,或掩面流泪,或低声吟唱,或激动万分……近景画面不会让观众和老人产生距离感,反而使观众贴近被摄者,感受其喜怒哀乐。观众可以在被摄者直观的讲述中,穿越历史时空,体会在国家与民族危亡之际像韦绍兰一样的中国

---

① 《三十二》获奖记录:第 3 届中国纪录片学院奖最佳摄影奖,第 6 届英国万像国际华语电影节最佳纪录片奖,第 3 届凤凰视频纪录片大奖最佳纪录短片奖,第 2 届滨海国际微电影节最佳纪录片奖。

劳苦大众所遭受的压迫与苦闷。

（五）特写

特写，是视距最近的景别，对细节的捕捉非常精细，具有强烈的视觉冲击力。就表现对象而言，特写主要用来表现成年人肩部以上的细节或者物体的细微之处。特写镜头具有明确的目的性，将主体从整体的环境中突出出来，对主体的表现细致入微，起到强调和突出的作用，有种透过现象看本质的意蕴。特写还具有制造悬念的功能，局部的暴露和整体的隐藏本身就可以引发观众强烈的好奇心，加之节奏的配合，便能够调动起观众的探寻欲望和参与感。此外，如若运用得当，特写还可起到转换场景的作用。

纪录片《中国仪仗兵》（2015）分为《我要当兵》《跟上班长》《请您检阅》三集。片中展示了大量部队训练的场景，与大景别展示的整齐划一的队列带给观众的震撼相比，特写的细腻更让人感动。在第三集《请您检阅》中，导演以一组连续的特写镜头将士兵们从脸颊、指尖、脚等处滴落的汗水清晰地展示在观众眼前，同时凸显士兵们的神情变化和手部动作细节，用于突出强调训练的艰辛。透过这些特写镜头，观众也能够深刻领会到士兵们的成长与蜕变（如图 3-10 所示）。

《中国仪仗兵》（第三集）片段

图 3-10　《中国仪仗兵》中的特写镜头画面

《这个杀手不太冷》片段

在电影《这个杀手不太冷》[①](1994)中,导演于开头设置悬念,通过一组经典的特写镜头来塑造主要人物里昂:装满牛奶的杯子的特写暗示着他温柔的内心,黑框眼镜的特写为主人公的出场增添了神秘气息。此处,影片节奏张弛有度,表露信息点到为止,为接下来精彩故事的演绎打下基础。

《天下无贼》片段

在电影《天下无贼》[②](2004)中,当王丽从警察口中得知自己的丈夫王薄死亡的消息后,先是表现出麻木无助的神情,此后慌乱地吃东西的动作将她内心的恐惧外化出来。导演采用特写镜头的形式完成从王丽流泪吃饭的镜头到地面雨水空镜头的转场,这也暗示了王丽内心的痛苦与挣扎(如图 3-11 所示)。

镜头 1　　镜头 2

图 3-11 《天下无贼》中的特写镜头画面

二、景别的组合运用

既然不同类型的景别有着不同的造型功能和作用,那么,如何对景别进行编辑呢?一般情况下,景别的编辑应遵循以下原则。

第一,当拍摄对象是同一主体或相似主体时,在拍摄角度不变或变化不大的情况下,切忌前后两个镜头的景别变化很大或者很小,如果变化太大容易造成视觉上的跳跃感,如果变化太小则会产生视觉上的不流畅。

第二,以不同景别的视觉呈现效果和表意功能为基础,可以通过灵活自如的镜头组接方式达到用镜头叙事的目的。一般而言,影视创作者会采用"远景—全景—中景—近景—特写"或者"特写—近景—中景—全景—远景"这两种镜头组接方式,它们分别对应前进蒙太奇和后退蒙太奇这两种蒙太奇类型。"远景—全景—中景—近景—特写"会起到层层递进的作用,用以突出主旨从而吸引观众的注意力;"特写—近景—中景—全景—远景"则会调动观众的好奇心,激发观众的想象力,提高观众的积极性和参与性。

---

① 《这个杀手不太冷》获奖记录:第 20 届法国电影凯撒奖最佳影片提名、最佳导演提名、最佳男演员提名、最佳配乐提名、最佳剪辑提名等。

② 《天下无贼》获奖记录:第 10 届香港电影金紫荆奖最佳女主角,第 28 届大众电影百花奖最佳女主角,第 42 届台湾电影金马奖最佳改编剧本。

第三，根据人类的视听体验和心理情绪，导演可创造性地利用镜头的组接实现积累或对比的效果。若是利用相同景别的镜头进行组接就会产生积累的效果，它是基于相似元素的累积从而作用于观众心理，即通过不断重复而强化感知、激发感悟；若是利用两极景别的镜头进行组接会形成对比的效果。如果采用缓慢的方式组接（每个镜头的景别较大，时长较长）则会给观众带来一种庄严肃穆的观影体验；如果采用急速的方式组接（每个镜头的景别较小，时长较短）则会给观众带来一种紧张激烈的视听感受。

第二节　运动与影视编辑

影视是一门综合性艺术，它可以将戏剧、戏曲、音乐、美术、舞蹈、设计等多种元素综合运用到影视创作中去。每一门艺术都有其独特的魅力，影视艺术的魅力之一在于它可以用运动的形式（摄影机的运动）去表现物体的运动。简言之，运动（包括摄影机的运动和被摄物体的运动）是影视艺术的魅力之一。在这种情况下，运动与影视编辑的关系自然密不可分，影视编辑让运动更加流畅和自然，而运动也让影视编辑有章可循。

一、运动的主要因素

就运动的主体而言，我们可以将运动进一步划分为被摄物体的运动和摄影机的运动这两大基本类型。被摄物体的运动包括人物的运动和景物的运动；摄影机的运动包括推、拉、摇、移、跟、升、降、综合运动等。

人物运动，即镜头中他（她）所表现的运动状态，可以是站、坐、走、跑、跳等。需要强调的是，镜头内的人物运动与日常生活中的人物运动不同，其所运动的方向、角度、速度、轨迹等都会受到景别、构图等因素的影响和限制。除此之外，我们还应该注意人物运动与周围景物的关系，如前景遮挡等因素。

景物运动，即镜头中景物所呈现的运动状态。镜头中的景物一般起到交代环境、渲染气氛、烘托人物、表达情绪等作用，故而我们要根据造型特点、动作幅度、时空情况等因素选择合理的剪辑点，使其呈现自然流畅的视觉效果，从而达到情中见景、景中有情的艺术效果。

人物和景物的运动比较好理解，不再赘言，此处主要介绍摄影机的各种常用的运动形式。

"推"是视距由远及近、景别由大到小的镜头运动形式，它是摄影机沿光轴方向向前移动所进行的拍摄，或采用变焦距镜头从短焦距逐渐调至长焦距的拍摄。用这两种拍摄形式拍摄下来的镜头就叫作"推镜头"。无论采用以上哪种方式，推镜头内所包含的景物范围都是由大逐渐缩小的，主体在画面中所占的面积则由小逐渐变大。因为在推镜头中景别的变化或主体所占面积的变化都是在一个镜头内完成的，所以推镜头既能交代整体与局部、主体与陪体、前景与后景等多组关系，又能起到增强画面的真实性和保证时空一体性的作用。电影《中国机长》讲述了航班机组在执行航班任务时遭

《中国机长》片段

遇极端险情,在大家共同努力下成功迫降,最终挽救所有乘客生命的故事。在飞机成功迫降后,第二机长梁栋站在地面仰望飞机,导演采用推镜头的形式展现了梁栋身处的环境,推镜头所呈现的空间范围不断压缩,梁栋在画面中所占的比例逐渐变大,最终让观众看到梁栋坚定的目光。这个推镜头的速度缓慢而平稳,将劫后余生的平和表现得淋漓尽致,更凸显出梁栋对航空事业的热爱。

与推相反,“拉”是视距由近及远、景别由小到大的镜头运动形式,它是摄影机沿光轴方向后退移动所进行的拍摄,或采用变焦距镜头从长焦距逐渐调至短焦距的拍摄。用这两种拍摄形式拍摄下来的镜头就叫作“拉镜头”。无论使用以上哪种方式,拉镜头所包含的景物范围都是不断扩大的,且随着镜头的拉开,观众的好奇心也被激发,因此,拉镜头可以制造悬念,产生对比、强化等效果,引发观众的联想和想象。电影《我和我的祖国》[1](2019)以重大历史事件为背景,讲述了中华人民共和国成立 70 年间普通百姓与祖国同呼吸、共命运的感人故事。在“前夜篇”中,当林治远爬上 20 多米高的广场旗杆,调试成功、校准时间时,导演采用拉镜头予以呈现。在该镜头中,周围环境在画面中的占比逐渐变大,人物在画面中的占比则逐渐变小。拉镜头的运用使林治远逐渐远离观众,此时的他虽然是在 20 多米高的广场旗杆上,但成功的喜悦使他克服心理障碍,他将怀表放在耳边聆听秒针走动的声音。此时的拉镜头速度较为缓慢,配合秒针走动的声音,不仅表现出林治远对祖国的热爱与默默奉献,也让观众为之感动。

《我和我的祖国》“前夜篇”片段

“摇”,又称“摇摄”或“摇拍”,是指摄影机的机位固定,但机身借助三脚架上的云台做原地转动(即光学轴线发生变化)的拍摄。用这种拍摄形式拍摄下来的镜头就叫“摇镜头”。摇镜头能够随着镜头光学轴线的变化,在一个连续不间断的镜头内逐一展示被拍景物,逐渐扩展拍摄范围,能够起到巡视环境、展示规模、揭示动态中人物的精神面貌和内心世界、烘托情绪与气氛等作用。[2] 摇镜头具有强烈的主观性,能够模拟人环顾四周的效果。此外,摇镜头还具有鲜明的导向性,摇镜头的起幅和落幅画面内容间的关系包括并列关系、视线关系、因果关系、对比关系、隐喻关系等。[3] 摇镜头具有真实性和代入感,这种真实性和代入感会因音乐、节奏等艺术元素的加入而更加突出。电影《有话好好说》[4](1997)聚焦以赵小帅、张秋生和刘德龙为代表的人物,围绕电脑赔偿这一主要叙事线索,展现了生活在都市里的人们焦虑不安的状态。在刘德

《有话好好说》片段

---

① 《我和我的祖国》获奖记录:第 35 届大众电影百花奖最佳影片,第 15 届中国长春电影节金鹿奖,北京国际电影节 · 第 28 届大学生电影节最受大学生欢迎年度影片,中央宣传部第 16 届精神文明建设“五个一工程”特别奖。

② 许南明,富澜,崔君衍.电影艺术词典[M].修订版.北京:中国电影出版社,2005:262.

③ 李稚田.影视语言教程[M].北京:北京师范大学出版社,2004:90-91.

④ 《有话好好说》获奖记录:第 54 届威尼斯国际电影节最佳影片金狮奖提名,第 21 届大众电影百花奖最佳男配角。

龙为了安红而带人教训赵小帅这一场景中,摇镜头的使用驾轻就熟,用于表现刘德龙与赵小帅的对立关系,同时也反映了周边环境的混乱不堪。当表现殴打场面时,摇镜头的使用更是加强了观众的代入感和画面的真实感,晃动的摇镜头配合嘈杂的声响,共同凸显了社会环境的混乱和人物内心的浮躁。

"移",即"移动摄影",是指摄影机的机位发生变化的拍摄。用这种拍摄形式拍摄下来的镜头就叫"移镜头"。移镜头十分灵活,可以做水平方向上的运动,也可以做纵深方向上的运动;可以做不规则的运动,也可以在移动的过程中配合焦距或光学轴线的变化。移镜头与摇镜头都可以在有限的画框内包含更多的景物,但移镜头比摇镜头更灵活,拍摄的范围更广,因为移镜头摆脱了摇镜头固定机位拍摄的局限。移镜头具有强烈的动感,无论采用主观视角还是客观视角,移镜头所呈现的视点总是在不断运动和变化。在电影《我和我的祖国》"相遇篇"中,受到核辐射的高远心系原子弹研发结果,独自一人从医院来到街上。此处采用了移镜头,跟随高远的步伐展示街上的风貌,镜头的缓慢运动配合环境音与舒缓的背景音乐,侧面烘托出高远对国家科研事业的无私奉献与坚定信念。

《我和我的祖国》"相遇篇"片段

"跟",又称"跟拍"或"跟摄",是指摄影机跟随被摄物体进行的拍摄。用这种拍摄形式拍摄下来的镜头就叫"跟镜头"。跟镜头最突出的特点是被摄对象在画面中的位置、所占的比例基本不变,其后的背景则发生相应连续的变化。在跟镜头中,主体与画框之间保持相对静止的关系,而背景则朝着与主体运动相反的方向运动着。在这种造型效果中,跟镜头把被摄对象从整体环境中剥离出来,而主体的运动方向、动作幅度、精神面貌、体态神情等信息都可以在跟的形式中得到完整呈现。根据摄像机与被摄对象之间方位的不同,我们可以将"跟"分为前跟、后跟、侧跟等不同类型。电影《李米的猜想》①(2008)以爱情为线索,以寻找为主题。回忆在来来往往的人群中交织变化,情感在希望与失望的两极斗争中不断挣扎。当李米找到方文时,以近乎祈求的语气不断征求对方的原谅,导演采用长镜头跟拍的形式表现人物从上桥到下桥的全部过程,并采用前跟、后跟和侧跟不断交错的形式展现,而在这一交错变换中,李米焦急的神情与哭泣的表情、方文外化的气愤与复杂的神态都被清晰地展现出来。

《李米的猜想》片段

"升"和"降",简称"升降",但它是两种拍摄形式,即"升"的拍摄形式和"降"的拍摄形式,当然有时这两种形式也会同时被混合使用在一个镜头的拍摄中。"升"指的是摄影机在做升高运动的同时进行的拍摄,"降"则指的是摄影机在做下降运动的同时进行的拍摄。用这两种拍摄形式拍摄下来的镜头分别叫作"升镜头"和"降镜头"。根据升或降的轨迹的不同,升降又可分为垂直升降、弧形升降、斜向升降和不规则升降等。② 就视觉效果而言,升降镜头具有很强的空间感、透视感、运动感和悬念感。就运

---

① 《李米的猜想》获奖记录:第 27 届中国电影金鸡奖最佳女主角,第 16 届北京大学生电影节最佳女演员奖。

② 许南明,富澜,崔君衍.电影艺术词典[M].修订版.北京:中国电影出版社,2005:261.

动而言,伴随着摄影机从低处到高处的升高,升镜头的视点逐渐上移,视野逐渐开阔;伴随着摄影机从高处到低处的下降,降镜头的视点逐渐下移,视野逐渐变窄。在升降镜头中,构图在不断变化。在电影《我和我的祖国》"前夜篇"中,导演采用升镜头的形式展现林治远攀登广场旗杆的场景,升镜头在持续的运动中逐渐展示林治远在攀登过程中的肢体动作和面部表情,升的运动形式配合着剧情,使观众不自觉地为林治远能否调试成功而紧张。在电影《功夫》[1]中,导演首先将摄影机定位在猪笼城寨门口的广告牌上,向观众交代环境信息,之后使摄影机逐渐下移,直至最终展现主要人物的整体形象,降镜头在持续的运动中不仅为主要人物的出场做了铺垫,还增强了情节的悬念感,以吸引观众的注意力与好奇心。

《功夫》片段

所谓综合运动镜头,指的是在同一个镜头中,摄影机将推、拉、摇、移、跟、升、降等运动方式结合起来综合使用。综合运动镜头可以形成复杂多变的画面效果,其运动轨迹是多方向、多方式、多角度共同作用的结果。综合运动镜头具有较强的造型特征,多种运动形式促成了画面的美感。因综合运动形式的存在,综合运动镜头的时长较之普通镜头的时长要长,故而创作者可以在不切换镜头的情况下持续拍摄,获得长镜头的效果,能够保证被记录场景的完整性。综合运动镜头在综合使用各种运动形式的同时,也使得镜头画面具有了多义性。综合运动镜头内的各种运动并不是杂乱无章的,是根据内容的需要不断变换运动形式的,因此具有一定的节奏感。因为综合运动镜头能够将摄影机的各种运动方式综合在一个连续不间断的镜头内,所以它能给观众带来视觉上的流畅感和情绪上的连贯性。

《赎罪》片段

电影《赎罪》[2](2007)中有一个长达五分钟的综合运动镜头。男主人公罗比和两个战友走到了敦刻尔克海滩,看到了海滩上庞大的等待坐船回国的士兵群体,于是,罗比着急地走上前去询问长官,综合运动镜头从这里开始:先是运用跟镜头跟进罗比与长官的对话,罗比跑到长官的前面,表达自己想要回国的愿望,但没有得到肯定回答,此处,用移镜头的方式表现出罗比和长官之间的冲突。之后,镜头继续跟着罗比前行,从图 3-12 所示的"镜头 19"处开始,导演用推镜头、移镜头的方式来展现罗比的主观视角,观众看到了罗比眼里的海滩。从"镜头 28"处开始,又变回客观视角,直到罗比和他的两个战友走进小酒馆,画面里空剩一个满目疮痍的海滩。在这个综合运动镜头中,观众借由罗比的行动路线和视线变化,感受到了不同的画面节奏,既看到了整个敦刻尔克海滩的情况,又看到了战争给士兵们造成的伤害,还感受到了罗比在这个过程中难以言表的复杂心情(如图 3-12 所示)。

---

① 《功夫》获奖记录:第 24 届香港电影金像奖最佳电影、最佳剪接、最佳动作设计、最佳音响效果、最佳视觉效果,第 42 届台湾电影金马奖最佳剧情片、最佳导演、最佳视觉效果等,第 28 届大众电影百花奖优秀故事片。

② 《赎罪》获奖记录:第 61 届英国电影学院奖最佳影片、最佳艺术指导。

镜头 1

镜头 2

镜头 3

镜头 4

镜头 5

镜头 6

镜头 7

镜头 8

镜头 9

镜头 10

镜头 11

镜头 12

镜头 13

镜头 14

镜头15

镜头 16

镜头 17

镜头 18

镜头 19

镜头 20

镜头 21

镜头 22

镜头 23

镜头 24

镜头 25

镜头 26

镜头 27

镜头 28

镜头 29

镜头 30

镜头 31

镜头 32

镜头 33

镜头 34

镜头 35

镜头 36

镜头 37

镜头 38

镜头 39

图 3-12 《赎罪》中的综合运动镜头

在电影《我和我的祖国》的“相遇篇”中，也有一个长达 6 分钟的综合运动镜头。高远为打听原子弹试爆成功的消息，悄悄来到街上，并乘坐曾经常坐的 29 路公交车，偶遇 3 年前的女友方敏。尽管戴着口罩，方敏还是一眼认出了他。综合运动镜头从这里开始：先是运用固定镜头展现方敏委屈地向高远诉说自己在他离开后的经历，高远却因工作原因，不能和她相认。此时，镜头推进，展现二人细微的面部表情变化，方敏向高远讲述二人的美好经历，高远一言不发，眼中满是不舍与愧疚。之后，公交车中途停车，乘客陆续上车，高远随着人流去往后排座位。从“镜头 9”处开始，方敏回到原来的座位，镜头随之运动，在方敏坐下后，运用推镜头来展现方敏的神情。从“镜头 13”处开始，方敏起身去往高远旁边，镜头继续跟着方敏运动。落座后，方敏继续向高远讲述二人曾经的回忆，此时镜头不断推进，直到以近景镜头来展现二人的面部表情。在这个综合运动镜头中，观众不仅感受到高远为中国科研事业所做出的奉献与牺牲，更被二人凄美的爱情故事所感动。此外，不断运动的公交车使得二人身后的环境背景不断变化，这不仅连续展现了街上的变化，也为后续剧情的推进埋下伏笔(如图 3-13 所示)。

《我和我的祖国》“相遇篇”片段

镜头 1

镜头 2

镜头 3

镜头 4

镜头 5

镜头 6

镜头 7

镜头 8

镜头 9

镜头 10

镜头 11

镜头 12

镜头 13

镜头 14

镜头 15

镜头 16

镜头 17

镜头 18

镜头 19

镜头 20

镜头 21

镜头 22

镜头 23

镜头 24

图 3-13 《我和我的祖国》“相遇篇”中的综合运动镜头

除了上述几种常用的摄影机运动形式之外,还存在闪摇、晃动、旋转、升格、降格等更加丰富的形式,它们共同构成摄影机灵活且复杂多变的运动形式。

二、运动的编辑技法

上文我们介绍了被摄主体运动和摄影机的运动,这些都是屏幕上运动的具体构成,而编辑所产生的运动也是屏幕运动的构成要素之一。因此,在编辑时,要充分考虑该作品在屏幕运动上的具体需求和整体风格,有针对性地选择合适的编辑技法。当然,一般而言,还是存在一些常见的运动的编辑技法。就人物形体动作而言,常见的编辑技法有:动作分解法、动作错觉法、动作省略法;就摄影机运动而言,惯用的编辑技法有:动接动、静接静、动静相接等。

(一)人物形体动作的编辑技法

1.动作分解法

这种编辑技法基本上不省略总体动作过程,而是用不同角度或景别的镜头表现同一个完整的动作过程。我们可将其概括为对半式的剪辑,也就是上一镜头是动作的上半部分,下一镜头是动作的下半部分,上一半动作切点位置应该是下一半动作的起点。[①] 此种方法实际上是把人物的动作进行了拆分,满足观众从不同视角进行观看的需求,而拆分后的动作片段再次被组合后,就将原动作过程进行了复原,且在视觉上不存在跳跃感。在电影《老无所依》[②](2007)中,导演采用动作分解法表现

① 王晓红.电视画面编辑[M].北京:北京广播学院出版社,2002:143.

② 《老无所依》获奖记录:第 80 届奥斯卡金像奖最佳影片、最佳导演、最佳男配角、最佳改编剧本,第 60 届戛纳国际电影节金棕榈奖提名。

主人公卢埃林·莫斯俯下身子、拾起子弹、将子弹装进口袋的动作。如图 3-14 所示(亦如右侧扫码可观看到的影片片段所示),第一个镜头采用中景交代周边环境的同时,也言明了人物的主要意图;第二个镜头采用特写制造悬念;第三个镜头采用特写表现结果。三个镜头衔接流畅,既完成了叙事,又给予观众丰富的视觉体验。

《老无所依》片段

镜头 1 镜头 2 镜头 3

图 3-14 《老无所依》中采用动作分解法编辑的片段

2.动作错觉法

动作错觉法指利用人眼的视觉暂留现象①和上下镜头的主体动作在速度快慢、景别、形态、空间位置等方面的相似,将不同动作片段连接在一起,形成视觉上动作连续的错觉效果。② 在影视编辑中,为了避免生硬转场所造成的视觉跳跃,或者为了凸显动态十足的场景,导演往往采用动作错觉法。这种错觉的产生以人物动作衔接为基准,以大脑补充想象为辅助,从而造成以假乱真和移花接木之效。动作错觉法能够起到增强动作节奏感和激发观众想象力的作用。在电影《爱乐之城》中,当男女主人公在分别多年后再次相遇时,二人相顾无言。此时,导演运用闪回的形式插入了一段幻想式的美好生活。如果他们没有分开,这原本应该是属于他们的美好的生活。在这个场景里,他们以奔跑的形式快速地完成了从相遇、相恋到结婚生子、组建幸福家庭的过程,导演利用人物奔跑的动作和运动趋势,衔接了他们从酒吧相遇到同居相恋的转场,给予观众流畅的视觉感受(如图 3-15 所示)。

《爱乐之城》片段

镜头 1 镜头 2

图 3-15 《爱乐之城》中采用动作错觉法编辑的片段

① 视觉暂留现象又称"余晖效应",1824 年由英国伦敦大学教授彼得·马克·罗杰特在其研究报告《移动物体的视觉暂留现象》中最先提出。人类在观看物体时,依托眼睛的晶状体成像,并由视神经传入大脑形成视觉图像。当物体消失时,视神经所形成的物体的影像不会立刻消失,这种现象统称为视觉暂留。

② 王晓红.电视画面编辑[M].北京:北京广播学院出版社,2002:147.

3.动作省略法

动作省略法以有力的转机为切口,以事物发展规律为基础,追求简洁、自然、流畅的观影效果,强化影片的叙事节奏。它截取一个场景中最为关键的核心动作,将中间的动作过程省略不计。通常情况下,动作省略法用以展现代表性动作的直接跳切,此外,插入镜头的合理利用同样可以起到动作省略的作用。电影《饮食男女》[1](1994)开头老朱做饭的情节堪称经典,娴熟的镜头组接配合中国传统音乐赋予影片明快的节奏,在该段落中,动作省略法被多次使用。例如,在做鱼的动作序列里,第一个镜头是给鱼儿剖肚;第二个镜头以老朱的脸部特写镜头代替他取出鱼内脏的画面;再转到下一个镜头时,老朱已经在切鱼肉了(如图 3-16 所示)。三个镜头一气呵成,简洁流畅,叙事明了。

《饮食男女》片段

镜头 1　　镜头 2　　镜头 3

图 3-16 《饮食男女》中采用动作省略法编辑的片段

(二)摄影机运动的编辑技法

从运动形态的角度而言,镜头可以分为固定镜头和运动镜头。除了镜头内部的被摄主体运动外,摄影机运动亦是屏幕运动的主要形式,并且会产生多种动静结合的方式。针对不同的情况,我们可以采用不同的编辑技法,主要的编辑技法分为:动接动、静接静、动静相接等。

1.动接动

通常情况下,运动镜头与运动镜头的组接大多采用“动接动”的方式。在进行编辑处理时,我们既要充分考虑到各个运动主体的情况——人物运动、景物运动、摄影机运动等,借助这些细微的变化来衔接镜头,以确保视觉上的流畅、自然;又要注意遵循“在运动中剪,在运动中接”的原则,即前一个镜头剪掉落幅,后一个镜头剪掉起幅,然后找准剪辑点组接在一起。此种方式可以使运动镜头的组接一气呵成,惯用于一组连续的运动镜头的组接中。

除此之外,连接两个固定镜头(被摄主体有明显的运动状态)也可以采用动接动的编辑技巧,方法同上,即剪掉前一个镜头的落幅和后一个镜头的起幅,利用上下镜头

① 《饮食男女》获奖记录:第 31 届台湾金马奖最佳剧情片提名等,第 67 届奥斯卡金像奖最佳外语片提名。

内被摄主体的动作或运动状态进行组接。

在电影《卧虎藏龙》[①]（2000）的开头，李慕白回来了，女仆慌忙告知俞秀莲并招呼李慕白进府。导演采用三个镜头表现这个过程：首先，采用摇镜头配合移镜头、跟镜头的形式展现女仆奔走相告；其次，采用上移镜头展现正在做针线活的俞秀莲；最后，采用下摇镜头和移镜头、跟镜头的形式交代女仆引领李慕白走进来的情景。丰富多变的镜头运动既展现了人物所处环境的具体情况，又为李慕白和俞秀莲两人再次相聚起到有力的情绪铺陈作用（如图 3-17 所示）。

《卧虎藏龙》片段

镜头 1　　镜头 2　　镜头 3

图 3-17　《卧虎藏龙》中“动接动”的编辑方式

2.静接静

当固定镜头与固定镜头相接时，一般采取的是静接静的组接方式。值得注意的是，运动是绝对的，静止是相对的，事实上并不存在绝对静止的镜头，即使摄影机的机位、光学轴线和焦距都保持不动，镜头中的人物、景物等元素也会运动，有时是剧烈的运动，有时则是细微的运动，甚至即便是主体的外在形象保持不动，其内心也会有相关心理活动。因此，静接静是相对而言的，旨在强调镜头组接前后的画面所处的状态。

有时，运动镜头也可使用静接静的组接方式，即把组接序列中的前一个镜头处于相对静止状态（固定镜头）的落幅和后一个镜头处于相对静止状态（固定镜头）的起幅都保留，由此在视觉上便不会形成明显的跳跃。静接静基于人类的心理活动，用以渲染严肃的氛围和酝酿沉重的情绪等。

在电影《霸王别姬》[②]（1993）中，小豆子（程蝶衣）因为左手有六根手指，首次拜师学艺遭到拒绝。母亲为了让儿子顺利进入戏班学戏，狠心地切下小豆子那根畸形的手指。导演采用静接静的镜头组接方式完成了前后“切割”的动作（如图 3-18 所示）。

《霸王别姬》片段

---

① 《卧虎藏龙》获奖记录：第 73 届奥斯卡金像奖最佳外语片、最佳艺术指导、最佳原创配乐、最佳摄影。

② 《霸王别姬》获奖记录：第 46 届戛纳国际电影节金棕榈奖，第 66 届奥斯卡金像奖最佳外语片提名，第 47 届英国电影学院奖最佳外语片奖。

镜头 1　　镜头 2

图 3-18 《霸王别姬》中“静接静”的编辑方式

3.动静相接

如果说动接动、静接静是两种常见且符合常规的编辑技法,那么动静相接(包括动接静和静接动)则是反常规的编辑技法。一般情况下,如果上一个镜头是运动镜头,往往采用“动接动”的方式,即选取与主体的动感匹配的固定镜头进行组接,而如果上一个镜头是固定镜头,且镜头内主体的动感十足,也会采取“动接动”的方式,即选取动感与之相匹配的运动镜头进行组接,以求视觉上的流畅和动感的一致。但有时创作者也会反其道而行之,将运动镜头与主体动感并不明显的固定镜头直接相接,或将主体动感并不明显的固定镜头与运动镜头直接相接,这是为什么呢?动与静或静与动的组接,必然会形成明显的对比和强烈的反差,而这恰好形成了特殊的情绪,营造了独特的氛围,也必然是出于导演的主观意图,一般普遍应用于影片中人物情绪激烈变化之处,要注意利用主体的运动动势、前后镜头内容的因果关系、情绪节奏变化等。①

在实际的影视作品中,“动接静”和“静接动”这两种编辑技法能表示不同含义,给观众带来不同的视听感受。在电影《让子弹飞》②(2010)中,导演多次巧妙使用“动接静”“静接动”的编辑技法。当张牧之(又名张麻子)杀掉“假张麻子”再次回到鹅城时,坚定信心要干掉黄四郎,于是他敲锣打鼓,播撒银两,团结群众。导演运用摇镜头表现在舞台上敲锣打鼓的热情群众,紧跟其后的是用固定镜头表现在围墙上冷静观察的张牧之,这一动一静的巧妙组接不仅营造出了此刻特殊微妙的气氛,也塑造出一位冷静沉稳的领导者的形象(如图 3-19 所示)。

镜头 1 运动镜头　　镜头 2 固定镜头　　镜头 3 固定镜头

图 3-19 《让子弹飞》中“动接静”的编辑方式

① 王晓红.电视画面编辑[M].北京:北京广播学院出版社,2002:154.

② 《让子弹飞》获奖记录:第 31 届香港电影金像奖最佳服装造型设计,第 48 届台湾电影金马奖最佳改编剧本、最佳摄影。

在作品的后半段，张牧之杀掉“假黄四郎”获得了百姓的支持（百姓以为是真黄四郎），导演首先采用固定镜头形式的特写画面表现黄四郎在碉楼上慌张的面部神情，随后组接了采用运动镜头形式的中景画面表现张牧之在舞台上坚定果敢的体态动作，这两个画面在表现形式和主体形象上均形成了鲜明的对比。导演运用静动相接的编辑技法，既表现出人物此时所处的环境气氛，又揭示出人物此刻的心理活动（如图3-20所示）。

镜头1 固定镜头

镜头2 运动镜头

镜头3 运动镜头

图3-20　《让子弹飞》中“静接动”的编辑方式

第三节　角度与影视编辑

就影视摄影而言，角度占据非常重要的地位，它是摄影机在进行拍摄时视点的一种外化表现，即导演在构图时对摄影机所处拍摄位置的处理。通常情况下，水平的拍摄方向和垂直的拍摄高度共同决定着镜头的角度。就拍摄方向而言，可分为：正面角度、侧面角度、斜侧角度和背面角度等；就拍摄高度而言，可分为仰拍角度、俯拍角度、平拍角度、顶拍角度和底拍角度等。此外，总角度、反拍角度（分为外反拍角度和内反拍角度）等都是镜头角度的重要组成部分，是在影视编辑时不可忽视的因素。

一、拍摄方向

所谓拍摄方向，即以拍摄对象为核心参照物，在它的四周以同一水平面为标准而选取的拍摄方位。正面角度、侧面角度、斜侧角度、背面角度都是拍摄方向的重要组成部分。

正面角度，指摄影机在被摄物体的正面。正面角度拍摄以表现被摄物体的正面特征为主，具有均衡、稳定的特点，极易形成对称的视觉效果。在实际的影视创作中，导演经常采用此种角度来表现庄严、雄伟的建筑，严肃的人物，肃穆的氛围等，具有稳定、庄重的视觉感受。采用正面角度拍摄多个人物亦可以体现对等的意味。需要注意的是，采取正面角度拍摄的画面往往缺少空间透视感。在电影《霸王别姬》中，导演采用正面角度拍摄小豆子（程蝶衣）和小石头（段小楼）等人练声的场景，此举可以使人物并列地展示在观众眼前，从而增强了画内画外的直接交流感，拉近了观众与拍摄对象的距离（如图3-21所示）。

图 3-21 《霸王别姬》中的正面角度画面

侧面角度,指摄影机处于被摄物体的侧面。侧面角度拍摄以表现被摄物体的侧面特征为主,用以勾勒被摄物体的轮廓形状。人物是影视拍摄的核心对象,采用侧面角度拍摄人物可以很好地刻画人物的侧面轮廓、动作和视线,它虽不能像正面角度拍摄那样呈现人物对称的体态,但能够形成含而不露的悬念感,带领观众通过人物侧面的体态来揣测人物此时此刻的内心情感。在电影《我和我的祖国》中,导演以侧面角度拍摄科研工作者高远受到核辐射后与陈指挥交流的场景。该镜头不仅交代了双方所处的位置,还呈现了高远此时的身体状态,从而使观众担心高远的身体状况,也为接下来的故事情节埋下伏笔,更体现了科研工作者对研发原子弹的决心与热情(如图 3-22 所示)。

图 3-22 《我和我的祖国》中的侧面角度画面

斜侧角度,指摄影机处于被摄物体的正面和侧面之间(前斜侧)或背面和侧面之间(后斜侧)的位置。也就是说,除了正面、侧面、背面之外的角度都属于斜侧角度的范畴,其具有正面、侧面和背面的部分特征,是一种相对折中的拍摄角度,可以凸显被摄物体的立体感和空间环境的透视感,因此,斜侧角度也是使用率最高的角度。在电影《我不是药神》①中,程勇因"黄毛"的车祸离世痛苦万分,他来到"黄毛"居住的地

① 《我不是药神》获奖记录:第 38 届香港电影金像奖最佳两岸华语电影,第 35 届大众电影百花奖优秀影片、最佳男配角,第 32 届中国电影金鸡奖最佳导演处女作。

方，看到“黄毛”与父母的合照以及回家的车票时，终于控制不住情绪嚎啕大哭，导演采用斜侧角度既突出了画面的纵深感，又表现了程勇痛哭流涕的表情，从而为接下来人物的思想转变和赔钱卖药、对抗药商的行为的开展进行了有力的铺垫(如图 3-23 所示)。程勇在“黄毛”车祸离世后转变思想，决定赔钱卖药、救助病友。在此之前，他知道自己将要面临法律的制裁，因此将孩子安排出国。在送别孩子后，他望着孩子离去的背影，一言不发，眼神中满是不舍。这个镜头采用斜侧角度，既突出了画面的纵深感，又表现了程勇对孩子离去的不舍之情，从而为接下来他赔钱卖药以及对抗药商时的果断与决绝做了有力的铺垫。

《我不是药神》片段

图 3-23 《我不是药神》中的斜侧角度画面

背面角度，是指摄影机处于被摄物体的背面。对于人物塑造而言，背面角度拍摄同样非常重要，它将被摄对象及其所关注的事物同时展现在观众眼前。背面角度所呈现的画面的视向与观众保持一致，可以产生非常强烈的主观效果。通常情况下，背面角度具有设置悬念、渲染气氛、激发联想、含蓄表意等作用。在电影《中国机长》中，导演采用背面角度拍摄两位乘客在迫降成功后相互依偎凝视飞机的场景，周边的人群沉浸在飞机安全降落后的喜悦中，两位乘客相互依偎展示出在经历生死一线后对彼此更加坚定的选择，凝视飞机则表现出对机组成员的感激与敬佩。背面角度使诸种情绪得到延伸，让观众在观看过程中回味无穷(如图 3-24 所示)。

图 3-24 《中国机长》中的背面角度画面

二、拍摄高度

拍摄高度也是角度的决定性因素之一,其意味着摄影机镜头与被摄主体在垂直高度上的关系。仰拍角度、俯拍角度、平拍角度、顶拍角度、底拍角度都是拍摄高度的重要组成部分。

仰拍角度,是指摄影机镜头的光学轴线处于被摄对象视线上方的拍摄角度,即摄影机仰视被摄对象。就景物而言,地平线会出现在画面的下半部分,近处的景物会高耸于地平线上,后景则因为遮挡等因素而无法被呈现,即使出现也是被压缩在地平线上;就人物而言,如果采用仰角度拍摄人物,被摄对象往往比现实中的人物略显高大,可以传达出赞美或敬畏之意。在电影《阳光灿烂的日子》中,导演采用仰拍的角度来展现马小军独自一人攀爬跳水高台的过程,此刻,没有他人的鼓励、缺少朋友的陪伴,马小军仍然坚定自若,探索着属于自己的路程,对马小军的赞美之情跃然画面中(如图 3-25 所示)。

图 3-25 《阳光灿烂的日子》中的仰拍角度画面

俯拍角度,是指摄影机镜头的光学轴线处于被摄对象视线下方的拍摄角度,即摄影机俯视被摄对象。就景物而言,景物的地平线会出现在画面的上半部分,近处景物会出现在画面底部,远处景物会在上部,包含的景物较多,空间的纵深感明显;就人物而言,这种角度可以表现众多人物及他们之间的关系。如果近距离采用短焦距俯拍单个人物,很容易造成人物在透视上的畸变,进而产生蔑视或贬低之意。俯拍的大场面既可以表现出恢宏的气势,又可以表现出压抑的情绪。在电影《阳光灿烂的日子》中,以马小军的视线为依托,导演采用俯拍角度拍摄米兰等人嬉戏玩耍的场景,空间的纵深感展现了马小军与米兰等人的关系疏离,众人的喧闹反衬了马小军的孤独(如图 3-26 所示)。

图 3-26 《阳光灿烂的日子》中的俯拍角度画面

平拍角度,是指摄影机镜头的光学轴线与被摄对象视线处于同一水平面上的拍摄角度,即摄影机平视被摄对象。这种角度更符合人们日常生活中的观看视角,使人感到平等、公正、客观、冷静、亲切。平拍角度具有较强的纪实性,纪录片、新闻等纪实类节目惯常使用这种角度。采用平拍角度进行拍摄时,要注意地平线的处理,不要使其分割画面。在电影《阿甘正传》中,当男主角阿甘出场时,导演以平拍角度的拍摄方式展现阿甘与黑人女子主动交流的场景,他喋喋不休的状态,一方面为揭示他的特殊人物性格奠定基础，另一方面也表明了人人平等的影片主题（如图3-27所示）。

《阿甘正传》片段

图 3-27　《阿甘正传》中的平拍角度画面

顶拍角度，是指摄影机从被摄对象的正上方垂直往下进行拍摄的角度，此时摄影机的光学轴线与地面垂直，它是俯拍角度的极端化表现。顶拍角度有利于表现事物的造型美感，缩减空间的透视感，化立体为平面，从而简化构图。电影《攀登者》①在表现中国登山队成功从北坡登上珠穆朗玛峰这场戏中，采用顶拍角度呈现三人留下登顶证据的场景，周边的雪山和万丈深渊在该镜头中由立体压缩为平面，三人在画面中的位置显得更加清晰明了，凸显出中国登山队为完成使命勇于攀登、不畏艰难险阻的拼搏精神（如图 3-28 所示）。

《攀登者》片段

图 3-28　《攀登者》中的顶拍角度画面

底拍角度，是指摄影机从被摄对象的正下方垂直往上进行拍摄的角度，底拍角度与顶拍角度相对，它是仰拍角度的极端化表现。底拍角度有利于展现事物的动态特征，凸显事物的力量感，给予观众强烈的视觉冲击力。就人物塑造而言，底拍角度将人物托于空中，有利于夸大人物形象。在电影《黄飞鸿之三：狮王争霸》②（1993）中，导演采用底拍角度展现黄飞鸿与赵天霸等人激烈打斗的精彩场景，底拍角度拍摄黄飞鸿坠

① 《攀登者》获奖记录：中央宣传部第 16 届精神文明建设“五个一工程”优秀作品奖，第 18 届中国电影华表奖优秀故事片奖。

② 《黄飞鸿之三：狮王争霸》获奖记录：第 17 届大众电影百花奖最佳合拍片。

落的过程加剧了动作的力量感,从而进一步强化了打斗的残酷性,让观众被黄飞鸿的一身正气深深折服(如图 3-29 所示)。

图 3-29 《黄飞鸿之三:狮王争霸》中的底拍角度画面

《黄飞鸿之三:狮王争霸》片段

除了上述角度外,还存在总角度、外反拍角度、内反拍角度等特殊形式,它们各具特色,对于影视编辑同样起着非常重要的作用。

总角度,又称“总方向”或“主要角度”。总角度,顾名思义,以保证景物空间关系的统一为基础、以实现正确无误的场面调度为目标的拍摄角度,往往以全景等较大的景别出现,能够对其后续一系列分切的小景别镜头在光线、方位上起到定位的作用。由此可见,总角度具有统筹全局的作用,一旦确立,一般情况下不会随意更改,其他的镜头也要迎合总角度的需求进行拍摄,否则会造成混乱、扭曲、错误等情况,从而给观众带来很多困扰。电影《月亮升起之王国》①(2012)在展现山姆准备带着苏西去野外扎营的这场戏时,首先采用远景作为总角度展现他们刚开始相见的情景,之后又采用全景、中景表现他们逐渐靠近的情景。总角度的画面让观众对整体环境一目了然,对后续镜头中的人物运动、镜头运动、景别大小等都起着非常重要的引导作用(如图 3-30 所示)。

图 3-30 《月亮升起之王国》中的总角度画面

① 《月亮升起之王国》(又译为《月升王国》)获奖记录:第 85 届奥斯卡金像奖最佳原创剧本提名。

反拍，也称为“反打”，指后一个镜头的拍摄方向处于前一个镜头拍摄方向的正反面或侧反面，由此形成的拍摄角度称为“反拍角度”。反拍又可分为内反拍和外反拍，由此形成的拍摄角度称为“内反拍角度”和“外反拍角度”。反拍镜头经常用于两个人物谈话的场景中。谈话的两人之间建立起一条关系轴线，反拍机位恰好位于关系轴线的一侧，并且相对。在外反拍镜头里，观众能够看到说话的双方，以过肩镜头的形式呈现，即穿过一个主体的肩部看到另一个主体的斜侧面。在内反拍镜头里，观众只能看到说话的一方，另一方在画面外，他的存在是通过画面内主体的视线交代的。当然，反拍也可以表现多人的谈话场面，只不过需要根据谈话的实际状况把多人分成两组，即可对他们进行反拍的拍摄。有时，外反拍和内反拍会被混合使用，以获得更为丰富的视觉效果。在电影《攀登者》中，创作者综合使用外反拍和内反拍来展现李国梁牺牲后，曲松林与方五洲抱头痛哭的场景。在这一镜头序列中，首先是一个全景画面，起到定位的作用，也是这一镜头序列的总角度，用以交代两人的位置及其与周边环境的关系。接下来是几个反拍镜头，有外反拍也有内反拍，用以表现曲松林和方五洲的面部表情和内心情感。李国梁的牺牲解开了曲松林的心结，此时的他终于理解当年方五洲的选择，承认了自己的错误，抱着方五洲痛哭流涕，而方五洲紧皱的眉头与沧桑的眼神也表现出他的悲伤与无奈。一方懊悔，一方悲伤，内外反拍结合更能将二人的内心情感展现得淋漓尽致。

《攀登者》片段

第四节　节奏与影视编辑

提及节奏，也许你会将其与音乐的律动相联系，其实节奏所涵盖的范围远远不止音乐，它广泛存在于现实生活中，四季的更迭、昼夜的变化、人类的呼吸都有节奏。毋庸置疑，在影视艺术中也体现了节奏的魅力与特色，很多电影大师都曾经强调过节奏的重要作用。例如，瑞典电影大师英格玛·伯格曼曾说：“节奏是至关重要的，永远是至关重要的。”①法国电影理论家莱昂·穆西纳克（Léon Moussinac）认为，没有节奏，就是死亡。②

一、节奏的基本概念

何谓节奏？节奏，是一个音乐术语，是音乐的基本要素之一，是通过音的长短、强弱有规律的变化而形成的。③ 苏联美学家彼得罗夫斯基（Petrovski）在《普通心理学》一文中提出：“节奏就是把一系列客体感知为一系列刺激组合。”④我国美学家朱光潜在《谈美书简》中指出：“节奏是主观与客观的统一，也是心理和生理的统一，它是内心

①② 林洪桐.银幕技巧与手段：中外名片优秀手法剖析[M].北京：中国电影出版社，1993：398.

③ 许南明，富澜，崔君衍.电影艺术词典[M].修订版.北京：中国电影出版社，2005：376.

④ 林洪桐.银幕技巧与手段：中外名片优秀手法剖析[M].北京：中国电影出版社，1993：399.

生活(思想和情感)的传达媒介。"[①]关于节奏的定义尚未有统一的说法,本书对节奏的界定如下:节奏,表现为停顿、凝滞、流畅、对比、跳跃、平稳、重复等形态,渗透于剧作、表演、导演、摄影、构图、音乐、音响、场面调度、影视编辑等各个方面,通过情节发展、演员的语言和肢体动作、影像造型、色彩组合、镜头运动、景别变换、音乐音响等形式来具体体现。

二、影视节奏的主要类型

节奏千变万化,因此类型很多,一般而言,影视艺术中涉及的节奏可分为内部节奏、外部节奏、听觉节奏、视觉节奏、简单节奏、复杂节奏等。

(一)内部节奏和外部节奏

内部节奏,是一种比较内敛的节奏形式,它主要来自影片情节发展的内在矛盾冲突或者人物内心复杂多变的情绪。

外部节奏,是一种比较直观的节奏形式,它可以借助主体的运动、摄影机的运动、镜头切换的剪辑率等得以彰显。

通常而言,内部节奏与外部节奏密不可分,内部节奏决定着外部节奏,外部节奏强化内部节奏,内部节奏与外部节奏的和谐配合可以起到塑造人物、表达情绪、渲染气氛等重要作用。

在电影《摔跤吧！爸爸》中,马哈维亚曾经是印度的摔跤冠军,他一心想生一个儿子来继承他的光荣事业,但是天不遂人愿,他为此非常忧虑。在影片的 10 分钟至 12 分钟处,导演利用移动镜头展现马哈维亚观看一群男孩子进行摔跤训练的场景,利用全景推近景展现妻子与女儿们在一起的场景,利用特写镜头展现马哈维亚从墙上摘下各种奖章的动作细节。值得一提的是,导演采用慢镜头的运动形式配合哀怨、伤感的音乐,把马哈维亚沉重而复杂的心情表现出来,内部节奏和外部节奏的巧妙配合使得影片非常有情绪感染力,观众亦会对马哈维亚的"不幸"抱以同情和怜悯。

(二)听觉节奏和视觉节奏

听觉节奏是借助听觉要素表现出来的节奏。听觉节奏借助人物的语言(包括对白、独白、旁白等)、音响音效和音乐等形式表现出来,产生轻、重、强、弱等多样的声音层次。

视觉节奏是通过画面形象表现出来的节奏。视觉节奏依托于场面调度、演员的表情和动作、景物的自然运动、摄影机的综合运动、蒙太奇镜头组接等方式,具有张弛、缓急等多种视觉感受。

对于影视艺术而言,视觉与听觉是一体的,有机融合,密不可分,视觉节奏与听觉节奏的关系虽然多元,但都是为完成影像的表情达意服务的。

在电影《穿普拉达的女王》中,安迪在米兰达的"高压政策"下经历蜕变和成长,她不得不去面对烦琐而复杂的工作、严肃而冷漠的上司、紧张而刺激的生活……在电影的第 25 分钟至 26 分钟,导演一方面采用丰富多变的镜头运动展现米兰达和安迪的状

---

① 林洪桐.银幕技巧与手段:中外名片优秀手法剖析[M].北京:中国电影出版社,1993:399.

态，另一方面又将欢快的音乐贯穿始终。镜头运动越发迅速，音乐节奏就越发强烈，两者的完美结合，既推动了影片叙事的发展，又为安迪的蜕变埋下伏笔。

（三）简单节奏和复杂节奏

简单节奏，即将一组有规律的镜头组接起来，使其表现单一的戏剧事件或动作时所呈现出来的节奏。常见的简单节奏类型有：由远及近的节奏、由近及远的节奏、环形节奏等。

在纪录片《乡村里的中国》①（2013）结尾处，杓峪村举行第四届春节联欢会，导演首先采用全景交代杜深忠等人表演的场景，其次采用两个近景展现妻子张兆珍演唱和丈夫杜深忠弹琵琶的场景，最后采用一个特写镜头进一步捕捉杜深忠弹琵琶的手部动作细节，这种由远及近、层层递进的节奏使叙事清晰明了（如图 3-31 所示）。

《乡村里的中国》片段

镜头 1

镜头 2

镜头 3

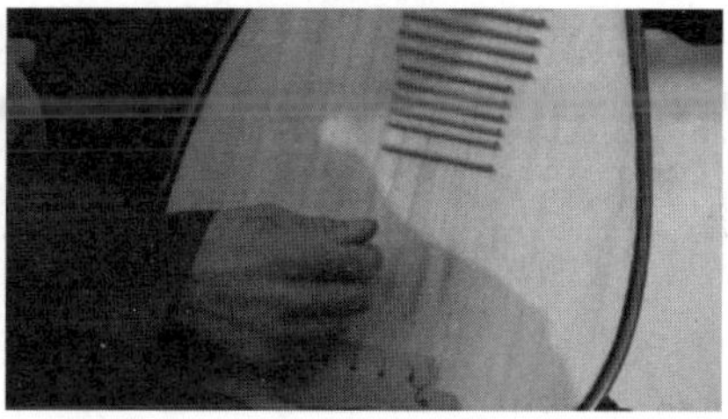

镜头 4

图 3-31　《乡村里的中国》中由远及近的节奏

纪录片《归途列车》②（2010）通过讲述张昌华一家的故事，反映了中国进城务工人员家庭的境况，父母抛家舍业的奋斗让人心酸，子女遥遥无期的等待让人心疼。张琴不满留守的现状准备赴城打工，在给爷爷上坟的这场戏中，导演采用由近及远的节奏表现悲伤的人物情绪：首先，一个菩萨像的特写渲染了严肃的气氛；其次，张琴脸部的特写凸显严肃的

《归途列车》片段

---

① 《乡村里的中国》获奖记录：第 15 届中国电影华表奖优秀纪录片奖，第 11 届中国（广州）国际纪录片节最佳纪录长片，第 20 届上海电视节白玉兰奖最佳中国纪录片奖。

② 《归途列车》获奖记录：2009 年阿姆斯特丹国际纪录片电影节最佳长纪录片奖，第 53 届旧金山国际电影节纪录片奖。

神情;再次,烧纸的近景交代了人物的动作;最后,中景反映了周边环境。随着这四个镜头的呈现,悬念也一步步揭晓,既不失镜头的运动规律,又不乏影片的表意深度。在张琴离家之前陪奶奶、弟弟吃饭的这场戏中,导演采用环形节奏予以呈现:首先,用中景交代奶奶、张琴、弟弟一起吃饭的情景;其次,两个近景分别展现奶奶和弟弟吃饭以及奶奶和张琴吃饭时的状态;最后,回归祖孙三人一起吃饭的状态,导演采用中景予以呈现。这组镜头简洁流畅地表明了人物的关系,也渲染了离别的凝重情绪。

复杂节奏,即将有规律的镜头组接和没有规律的镜头组接交替编辑时所产生的一种节奏形式。复杂节奏可以起到渲染气氛、表明主旨、提高兴趣等作用。在电影《雁南飞》①(1958)中,一位红军士兵因为收到家信(未婚妻和其他人相爱了)而过度悲伤,在医院内的这场戏中,导演采用中景、近景、特写等有规律的镜头组接展现院长劝解士兵以及薇罗尼卡的反应。当薇罗尼卡因院长的一番话备受刺激后(由那个士兵的未婚妻的行为联系到自身的情况:鲍里斯英勇牺牲,自己却被马尔克侮辱的悲惨经历),她匆忙离开医院,近乎疯狂地奔跑起来。随着节奏的不断加快,影片的景别组接亦是无章可循,特写、近景、中景、全景等景别混合出现,镜头的外部节奏正是女主角此刻混乱内心的外化表现,渲染了紧张而刺激的氛围,映射了女主角悲伤而焦急的心情。

《雁南飞》片段

三、影响影视节奏的因素

谈及影视创作,故事和人物成为两个核心的要素。故事情节是否精彩,人物塑造是否饱满,成为衡量影视作品好与坏的评判标准。故事情节和人物塑造又会怎样作用于节奏呢?就故事情节而言,“激励事件必须彻底打破主人公生活中各种力量的平衡”②。从节奏角度来看,激励事件作为后续一系列故事情节的首要导因,它直接促使了影片节奏的形成,从而推进了故事的其他部分——发展、高潮和结局——的有序进行。在电影《克莱默夫妇》③(1979)中,当克莱默先生职场得意,准备回家欢庆一场时,妻子乔安娜出人意料的“抛夫弃子”行为可谓晴天霹雳,打破克莱默先生原有的生活节奏,使其承担起照顾儿子的“艰难任务”。影片后续的故事情节也因为“乔安娜出走”而提上日程。在电影《飓风营救》④(2008)中,父亲布莱恩·米尔斯是一名已经退役的国家特工,他试图弥补多年来对于女儿的亏欠。然而,事与愿违,女儿金米在巴黎度假时,被犯罪团伙劫持,陷入重重危机之中。父亲为了拯救女儿,踏上了艰难的营救之路。布莱恩·米尔斯安逸的退休生活和弥补女儿父爱的美好愿望都被这次“意外劫持”破坏,影片的紧张节奏也因此开启。就人物塑造而言,“主人公及其故事的智慧魅力和情感魅力,取决于对抗

《克莱默夫妇》片段

① 《雁南飞》获奖记录:第11届戛纳国际电影节金棕榈奖。

② 麦基.故事:材质、结构、风格和银幕剧作的原理[M].周铁东,译.北京:中国电影出版社,2001:222.

③ 《克莱默夫妇》获奖记录:第52届奥斯卡金像奖最佳影片、最佳导演、最佳男主角、最佳女配角、最佳改编剧本。

④ 《飓风营救》获奖记录:第36届美国电影电视土星奖最佳国际电影提名。

力量对他们的影响,应与之相当"①。从节奏角度来看,无论对抗力量来自外界还是自身,都会引发主人公情感上的变化,这种变化就是影片节奏的根据。为了更好地表现人物的内心情感,导演往往采用视觉节奏和听觉节奏予以呈现。例如,在电影《魂断蓝桥》中,导演就非常巧妙地利用光影制造了紧张、悲凉、伤感、惆怅的气氛。具体而言,导演让玛拉行走的镜头与飞驰汽车的镜头交替出现,且每次人物出现的时候都有光影闪过,镜头的转换速度和光影闪动的频率明显越来越快,影片编辑的节奏也随之加快。玛拉内心的痛苦通过光影的变换和镜头的快速切换等形式外化出来。又如,在电影《雁南飞》马尔克侮辱薇罗尼卡的这场戏中,当薇罗尼卡反复打马尔克耳光时,他们脸上的白光交替出现,形成一种高度紧张的节奏效果。此外,轰炸声、音乐的鸣响声、风的呼啸声、玻璃的破碎声等混杂在一起。作品把视觉节奏和听觉节奏融合在一起,为观众呈现了震撼的视听审美体验。

如上所述,不同的故事内容和人物性格塑造的需要使得不同作品的节奏各异。除此之外,导演风格也是导致作品节奏千变万化的因素之一。例如,昆汀·塔伦蒂诺(Quentin Tarantino)、宁浩等导演的作品往往节奏明快,侯孝贤、霍建起等导演的作品在节奏上则往往呈现出缓慢的特点。

第五节 声音与影视编辑

从世界上第一部有声电影《爵士歌手》②(1927)诞生以来,声音与画面一起共同构筑了影视艺术的语言系统。因此,影视编辑不仅包括画面的编辑,也包括声音的编辑,同时还要考虑画面与声音的完美配合。

一、影视声音的主要类型

在影视的语言系统中,声音分为人声、音乐和音响音效三种类型。

人声,即人的语言声,具有大量的信息和丰富的含义,起到辨别人物、塑造人物、反映人物等作用。人声可分为对白、独白和旁白等。对白,又称对话,是剧中人物之间语言沟通和感情交流的载体。影视作品中的对白不同于现实生活中的对白,现实生活中的对白具有随机性和随意性,而影视作品中的对白则更加突出设计性和安排性。它既要保留生活化和口语化的特质,又要为塑造说话者的性格服务。独白,又称内心独白。如果从技术角度解读,旁白的声源来自画面之外;如果从叙事角度解读,旁白就是画面中某个人物心理活动的外化,它借助具象的声音来表露人物既复杂多变又隐秘难测的内心世界。旁白也来自画面之外,但它是画面之外的某个人对剧情发展、人物心理、具体环境等所做的一番细致的叙述、表达、描述、议论。

---

① 麦基.故事:材质、结构、风格和银幕剧作的原理[M].周铁东,译.北京:中国电影出版社,2001:371.

② 《爵士歌手》获奖记录:第1届奥斯卡金像奖奥斯卡特别奖。

音乐,是声音的重要类型。在影视作品里,音乐的作用不可小觑,它能够渲染气氛、塑造人物、描绘景物、点明主旨、抒发情感、辅佐叙事等。但我们也要避免陷入“无音乐,不作品”的怪圈,音乐只是一种形式,要视内容的需要来选用音乐,并不是音乐越多、越满就越好。从声源角度来看,音乐可以分为有源音乐和无源音乐:有源音乐是指发声源可以在画面中找到的音乐,无源音乐是指发声源并不出现在画面中的音乐。在条件允许的情况下,往往会根据叙事的需要设计和创作音乐,即原创音乐;在条件不允许的情况下,也可选择已有的音乐来使用,但要注意版权问题。

音响音效,即自然音响和人工音效。从广义上来说,除了人声和音乐外,其他声音都可以归于音响音效的范畴。自然音响是指自然界里原本存在的声响,其发声源是自然万物,如鸟叫声、打雷声、流水声等。人工音效是指人类制造出来的非语言信息的声响,包括人类利用各种工具模拟出的自然界中存在的声响和各种自然界原本不存在的声响。人发出的哈欠声、打鼾声、尖叫声等并不包含语言信息,因此,它们不属于人声,而是音响音效。音响音效最基础的作用在于营造逼真的听觉场域,为作品增加真实感。此外,音响音效还可以起到参与叙事、烘托情绪、渲染气氛等作用。

如果用一句话来总结声音的作用的话,那便是:人声表“意”,音乐表“情”,音响音效表“实”(真实)。

二、影视声音的功能

声音是影视作品的重要组成部分,在实际的编辑中,要充分考虑不同类型的声音所具有的不同功能。如果声音运用得当,就会为影视作品锦上添花;反之,则会降低其艺术品质,甚至会破坏作品的叙事和情感的表达。

(一)人声的功能

人声,是人类思想的重要表现形式,是人类情感的重要载体。

1.言为心声

人类的思想是抽象难懂的,性格是复杂多变的,但特定情境下的人物语言可以传达深刻思想,塑造独特性格。例如,电影《当幸福来敲门》①(2006)取材于真实故事,讲述了美国黑人投资家克里斯·加德纳的传奇经历。面对失业后的经济拮据、被老婆误解的困境,他坚守梦想,发愤图强,克服重重困难,最终取得成功。在该片中,父子的一段对话既是父亲对真实经历的有感而发,又寄予了他对儿子的殷切期待和由衷告诫。父亲克里斯·加德纳语重心长地对儿子克里斯托弗说:“嗨,别让人家告诉你,你成不了才,即使是我也不行。知道了吗?”儿子非常慎重地回答:“知道了。”父亲接着说:“如果你有梦想的话,就要去捍卫它。那些一事无成的人想告诉你,你也成不了大器。如果你有梦想的话,就要去努力实现,就这样。”这段看似简单的对白,一方面传达了

---

① 《当幸福来敲门》获奖记录:第79届奥斯卡金像奖最佳男主角提名,第64届美国电影电视金球奖剧情片最佳男主角提名等。

追求梦想的价值观念，塑造了主人公坚韧不拔的人物性格；另一方面给予父亲克里斯·加德纳无限力量，支撑他最终实现百万富翁的梦想，给予儿子克里斯托弗无限启迪，指引他对生活和未来抱以乐观的态度。

在电影《阳光灿烂的日子》的开头，导演就以旁白形式翻开历史的尘封记忆，引出主人公的青春故事。故事的讲述者中年马小军这样道来：

> 北京，变得这么快。20年的工夫它已经成为一个现代化城市，我几乎从中找不到任何记忆里的东西。事实上这种变化已破坏了我的记忆，使我分不清幻觉和真实。我的故事总是发生在夏天，炎热的气候使人们裸露得更多，也更难以掩饰心中的欲望。那时候好像永远是夏天，太阳总是有空出来伴随着我，阳光充足，太亮，使得眼前一阵阵发黑。

尽管这段旁白从容而冷静，镇定而理智，但难掩主人公对青春的追忆，那段时光荏苒背后存留的记忆着实令人印象深刻。

2. 言载情感

语言不仅可以传达思想，塑造人物性格，还可以传递情感。在电影《霸王别姬》中，程蝶衣把戏剧里面的虞姬对项羽的依恋之情转移到现实生活中，他欲追求从一而终的理想状态。程蝶衣嫉妒段小楼对其他女子的称赞，于是便有了下面的对白。

> 程蝶衣：师哥，我要让你跟我……不对，就让我跟你好好唱一辈子戏，不行吗？
> 段小楼：这不……这不小半辈子都唱过来了吗？
> 程蝶衣：不行！说的是一辈子，差一年，一个月，一天，一个时辰……都不算一辈子！

这段对白一气呵成，于人物的神情语态间传情，于人物的言语动作间达意。此语一出，程蝶衣的情真意切溢于言表。

如果说《霸王别姬》中程蝶衣的情感表达是直接而浓烈的，那么在电影《小城之春》中女主角周玉纹的情感表达则是含蓄而有力的。重病缠身的丈夫带给她沉重的压抑之感，婚姻礼制让周玉纹备受束缚。身强体健的情人给予她轻松自在之感，美好回忆让周玉纹感到幸福。这种复杂多变的情感，借助周玉纹的独白娓娓道来。对于朝夕相处的丈夫戴礼言，周玉纹的内心独白如下："礼言每天跟我见不到两次面，说不到三句话。"简洁有力的内心独白配合画面信息，既将丈夫体弱多病的情况交代清楚，又传达了夫妻之间的疏离。对于突然到访的情人章志忱，周玉纹的内心独白如下："你为什么来？你何必来？叫我怎么见你？"与周玉纹面部的不露声色相比较，这三句独白掷地有声。一方面，起到醍醐灌顶之效，让观众立刻觉察到周玉纹和章志忱的特殊关系；另一方面，传达百感交集的人物情感。看似简单的三句独白，传递出三层不同的情感。第一句独白表达了周玉纹对章志忱远道而来的意外之情和欣喜之意；第二句独白是周玉纹出于自身已婚的既定事实,而表达了她对章志忱的埋怨之情,后者的到来打破了周玉纹平静如水的生活;第三句独白是周玉纹在欣喜和埋怨之余,冷静下来而发出的无奈感慨,她不知所措,她诚惶诚恐。

(二)音乐的功能

音乐是影视作品的重要组成部分,亦是影视编辑中不可忽略的要素。如果音乐运用得当就会赋予影视作品灵魂,反之则会影响其艺术表达。

1.明晰主题之要旨

主题,即影视作品所传达的核心思想。就影视编辑而言,影视主题曲对于影视作品核心思想的传达有着非比寻常的意义。影视主题曲是对影片核心思想的集中阐释和高度概括,简单凝练的歌词包含深刻的道理,优美动听的旋律抒发含蓄的情感。电视剧《西游记》①(1986)的主题曲《敢问路在何方》曲调通俗易懂,旋律刚健舒展,民族风格凸显,意境恢宏深邃。这首歌既反映了唐僧师徒四人西天取经的艰难历程,也传达了其不畏艰险、勇往直前的拼搏精神,又启迪着人们思考人生之路何去何从。“敢问路在何方,路在脚下”,这句歌词升华歌曲的意境,深化作品的主题,乐观和豪迈之情充分展现,坚韧和勇敢之意立刻言明。

2.表达情感之魅力

就影视创作而言,不同的影视作品会承载着创作者不同的情感。就影视编辑而言,经典的音乐对影视作品特定情感的传达起着非常重要的作用。经典的音乐蕴含着时代的宝贵记忆,沉淀着复杂的人类情感,如果运用得当,可以起到画龙点睛的作用。电视剧《北平无战事》②(2014)聚焦国共两党激烈而残酷的政治纠纷,直面国统区政治经济体制混乱的艰难局面。乱世之中,人们更加渴望平静安稳的生活,更加需要家庭团聚的慰藉。如果说歌曲《月圆花好》(1940)作为电影《西厢记》(1965)的插曲传达了儿女情长之意,那么,作为电视剧《北平无战事》的经典插曲,它则寄托了人们对国家统一、亲人团聚的美好夙愿。方孟敖生死未卜时,何孝钰陪伴父亲时,方步亭想念儿子时……《月圆花好》就会从他们口中不自觉地吟唱起来,悠扬的曲调饱含深沉的情感,委婉的歌词承载复杂的情绪。《月圆花好》抒发了家国一统之情,表达了骨肉相聚之意。

3.传达审美之意境

影视创作灵活多变,导演可以坚持纪实原则尽可能地还原生活,也可以超越生活追求至高的审美意境。就影视编辑而言,经典音乐对于影视作品审美意境的营造起着至关重要的作用。经典音乐通过娴熟的曲调调动人们的感官,借助熟悉的旋律激发人们的情感。经典音乐可以渲染气氛、表达情感。林海的《琵琶语》抒发凄清婉转之情,

---

① 《西游记》(1986年版)获奖记录:第6届中国电视金鹰奖最佳男主角,第8届中国电视剧飞天奖长篇连续剧特等奖。

② 《北平无战事》获奖记录:第21届上海电视节白玉兰奖最佳中国电视剧、最佳编剧。

表达缠绵悱恻之意，暗含欲说还休之旨。在电影《一个陌生女人的来信》①(2005)中，《琵琶语》共计出现了4次(女主角开始回忆往事时、女主角看见男主角抱着其他女人时、女主角命运发生转折时、男主角看完女主角留下的信件时)，传达出无怨、嫉妒、纠结、悔恨等复杂情绪。值得一提的是，音乐采用琵琶和钢琴结合的形式，更加赋予影片无穷的魅力。当以琵琶为主音配以钢琴之辅音，琵琶之委婉和钢琴之灵动给人可亲之感；当钢琴为主音而琵琶辅之时，琵琶如泣如诉之声给人凄凉之感。导演借曲调之变传达男女情感之变，含蓄之意油然而生，韵外之致表露无遗，审美意境浑然天成。

(三)音响音效的功能

除了人声和音乐外，音响音效亦是影视作品不可或缺的一部分，它们同样是影视编辑必须考虑的重要因素。在进行影视编辑时，导演要着重发挥音响音效的独特作用。

1.拓展空间感

对于影视艺术来说，在二维的画面中展现三维的立体空间，既是影视艺术的缺憾，又是影视艺术的魅力。影视作品可以通过各种手段来弥补画面的二维劣势，例如，通过开放式构图、影调、线条、镜头的运动等形式来拓展画面的空间感，除此之外，音响音效也是拓展画面空间感的重要手段。电影《美国狙击手》②(2014)以伊拉克战争为背景，向观众讲述海豹狙击队神枪手克里斯·凯尔的传奇故事。在电影开头，硝烟弥漫的战争场景立刻展现在观众眼前，混乱的枪战声、士兵的脚步声、环境的嘈杂声不绝于耳。当克里斯·凯尔瞄准一个手持手榴弹的小男孩准确扣下扳机时，环境中混杂着坦克声，不仅渲染了战争的恐怖气氛，还拓展了影片的空间感。

2.增强真实感

影视编辑追求真实，从创作素材而言，可以通过记录真实事件、刻画真实人物、讲述真实故事等方式得以实现；就创作手法而言，如果说长镜头的记录特性能够确保影视画面的真实感，那么，音响音效对影视真实感的营造亦具有极佳的效果。电影《万里归途》是根据利比亚撤侨事件改编的，讲述了宗大伟和成朗两位外交官在协助撤侨的过程中，得知还有同胞被困，不顾个人安危，毅然深入战区，成功带领同胞回家的故事。该影片通过逼真的音响音效营造了近乎真实的战争场景，将观众带回到那个充满恐惧与绝望的真实事件之中。在表现战乱的场景时，嘈杂的飞行声、混乱的枪击声和爆裂的炸弹声时刻盘旋在耳边，不仅渲染了紧张而激烈的战争气氛，更侧面体现出撤侨行动的危险以及外交官们的英勇无畏。

《万里归途》片段

3.升华艺术感

影视艺术具有高于生活本身的“优越感”，创作素材的精益求精、影视语言的精雕细琢、主题思想的高度凝练等，都是促成这种“优越感”的有效手段。就影视编辑而

① 《一个陌生女人的来信》获奖记录：第25届中国电影金鸡奖最佳摄影、最佳美术。

② 《美国狙击手》获奖记录：第87届奥斯卡金像奖最佳音效剪辑。

言,影视画面的细致讲究给予观众视觉上的艺术享受,而影视声音的合理选择有助于实现观众听觉上的审美体验。相较于人声的主观性、音乐的渲染性,音响音效如果运用得当就可以作为影视编辑的一把“利器”,它对于刻画人物、推动剧情、渲染气氛等都具有重要的意义。如果运用巧妙,音响音效还可起到升华主题的作用,进而提升作品的艺术层次。电影《拯救大兵瑞恩》①(1998)通过讲述约翰·米勒上尉派人拯救詹姆斯·瑞恩的故事,反映了战争的残酷,歌颂了伟大的人道主义精神。在电影的开头,老年的詹姆斯·瑞恩在家人的陪同下来到墓地,他的耳边响起奥马哈海滩的阵阵海浪声,海浪声将观众带回到1944年6月6日(诺曼底登陆首日)时残酷的战争场景,随之而来的便是接连不断的枪战声。这个巧妙的音响音效转场既引出了核心故事发生的重要情景,又展现了战争给主人公带来的不可磨灭的伤痛。

第六节　结构与影视编辑

影视作品因精细而准确的结构安排具有叙事魅力,富有艺术张力,饱有艺术活力。影视编辑的最终成果就是以一定的结构来组接琐碎的素材,并在结构中完成或叙事或抒情的目的。影视作品的结构千变万化,此处仅介绍几种常见的结构,以窥见结构与影视编辑的关系。

线性结构,指的是按照事件发展的逻辑顺序、根据时间的推移而进行叙事的结构形式。线性结构通常着重强调故事的因果关系,谨遵开端、发展、高潮、结局的常规形式进行故事的讲述,线性结构是应用较为普遍的一种结构方式。电影《泰坦尼克号》就是以巨轮泰坦尼克号初次航行因遭遇冰山而不幸沉没的事件为背景,讲述了穷人画家杰克和贵族小姐露丝相遇、相识、相知、相恋的故事。爱情是电影的永恒主题,男女主人公贫富悬殊的电影情节也是屡见不鲜,为什么这部电影可以永载史册,至今仍被观众津津乐道呢?《泰坦尼克号》既不是一部滥俗的商业片,也不是一部普通的爱情片,更不是一部简单的灾难片。它的成功之处在于借助线性结构为观众讲述了男女主角荡气回肠的爱情故事,影片没有拘泥于爱情本身,而是将主旨升华至赞颂人性的坚强和勇敢的高度,这种爱情俨然已经达到超越生死的境界,从而引发观众强烈的情感共鸣。

对比结构,指的是以表现双重时空为主旨的一种结构形式。双重时空又可以分解出不同的类型:第一,回忆时空与当下时空;第二,相同时空中两种不同情境的对比,可分为“齐头并进”和“戏中戏”两种形式。电影中展现回忆时空与当下时空比较的经典作品很多,耳熟能详的有《美国往事》②(1984)、《英国病人》③(1996)、《我的父亲母

---

① 《拯救大兵瑞恩》获奖记录:第71届奥斯卡金像奖最佳导演、最佳摄影、最佳剪辑、最佳音效剪辑、最佳音响。

② 《美国往事》获奖记录:第8届日本电影学院奖最佳外语片。

③ 《英国病人》获奖记录:第69届奥斯卡金像奖最佳影片、最佳女配角、最佳导演、最佳摄影、最佳剪辑、最佳艺术指导、最佳服装设计、最佳音响等。

亲》(1999)、《云水谣》(2006)等。电影《怦然心动》(2010)采用齐头并进的形式向观众展示了多组同一时空不同情境下的男女主角的真实反映,电影既向观众讲述了他们的成长历程,又向观众勾勒了他们截然不同的心理活动。电影《如果·爱》[①](2005)则采用"戏中戏"的形式讲述了女主角孙纳所经历的爱情故事,剧中女演员的身份让她陷入对梦想的追求之中,而电影中的她又饱尝了生活拮据的无奈感伤,她在戏剧中放逐自我,在电影中经历蜕变。

板块结构,指的是将作品分为不同的板块并根据导演的意图将其拼贴组合在一起的结构形式。每一个板块既可以自成一体完成相对独立的叙事,又可以相互映照地去共同诠释影片的主旨。电影《罗拉快跑》一改传统好莱坞的经典叙事模式,采用创新的三段式板块结构。罗拉的三次全力奔跑和三次完全不同的结局,既可以满足观众的视听体验,又可以引领观众上升至哲学的高度去思索关于人物命运、生死爱恨等终极命题。电影《我和我的祖国》则以更明显的板块结构将《前夜》《相遇》《夺冠》《回归》《北京你好》《白昼流星》《护航》7 个相互独立的故事串联起来。这 7 个故事均以中华人民共和国成立 70 年间发生的重大历史事件为背景,以普通百姓为主要角色,以小见大,既传达出人民群众对祖国的热爱之情,又展示出普通百姓无私奉献、坚守信念、拼搏奋进的优良品质。

环形结构,指的是故事的开头和结尾交相辉映、彼此相连的一种结构形式。提及环形结构,堪称经典的作品当属昆汀·塔伦蒂诺的《低俗小说》[②](1994),该电影共分为 6 个部分,分别是"文森特与马沙的妻子""金表""邦尼的处境"这 3 个故事以及两场抢劫场景(不同视角叙述)和电影结局。导演将这 6 个部分又切割成 15 个独立的段落,采用拼贴叙事的方式尽显后现代主义的精髓。更值得一提的是,导演将打劫场景安排在电影的一头一尾,它们既可以吸引观众眼球、成功解密结局,又可以展现环形结构的魅力与特色。《低俗小说》的环形结构正是借助消解宏大叙事、演绎多线叙事、确立多中心布局、显现后现代特征而赢得广泛赞誉。

碎片结构,是与后现代主义特征极其吻合的一种结构形式。如果说线性结构重视逻辑性,对比结构突出主观性,那么碎片结构是极具时代性的。碎片结构可以具体表现为"去中心化""无深度化""无原则化",旨在体现后现代主义的复制拼贴、娱乐至上、解构权威、颠覆传统等特征。影片《11:14》(2003)就是由发生在晚上 11:14 的 5 个随机故事拼贴组合而成的,既体现了碎片、随意、创造、隔离等特征,也体现了不测事件的突如其来,反映了日常生活的不确定性,而导演正是借助这样的叙事结构去演绎一个关于欺骗的故事、讲述一个震撼人心的谋杀事件。

意识流结构,指的是以表现人类复杂的精神世界和丰富的内心活动为主旨,打破线性叙事的一种结构形式。它将过去、现在、未来的事情相互颠倒、彼此渗透,从而达

---

① 《如果·爱》获奖记录:第 25 届香港电影金像奖最佳女主角、最佳摄影、最佳美术指导、最佳服装造型设计等,第 43 届台湾电影金马奖最佳女主角、最佳导演、最佳摄影等。

② 《低俗小说》获奖记录:第 47 届戛纳国际电影节金棕榈奖。

到你中有我、我中有你的理想状态。如果说法国新浪潮运动以“生活流”而著称,那么兴起于同时期的“左岸派”电影则以“意识流”而广为称颂。阿仑·雷乃的《广岛之恋》《去年在马里昂巴德》①(1961),玛格丽特·杜拉斯(Marguerite Duras)的《印度之歌》②(1975)等都是其中的典范之作,这些电影尽显意识流结构的特色。除此之外,以威廉·詹姆斯(William James)的意识流理论和西格蒙德·弗洛伊德的精神分析学为依据而形成的“意识流电影”也凸显了意识流结构的魅力,代表作品有:英格玛·伯格曼的《野草莓》、费德里科·费里尼(Federico Fellini)的《八部半》③(1963)等。

第七节　特效与影视编辑

“建设现代化产业体系。坚持把发展经济的着力点放在实体经济上,推进新型工业化,加快建设制造强国、质量强国、航天强国、交通强国、网络强国、数字中国。”④所谓数字中国,就是指以数字化转型全面驱动生产方式、生活方式和治理方式的变革,而体现在影视艺术上,则主要聚焦于数字技术的发展为影视作品在画面呈现上带来新的机遇。影视特效紧随时代的脚步演绎出一部部夺人眼球的视觉奇观作品,借助数字技术构建了一幕幕震撼人心的华丽图景。它既是视觉艺术的有效表征,又是数字技术的精彩呈现,是影视编辑过程中不可忽视的重要因素。

一、影视特效的基本概念

“电影、电视、剧场中使用各种方式创造出来的幻象,或者是娱乐行业在拍摄某个故事中富有想象力的创造元素,都可以叫作特效(全称‘特效效果’,英文名称 special effect)”,范围非常广。⑤ 影视特效,即以科学技术发展为条件,以影视叙事目的为根据而实现的艺术效果,它具有超越现实的本性,带给观众奇异的视听享受,其根本目的还是为影视作品的主旨服务。

二、影视特效的主要类型

从宏观上来看,影视特效可以划分为传统特效和 CG 特效两种。通常情况下,传统特效归于胶片时代,而 CG 特效归于数码时代。

传统特效又可划分为:特效化妆、场景布置、烟雾特技、早期胶片特效等。传统特

① 《去年在马里昂巴德》获奖记录:第 26 届威尼斯国际电影节金狮奖。

② 《印度之歌》获奖记录:第 1 届法国电影凯撒奖最佳女演员提名、最佳配乐提名、最佳声效提名。

③ 《八部半》获奖记录:第 36 届奥斯卡金像奖黑白片最佳服装设计、最佳外语片。

④ 中共中央党史和文献研究院,中央学习贯彻习近平新时代中国特色社会主义思想主题教育领导小组办公室.习近平新时代中国特色社会主义思想专题摘编[M].北京:党建读物出版社,中央文献出版社,2023:161.

⑤ 胡蓉.世界影视特效经典:公司·营销·创意[M].北京:中国传媒大学出版社,2012:2.

效以物理原理、化学原理等为依托，具有步骤烦琐、耗时耗力的特点。传统特效的实用功能、使用频率、呈现效果等都无法与当今先进的数字特效技术相提并论，但它仍是影视特效的重要组成部分。在计算机技术诞生之前，传统特效对影视艺术的创作起着如虎添翼的作用，它以最灵活、最方便的方式融入影视编辑之中，以最简单、最直接的方式改变着影视艺术的面貌。

CG 是英文 computer graphics 的缩写，从根本上来说，它是通过计算机软件所绘制的一切图形的总称。CG 特效，以 CG 技术为指引，以艺术追求为目标，被广泛应用于影视编辑中，用于提升影视审美旨趣，给予观众新奇而独特的视听体验。一般情况下，CG 特效可细分为三维特效、合成特效、数字绘景和概念设计三类。三维特效的立体感较强，具有较好的透视效果，对技术的要求较高，应用比较广泛；合成特效是指将实景拍摄的画面与在蓝幕或者绿幕背景下拍摄的画面进行合成的特效，能够获得在实景拍摄中无法或很难拍摄出的效果；数字绘景和概念设计，是指当影视创作需要某种场景但由于现实条件制约而无法实现时，可通过数字技术制作出虚拟的场景供创作使用。具体而言，数字绘景与概念设计又有着细微的差异。数字绘景主要用于呈现大型的景观样貌，例如雄伟高大的宫殿、数以千计的房屋、浩渺无边的星空等；概念设计是以导演的意图为指向，通过前期绘画和后期制作等方式将现实生活中并不存在的新奇事物创作出来。

无论上述哪种特效，它们都是影视编辑必不可少的重要组成部分，有利于提升影视艺术的独特魅力。

三、影视特效的主要作用

影视特效的发展史就是一部技术的蜕变史，当今数字技术的飞速发展为影视特效的发展带来机遇，虚拟现实技术（VR）、增强现实技术（AR）、混合现实技术（MR）的出现为影视特效开辟了新的发展空间。如今，影视特效占据着各大屏幕，如果对影视特效的认知有偏差，就会出现滥用的情况，而这种不良现象又会严重影响观众的审美视听体验。影视特效是技术手段，是“道器之辨”中的“器”，而影视内容才是凌驾于“器”之上的“道”。换言之，影视特效应该为影视内容服务，影视内容决定影视特效用与不用、用多用少、用于何处。这就给广大影视创作者以启示：首先，应该理性看待影视特效，不要误认为只要特效做得好，影片就属于上乘之作，甚至误认为影视特效的数量和难度决定着作品的质量；其次，在内容需要的情况下，应充分挖掘影视特效的功用，把影视特效用得恰到好处，使其为故事的讲述和主题的传达服务。

具体而言，影视特效对于影视编辑的作用主要体现在以下两点。

第一，突破现实生活的局限，创造视听奇观。无论是传统特效还是 CG 特效，虽然它们诞生的年代不同，使用的技术不同，呈现的效果也各有特色，但它们都有一个与生俱来的“天性”，即超越现实，创造视觉奇观。例如，在电影《奇异博士》[①]（2016）的开头，当至尊魔法师古一与魔界组织的成员展开激烈的打斗时，导演借助数字绘景技术

---

① 《奇异博士》获奖记录：第 89 届奥斯卡金像奖最佳视觉效果提名。

给观众呈现丰富的视觉奇观,街道两侧的高楼不断翻转变化,并逐渐逼近打斗的人群,这种创意情景具有逼真而刺激的效果,给观众带来如真似幻的奇观体验。

《奇异博士》片段

《攀登者》片段

第二,优化视听效果。影视特效绝不满足于仅仅让观众享受新奇的视听奇观,在此基础之上,影视特效还会不断优化视听的呈现效果,为观众打造真正意义上的视听盛宴。社会经济的迅速发展,科学技术的不断更新,观众审美的不断提升,市场竞争的不断加剧,共同催生了影视特效不断提升效果呈现和审美认知的艺术追求。例如,在电影《攀登者》中,创作者利用合成特效呈现了雪崩、风暴等场景,滚落的山顶积雪、扩张的路面冰缝、陡峭的雪山悬崖,这些景观伴随着画面剪辑,跟随着镜头运动,不仅表现出登山队员们在极端天气条件下挣扎求生、彼此相救的场景,也让观众为他们的安危产生担忧,为观众带来一场极具冲击力的视听盛宴。

本章小结

不同景别呈现不同视域范围内的事物,景别是影视编辑的基础;运动展现事物的状态,赋予影视编辑活力;角度表现事物的不同样貌,凸显影视编辑的灵活;节奏体现影片的叙事,把握影视编辑的命脉;声音丰富影片的手法,增强影视编辑的功能;结构搭建影片框架,明晰影视编辑的思路;特效更新影片手法,给予影视编辑养分。影视创作者在进行影视编辑时,既要明晰每种创作要素的特征和功能,充分发挥其优势,又要统筹兼顾各个要素之间的关系,使它们共同服务于影片主旨。

本章思考题

1.任选一部经典影视作品,分析该片在景别组合上的特色,并分析作品是怎样通过对景别的编辑来增强情感表达和展开内容叙事的。

2.影视作品中的运动常常与节奏协同,在影视作品中,为何快节奏的追逐场面往往使用快速移动的镜头?反之,又如何利用静态或缓慢的镜头组接来创造相对舒缓的节奏?

3.任选一部经典的影视作品,分析拍摄方向和高度是如何影响影视作品情感表达的。

4.在影视作品中,该如何平衡背景音乐和音响音效间的关系?请结合具体实例进行分析。

5.特效在现代影视作品创作中的应用非常广泛,是否所有影片都适合大量使用特效?请讨论特效的过度使用可能带来的问题,并思考恰当利用特效来增强叙事的方法。

本章实训题

1.任选一个生活场景,如钓鱼、躲雨、滑雪、锻炼等,围绕这一场景编写一个小故事,制作出一个1—3分钟的短视频,要求景别丰富、角度多元、结构合理、节奏鲜明。

视频制作完成后,请对这个短视频的编辑要素进行分析,详细说明这些要素在作品中的具体运用。

2.请让你的同学为你挑选一部你没有看过的影视作品,并从中挑选一个只有音乐、音响音效的段落,让他将这个段落的声音删除。请你根据自己的理解为这个段落添加音乐和音响音效,然后与原段落进行比较,分析你对音乐、音响音效的添加与原作品的区别。

参考文献

[1]许南明,富澜,崔君衍.电影艺术词典[M].修订版.北京:中国电影出版社,2005.

[2]林洪桐.银幕技巧与手段:中外名片优秀手法剖析[M].北京:中国电影出版社,1993.

[3]麦基.故事:材质、结构、风格和银幕剧作的原理[M].周铁东,译.北京:中国电影出版社,2001.

[4]王晓红.电视画面编辑[M].北京:北京广播学院出版社,2002.

[5]卡温.解读电影[M].李显立,等译.桂林:广西师范大学出版社,2003.

[6]李稚田.影视语言教程[M].北京:北京师范大学出版社,2004.

[7]李铭.数字时代的影像制作[M].北京:中国电影出版社,2004.

[8]汪流,张文惠.怎样把握电影节奏[M].北京:中国电影出版社,2006.

[9]刘清堂,王忠华,陈迪.数字媒体技术导论[M].北京:清华大学出版社,2008.

[10]何苏六.电视画面编辑[M].北京:中国广播电视出版社,1997.

[11]王同杰,王锋,沈嘉达.影视画面编辑[M].北京:中国青年出版社,2011.

[12]吕云祥.影视技术导论[M].北京:清华大学出版社,2011.

[13]胡蓉.世界影视特效经典:公司·营销·创意[M].北京:中国传媒大学出版社,2012.

[14]谢红焰.电视画面编辑[M].北京:中国传媒大学出版社,2013.

[15]张乐平.电视画面编辑教程[M].成都:西南交通大学出版社,2014.

[16]焦道利.电视摄像与画面编辑[M].北京:国防工业出版社,2010.

[17]赖特.视效合成初级教程[M].李念芦,柳思忆,译.插图第2版.北京:世界图书出版公司,2014.

[18]尼科尔斯.纪录片导论[M].陈犀禾,刘宇清,译.2版.北京:中国电影出版社,2015.

[19]曹陆军.影视画面编辑[M].广州:华南理工大学出版社,2017.

[20]中共中央党史和文献研究院,中央学习贯彻习近平新时代中国特色社会主义思想主题教育领导小组办公室.习近平新时代中国特色社会主义思想专题摘编[M].北京:党建读物出版社,中央文献出版社,2023.

04

第四章 影视编辑的类型

学习重点

特技编辑的目的及其类型
无技巧编辑的目的及其类型
混合编辑的目的及其应用
非常规编辑的特点及其应用

学习难点

特技编辑与无技巧编辑的主要区别与应用场景
混合编辑在实际制作中的应用
非常规编辑的独特性及其在现代影视制作中的价值

能力目标

根据艺术表达的需求灵活选择和运用合适的编辑类型
尝试和创新非常规编辑手法，为影视作品带来新的视觉体验

本章微课

本章知识更新

影视编辑的目的在于将零碎的片段组成一个完整的故事，并赋予一定的逻辑性和艺术性，了解影视编辑的分类有利于提高编辑效率，丰富艺术手段。影视编辑通常分为四大类：特技编辑、无技巧编辑、混合编辑和非常规编辑，每一类编辑都有其独特的编辑方式，也有其独特的编辑效果。根据影视作品的需要选择合适的编辑类型，有利于提升作品的表达效果。当然，影视编辑的类型不止于此，随着科技与理论的发展，其类型也将逐渐丰富，并为影视艺术提供更多有效的表达方式。

第一节　特技编辑

在"特技"这一概念的定义上，傅正义将其称为"有画面附加技巧的剪辑"。"所谓画面附加技巧，也称光学技巧，即用光学印片方法在已有画面上印出（做出）的某种技巧处理，如：淡入、淡出、化出、化入、划出、划入、帘出、帘入、叠印、定格和多画面。"[①]但同时傅正义也将"用模型人或物，或有特技演员表演，用特技方法（包括高科技成像造型手段）拍摄的特技镜头统称为特技"[②]，而笔者对以上两者在概念上进行了更为细致的划分，依然将前者称为"特技"，将后者统称为"特效"，因此，本章主要讨论的是与直接切换相对的编辑类型——特技编辑。

所谓特技编辑，是指通过一定的特技技巧来实现镜头的切换，并使镜头在切换中保持流畅和自然。早在梅里爱创作的影片中，我们就能看到特技编辑的雏形，只是随着技术的发展，特技编辑又有了新的编辑方式，特技的类型也更多，操作也更便捷。

一、特技编辑的目的

特技编辑在影视编辑中起着重要的作用，"借用戏剧的语言——'转场'，即时空转换，是运用这一技巧的主要内容和目的"[③]。

在戏剧的舞台上，一场戏通常要涉及多处场景，场景与场景之间的转换往往采用灯光的明暗和纱幕的升降来完成，这与影视作品中采用特技编辑来完成转场有异曲同工之妙。但值得注意的是，这两者有着本质上的区别，前者是不得已而为之，后者是有意而为之。因此，从影视特技编辑的目的上来看，转场是其主要目的，而每一特技背后所隐藏着的编辑者的深刻用意则是其根本目的。

这一用意主要体现在以下几个方面。首先，相比直接切换这种场景的转换方式而言，利用特技转场需要添加一定的特技效果，这在一定程度上会放慢或加快影视作品的节奏，从而引发观众的某种情感；其次，运用特技编辑不仅可以划分段落，还可以突出强调场景间的内在联系，增加影视作品的层次感与整体感；最后，有时特技的使用是

① 傅正义.影视剪辑编辑艺术[M].修订版.北京：中国传媒大学出版社，2009：95.

② 傅正义.影视剪辑编辑艺术[M].修订版.北京：中国传媒大学出版社，2009：111.

③ 傅正义.影视剪辑编辑艺术[M].修订版.北京：中国传媒大学出版社，2009：96.

为了“弥补拍摄时的失误与不足,如时空不合理、场景转换生硬、画面含义不明确之类”①,或是为了丰富画面的表现力。总之,每一次特技编辑都有其明确的目的和意义。

二、特技编辑的类型

在胶片电影的时代,特技主要是通过光学印片方法来实现的。光学技巧印片机由多台外部设备构成,操作过程复杂且难度较大。电子编辑系统出现以后,印片机有了新的发展,但依然由多台外部设备构成,例如好莱坞 1002 型电影技巧印片机“是由主放映机、中间放映机、摄影机和空间成像装置组成的”②。如今,数字非线性编辑系统已实现特技编辑的数字化操作,编辑者只需要借助计算机上的非线性编辑软件平台,便可快速、简便地制作出各种不同的特技效果,因而非线性编辑软件的开发也逐渐得到各大公司的重视。当下主流的非线性编辑软件主要有苹果公司的 Final Cut Pro、Adobe 公司的 Adobe Premiere、Canopus 公司的 Edius,以及普通用户或初学者经常选择的会声会影。③ 无论是何种品牌的编辑软件,多样化的特技类型已嵌入其中,例如,普通高等学校在教学中普遍使用的 Adobe Premiere 软件就为用户提供了 3D 运动、划像、擦除、溶解、滑动、缩放和页面剥落等特技,每一类型下均含有一种或多种具体的转场特技。需要强调的是,软件中特技效果很多,不同的软件还会自带不同的特技效果,且用户还可以通过插件的安装使用更多的特技,本节简单介绍其中的几种。

(一)溶解

非线性编辑软件 Adobe Premiere 预设中的溶解特技包含交叉溶解、叠加溶解、渐隐为白色、渐隐为黑色等,其中较为常用的是交叉溶解、渐隐为黑色与渐隐为白色。

1.交叉溶解

交叉溶解又被称为叠化,其具体体现为在上一镜头逐渐消失的同时,下一镜头逐渐显露,直至上一镜头完全消失,叠化过程完成。它的作用不仅在于使前后两个场景在时空上达到自然过渡的效果,也暗指前后两个镜头存在某种内在的关联性。以电影《我的父亲母亲》为例:首先,影片开头由现在时空追溯到过去时空使用的正是交叉溶解。前一镜头是父母年轻时的照片,后一镜头则进入照片拍摄时的那个年代,前后镜头中相似性的背景将两个时代紧密地联系了起来。并且在长达七八秒的溶解过程中,伴随着“儿子”的旁白,电影中的人物、背景、场景都得到了充分揭示,观众的思绪也自然而然地被带入故事中。其次,在母亲为建学堂的父亲送饭这一段落中,为表现母亲对父亲的仰慕之情,影片将不同机位拍摄的众人端饭的镜头进行了交叉溶解的处理,最后落脚在母

《我的父亲母亲》片段

---

① 傅正义.影视剪辑编辑艺术[M].修订版.北京:中国传媒大学出版社,2009:96.

② 黄庆城.好莱坞 1002 型电影技巧印片机的应用、检修与改进[J].影视技术,1995(11):14-16.

③ 朱靖江.民族志纪录片创作[M].北京:北京联合出版公司,2014:104-108.

亲努力张望的镜头上，此处的交叉溶解一方面体现了时间的流逝，另一方面表现了母亲渴望父亲吃上自己亲自做的饭的急切心情。最后，在影片的结尾部分，琅琅的读书声将母亲的思绪拉回到过去，镜头也通过交叉溶解回到母亲听第一节课时的场景，随后一组镜头的连续叠化将母亲幸福的一生进行浓缩，把影片的整体氛围推向高潮，尤其是母亲在不同季节的奔跑镜头中，母亲的笑容说明了无论时间如何流逝，她的幸福未曾变过，由此突出了影片的主题（如图 4-1 所示）。

开头的交叉溶解　　“端饭”场景的交叉溶解　　片尾的交叉溶解

图 4-1　《我的父亲母亲》中的交叉溶解画面

通过上例我们不难看出，交叉溶解既可以让影视时空自由切换，又可以增强镜头与镜头之间的关联性；既可以表示时间的流逝，又可以营造环境氛围、强化人物情绪；既可以激发观众的联想与想象，又可以丰富影视作品的内涵与表现力。

2.渐隐为黑色

在非线性编辑软件中，渐隐为黑色这类特技包含淡入、淡出两种溶解效果。淡入效果表现为镜头画面从全黑状态渐渐显露至正常状态，通常用于作品的开端或镜头序列的开端，如同一场戏的序幕正逐渐拉开，观众由此进入故事所设定的情境中，为观众的视听感受起到了缓冲的作用；淡出效果表现为镜头画面渐渐消失，直至变为全黑的状态，通常用于影视作品的结尾或镜头序列的结尾，表示故事的讲述已结束，但观众还沉浸在影片所营造的情感氛围中，形成一种“曲终意未尽”的效果，令观众回味无穷。例如，电影《黑天鹅》[①]（2010）在片头采用渐隐为黑色中的淡入效果，片尾采用渐隐为白色中的淡出效果，一黑一白与影片中的黑天鹅、白天鹅相呼应，独特精巧的设计充分体现了编辑的独具匠心。

淡入与淡出效果的组合运用通常位于场景转换处，在分割段落的同时，也使得场景转换更为自然与流畅。例如，电影《消失的爱人》（2014）采用首尾呼应的方式将两个相似的镜头作为影片开头与结尾的主要内容，片头的镜头主要用来设置悬念，片尾的镜头则为了诠释与升华主题。为了将这两个看似与影片主要内容无关的镜头融入影片中，编辑选择了渐隐为黑色的特技，黑场的巧妙运用有效减弱了画面的跳跃性，丰富了观众的想象空间（如图 4-2、图 4-3 所示）。

《消失的爱人》片段

① 《黑天鹅》获奖记录：第 83 届奥斯卡金像奖最佳女主角、最佳影片提名、最佳摄影提名等。

镜头 1-1

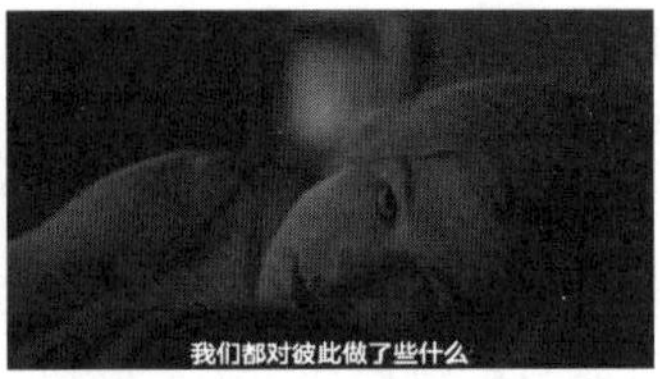

镜头 1-2 淡出

黑场

镜头 2-1 淡入

镜头 2-2

图 4-2 《消失的爱人》片头画面

镜头 1-1

镜头 1-2 淡出

黑场

镜头 2-1 淡入

镜头 2-2

图 4-3 《消失的爱人》片尾画面

淡入与淡出效果的组合运用也可为段落与段落间的情绪过渡增加缓冲效果,或者将淡入、淡出分别与其他效果相结合,突出影视编辑的创造性与灵活性。例如,在电影《霸王别姬》(1993)中,有一段讲述的是师傅去世的场景,但接下来镜头就转到了段小楼喜庆的婚房场景中,红白喜事之间的过渡正是采用了渐隐为黑色的特技,该特技的运用不仅使观众在视觉和心理上得到短暂的缓冲,也为接下来段小楼的妻子没有保住肚子里的孩子这一事件做了铺垫。

《霸王别姬》片段

除此之外,渐隐为黑色的特技效果还经常用于影视预告片的编辑中。预告片本身在内容上并不完整,它是由影视作品中具有感染力的镜头拼接而成的,在视觉上具有很强的跳跃性,因此,渐隐为黑色的运用能够有效营造出视觉上的流畅感，同时，富有悬念的黑场对于观众来说具有较强的吸引力。

综上所述，渐隐为黑色的主要作用是划分段落，使场景衔接更为流畅，使时空切换更为自如，同时也可丰富影视作品的视觉效果与精神内涵，但过多使用黑场的阻隔效果会使影视作品具有支离破碎感，因此，不可滥用该特技。

3.渐隐为白色

渐隐为白色与渐隐为黑色在表现形式上是相似的，两者的主要区别在于淡入前与淡出后的屏幕颜色。渐隐为白色的淡入效果表现为在白色屏幕上逐渐呈现镜头画面，淡出效果表现为镜头画面逐渐消失后屏幕呈现白色，渐隐为白色中的淡出与淡入的组合运用就是影视作品中通常呈现的“闪白”的特技效果。

渐隐为白色以“闪白”效果进行呈现时，主要应用于节奏比较强烈的影视作品中。首先，“闪白”可表示人物的思维跳跃，如回忆、突发奇想、快速思考等；其次，“闪白”能够模拟出照相机拍摄、强光照射、天空打闪等视觉效果；最后，“闪白”也可压缩时间、强调画面内容、突出主体动作等。例如，电影《逍遥法外》[①]（2002）通过“闪白”效果将人物的一系列行为动作进行了组接：刮掉支票上的数字—用橡皮擦除干净—重新写上数字—裁剪下纸张上的名字—粘贴到支票上，每一个动作都是伪造支票过程中的关键性动作，通过“闪白”进行组接不仅展现了人物的聪明睿智，也使得影片的叙事节奏干净利索，逻辑有条理。从整部影片来看，伪造支票是人物命运的转折点，是故事发展的关键性因素，所以，影片需要通过一定的表现形式来突出这一行为动作的重要性，而“闪白”是刺激观众视觉神经的最佳方式，是帮助观众在短时间内高度集中注意力的最佳手段。因此，“闪白”效果在这一段落中具有明显的强调意味。再如，电影《中国机长》通过“闪白”效果将人物刘长健闭气训练的行为与手机计时画面进行组接：洗澡闭气与手机计时界面两个画面来回切换，每一个画面细节都能体现出人物此时的心理状态，通过“闪白”进行组接不仅可以体现出时间的急迫性，而且，时间的压缩使影片的叙事节奏干净利落。从整部影片来看，正是影片开头部分刘长健在浴室进行的4分钟闭气训练为后续故事情节中飞机挡风玻璃裂开后的3分钟无氧驾驶埋下伏笔，“闪白”效果有效加深了观众对这一段落的记忆。

《逍遥法外》片段

（二）擦除

擦除是指一条或几条线段以特定的方式在画面上划过，划过的区域便显示出下一个镜头的画面，直至上一个镜头的画面完全被划过；或者是以某一形状将上一个镜头覆盖，覆盖的位置便会显现下一个镜头的画面，直至上一个镜头完全被覆盖。擦除又被称为“划变”，在软件预设中的效果有划出、双侧平推门、带状擦除、水波块、油漆飞

① 《逍遥法外》（又译《猫鼠游戏》）获奖记录：第75届奥斯卡金像奖最佳男配角提名、最佳配乐提名，第60届美国电影电视金球奖剧情片最佳男主角提名。

溅等。在擦除的过程中,前后两个画面的位置是固定不变的。

擦除特技在《星球大战》系列电影[1]中得到了淋漓尽致的展现。在具体运用中,影视编辑将添加了擦除效果的后一个镜头(逐渐划出)的画面边缘进行虚化处理,起到渐变的作用,从而使镜头衔接更为流畅,视觉效果更为柔和。在影视编辑过程中,我们可依据画面主体的形象、位置及动作,选择不同的擦除特技类型。擦除特技的使用通常是依据主体的走向来确定划出的方向,即保持主体的运动方向与划出的运动方向一致。若前后镜头中的主体处于相对静止状态时,擦除特技尽可能利用擦除的过程突出后一个镜头中的主体,实现擦除特技价值的最大化。擦除特技的运用不是一成不变的,除了依据主体形象进行选择外,也可以根据叙事节奏、故事内容、情节主题来确定。总之,对于每一个擦除特技的使用,影视编辑都应赋予其一定的价值与意义。在电影《星球大战1:新希望》[2](1977)中出现的擦除特技类型就有如图4-4所示的6种,每一种特技的运用都与画面主体形象进行了完美契合。横划特技从右往左,与人物的运动方向一致;对角线划特技从右下角往左上角,与飞船的运动轨迹一致;下一个镜头的主体是从下往上运动,竖划特技的方向则从下至上;下一个镜头的主体人物的位置偏右,时钟式擦除特技便进行顺时针擦除;下一个镜头的主体处于中心位置时,双侧平推门特技是不错的选择;下一个镜头是空镜头且色彩比较均匀,菱形擦除等复杂的擦除方式比较适宜。在《星球大战》之后推出的一系列续集中,擦除特技的使用也各具特色。

《星球大战1:新希望》片段

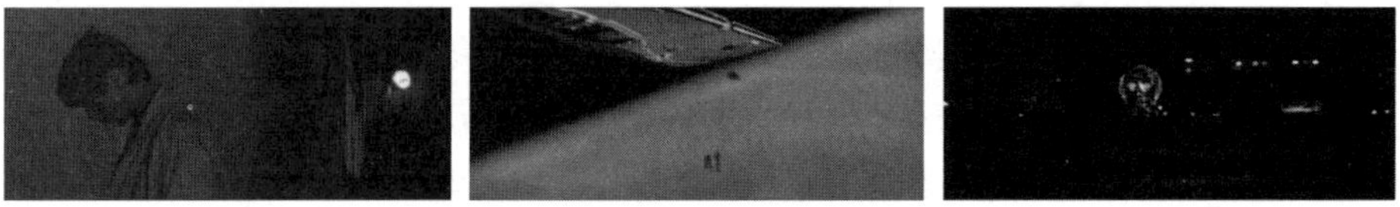

横划(向左擦除)　对角线划(向左上角擦除)　竖划(向上擦除)

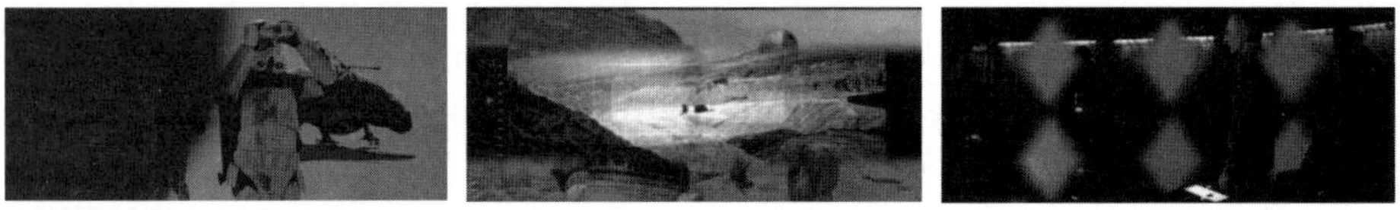

时钟式擦除(顺时针擦除)　双侧平推门(向上下擦除)　菱形擦除

图4-4 《星球大战1:新希望》中各类擦除特技画面

① 《星球大战》系列电影是由卢卡斯影业推出的,在1977年推出了《星球大战1:新希望》,1980年和1983年又分别推出《星球大战2:帝国反击战》和《星球大战3:绝地归来》,之后推出了《星球大战》前传三部曲,分别是1999年的《星球大战前传1:幽灵的威胁》、2002年的《星球大战前传2:克隆人的进攻》和2005年的《星球大战前传3:西斯的复仇》。2015年《星球大战7:原力觉醒》上映,2017年《星球大战8:最后的绝地武士》上映,2019年《星球大战9:天行者崛起》上映。

② 《星球大战1:新希望》获奖记录:第50届奥斯卡金像奖最佳剪辑、最佳视觉效果、最佳原创配乐等。

(三)划像

划像在本质上与擦除具有相似性,不同之处在于,划像以一种图形放大或缩小的方式将上一个镜头覆盖,从而显露出下一个镜头。划像特技在软件中预设的图形有十字形、圆形、盒形和菱形等。

由于十字形、盒形和菱形有边有角,在视觉上会带给观众生硬之感,因此,圆划像在影视编辑中比较常用。圆划像具有圆形放大和圆形缩小两种划像方式,又被人们形象地称为圈入、圈出特技。

划像特技在使用的过程中会形成视觉中心,尤其是圈入、圈出特技,圆形的逐渐放大或缩小能将观众的视线引向圆心,产生视觉聚焦的作用,从而有效引导观众的注意力,提升影视画面细节信息的表达能力,当圈出特技的前一个镜头与圈入特技的后一个镜头是全黑屏(黑场)时,这种效果会更为明显。在动画片《猫和老鼠》中,片头偶尔会使用圈出特技作为开场,但在每一集的结尾,动画片都会以主体为圆心,使用圈入特技结束故事的讲述,这在一定程度上是为了向儿童群体传递动画片放映结束这一信息而专门设置的。圆划像不仅能够开启或结束影片的放映,更能够借助黑场将观众的注意力聚焦到主体上,起到强调的作用。影片《爱乐之城》为表示主人公飞往欧洲,采用了圈入、圈出特技,圈入特技是以地球模型上的埃菲尔铁塔为圆心,圈出则以现实中的埃菲尔铁塔为中心(如图 4-5 所示),前后镜头中主体的相似性保证了影片叙事的流畅性,同时由于圈入、圈出之间的黑场,使得动画与现实之间的衔接更为自然。电影《风声》[①](2009)在结尾处讲到解密情报的具体传递过程时,采用同样的方式将观众的视线聚焦到人物的手部,从而更直观地展现情报破译过程与情报内容,此处的圆划像并没有一划到底,而是停留在人物的手上,以便与接下来的特写镜头进行更好的衔接。

《爱乐之城》片段

《风声》片段

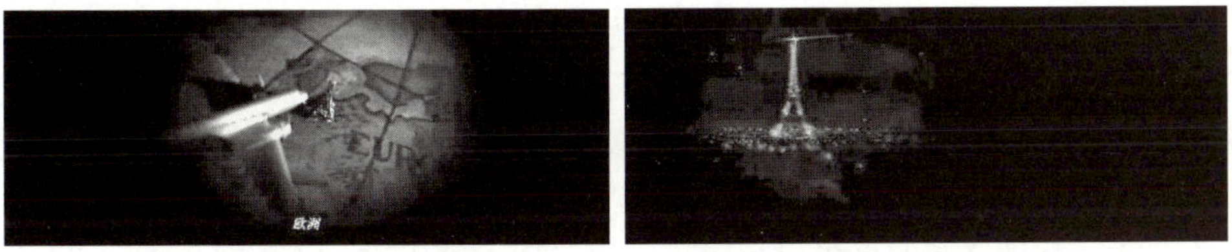

镜头 1　圈入　　　　镜头 2　圈出

图 4-5　《爱乐之城》中以埃菲尔铁塔为中心的圈入、圈出特技

(四)滑动

滑动,从字面上的意思可以看出,它是指镜头画面以一种运动的方式退出或进入。最常用的运动方式有拆分、推和滑动,此处主要介绍滑动特技的使用效果。

---

① 《风声》获奖记录:第 46 届台湾电影金马奖最佳女主角、最佳改编剧本提名、最佳视觉效果提名等。

《疯狂动物城》片段

《风声》片段

滑动特技相对于擦除特技来说在视觉效果上更富有动感,画面节奏更为强烈,因此,滑动特技经常用于节奏较快的影视段落中,并且通常与分屏多画面相结合。"'多画面'就是在同一画幅中展现两个或两个以上的画面"①,它可以同时展现不同时空中的人物表情与动作,丰富画面内容,给观众以绚丽多彩、应接不暇的感受。因此,滑动与分屏多画面相结合能够增加影视画面的动感,制造欢快或紧张的氛围。例如,《疯狂动物城》(2016)的片尾处,随着欢快音乐的响起,影片共出现了三次从上至下的滑动效果,每一次都有两至三幅不同场景的画面下落,表现了此时不同动物的不同状态,在整体上形成活泼、欢快的气氛(如图 4-6 所示)。而电影《风声》采用同样的方式形成一种紧张、刺激的氛围。影片讲到日军想从字迹上找出共产党员便让五位嫌疑人写下各自的考绩、职别等信息时,为了突出此刻的紧张氛围以及全面展现五位嫌疑人的表情,采用滑动效果与分屏多画面相结合的方式,且在特写镜头和近景镜头的烘托下,画面信息得到清晰的展现。

图 4-6 《疯狂动物城》中的滑动效果画面

(五)3D 运动

3D 运动是一种将二维平面立体化的特技,包括立方体旋转和平面翻转两种效果,其作用在于实现场景的切换或辅助故事内容的讲述。

立方体旋转是指立方体围绕中心轴以旋转 90°的方式呈现出下一个镜头。因画框限制,画面在旋转的过程中会有轻微变形,但这并不影响其所呈现的立体效果。

翻转"是以银幕或荧屏的竖向中心线为轴线,使画面经过 180°的翻转而消失,引出下一个镜头。一般表现新与旧、穷与富、喜与悲、今与昔的强烈对比"②。除了上述效果外,翻转的其他功用在电影《红辣椒》③(2006)中得到了探索。在红辣椒向粉川利美请教什么是轴线这一问题时,影片首先运用白色虚线形象地表明了一条假定于被拍摄物之间的直线,接着粉川利美对轴线的作用进行深入介绍,此时镜头配合台词呈现出在越轴情况下所拍摄到的画面,随后又运用翻转特技展现了在轴线同一侧所拍摄到的画面(如图 4-7 所示)。镜头越轴带给观众的两人朝同一方向看的错觉,以及如何拍摄两人面对面交流的状态,都是以画面的形式呈现给观众,台词只是起到辅助作用。其中,翻转特

《红辣椒》片段

① 傅正义.影视剪辑编辑艺术[M].修订版.北京:中国传媒大学出版社,2009:103.

② 周新霞.魅力·剪辑:影视剪辑思维与技巧[M].北京:中国广播电视出版社,2011:290.

③ 《红辣椒》获奖记录:第 63 届威尼斯国际电影节金狮奖提名。

技的运用无疑产生画龙点睛的效果，一方面形象生动地交代人物视线在影片拍摄过程中的重要性，另一方面也使得画面衔接更为流畅，越轴与不越轴的效果对比更为突出。因此，翻转特技不应仅局限于在转场中的运用，其自身效果也能够参与到故事内容的讲述中，从而辅助观众更好地理解影片所要表达的内容及思想。

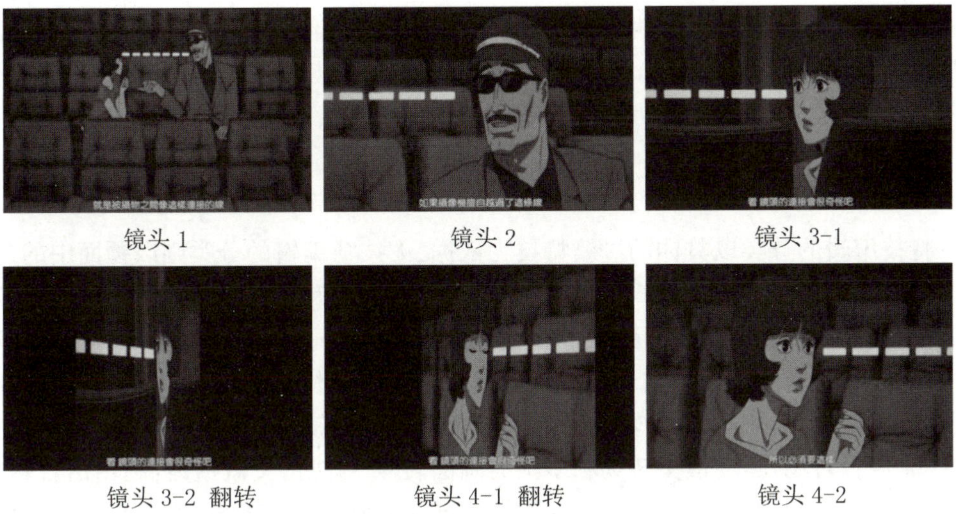

图 4-7　《红辣椒》中通过翻转特技演示越轴现象

第二节　无技巧编辑

影视编辑是一门艺术，更是一门学问，它需要在编辑过程中尽量抹去编辑的痕迹，让观众完全沉浸在故事所营造的情感氛围中，其中最精湛的编辑手法就是无技巧编辑，它能够使场景在观众不知不觉中实现转换。无技巧编辑，又被称为零度编辑和匹配编辑等。

一、无技巧编辑的目的

无技巧编辑，是相对于特技编辑而言的，它采用硬切（直接切换）的方式变换镜头、转换场景。虽然不使用任何特技，但它能够在行云流水般的转换中让观众十分清楚地意识到时间与空间已发生转变。① 无技巧编辑的实质是借助场景转换处前后画面本身所具有的一些过渡元素进行镜头的直接切换，“是利用无特技技术和光学技巧附加作用的直接切换，利用上下镜头在内容、造型上的内在关联来转换时空、连接场

① 贝斯．大师场景：导演、编剧、剪辑师必知的顶级场景转换术［M］．黄德宗，译．北京：电子工业出版社，2015：118.

景,使镜头连接、段落过渡自然流畅,无附加技巧痕迹”①。对于无技巧编辑,我们可以从技术和艺术两个层面来理解,技术上表现为最简单的“一刀切”,但在艺术上要达到浑然天成的境界,这也正是无技巧编辑所蕴含的大道至简的哲学精神。

无技巧编辑的根本目的是保证两个场景切换的流畅性和逻辑性,借助画面中的过渡元素增加场景间的关联性,从而更好地体现影视作品的主题和内涵。因此,无技巧编辑是一件看似简单却又充满智慧的工作,需要影视工作者深刻理解作品主题、充分挖掘素材价值,在看似没有技术含量的剪切、拼贴的过程中发挥无限的创意,创造出巨大的艺术价值。

二、无技巧编辑的类型

特技编辑的分类以具体的过渡特技为依据,无技巧编辑的分类则以画面中的过渡元素为依托。关于无技巧编辑的种类,张乐平归纳为:利用相似性元素、利用承接因素、利用反差因素、利用遮挡元素、利用运动镜头或动势、利用景物镜头(或称空镜)、利用声音、利用特写和利用主观镜头②;任远总结为:同体转场、相似体转场、出画与入画、“接动作”转场、挡黑镜头转场、“特写”转场、“主观镜头”转场、承接式转场、隐喻式转场、声音转场、运动镜头转场和多画屏画面转场③;傅正义概括为:利用语言转场、利用动作转场、利用景物镜头转场、利用特写转场、利用情绪转场、利用音乐转场和利用音响转场④。此处,笔者从过渡元素的性质入手,着重介绍以下几种常用的无技巧编辑:利用相同主体元素、利用相似性元素、利用承接或反差因素、利用运动镜头、利用挡黑镜头和利用声音元素等。需要指出的是,上述所列的内容并不是全部无技巧编辑方式,且随着影视艺术的发展和影视技术的进步,还会出现其他的无技巧编辑方式,需要创作者在实际的创作中不断发挥艺术的想象力和创造力,根据具体的内容,创造出符合作品风格和实际情况的无技巧编辑方式。

(一)利用相同主体元素

利用相同主体元素是指转场前后的镜头主体一致,在影视编辑时可充分利用画面中的相同主体元素进行镜头组接,完成叙事与情感的自然过渡。值得注意的是,利用相同主体元素在一定程度上加强了前后两个镜头之间的关联性,无论是内容、情感,还是主体所具有的象征意义,都会被传递到下一场景中,影视作品所要表达的主题也会因此更加突出。电影《百鸟朝凤》⑤(2016)讲述的是中国老艺人对唢呐精神的执着追求与传承的故事,在表现游天鸣长大成人的段落中,影片充分利用了唢呐这一主体元

---

① 张乐平.电视画面编辑教程[M].成都:西南交通大学出版社,2014:227.

② 张乐平.电视画面编辑教程[M].成都:西南交通大学出版社,2014:227-248.

③ 任远.电视编辑理念与技巧[M].修订版.北京:中国广播电视出版社,2008:220-229.

④ 傅正义.影视剪辑编辑艺术[M].修订版.北京:中国传媒大学出版社,2009:117-118.

⑤ 《百鸟朝凤》获奖记录:第29届中国电影金鸡奖最佳故事片提名等,第15届中国电影华表奖优秀农村题材影片奖等。

素,前一个镜头是少年时的游天鸣笔直地站着吹唢呐,镜头从人物的脸上摇到唢呐的喇叭口处,当镜头从唢呐的喇叭口再摇回人物的脸上时,此时已是成年的游天鸣笔直地坐着吹唢呐。前后镜头毫无缝隙的衔接,将游天鸣和唢呐紧紧地联系在一起,进一步突出人物对唢呐的情感以及唢呐对人物的影响。影片通过唢呐这一元素进行转场,有力地强化了影片的主题,鲜明地展现了时间的流逝,带给观众视觉震撼,也为观众留下了思考的空间。

《百鸟朝凤》片段

电影《贫民窟的百万富翁》(2009)则通过相同主体元素转场,将时间倒回几小时前。审讯室中警察和主人公正在对话,展现的时态是现在进行时,旁边的电视机正在播出几小时前主人公在演播室的答题场景,镜头由远处推向电视机,直至电视画面充满荧屏,随后镜头在演播室内进行切换,时间显然已由现在时变为过去时,场景则在推镜头结束的那一刻进行了切换。由于利用相同主体元素进行转场,观众在不知不觉中进入下一个场景,同时,推镜头也保证了观众对叙事时间的清晰认知。

《贫民窟的百万富翁》片段

(二)利用相似性元素

利用相似性元素是在利用相同主体元素基础上的进一步发展,它不再局限于相同主体,而是寻找相似的形象作为场景过渡元素,因此,在选择范围上更为广泛,在内容讲述上更具有戏剧性,在思想表达上更具有多意性。相似性元素主要包含以下几个方面:主体形象的相似性、主体运动的一致性、主体形状的相似性、身体感受的一致性、颜色的相似性、位置重合等。

主体形象的相似性通常是借助不同主体之间的某些相似性元素进行转场,这些元素可以是不同人物的相似表情、动作、衣着,也可以是不同场景中的环境、道具、标志等,而最重要的是前后主体之间应存在某种内在联系,这种强烈的内在联系能自动弥补时空断裂所造成的不连贯感,增强叙事的完整性。电影《阿甘正传》运用插叙的手法,通过阿甘给别人讲故事的方式将自身的经历呈现给观众。影片在第一次展现回忆时,转场的方式是借助人物表情的相似性,当成年阿甘陷入回忆时所露出的表情与下一个镜头中小男孩的表情相似时,这直接说明画面已切换到回忆场景中,且小男孩就是阿甘,表情的相似性也说明了成年阿甘对童年的感受记忆犹新。影片《天堂电影院》[①](1988)中也有多处运用主体形象的相似性进行转场,且主体形象更为丰富,有神像、铃和人物动作等,每一处转场都彰显了影视编辑的发现力与创造性思维,这也是优秀的影视编辑应具有的能力。如扫码可见的片段所示,该段落在利用人物相似动作进行转场时,借助的是前一个镜头中老师拍打学生的动作,与后一个镜头中放映师拍打胶

《阿甘正传》片段

《天堂电影院》片段

---

① 《天堂电影院》获奖记录:第42届戛纳国际电影节评审团大奖,第62届奥斯卡金像奖最佳外语片。

《西游记之大圣归来》片段

卷的动作之间的相似性。其中,位于拍打学生镜头之前的小男孩多多的镜头,无疑是将人物拍打动作紧密联系起来的关键因素。在电影《西游记之大圣归来》①(2015)中,当孙悟空和猪八戒带着江流儿和小女孩走在回家的路上时,江流儿抬头望向孙悟空背着小女孩的背影的镜头与下一个镜头中江流儿师傅背着幼时江流儿的背影相似,这两个镜头之间的切换利用了两个镜头中的相似的动作、相似的环境、相似的画面,说明影片的故事发展已切换到江流儿的回忆之中,这一转场借助了不同人物的相似动作,这一相似动作直接体现出江流儿对师傅的想念以及对回家的渴望。

主体运动的一致性包括主体运动方向的一致性和主体运动速度的一致性。主体运动方向的一致性是指前后镜头中的不同主体具有相同的运动方向。运动的物体往往能引导观众的视线,牵引观众的思路与情绪,利用主体运动方向在视觉上的引导作用,可以缓和不同场景直接切换带来的视觉跳跃感。电影《速度与激情8》(2017)开头有一段飙车的场景,当参与比赛的两辆车分别行驶到两条不同赛道上时,影片为了将两者联系在一起,便采用主体运动方向相一致的方式,将两辆车进行组接,一方面突出了两者在外型上的差距,另一方面也暗示两辆车在行驶速度上能够并驾齐驱。

《速度与激情8》片段

《中国机长》片段

主体运动速度的一致性注重不同主体形成的相同速度感,即观众从不同主体的运动速度中获得相同的感受,与主体的实际速度并无直接关系。将具有相同速度感的主体衔接在一起时,运动速度所引发的内心感受便会得到放大,有利于观众理解剧情和把握情感。在电影《中国机长》中,为了展现飞机降落时的速度,影片将飞机与救援车辆在机场跑道上行驶的镜头组接在一起(如图 4-8 所示)。镜头 1 通过展现由于飞机超速下降导致飞机后轮出现轮胎破损现象体现出速度之快,给观众渲染了一种飞机无法安全停飞的紧张氛围;镜头 2 呈现的则是追赶飞机的地面救援车辆争取在飞机停下的同时到达,以便救援乘客与机组成员。两个镜头在影片中来回切换,镜头的衔接与环境音相互配合,营造出一种紧急的状态,有助于观众身临其境地体会救援现场的急迫与紧张。

镜头 1 飞机降落滑行　　镜头 2 救援车辆追赶飞机

图 4-8 《中国机长》中飞机降落滑行与救援车辆追赶具有相同的速度感

---

① 《西游记之大圣归来》获奖记录:第 30 届中国电影金鸡奖最佳美术片,第 52 届台湾电影金马奖最佳动画长片提名等。

主体形状的相似性是指前后镜头利用相似的主体形状进行场景切换，且在位置上具有一定的重合性。相似的形状带给观众的视觉感受是十分强烈的，它能够迅速引发观众对画面信息进行解读，因此，通过相似的形状进行转场，不仅能够增加影视作品的美感，还能增加影视作品的内涵。例如，《一代宗师》①（2013）中有一个时间转换的段落：画面上出现的是叶问一家一起拍全家福，紧接着是另一张挂在窗框上的全家福照片被炮火炸毁，全家福的定格画面与另一张看似相同但又不完全一样的全家福照片的切换完成了影片中时空的切换，直接将时间切换到1938年佛山沦陷时，这一场战争使得叶问流离失所，迎来了人生中的低谷。这种时空跨越较强的转场通过形状的相似性给观众带来自然顺畅且富有逻辑的视觉效果。

《一代宗师》片段

身体感受的一致性、颜色的相似性和位置重合主要注重观众的身体感受、视觉感受和视觉重心的一致，符合人们对事物的感知规律，因而巧妙地模糊了视觉的变动效果，场景切换因此更加顺畅。

（三）利用承接或反差因素

利用相同或相似元素是借助了观众视觉上的连贯性，而利用承接或反差因素则是借助观众潜在的心理活动，利用的是上下镜头的因果关系。

利用承接因素是指“按照逻辑性关系进行的转场，就是利用我们的影视节目两段之间在情节上的承接关系，甚至利用悬念，利用两段之间相接两镜头在内容上的某些一致性来达到顺利转场的目的”②。总的来说，可以利用主观镜头、动作连续、情节连贯等方式，使段落过渡符合生活逻辑，同时，承接因素的利用也可造成视觉错觉，产生一定的戏剧效果。例如，电影《两小无猜》（2003）中的一组动作或许就是导演刻意为利用动作连续转场而设计的。当小男孩第一次参与小女孩设计的游戏时，他敢于启动校车，让校车在没有司机的情况下自动前行，然而这一行为必定会引来父亲的勃然大怒。影片为了保证情节连贯、节奏紧凑，在小男孩正在为自己启动校车的行为沾沾自喜时，他突然被拉出画面，紧接的下一个镜头是父亲在家门口将小男孩拽入画框，显然场景已由街道切换至小男孩家。由此可见，小男孩被“拽出”“拽入”是为了故事内容和情节节奏而故意设计的，前后镜头中小男孩动作的连续性一方面保证了场景切换的流畅，另一方面也说明了父亲勃然大怒的原因。因此，在利用承接因素进行转场时，最为重要的就是鲜明的因果关系，以此为基础才能利用观众的心理活动来弥补视觉上的跳跃感，从而做到叙事上的流畅。

《两小无猜》片段

如果说利用承接因素是按照观众的心理活动进行镜头衔接的，具有明显的因果关系，那么利用反差因素就是打破因果关系，用一个观众意想不到的“果”来衔接前面的“因”，促使观众跳出影视作品的浅层叙事，从而更深入地思考影视作品所要表达的主

---

① 《一代宗师》获奖记录：第50届台湾电影金马奖最佳摄影、最佳美术设计、最佳视觉效果等。

② 何苏六.电视画面编辑[M].北京：中国广播电视出版社，1997：161.

题。具体来说,利用反差因素是指借助景别、色彩、动作或声音上的鲜明对比,清晰地划分影视段落,引起观众的注意及思考。利用反差因素显然放大了间隔效果,在影视编辑中应谨慎使用,以免跳切节奏太快而使作品整体呈现分散状态。当然,如果运用巧妙,则可借助陌生化效果的营造来实现创作者的艺术表达之意图。在电影《速度与激情8》的开头,多姆因受到威胁而走向反叛之路,在展现多姆走向反叛之路的那一刻,影片巧妙利用反差因素来引起观众的注意。前一个镜头是带有暖色调的特写,后一个镜头是具有灰暗阴冷之感的远景,前后镜头在景别和色调上形成鲜明的反差,具有较强的视觉冲击效果,并且从侧面说明了多姆反叛之路的第一步便在德国柏林展开了。其次,从画面内容上来看,前一个镜头中的主体是象征爱与和平的十字架,镜头背景是多姆对十字架的注视,后一个镜头是移镜头,展现的内容却是遭到狂轰滥炸的德国柏林,两者巧妙组接,引发观众对多姆这一人物形象的深思。再如,在电影《建国大业》[①](2009)开头,毛泽东和蒋介石共同参加酒会,影片巧妙利用反差因素来引起观众的注意:前一个镜头是冷色调的室外远景镜头,后一个镜头是色彩较为丰富的室内近景镜头,接着是一个全景镜头,引出谈判双方的代表人物并且交代故事发生的环境。

《建国大业》片段

(四)利用运动镜头

利用运动镜头是指利用摄影机的运动所造成的视线、视场的改变来完成转场任务。[②] 运动镜头中的推、拉、摇、移、跟、升、降、甩等运动形式均可作为转场方式,但前后镜头中的内容应具有一定的相似性,由此才能更好地实现场景与空间的调度。电影《辛德勒的名单》的开头由彩色进入黑白、由当下进入历史,场景则由蜡烛熄灭后冉冉升起的一缕细烟切换到火车车头喷出的滚滚浓烟。前一个镜头随着烟的升起而上摇,当所有背景元素移出画面后,镜头切换,并下摇展现正在发动的火车,上下摇镜头与升起的烟之间的搭配使得段落划分十分清晰。同时,两种不同的烟又将两个段落紧密联系起来。蜡烛产生的细烟代表的是对辛德勒的怀念和对历史的祭奠,火车产生的浓烟则象征着那个时代中一些无法阻挡的洪流。因此,上摇镜头追随着上升的一缕细烟是带领观众进入辛德勒的那个时代,下摇镜头从滚滚浓烟开始是引领观众去探寻整个故事的始末,上下摇镜头在开头的衔接成功地将观众带入影片所设定的情境中。

《辛德勒的名单》片段

印度影片《小萝莉的猴神大叔》[③](2015)讲述的是一个关于印度男人帮助巴基斯坦哑女回家的故事,影片涉及印度和巴基斯坦两国,因此,影片在一开始便用移镜头展现了巴基斯坦的苏丹普尔山村周围的地理风貌。从移镜头的具体应用上来看,影片开头的五个移镜头均是向前移动,且每个镜头展现的均是优美的风景,这在一定程度上保证了观众在

《小萝莉的猴神大叔》片段

---

① 《建国大业》获奖记录:第30届大众电影百花奖最佳故事片等。

② 任远.电视编辑理念与技巧[M].修订版.北京:中国广播电视出版社,2008:227.

③ 《小萝莉的猴神大叔》获奖记录:第61届印度电影观众奖最佳故事。

视觉与心理上的流畅性。同时，山村周围的风光也得到了淋漓尽致的展现，既富有动感，又充满寓意，暗示在这纯净的雪山之中住着一群纯朴的人，为人物形象的刻画奠定了基础。

(五)利用挡黑镜头

挡黑镜头主要有两种表现方式，一是由主体朝向摄像机镜头走来，遮挡住镜头，从而形成暂时的黑场，二是由前景物体暂时遮挡镜头，为主体或场景的切换提供时机。前者给予观众较强的视觉冲击，同时制造悬念[①]、加快画面叙事节奏，后者则在平稳的节奏中自由切换场景，给予观众新奇的视觉感受。《红辣椒》有一段经典的主体挡黑段落，红辣椒穿着睡衣迎面走来挡住镜头，下一画面呈现的是红辣椒已换上便衣朝着门口走去的画面。

《红辣椒》片段

利用前景遮挡来完成转场或时间压缩，能够有效保持影视作品已有的节奏，并通过精心设计的前景遮挡实现主体或场景刹那间变换的效果，增强了影视作品的趣味性和紧凑性。例如，电影《毕业生》《有话好好说》《穿普拉达的女王》中均有使用前景遮挡。在电影《有话好好说》中，为了展现赵小帅等待安红时间之长，影片通过前景遮挡实现了赵小帅不同等待状态之间的切换，从不吃东西到吃西瓜，再到吃盒饭，漫长的等待时间仅通过三个镜头便表现了出来，且每个镜头的长度均在五秒左右。因此，前景遮挡在这里起到了压缩时间的作用，从而确保影片的内容精练、节奏紧凑。在第三次前景遮挡过后，场景切换到安红的房间，此时的安红正在望向窗外，显然安红的动作是对赵小帅等待的回应，内容上的关联性使得此处的场景切换更为流畅。简言之，由于前景对镜头的遮挡往往一闪而过，其不同于渐隐为黑色特技能够留给观众充足的思考时间，因此，前景遮挡要在前后内容关联性较强的基础上进行运用，以便观众在理解剧情的前提下，感受较强的视觉冲击，体验新奇的视觉效果。

《有话好好说》片段

(六)利用声音元素

在影视编辑中，声音元素包括人声、音乐和音响音效，这些声音元素都可被合理利用来实现转场的效果。总的来说，声音在转场中的运用主要有以下几种方式。

一是“捅声法”（声音早于画面出现）和“拖声法”（声音晚于画面出现）的运用。“捅声法”转场主要是指后一个镜头的声音提前出现在前一个镜头中，声音的提前出现使得场景自然而然进行了切换。例如，在电影《建军大业》[②]（2017）中，开场采用字幕来引出画面，交代历史背景与事件，当画面切换到以字幕“1927”为底介绍影片发生的时代背景时，示威运动的呐喊声开始传出，具有时代性的呐喊声的出现使字幕与声音相得益彰，镜头也顺理成

《建军大业》片段

---

① 张乐平.电视画面编辑教程[M].成都：西南交通大学出版社，2014：239.

② 《建军大业》获奖记录：第34届大众电影百花奖优秀故事片。

章地切换到故事发生的场景之中。在连贯的背景声音下,影片连续切换上海的远景、严阵以待的士兵工人、学生组成的游行队伍等画面,点明声音来源。整个段落通过“捅声法”的运用,使得影片叙事有序展开,画面切换自然而顺畅。

运用“拖声法”转场主要是指“前个场面的最后一个镜头的画面终止后,声音顺延到后一场面的第一个镜头,而这个镜头的声音依然是同步的”[1],“拖声法”在一定程度上延续了前一个场景中声音所营造的氛围,实现了情感、态度、价值观念的延续。在电影《我和我的家乡》[2](2020)的“最后一课”单元中,退休教师老范在医院被确诊为阿尔茨海默病,检查身体时,医生的诊断声音传到家属耳中的同时也让观众听清。画面开始切换,出现老范躺在机器上检查、检查室外家属担心的身影等画面,这些画面与画外音相结合体现出老范此时的身体状况以及老范儿女对老范的关心。

《我和我的家乡》片段

二是利用声音的相似性。声音的相似性与画面元素的相似性在实际编辑中有着异曲同工之妙,这里不再赘述。

三是借助前后声音外在的呼应关系。这种外在的呼应关系是指前后场景中的对白内容是相互关联的,最常用的一种编辑手法是问题和答案之间的呼应,即前一场景中的某一个人物发出一种疑问,后一场景中的人物做出了回答,但前后场景在空间上存在一定的距离,且人物的身份通常是处于明显的统一或对立状态,这种空间、情节跨越较大的转场在一问一答中显得尤为顺畅。例如,在电影《辛德勒的名单》的一个段落中,从火车站的登记到下火车时的注册,使用的正是工作人员与登记人之间的问答关系,小镇到城市的场景切换一气呵成,省去了多余、烦琐的情节交代。借助声音的外在呼应关系与利用承接因素相似,前者注重听觉上的承接,后者侧重于视觉的承接,不同的方式带给观众相同的观感体验。

除此之外,在转场效果上还可以利用特写镜头,即前一镜头无论展现什么样的内容,后一镜头都从特写开始,因为特写能够暂时集中人的注意力,使人不至于在视觉上有太大的跳跃感。[3] 另外,在转场方式上较为常用的方法还有出画、入画和空镜头等。

无论何种方式都有其自身的优势与不足,因此,影视编辑工作者应熟知每一类编辑技巧的特点与作用,充分发挥影视编辑的价值与意义,实现影视作品技术性与艺术性的统一。

第三节 混合编辑

在影视编辑中,既有单纯使用特技编辑的情况,又有单纯使用无技巧编辑的情况,

① 姚争.电视剪辑艺术[M].杭州:浙江大学出版社,2003:257.

② 《我和我的家乡》获奖记录:第34届中国电影金鸡奖最佳故事片提名。

③ 何苏六.电视画面编辑[M].北京:中国广播电视出版社,1997:160.

若将这两种方法结合起来综合运用，就是混合编辑。[1] 混合编辑的优势在于能够充分利用两者所长，创造更为广阔的视听空间，提高影视编辑的艺术魅力。

一、混合编辑的目的

在同一部影视作品中，我们通常需要对编辑方式进行综合考虑，而混合编辑的目的就在于根据作品的节奏、内容、内涵等方面，将特技编辑与无技巧编辑充分融合，各取所长，利用有限的编辑方式创造出无限的编辑可能。

混合编辑在表现形式上是两类编辑方式相加的结果，但其所获得的表达效果远大于两者之和，这就是混合编辑的魅力所在。首先，在视觉效果上，它巧妙地避免了单一编辑方式所产生的审美疲劳，丰富而精致的编辑方式会增加影视作品的亮点与吸引力；其次，特技编辑与无技巧编辑都能够有效掌控影视作品的节奏，两者的合理调用能确保作品张弛有度，从而充分调动观众的情感和思绪，满足观众的心理诉求；最后，不同的编辑方式组合在一起能够产生新的叙事内涵，拓展了影视作品的思想深度。总之，混合编辑综合了特技编辑与无技巧编辑的优势，形成独具一格的编辑方式，为影视编辑打开了另一扇窗。

二、混合编辑的案例分析

合理运用混合编辑需要准确掌握蒙太奇语言，了解各类编辑技巧的作用、特点与优势，结合影视作品所要表达的内容与主题进行恰当选择。在选择编辑技巧时应注意以下三点：首先，编辑方式本身并无高低优劣之分，只有是否适用、是否恰当等问题；其次，本书所列举的编辑技巧只是在宏观上普遍使用的编辑技巧，在实际编辑过程中应以此为基点进行进一步开发和创造；最后，影视作品所表达的内容是主体，编辑技巧只是辅助内容表达的手段，因此，切不可为了炫技而忽视影视作品本身。

混合编辑的运用其实是体现在整部影视作品中的，但为了展现编辑技巧混合使用的具体方式，这里选取同时结合两类编辑技巧的段落。本章第二节末尾处对《辛德勒的名单》中利用运动镜头转场的段落进行了分析，而在此转场前，影片还对烛光进行了叠化效果的处理。第一个叠化是人与烛光之间的转换，暗示了烛光与生命之间的内在联系，烛光越来越弱直至熄灭，象征着生命正在逐步消逝，与影片的主题相呼应。此后，“青烟”与“浓烟”之间的无技巧编辑，一方面将观众带入快节奏的叙事当中，另一方面为后来惨绝人寰的大屠杀行为做了铺垫，大批犹太人的生命也因此而被剥夺。这段中的第二、第三、第四个叠化都是烛光与烛光之间的切换，同样的烛光、不同的景别，三个叠化完成了一个类似推镜头的效果，但与推镜头相比，采用叠化效果不仅使得影视画面富有艺术表现力，也更形象地表达了生命一步一步走向消亡的视觉感受，同时为从彩色到黑白画面的切换提供了契机。彩色场景中的叠化效果与犹太人所唱的赞

《辛德勒的名单》片段

① 傅正义.影视剪辑编辑艺术[M].修订版.北京：中国传媒大学出版社，2009：121.

歌交相辉映,共同营造了一种平静、和谐、悠长的氛围,与影片残酷、激烈的主体部分形成鲜明对比,而利用相似性因素进行转场就是这两种氛围的分界线,清晰地划分了影视作品的段落与情感,同时转场又将前后场景紧密联系起来,共同揭示了影片的主题。

《霸王别姬》片段

《霸王别姬》也采用了类似于《辛德勒的名单》中的混合编辑手法。影片为精练地体现徒弟们的成长过程,首先运用从左往右的移镜头,镜头落幅在程蝶衣身上,随后,以程蝶衣为中心进行叠化,前后镜头中人物位置的相同间接介绍了程蝶衣成长后的模样,叠化后的镜头从右往左移,依次展现其他徒弟。当最左边的徒弟入镜后,场景便由夏天跳切到冬天,之后镜头自然而然地从左往右进行移动,在移动的过程中,观众能够看到人物的模样并没有变化,但明显感觉到了时间的跳跃(如图 4-9 所示)。前后两种编辑效果使用的目的是相同的——压缩时间,但时间压缩的长短存在很大的差距,先是叠化展现了人物模样的变化,而后是跳切实现了季节的跨越,两者的差距体现了每一类编辑特技独有的时间压缩手段。同时,不同编辑技巧对影视节奏所产生的影响在这一段中也体现得淋漓尽致。在运用叠化效果的过程中,徒弟们练习的仍是对《垓下歌》的吟唱,但在利用运动镜头进行跳切时,声音则从慢节奏的吟唱转换到了快节奏的念白。因此,编辑特技、内容表达、影视节奏都是相互贯通、相互融合的,混合编辑必须以此为基点,对特技编辑与无技巧编辑进行创造性运用,拓宽编辑方式的应用范围,丰富影视作品的主题与思想内涵。

镜头 1 移镜头落幅

叠化特技

镜头 2-1 移镜头起幅

镜头 2-2 移镜头落幅

镜头 3 移镜头起幅

图 4-9 《霸王别姬》中的混合编辑镜头

第四节 非常规编辑

影视编辑的目的是给观众呈现出视觉流畅、结构缜密、节奏合理、意义明确的影像。无论是特技编辑,还是无技巧编辑,抑或是混合编辑,都是为了达到这个目的。但影视创作又是极具主观性的艺术活动,有些创作者为了实现更高的艺术理想,往往不满足于常规的编辑原则和编辑技巧,经常独辟蹊径,大胆探索,为观众创造更多值得深入思考和想象的空间,使得影视作品表现出更为深邃的内涵。[①] 由此,非常规编辑便应运而生。非常规编辑并不是不合理的编辑,它有着独特的运用方式与艺术价值,其价值"就如布莱希特提出的间离效果理论之于戏剧一般,在冲破常规的同时将观众从剧情中抽离,为观众创建了思考和想象的空间,逼使观众进行思考,使影视艺术能表现更多形而上的对象,使影视艺术的文化价值得到了提升"[②]。

从整体上来看,非常规编辑主要涉及影视作品的叙事结构问题。常规的叙事结构是严格按照"开端、发展、高潮、结局"的线性逻辑来结构故事内容的,冲突和悬念是其必不可缺的故事要素。非常规叙事则利用反常规的时空结构来架构故事,这种结构是非线性的,具有开放性和随机性。[③] 贾樟柯的《天注定》(2013)就是一部非常规叙事的作品。该片讲述了四个相对独立但又存在某种内在联系的故事,独立是指四个故事不存在明显的因果关系,联系则是指四个故事在时间、空间和内涵上都有衔接点,例如,影片以人物之间的相遇作为故事的切换点,自然而然地引领观众进入下一个故事中,同时也保证了时间上的连续性。在内涵上,影片利用四个故事展现了社会底层百姓的生活,且四个故事均取材于现实生活,这对于观众来说不仅具有震撼力,还具有说服力,也更能引起他们对当下社会现状的反思。该片虽然摒弃了常规的线性叙事方式,但其逻辑性、整体性以及所产生的戏剧张力并没有因此而减弱,非线性叙事的介入为观众提供了思考的空间,进而对主题内涵的深化起到帮助。

从细节上来看,非常规编辑主要涉及符号运用、时空跳跃、对镜头长度与色彩的反常规处理等,即与常规性编辑原则背道而驰。但这种相对不是无理取闹,也不是不懂规则,而是出于对个性化的艺术表达的考虑。

符号的运用是影视编辑者表达思想的一种方式,是提高影视作品思想深度的一种手段。例如,电影《天注定》讲述的四个故事分别涉及马、鸭、蛇、鱼四种动物,每一种动物的本性与遭遇折射出的是该故事中主人公的性格与命运。任劳任怨的马不断遭到抽打,代表了勤勤恳恳的大海遭到村长与矿场老板的不断压榨;三儿杀人时的心情就如同人们宰杀鸭子一般;作为女人,小玉在受到欺辱时却能展现出如蛇一般的冷酷与狠毒;刚进入社会的小辉如同被放生的鱼儿,因无法承受新环境带来的压力而选择放弃自己的生命。在生活中习以为常的动物在影片中生动形象地概括了四位人物的命运,然而影片又将人与动物的命运区别开来,正如影片中小玉所提出的问题:"动物也会自杀吗?"因此,影片以动物为符号,既隐喻了人物的性格与命运,又将影片的主题提升到更高的层次——当下现实社会中人的命运由谁决定。埃米尔·库斯图里卡(Emir Kusturica)也善于将动物作为符号运用在影片中,如《地下》(1995)、《黑猫白

---

①② 李琳.创建思考和想象的空间:论非常规剪辑在叙事性作品中的特殊价值[J].当代电影,2014(4):191-194.

③ 汪方华.坚硬的影像:后新时期中国电影研究[M].北京:中国传媒大学出版社,2011:35.

猫》(1998)、《牛奶配送员的奇幻人生》(2016)等。《牛奶配送员的奇幻人生》主要讲述的是牛奶配送员在战乱时期的爱情故事,该片秉承库斯图里卡一贯的喜剧风格,用狂欢、戏谑、荒诞包装现实的残酷、人生的颠沛流离,不仅丰富了影片的内容,也为观众创造了宽阔的想象空间,尤其是片中的动物形象值得观众细细推敲,例如浴血的成群白鹅、喝牛奶的蛇、飞翔的游隼、被炸飞的羊群、对着镜子跳的鸡以及作为坐骑的驴,每一种动物形象都可进行符号化解读,揭示人性或战争中最为真实的一面。影片片头用一分半钟时间讲述了白鹅浴血的过程,这个看似与故事情节无关的片段却生动地刻画出战争的本质,战争就是通过全身沾满别人的鲜血来获得食物和财富的过程。影片片尾将成群的羊羔比喻为战争外的无辜人,在必要时,手无缚鸡之力的人们也会身陷战场,成为战争的牺牲品(如图 4-10 所示)。

浴血的白鹅正在吃身上的苍蝇　　在战争中被炸飞的羊群

图 4-10 《牛奶配送员的奇幻人生》中符号化的动物形象

符号除了运用于电影中,也会运用于电视剧中。《觉醒年代》是一部重大革命历史题材电视剧,展现了从新文化运动到中国共产党成立这段时期内波澜壮阔的历史画卷,呈现出觉醒年代的人生百态。剧中对于“人”的叙事生动形象,且富有张力,运用了多种动物来隐喻剧中的人物形象,如骆驼、鹅、鸽子、青蛙、兔子等,每一种动物都可进行符号化解读,展现出独特且丰满的形象。具体来说,在第三集中,青年毛泽东第一次亮相是在滂沱大雨的街道上奔跑,随着身影的远去,画面中逐渐出现了满身泥泞的鹅群,与这个画面形成对比的是在葛妈妈家中相聚的知识分子们悠闲自得地各做各事、彼此谈笑的状态,与其衔接的则是干净的鹅群的画面。看似和故事情节无关的两群鹅却生动形象地隐喻出当时社会的现状。如此,影视编辑通过对各种符号的娴熟运用,不仅形象生动地阐释影视剧的主题、刻画人物的性格,也向观众传达自己的思想和认知,但能否被观众理解和接受,是影视编辑在运用符号之时需要慎重考虑的。

时空的跳跃通常出现在意识流电影中,这类影片注重表现人的非理性、潜意识等活动,如《野草莓》《八部半》《广岛之恋》《去年在马里昂巴德》等,都是意识流电影的经典之作,它们打破了传统的戏剧式结构,按照人的潜意识的不规则活动将镜头进行组接。因而这类影片的时空跳跃性很强,且往往是非理性、怪诞式的跳跃。由此可见,意识流电影的创作需要精神分析学、心理学等知识作为支撑。

常规的影视编辑要遵循轴线原则、匹配原则、视线顺接原则等,其目的是保证时空的完整和故事的流畅,但在必要的情况下,影视编辑也可故意打破常规,反其道而行之,以期创造出特殊的情绪和氛围。例如,日本导演小津安二郎创作的《非常线之女》(1933)与《东京物语》(1953)就直接采用越轴的方式展现对话场景,对此,他解释道:“在日本和室中,人物坐的位置几乎是一定的,房间最大也不过十叠,摄影机的移动范围非常有限,如果遵循这个文法,其中一个人物的背景就只是壁龛,另一个人物的背景只是拉门或走廊。这样怎么也无法表现出我需要的场面的气氛。”①在影片《东京物语》中我们可以看出,镜头在展现人物之间的对话交流外,百姓的日常生活景象也以背景的形式出现在镜头内(如图 4-11 所示),在背景的烘托下,这种和谐、融洽的聊天氛围显得更加真实和自然,但不可忽视的是,越轴镜头带给观众的错乱感也是十分明显的,因此,影片在对话开始时用大全景交代了空间环境和人物位置关系,即使观众有所疑惑,也会根据脑海中的印象慢慢梳理,并在多次越轴中逐渐适应这种表达方式。

《东京物语》片段

镜头 1　　　　镜头 2

图 4-11　《东京物语》中的越轴镜头

电视剧《媳妇的美好时代》的第一集主要讲述的是毛豆豆的相亲故事,在毛豆豆第二次相亲这一段落中,作品多次运用越轴的表现手法,镜头 1 和镜头 2 是在轴线的同一侧拍摄的,镜头 3 显然是摄像机在轴线的另一侧拍摄的,越轴的效果十分明显,但由于镜头 3 中的毛豆豆并没有说话,此时镜头里的声音是镜头 2 中程先生声音的延续,因此弥补了越轴镜头所带来的突兀感。越轴的原因则是为下一个全景镜头(镜头 4)做铺垫,也是为服务员的上场做准备。这一段落中主要涉及四位相亲人物和一位服务员,四位相亲人物有相对固定的位置,走动的服务员参与其中,丰富了镜头语言,由此可见,此处的越轴一是配合服务员的出场,二是通过越轴丰富画面的视觉效果、调动观众的视觉节奏,三是反映主人公复杂的内心情感,四是创造了作品个性化的风格。

《媳妇的美好时代》(第一集)片段

对镜头长度与色彩的非常规处理是常用的非常规编辑技巧,镜头长度和色彩的“反常”能够引起观众的注意,从而启发观众思考和揣摩创

---

① 小津安二郎.我是开豆腐店的,我只做豆腐[M].陈宝莲,译.海口:南海出版公司,2013:51.

作者的用意。例如,《辛德勒的名单》是一部以黑白色调呈现的电影,但在黑白色调的画面中出现了一个穿红色衣服的小女孩,暗红的衣服与周围的灰色世界形成鲜明的对比,令观众眼前一亮,引发观众对角色的想象与思索。这看似不合常规的编辑方式,是影视编辑自我突破的表现,是影视艺术发挥创造性的体现,也是作品个性化的彰显。打破常规是为了建立起新的规范,这一规范就是通过反常的表现来引起观众的注意,刺激观众的感官,启发观众的思考,进而让观众理解创作者的意图,产生移情的效果。

本章小结

一部完整的影视作品由若干个段落组成,段落由若干个场景组成,场景又由若干个镜头组成(当然存在一个场景由一个长镜头组成的特例),镜头与镜头之间、场景与场景之间涉及切换的问题。根据切换时运用技巧的不同,编辑方式可分为特技编辑和无技巧编辑。将这两种编辑方式综合使用的编辑技巧即混合编辑。上述三种编辑类型都要遵循视觉流畅的原则,随着影视艺术的发展,对艺术的追求需要个性化的表达,与之对应,非常规编辑便应运而生。简言之,常规的编辑原则是影视编辑的基础,需要学习和掌握,但不应固守,只有突破原则的限制,影视编辑才能获得更为广阔的创作空间。

本章思考题

1.请任选一部经典的影视作品,从中找出特技编辑和无技巧编辑的实际应用,分析这两种编辑方式在情感表达和视觉效果上的作用,并思考在怎样的情境下无技巧编辑可能比特技编辑更为有效。

2.非常规编辑适合用于哪种影视作品?

3.在影视作品中,编辑不仅仅是技术和技巧,更是叙事的一部分。请你评价各种编辑类型在影视叙事中的作用。

本章实训题

1.以“一朵美丽的百合花”为物件细节,编写一个具有戏剧性的微故事,将其做成5分钟左右的微电影。请在该片中运用特技编辑和无技巧编辑,并分析这两种编辑类型在影片中所起的作用。

2.从上述微电影中找到适合将常规编辑改成非常规编辑的段落,对修改前后的艺术效果进行比较分析。

参考文献

[1]黄庆城.好莱坞1002型电影技巧印片机的应用、检修与改进[J].影视技术,1995(11):14-16.

[2]何苏六.电视画面编辑[M].北京:中国广播电视出版社,1997.

[3]姚争.电视剪辑艺术[M].杭州:浙江大学出版社,2003.

[4]任远.电视编辑理念与技巧[M].修订版.北京:中国广播电视出版社,2008.

[5]傅正义.影视剪辑编辑艺术[M].修订版.北京:中国传媒大学出版社,2009.

[6]周新霞.魅力·剪辑:影视剪辑思维与技巧[M].北京:中国广播电视出版社, 2011.

[7]汪方华.坚硬的影像:后新时期中国电影研究[M].北京:中国传媒大学出版社, 2011.

[8]小津安二郎.我是开豆腐店的,我只做豆腐[M].陈宝莲,译.海口:南海出版公司,2013.

[9]张乐平.电视画面编辑教程[M].成都:西南交通大学出版社,2014.

[10]李琳.创建思考和想象的空间:论非常规剪辑在叙事性作品中的特殊价值[J].当代电影,2014(4).

[11]贝斯.大师场景:导演、编剧、剪辑师必知的顶级场景转换术[M].黄德宗,译.北京:电子工业出版社, 2015.

05 第五章 画面的编辑

学习重点

在编辑阶段对画面进行记录的流程和方式
在编辑阶段选择画面时的考量因素
画面组接的内涵表达技巧
空镜头的叙事和抒情功能

学习难点

深入理解“不剪之剪”并在实际编辑中灵活应用
灵活使用空镜头进行叙事和抒情

能力目标

掌握从大量素材中筛选具有表现力的画面的技巧
根据画面内容和叙事需要灵活使用编辑技巧传情达意
熟练运用空镜头，以增强作品的情感深度和叙事张力

本章微课

本章知识更新

画面,集时间空间于一体,汇聚多种要素,用于表达思想、传递情感、讲述故事。画面编辑和声音编辑共同构成影视编辑的一体双翼。影视创作者应该遵循什么样的原则记录画面、按照什么样的要求选择画面?怎样编辑才能更好地表达画面的内涵?上述问题直接影响画面的编辑效果,而这也是本章将要探讨的问题。

第一节　画面的记录

如果说前期拍摄是采集和获取素材的过程,那么后期编辑就是整理、选择和加工素材的过程,是基于客观记录之上的主观介入。无论对于前期拍摄还是后期编辑来说,画面的记录都起着至关重要的作用。具体而言,在前期拍摄阶段,画面的记录要及时、有效、详尽、客观;在后期编辑阶段,编辑要想对素材有一个大致清晰的认知,画面的记录就显得尤为重要。由此可见,画面的记录是影视前期拍摄和后期编辑都必不可少的重要环节,在一定程度上决定了作品的质量。鉴于本书主要讲述影视编辑方面的知识,因此,本节主要介绍后期编辑阶段画面的记录技巧。

在后期编辑阶段,画面的记录可以增强编辑对拍摄素材的感知和理解,也可以强化编辑对素材的梳理和分类。画面的记录主要由场记人员来完成,具体体现在对素材的回看和记录等工序上,这项工作既繁复又辛苦,但非常重要,因为它有利于构建影片的整体叙事结构,可以使叙事线索更加明晰、叙事节奏更加明确、叙事主体更加突出、叙事主题更加鲜明。特别是对于纪录片来说,画面的记录在纪录片的编辑阶段尤为重要,它是画面选择和组合的基础。

一、画面记录的流程

(一)回看素材

一般情况下,纪录片的片比(所有素材与成片的时长之比)大于剧情片。纪录片的片比往往是10∶1、20∶1、30∶1,甚至50∶1或更高。要想进行画面的记录和整理工作,就必须以端正的态度和积极的心态面对庞大而繁杂的素材。无论是剧情片创作还是纪录片创作,都是集体智慧的结晶,都是团队成员协作的成果。回看素材时,以导演、摄影、编辑为代表的核心创作人员应尽量参与其中,各抒己见,积极沟通,群策群力。

(二)重点记录

回看素材并不是普通意义上的走马观花,而是要对所看素材形成基本的认知。首先,标记重要细节。在前期拍摄阶段,由于受到种种条件的限制,我们往往会忽视很多重要的细节,因此,在素材回放阶段,在筛选和甄别的同时,我们要将重要的细节标记出来。其次,记录突发灵感。人在不同的环境下,即便面对同样的情境,有时也会生发出不一样的感受。伴随着素材的回放,灵感或许会不断出现,此时我们要把灵感记录下来,并与团队其他成员沟通交流。

二、画面记录的方式

(一)单独记录

通常情况下,我们将素材分为两种进行分类和记录:一种是一个素材里只包含单个场景的呈现,这种情况只需要编辑好此段素材的场景地点、起止时码、拍摄景别、拍摄角度、拍摄方式等信息,并将同一场景的素材放置到一个文件夹里;另一种是一个素材里包含多个场景,此时为了严格区分拍摄内容以免造成不必要的麻烦,可以同时建立一个 Word 文档来做说明。文档的信息包括:镜头序号、镜头时长、拍摄景别、拍摄方式、同期声、画面内容、对白情况、备注(标明是否可用)等。将素材和说明文档归于同一个文件夹。

(二)分类处理

通常情况下,我们将素材按照场景的不同进行分类处理。在实际的拍摄中,同一场景内的镜头在角度、景别、拍摄方式和时长等方面都有所不同,针对此种情况,在进行画面记录时,我们要严格标明拍摄机位、拍摄角度、拍摄景别、拍摄方式和拍摄时长等信息。

对于上述两种处理方式,需要注意的是,在制作场记表格之前,我们应将所有需要记录的素材的文件名统一按阿拉伯数字的升序排列命名,这样在记录每个素材时不仅可以直接对号入座,还能从很大程度上减少工作量。

三、画面记录的技巧

(一)当删则删

画面的记录也是素材审查的重要方式,不能一味地进行机械般的记录,要带着审视和评判的意识去查看每一个画面,确实不能用的素材应当大胆删除或放入单独的"待删"文件夹。这样做,主要出于两方面的考虑:其一,避免后期编辑时无所需素材可用。对于被排除的素材,我们要注意看是否有可代替的素材,如果没有,应该做好记录,即使补拍,也要暂时保留被排除的素材以规避后续可能带来的麻烦;其二,删除大量无用素材可以腾出更多的富余空间。相较于一次性的胶片而言,数字存储单元的空间可重复利用,导致很多拍摄者,特别是新手,没有镜头一步到位的拍摄意识,习惯重复性、比较性的拍摄,且在拍摄现场也没能及时删掉无用素材,这就导致大量垃圾素材(焦点不实、曝光过度、晃动严重、构图混乱、毫无信息量等)的出现。针对上述情况,带有判断、删减意识的记录是十分必要的。

(二)编组记录

在记录画面时,最理想的状态是导演、摄影、编辑都在场,由专人(场记、助理编辑或编辑本人等)代笔完成整个记录。画面的记录最好按照场景或事件进行编组式记录。有的场景或事件包含若干个镜头,我们就要找到这些镜头是否存在成组编辑的可能,如果存在,在记录时就要做好标注,从而为后续的编辑工作带来方便,我们也能从中看到可能存在的缺失性素材,以便在后续记录时寻找合适的素材来补充这组镜头序列。如果是剧情片,一般在拍摄之前,导演就已经做好了分镜头脚本,经过拍摄流程之后,分镜头脚本难免会发生或多或少的变化,在回看素材做记录之前,最好把已经发生变化的分镜头脚本进行完善,然后根据已完善后的分镜头脚本里设计好的故事结构,按段落或场景进行编组记录,以提高后续的编辑效率。

第二节　画面的选择

董仲舒在《春秋繁露・精华》中提出:“所闻诗无达诂,易无达占,春秋无达辞。”[①] 西方早有谚语“一千个读者就有一千个哈姆雷特”,上述观点的核心要旨是说:对于同一件事物,不同的人会存在不同的看法。影视创作自然离不开导演个性的表现和情感的表达。对于画面的选择,不同的人会有不同的判断和想法,没有整齐划一的统一标准,但还是有一定的规律可循。

在早期的著作中,关于画面的选择问题存在各种说法,较有代表性的是《电视摄影与编辑》,该书指出:电视画面的时空信息应该清晰准确,简明集中;电视画面的光色还原要力求真实、正确(特殊的艺术性创作除外,如有意识偏色等);镜头运动时力求稳定、流畅、到位;注意同期声的采录。[②] 本节将从以下几个方面对这个问题进行重新思考。

一、拍摄层面

谈到画面的选择,一般意义上都是指编辑台前的工作,然而这只是狭义上的认知,其实,画面的选择在拍摄阶段就已经成为一项重要的工作,这也就印证了“拍摄应带有编辑意识”这句话。只有拍摄了丰富而又全面的画面素材,编辑阶段才有更多的选择余地,而拍摄时做好画面的选择则需要做好大量田野工作和案头工作。通常来说,不管是剧情片还是纪录片,在拍摄前都需要深入取景地或拍摄点进行考察和调研,做到熟悉拍摄环境的方方面面,针对可能给拍摄带来的不利之处做好预案,这也为制作分镜头脚本(对于剧情片来说)或拍摄大纲(对于纪录片来说)提供了很重要的现实依据。例如,《舌尖上的中国》(第一季)的创作团队在拍摄前特地去了香格里拉做田野调查,深入当地的松茸市场,找到5个卖松茸的妇女,并逐一进行“家访”,在经过一系列对比考察之后最终确定拍摄人选和拍摄场景。可以说,充分细致的案头工作和深入扎实的田野工作成就了这部贴近百姓生活、充满烟火气的优秀纪录片作品。

---

① 苏舆.春秋繁露义证[M].北京:中华书局,2019:83.

② 任金州,高晓虹.电视摄影与编辑[M].北京:北京广播学院出版社,1997:26-27.

即便是对于剧情片来说,思维层面的镜头建构在具体的拍摄环节仍然会存在很多不确定性,因此,在拍摄现场仍需要根据实际情况或突发状况来选择相应的画面,或许需要在原初设想的基础上进一步调整景别、构图,抑或是拍摄角度、用光等。

对于拍摄环节的画面选择,有的学者把这一创作过程形象地比喻成上山采花,把编辑环节的画面选择比喻成篮里挑花。这其实也就道出了画面选择的阶段性和不同阶段对画面选择的不同要求,这是创作者特别是初学者需要正视的问题。

二、素材层面

形式服务于内容,这对任何艺术样式都适用,影视艺术自然不能例外。通常情况下,对于影视作品而言,形式主要包括构图、光线、色彩、景别、影调、运动方式等,这些要素的选择和处理都是为了更好地凸显主题。因而,对于供编辑挑选的素材来说,视觉美感很重要,但更重要的是其内容含量。从某种程度上而言,内容丰富、意义完整的画面远比视觉美观但缺乏信息量的画面更有价值。对于纪录片而言,有些画面是在特殊情况下使用非常规手段(如偷拍、抓拍、抢拍等)记录下来的,难免在构图、光线等要素上存在遗憾,此时在对画面进行选择时,就不能简单地从形式的角度进行判断。特别是对于新闻节目来说,有些极具时效性和新闻信息量的画面并不是记者拍到的,而是在现场的群众用手机等非专业设备拍摄下来的,这些画面即便在造型上存在瑕疵,也具有十分重要的价值。因此,在对画面进行选择时,要从内容和形式两个层面进行考虑,内容和形式均佳的画面是最理想的,也是影视工作者的不懈追求,然而,当内容与形式的质量不对等且无其他更好的画面供选择时,对内容的考虑要优先于对形式的考虑。需要指出的是,上面所说的形式上的缺憾,都是指素材在形式上存在瑕疵,但仍然可以观看,并不是前面的章节所提到的垃圾素材。

此外,我们还要考虑从听觉的角度来重视画面的形式。因为影视艺术的画面不同于摄影、绘画等的画面,它是视听一体的,所以,声音的音量、强弱、音色、音质等也是要考虑的画面的形式问题。

三、创作者层面

上述两个层面都是从画面本身来考虑画面的选择问题。然而,需要注意的是,不管做何选择都需建立在特定的作品风格框架之上,作品是人的作品,由人来完成。这样一来,面对同样的素材,不同的创作者会根据自己的创作构思、对作品风格的把握等的不同做出不同的选择。因此,画面的选择问题并不仅涉及画面质量,它是一个因创作者而异的较为复杂的问题。例如,重大革命历史题材电视剧《觉醒年代》因为有着较高的历史还原度和制作水准而受到许多观众的喜爱,这与导演对画面效果的严格要求密不可分。不论是在人物还原、场景还原还是在事件还原上,导演都要求要最大限度符合当时的政治、经济和文化背景,大到当时的气候环境特征、建筑、街道,小到墙面的纹路、地面的泥巴以及演员身上的每一粒扣子等,导演都在尊重历史事实的基础上追求极致的还原效果。也正因为此,《觉醒年代》才能以较高的思想性和艺术性出圈,获得广大年轻人的喜爱，在重大革命历史题材影视剧满足青年观众的艺术需求方面做出了有益的探索。画面的选择倾注着创作者的心声，承载着创作者的情感，渗透着创作者的主观判断。由此可见，影视编辑不是编辑单独的工作和任务，它承载着包括编剧、导演、摄影等所有创作人员的寄托，它是作品最终成型的关键。

第三节　画面的内涵表达

"坚持和发展马克思主义，必须同中华优秀传统文化相结合。只有植根本国、本民族历史文化沃土，马克思主义真理之树才能根深叶茂。"①也就是说，照搬照抄之路是不可行的。每一个国家和民族都有其独特的文化记忆和历史记忆，文化底蕴的培养有助于观众更好地理解影视作品，而创作者的任务也不仅仅是做一些简单画面的呈现，而是要将经典的历史文化和社会命题融入其中，以阐释出超脱画面本身的独特意蕴。导演借助具象的影视画面可以表达深刻的主观思想，也可以抒发复杂的内心情感。孟子主张"知人论世"，桐城派强调"义理、词章、考据"，德国康茨坦斯大学的教授汉斯·罗伯特·姚斯(Hans Robert Jauss)提倡"接受美学"，意大利哲学家乔瓦尼·巴蒂斯塔·维柯(Giovanni Battista Vico)提出"发现真正的荷马"，以上观点旨在说明读者理解作品时，要结合时代背景和创作者的经历来研究，以求达到作者表意和读者会意在最大限度上的吻合。对于影视创作而言，画面所呈现的内容是连接导演之意和观众之意的桥梁，而画面深层次的内涵表达才是导演的真正意图。优秀的作品往往有着很大的解读空间，而构成这个空间的是一帧帧画面，蒙娜丽莎的一抹微笑已让世人揣摩了几百年，人们对《公民凯恩》中景深长镜头的讨论至今也未停息。

画面的内涵表达可以有多种方式，可以是直接在创作过程中设计出来并通过实际拍摄完成的，可以是通过数字技术结合创意思维创造的，也可以是发挥创作者在后期编辑时的主观能动性而为之的。此处所谈论的画面的内涵表达不再是如何拍摄的问题，而是在合理选择画面素材之后的有技巧性的编辑问题，简单来讲，内涵源于编辑，编辑创造内涵。本节主要从编辑层面探讨如何有效地传达画面的深层内涵。

一、不剪之剪

通常来讲，谈到画面的编辑肯定离不开对单个镜头的剪断和与其他镜头的组接。编辑师在剪辑之前首先要做的是把握镜头场景、段落前后的意境，并非看似冗长的镜头就一定得拦腰截断，有些题材或画面的内涵表现恰似酱香老酒，需要时间来丈量。如此说来，画面的编辑有时候并不一定就得把一个镜头剪断编组，在某些

---

① 中共中央党史和文献研究院，中央学习贯彻习近平新时代中国特色社会主义思想主题教育领导小组办公室.习近平新时代中国特色社会主义思想专题摘编[M].北京：党建读物出版社，中央文献出版社，2023：22.

《沙与海》片段

情况下一刀不动可能是最好的剪辑,这就是我们常说的对长镜头的使用。纪录片《沙与海》(1990)中的一个长镜头就是最好的例证——一个小女孩奔跑在沙丘上,边跑边回头望向身后,后来,她脱掉鞋子用手拎着小跑,还时不时望向镜头。当她来到沙丘的顶部时竟然把鞋子扔了下去,此时镜头也随之移向了鞋子,随后,在沙丘的坡面上缓慢下滑的小女孩慢慢进入画面。这个长镜头如果剪成多个短镜头组接起来仍然能够把小女孩的行为动作交代得比较清楚,但这样处理的话,画面所传递的内涵就会大打折扣,而采用这种一镜到底的方式更能使动人的情愫得以自然而完整的流露。

《人民公园》片段

美国导演史杰鹏和张莫共同创作的人类学纪录片《人民公园》[①]用一个长达77分钟的长镜头记录和表现了在人民公园这一城市空间内成都市民的日常生活。与其说它是一部纪录片,倒不如说它是一次关于人类学考察的公园漫步。该片从树枝树叶的空镜开场,镜头缓缓下摇,人民公园里的男女老少开始出现在画面中,从跳交际舞的大爷大妈到水塘边的小男孩,从公园小道上的行人到亭子里喝茶的市民……一镜到底的长镜头使得该片在时空一体中强化了真实性、艺术性和思想性。

二、相似性编辑

上面所谈到的是编辑的一种特殊情况,强调的是对剪接的克制,然而不管是克制还是大刀阔斧的拆解,都建立在思考的基础之上,都是对全片或段落之间有了深入认知之后所做的选择。有时画面素材看似毫无关联,但我们通过一定的思考,找到二者之间的内在联系后,或许将其编辑在一起就能创造出“1+1>2”的效果。这种被寻找到的内在联系赋予画面更深层的内涵,或许这也正是编辑的独特魅力。寻找不同画面间的联系的突破口就是去挖掘画面间是否存在某种相似性元素,可以是主体外观的相似,可以是环境相似,甚至可以是拍摄方式、影调、色彩、构图等方面的相似等。当我们找准了这些元素,也就建立了前后画面间的联系,但有了这种形式上的联系还远远不够,更重要的是,这种形式背后能否表达出某种内涵、创造出新的意蕴,这也是编辑大师区别于普通编辑的关键所在。特别是对于取材于现实的影视作品,它的内容直接来源于现实生活,毫无导演的成分,在众多素材之间建立联系、表达内涵对于创作者来说是一个不小的挑战。在纪录片《天地玄黄》(1992)中便有精彩的体现:前一个画面是挤压在一起的小鸡,而后一个画面却是拥挤的人群。通过组接,观众很轻松地便能领悟到导演所传达的意图:将地铁上摩肩接踵的人群类比成挤压在一起的小鸡。人类始终自诩为主宰一切的高智商生物,但画面这样一组接看起来极具讽刺意味(如图5-1所示)。这不禁让我们自我反思:人类到底是以怎样的角色存在于地球上?我们自身的命运和这些被主宰的生命相比有本质上的差别吗?

《天地玄黄》片段

① 《人民公园》获奖记录:2012年意大利佛罗伦萨波波里纪录片电影节最佳人类学电影。

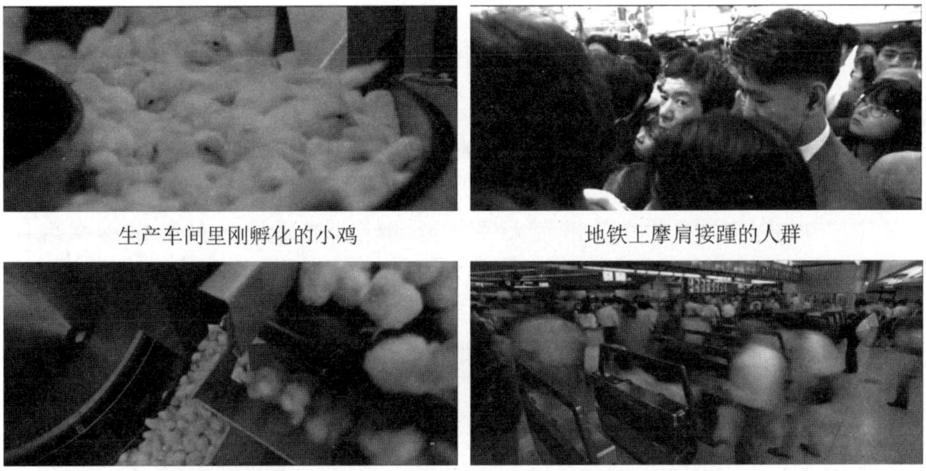

生产车间里刚孵化的小鸡　地铁上摩肩接踵的人群

通过筛选器的小鸡　经过地铁检票口的人群

图 5-1 《天地玄黄》中的相似性编辑

三、反差性编辑

除了相似性因素外，我们还可以利用反差性因素进行编辑。在编辑素材时，可以考虑不同画面在内容或形式上的差异性，尝试从差异中寻找戏剧性的效果，进而衍生出与作品主题相关的新的内涵。其实，相似与反差并不是绝对的二元对立的关系，二者其实是辩证统一的，看似相似的事物也蕴含着差异性，看似有着天壤之别的两个事物或许也存在着某种相似或联系。如前所述的《天地玄黄》中的例子，在相似中也存在着明显的差异性，即动物与人的差异。视听元素上的反差就更多了，它可以体现在影调、色彩、形状、比例等视觉方面，也可以体现在听觉方面。在纪录片《听禅》中，编辑将城市与庙堂组接，一个喧嚣躁动，一个静谧安宁，简单几组画面的呈现就能让观众领会导演所传达的深刻内涵。这是一部以广东省佛山市为主要拍摄地的纪录片，对于导演张以庆来说，如何挖掘这个城市的独特性是首要问题，仅仅浮光掠影地展现现代生活肯定是不够的。一座城市的底蕴源自它厚重的历史积淀，但如果仅限于传统，可能又让人感觉缺乏生机。面对现代和传统，导演使用快节奏与慢节奏的组接编辑，不但在形式上表现出强有力的反差，而且在内容上突出了城市文化的面子和里子，在深层次里也让观众对快节奏的现代生活产生反思：适当的时候放慢脚步静心思考或许更有利于自身的发展。

《听禅》片段

在纪录片《敢教日月换新天》①中，导演通过一组镜头的对比向观众传达出了深刻的主题内涵（如图 5-2 所示）。在该片《开天辟地》这一集开头，导演先用三个航拍镜

① 《敢教日月换新天》获奖记录：第 19 届中国（广州）国际纪录片组委会特别推荐优秀纪录片，第 27 届中国电视文艺星光奖优秀电视纪录片奖。

头展示了上海林立的高楼和繁忙的交通,体现出 2021 年上海发达的经济和较快的生活节奏。紧接着,镜头一转,一座饱经沧桑的石库门建筑出现在画面当中,镜头缓缓下移,中共一大会址的更多细节开始呈现在观众眼前。导演通过将现代都市高楼与古朴建筑、快节奏与慢节奏、大景别与小景别进行对比,凸显了百年来人民生活发生的翻天覆地的新变化,艺术化地展现了中国共产党带领人民取得的伟大成就以及红船精神在现代社会中历久弥新的思想价值。

《敢教日月换新天》(第一集)片段

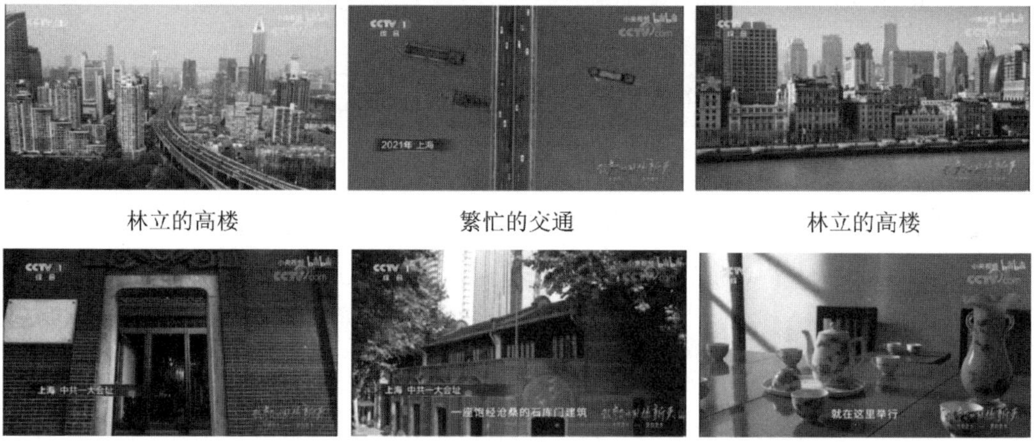

林立的高楼　繁忙的交通　林立的高楼

会址全景　会址大门　会址内部桌面细节

图 5-2 《敢教日月换新天》中的反差性编辑

四、分屏编辑

分屏编辑,顾名思义就是将屏幕分割成两个或两个以上的区域,每个区域放置一个意义上原本独立的画面。一般来说,涉及分屏编辑,其中呈现的画面情节都有一个共性——同时异地。如果按常规编辑,这个屏幕中的多个画面可能得按照一定的逻辑顺序先后出现,最终呈现的便是平行或交叉蒙太奇的效果,而分屏编辑其实就是升级版的平行蒙太奇或交叉蒙太奇,有着异曲同工之妙,但因在同一个屏幕内呈现又有了深层的意义。在电影《罗拉快跑》中,分屏编辑的运用被体现得淋漓尽致(如图 5-3 所示):影片中曼尼(主人公罗拉的男友)告知罗拉他准备在 12 点整抢劫银行,而罗拉不顾一切地赶来,就是希望能够及时制止他的犯罪行为。这一幕戏的紧张感通过分屏编辑表现得极为到位,一半屏幕表现男主人公,另一半屏幕表现女主人公,分屏呈现同时异地的两个人物的动作和神态,观众的紧张情绪被充分带动起来,进而更好地感知剧中人物的内心情感。

《罗拉快跑》片段

双画面分屏并置

三画面分屏并置

图 5-3　《罗拉快跑》中的分屏编辑

第四节　空镜头的运用

通常来说，空镜头指的是影片中只见景物不见人物的镜头，可以表现自然风景的状态和人为景观的样貌。例如，雄伟屹立的高山、郁郁葱葱的森林、一望无际的旷野、苍茫无垠的沙漠、耸入云霄的高楼大厦、古色古香的寺庙庭院、别有洞天的亭台楼阁、金碧辉煌的巍峨建筑等都可以借助空镜头展现出来。然而，这只能算是狭义上的空镜头，其实，从广义上看，空镜头并非见物不见人，有些空镜头照样可以有人物的出现，不过前提是画面中的人物并非叙事主体。例如，大景别画面中熙熙攘攘的人群，虽然画面中不缺人，却找不出一个有叙事意义的个体，但它仍然是有着特殊意义的空镜头。因此，对于空镜头的理解我们要从多个角度思考。除此之外，我们还要辩证地去思考。例如，一个展现山川河流的画面，放入剧情片中可能是作为空镜头来使用，而把它置入像《看见台湾》[①]（2013）、《鸟瞰中国》（第一季）[②]（2015）等类型的人文地理类纪录片中，它可能就是重要的叙事主体。

《鸟瞰中国》（第一季）第一集片段

难道空镜头仅仅是没有任何叙述内涵的填充物吗？答案自然是否定的。空镜头并不空。在很多优秀的影视作品中，任何看似可有可无的空镜头都有着极其深刻的内涵，正如王国维所言“一切景语皆情语”，空镜头的巧妙使用亦可以起到叙事表态和抒情达意的重要作用。因此，在具体的编辑过程中，创作者要善于挖掘空镜头的潜在价值和丰富的内涵。

一、叙事功能

空镜头的构成虽离不开景物元素，但其叙事张力并未因主体的缺席而减弱。空镜头能够将观众带入特定的时空，创设特定的情境，营造特定的氛围，参与到叙事中，启发观众的深层思考。

---

① 《看见台湾》获奖记录：第 50 届台湾电影金马奖最佳纪录片、最佳原创电影音乐提名。

② 《鸟瞰中国》（第一季）获奖记录：2015 纽约国际电视电影节最佳摄影金奖、最佳文化金奖。

(一)表明叙事时空

时间在不停流逝,空间在不断转换。借助影视画面的有意布局,空镜头的巧妙使用可以表明叙事的空间和时间,明确地域环境,交代故事背景。

《黄河人家》(第一集)片段

在纪录片《黄河人家》①的开头处,导演用一组空镜头简洁地交代了故事发生的时间和人物的生存环境,为接下来叙事的展开做了铺垫。黄河是中华文明最主要的发源地之一,也是中国人的“母亲河”,千百年来,黄河每年都会携带十几亿吨的泥沙奔流入海,由此形成的冲积平原养育了一代又一代的华夏子孙。纪录片《黄河人家》就是以黄河作为切入点,以黄河沿岸十个普通家庭的生活为内容,用镜头记录下一个个为美好生活而奋斗的普通人的质朴故事。第一集《远方》讲述了出生于裁缝世家的藏族小伙青梅在父亲的指导下开始自己的职业生涯的故事。青梅在传承了父亲的手艺之后想离开牧区去城市寻求发展,为了精进手艺以便日后开一家自己的裁缝店,青梅在学校里不断学习新知识、新技术,最终,他在期末考核中以第二名的成绩顺利毕业,未来的青梅拥有着无限的可能性。在这一集开头,导演先用航拍的大远景镜头展现牧区的环境,蔚蓝的天空下草场一望无际,成群的牛羊正在草场上悠闲地吃草。画面中间,一个牧民骑着马赶着牛羊,从草场颜色和牧民穿着可以看出,此时是夏季,随后导演给出了时间——小暑。接着是一个全景和远景镜头,牛羊在牧民的驱赶下在草场上肆意奔跑,镜头一转,一只雄鹰暂时停歇在柱子的高处。接下来,是动物奔跑、牧民策马和飞鸟翱翔在天际等空镜头的组接,这些镜头伴随着牧民极具地域特色的歌声,不仅向观众展现出牧区壮丽的景色,也从侧面展现了牧民们对生活的热爱。最为重要的是,这样一组空镜头的展示,交代了该集故事发生的主要环境——牧区,这也让观众了解了青梅一家的生活环境和生活方式,为接下来青梅外出学艺做好铺垫。

(二)实现时空过渡

对于影视艺术来说,自由转换时空是其与其他艺术形式相比的优势体现。从古代到现代,从地球到外太空,影视的时空转换能力让人叹为观止。在这些不计其数的转换过程中,差别悬殊的画面之间的转换是需要一定的技巧的。通常来说,除了借助特技效果外,转换更多地依赖于空镜头。选择合适的空镜头能使前后场景过渡得自然、流畅。纪录片《黄河在这里转弯》(2022)用小故事的形式表现了在黄河“几”字湾附近居住的鄂尔多斯百姓的日常生活。在第一集的后半部分中,纪录片主要讲述了古如歌的传承问题,在说明了古如歌的传承如今已经在年轻人中产生断层,而且老年人也因农忙不愿再唱古如歌这一问题之后,导演在此处接了一个黄河的俯拍空镜头,接下来,是主人公门肯巴雅尔为古如歌的传承所做出的努力(如图 5-4 所示)。首先,此处空镜头的设置可以表明故事告一段落,之后是新的故事内容。其次,这一俯拍黄河的

《黄河在这里转弯》(第一集)片段

---

① 《黄河人家》获奖记录:第 27 届中国电视文艺星光奖优秀电视纪录片奖提名。

空镜头可以表明时间的流逝，空镜头过后便到了 5 月的农忙时节，它将前后镜头在内容上进行关联的同时也让画面的转场更加流畅。

古如歌的传承遇困境　　黄河空镜头　　主人公做出努力

图 5-4　《黄河在这里转弯》中的空镜头

（三）丰富叙事内涵

在影视作品中，空镜头运用得当可以起到隐喻、象征等作用。例如，燎原之火可以用来象征革命形势向好，蜿蜒曲折的小路可以用来隐喻主人公前途坎坷和命运曲折。

电影《大红灯笼高高挂》以四合院为场域，以家庭纷争为线索，悬挂的灯笼象征着权力与恩宠，对称工整且封闭的院落寓意封建思想犹如牢笼一样束缚着女性，画面的冷色调预示着人物的悲惨命运。

《我们，从延安走来》（第一集）片段

纪录片《我们，从延安走来》（2022）第一集《脊梁》讲述了中国共产党政治路线确立的过程。在讲述 1942 年 5 月 25 日八路军在山西辽县遭遇日军包围时，导演用乌云密布、电闪雷鸣的夜晚的空镜头来表现当时境况的紧迫；同样，在该集结尾讲到中国人民取得抗战胜利时，导演用初升的太阳来表现新中国的崛起。

（四）调节段落节奏

节奏，是影视创作中无法避开的话题。通常而言，绝大多数影片都不会仅由一种节奏构成，也就是说，一部影视作品既不会全由快节奏构成，也不会从头至尾舒缓，通常采用快节奏与慢节奏的结合。当一个快节奏的段落结束时，往往会接一个节奏感较弱的空镜头来调节紧张的气氛，并为接下来出现的慢节奏的段落做铺垫。这也就是空镜头在电影中所起到的调节节奏的作用。在电影《突袭 2：暴徒》[①]（2014）中，利用空镜头实现快节奏与慢节奏段落的过渡便有很好的体现。快节奏段落中展现的是特警队员拉玛与黑帮成员在街上打斗的场景。整个段落中，景别、拍摄方式、角度都富于变化，剪辑明快，营造出极为紧张的氛围。在这个段落结尾时影片使用了一个街道和高楼的大景别空镜头，之后便是一个室内多人对话的慢节奏段落。

《突袭 2：暴徒》片段

① 《突袭 2：暴徒》获奖记录：第 9 届亚洲电影大奖最佳剪辑、最佳摄影提名。

二、抒情功能

景促情发,情依景生,正所谓"景书所睹,情发欲言,情自中生,景由外得,二者难易之分,判如霄壤"①。影视语言借助空镜头表现自然景观或人为景观,都是秉承"善咏物者,妙在即景生情"②的原则,导演借所取之景传达内在之思,观众由所观之景引发内心之情。

(一)营造意境之美

意境,在情与景的融合中孕育,在声与画的配合中出现,在虚与实的交替中形成。东方美学讲求疏而不空、满而不溢,西方美学讲求实景达意、饱满丰盈,这些理念都可以通过空镜头得以显现。

很多时候,我们在看一些影视作品的过程中都会不由自主地感叹这画面太美了,宛如一幅画,而"画"这个概念其实在一定程度上就是空镜头意境美的代名词。摄影专业出身的张艺谋导演对空镜头的意境美做了极佳的阐释,在影片《我的父亲母亲》中,很多画面宛如一幅幅静态的风光摄影作品。片中有三个展现学校的空镜头,前景都是一排形态各异的白桦树,往后依次为学校、山丘、蓝天、白云,三处画面极为一致,唯独有区别的是季节的差异。三个空镜头通过冷暖色的点缀、各元素的合理布局,以及通透的大景深,营造出水彩画般的静谧之美(如图 5-5 所示)。

第一个学校外景镜头　　第二个学校外景镜头　　第三个学校外景镜头

图 5-5 《我的父亲母亲》中三个极为相似的空镜头

系列微纪录片《田野上的青春》(2022)聚焦十位在乡村奋斗的中国青年,通过对这些新时代新青年的跟随记录,向观众展现中国乡村之美以及炽热的青春在田野间的绽放。《田野上的青春》用了大量具有诗意的空镜头来展现返乡大学生的工作环境,每一帧画面都美得像一幅画,这些空镜头有对山川河海的展现、有对花草树木的聚焦、有对日月星辰的记录,也有对社会生活的观察,导演通过精致的构图和高超的拍摄技巧,营造出中国乡村诗一般的浪漫图景(如图 5-6 所示)。

---

①② 李渔.闲情偶寄[M].北京:中国画报出版社,2013:18.

图 5-6　《田野上的青春》中的空镜头

（二）引发哲思之辨

哲学讲求思辨，追求真理。在现实生活中，我们要善于挖掘现象之后的本质，在艺术创作中，我们要善于传达对于世界的观点和看法。抽象的哲学思想难以言表，但借助具象的影视画面，尤其是发挥空镜头的表意功能，亦可达成此目的。

电影《末代皇帝》（1987）讲述的是末代皇帝爱新觉罗·溥仪曲折坎坷的人生经历和盛世王朝的衰败历程。对于溥仪而言，至高的皇权带给他无上的荣誉和威严，也带给他无限的烦恼和禁锢。在影片结尾之处，伴随着导游的解说，导演将空镜头定位于紫禁城太和殿中的皇帝宝座，这个场景承载着极为深刻的哲理性思考：方寸之间的天子宝座见证了多少朝代的更迭，又见证了多少血雨腥风的明争暗斗。可如今，物是人非，一切都已经过去。随着时代的发展，这曾经象征着至高无上的权力的皇帝宝座也只是变成了一件文物而已（如图 5-7 所示）。

图 5-7　《末代皇帝》中的空镜头

（三）表达情绪之意

人物的情绪千变万化，有时高昂，有时低落，有时兴奋，有时低沉……人物的情绪可以借助表情呈现，也可以通过景物传达。在影视创作中，人物与景物相辅相成，不容分割，空镜头的恰当运用即可将二者巧妙地联系在一起。

图 5-8 《我的诗篇》中的空镜头

在纪录片《我的诗篇》[①](2017)中,空镜头对抒发主人公的内心情感起着极为重要的作用。影片将镜头对准乌鸟鸟、老井、陈年喜、邬霞、吉克阿优、许立志这六名打工者,展现了他们在故乡与异乡之间的颠沛流离和在理想与现实之间的蜗行摸索。影片在讲到时代高速发展的成果没有被底层人享受到的时候,所出现的空镜头是直冲云霄的高楼(如图 5-8 所示),冰冷的钢筋混凝土建筑将天空挤压得只露出狭长的一小抹,让人感到压抑。观众的观影不适感正是影片刻意营造出来的效果。可见,空镜头对于情绪的营造和传达是不可忽视的,因此,在编辑时,要注意根据影片内容或基调选用适合于情绪和内涵表达的空镜头。

本章小结

本章围绕影视画面的编辑技巧做了探讨,包括编辑前如何做画面的记录、如何选择合适的画面、如何通过编辑深挖画面的内涵,以及如何选用空镜头等。画面的记录不仅能够帮助编辑师快速了解素材,还能够助其在对素材熟悉的过程中明晰作品的结构、制定编辑方案;画面的选择需要从内容、形式和创作者的主观判断等多个层面进行考虑;画面的组接可以让原本关联不大的镜头碰撞出“1+1>2”的效果,创造出更深刻的内涵;空镜头并不空,如果使用恰当,能够为影像的叙事、传情、达意服务。画面编辑作为影视后期制作极为重要的一环,关系着在这之前的所有工作的成败,因此,初学者对本章内容的掌握程度也直接影响着后续的创作实践。

本章思考题

1.在影视创作中,拍摄团队常常记录下大量的画面素材。请思考对于作品时长较短的影视作品,如何从海量素材中筛选出最能代表作品主题和情感的画面?哪些因素可能影响这一选择过程?

2.“不剪之剪”是一种特殊的画面编辑技巧。你是如何理解“不剪之剪”的?在什么情况下不剪断镜头反而能产生更强烈的艺术效果?

3.在反映现实的影视作品中,反差性编辑和相似性编辑都有其独特的应用场景。请比较这两种编辑方法的特点,并思考它们在何种情境下能够最大化地发挥自身效果?

4.请结合具体实例分析在哪些情境下空镜头的运用更具深度和张力。如何避免空镜头的滥用?

---

① 《我的诗篇》获奖记录:第 18 届上海国际电影节金爵奖最佳纪录片,第 52 届台湾电影金马奖最佳纪录片提名、最佳剪辑提名,第 13 届中国(广州)国际纪录片节最佳纪录片、最佳音效纪录片。

5.分屏编辑是一种常见的影视编辑技巧，请思考并分析在哪些场景中分屏编辑特别有效。

本章实训题

1.任选一个选题，拍摄约 30 分钟的原始素材，将这些素材进行挑选并最终编辑出 1—2 分钟的短视频，请分析你是如何挑选素材的。

2.将这些素材提供给你的同学，让其剪辑出 1—2 分钟的短视频，将你们做出的作品进行比较分析，比较同样的素材由不同创作者基于不同标准和不同表达需求进行选择后最终生成的作品会产生怎样的不同。

参考文献

[1]郭庆藩.庄子集释[M].北京：中华书局，1961.

[2]王世德.美学新趋势[M].成都：四川大学出版社，1986.

[3]苏舆.春秋繁露义证[M].北京：中华书局，2019.

[4]任金州，高晓虹.电视摄影与编辑[M].北京：北京广播学院出版社，1997.

[5]格罗斯，沃德.电影和电视制作[M].毕根辉，梁明，霍文利，译.4 版.北京：华夏出版社，2001.

[6]王晓红.电视画面编辑[M].北京：北京广播学院出版社，2002.

[7]李杰，王骏.影视画面分析学[M].北京：国防工业出版社，2008.

[8]何苏六.电视画面编辑[M].北京：中国广播电视出版社，1997.

[9]王同杰，王锋，沈嘉达.影视画面编辑[M].北京：中国青年出版社，2011.

[10]谢红焰.电视画面编辑[M].北京：中国传媒大学出版社，2013.

[11]李渔.闲情偶寄[M].北京：中国画报出版社，2013.

[12]冯友兰.中国哲学简史[M].涂又光，译.北京：北京大学出版社，2013.

[13]张乐平.电视画面编辑教程[M].成都：西南交通大学出版社，2014.

[14]焦道利.电视摄像与画面编辑[M].北京：国防工业出版社，2010.

[15]王财贵.学庸论语[M].北京：北京教育出版社，2014.

[16]尼科尔斯.纪录片导论[M].陈犀禾，刘宇清，译.2 版.北京：中国电影出版社，2016.

[17]海阔.电影叙事的空间转向[M].北京：中国传媒大学出版社，2015.

[18]曹陆军.影视画面编辑[M].广州：华南理工大学出版社，2017.

[19]中共中央党史和文献研究院，中央学习贯彻习近平新时代中国特色社会主义思想主题教育领导小组办公室.习近平新时代中国特色社会主义思想专题摘编[M].北京：党建读物出版社，中央文献出版社，2023.

06

第六章 声音的编辑

学习重点

不同声音元素的特性及其在影视中的应用
语言声的编辑技巧
音乐的编辑技巧
音响音效的编辑技巧
同期声的编辑技巧

学习难点

综合使用各声音元素的技巧
利用声音强化影片情感和推动故事情节发展

能力目标

熟练掌握各种声音的编辑和处理技巧
根据故事内容和情感表达的需要灵活选择和巧妙运用声音元素
灵活使用声音编辑技巧，提高影视作品的艺术性和观众的观影体验

本章微课　　本章知识更新

由于技术的局限,电影诞生之初是没有声音的,甚至在有声电影出现之后的较长一段时间内,画面受到的重视都比声音要高。如果稍加留意便会发现,众多的电影理论比较侧重于画面,对声音的重视明显不足。但对于视听结合的影视艺术而言,声音的重要性是毋庸置疑的,声音的质量在一定程度上决定着整部影视作品的最终质量。因此,对于影视编辑工作而言,声音的编辑与画面的编辑同等重要。通常来说,影视声音包括人声(即人的语言声)、音乐和音响音效三种,本章围绕这三种声音展开对声音编辑技巧的探讨。

第一节　语言声的编辑

语言声,包括对白、独白和旁白等。在影视作品中,特别是在剧情片中,对白、独白和旁白能够推动故事情节的发展,塑造人物形象,具有不可替代性。独白和旁白在纪录片中经常以第一人称和第三人称解说的形式存在,可以弥补画面在信息传达上的不足,对画面起到重要的补充作用。对白在纪录片中的出现则往往以同期声的形式存在。目前,随着影视对声音质量的要求逐渐提高,在剧情片的摄制中,人物的语言声也经常以同期录音的形式记录。本节所探讨的主要是通过后期配音的形式记录的语言声,包括通过后期配音完成的对白、独白和旁白等,在纪录片中主要指的是解说。通过同期声获得的语言声,将在本章第四节中专门论述。

一、解说的编辑

对于纪录片的创作来说,解说是非常重要的一个环节。不是每部纪录片都需要解说,但必要的解说对于那些画面不足以传递所有信息的纪录片来说是至关重要的。解说的优劣取决于解说词的写作水平、解说员的解说水平以及解说的编辑水平。解说与画面的精准搭配,是由编辑人员在剪辑台上精雕细琢而来的,其中自然需要一定的编辑技巧。

(一)1/3 原则

对于解说与画面的匹配问题,初学者往往把握不好,误认为正确的匹配方式是将解说与画面同时入和同时出,这种处理方法容易造成解说出现得太“赶”或消失得太突兀,进而给观众留下镜头太短的错觉。比较好的处理方法是:把解说置于与其相对应的镜头组的“腹部”,即解说晚于画面入、早于画面出。也就是说,一般而言,解说的起点位于与其相对应的镜头组里的第一个镜头入点后的约 1/3 处,解说的终点位于与其相对应的镜头组里的最后一个镜头出点前的约 1/3 处。上面所述的是对镜头组(由一系列较短的镜头组成)的编辑,如果需要编辑的是时长较长的单个镜头又该如何处理呢? 1/3 原则也同样适用。例如,一个镜头时长为 10 秒,那么解说可从这个镜头的第 2 秒至第 3 秒的位置进入,于第 8 秒至第 9 秒的位置结束。

(二)精准匹配

解说词为看而写、为听而写,因此,解说只有与画面实现精准匹配才能发挥其自身的价值。从这个意义上来说,优秀的解说不仅需要对解说词的精致打磨,解说员的用心配音,更需要编辑的细致编辑。在录制解说时,难免做不到与画面的内容、节奏等完全合拍(即常说的卡上“点”)的程度,这就需要编辑在后期编辑的过程中找准解说与画面的内容和画面的切换频率(即剪辑率)相对应的点,切忌出现“解说与画面两张皮”的情况。除此之外,在解说的录制过程中,还经常出现断句、卡顿、回读等情况,这都需要编辑在编辑过程中做到精准编辑,进而实现解说与画面完美匹配的目的。

(三)以内容的需要为标尺

解说的多寡,应以内容的需要为衡量标准,不可让作品通篇灌满解说,也不可在画面信息传达不足时不配解说或配得不够。对解说的编辑要做到“当用则用”“不必用时坚决不用”。当画面已把作者想要表达的全部内容都传递出来的时候,再短的解说也是画蛇添足。但当画面信息不足,或情感表达需要解说时,必要的解说则会起到锦上添花的功效。例如,纪录片《如果国宝会说话》(第一季)①的单集时长约为 5 分钟,平均每集解说词的字数在 600 字左右,详略得当的解说词辅以奇观化的特效画面,让观众感受到了文物的生命活力。

《如果国宝会说话》(第一季)第一集片段

另外,在达到内容需要的前提下,对解说的编辑还应做到疏密适中。对于一段镜头序列来说,镜头的总时长势必长于解说,而为了避免解说过早结束造成画面“受冷”的尴尬局面,则需要在编辑过程中合理分配有限的解说内容,不能太集中,也不可太稀疏。这种情况多见于内容过于相似和一致,且解说与画面无须刻意去对应的镜头序列中。例如,在一个 1 分钟的镜头序列中,其解说时长仅有 40 秒,序列里的镜头均展现了某地的地理风光。在这种情况下,编辑这类解说时,不能一次性让解说集中出现,即应对解说进行区隔处理,根据画面内容做好停顿,处理好间隙,让解说在镜头序列中合理分布、疏密适中。

二、对白的编辑

就目前的影视创作而言,剧情片中的对白也应尽量采取同期录音的形式完成,以求声画搭配自然。但有些类型的影视作品仍需要用后期配音的形式来编辑对白,例如动画片、译制片,或使用方言的影视作品,甚至部分有外籍演员(不会说普通话或普通话不标准)参与的华语影视作品。例如,主旋律电视剧《山海情》②最先推出西北方言版本,后考虑到外地观众对方言的理解和接受程度较低,又推出了普通话配音版。普通话版剧集的

《山海情》(第一集)片段

① 《如果国宝会说话》(第一季)获奖记录:中央宣传部第 15 届精神文明建设“五个一工程”特别奖。

② 《山海情》获奖记录:第 27 届上海电视节白玉兰奖最佳中国电视剧、最佳男配角、最佳女配角、最佳摄影,中央宣传部第 16 届精神文明建设“五个一工程”优秀作品奖,第 33 届中国电视剧飞天奖优秀电视剧、优秀编剧、优秀女演员,第 31 届中国电视金鹰奖优秀电视剧。

配音就是采用了后期配制的方式对原方言版本中的对白进行了替换。当然，对于一些同期录音质量不佳的影视作品来说，在后期制作时也会采用后期配制的对白来替换效果不理想的同期对白。这种采用后期配音的方式进行的对白编辑有时也被称作对型编辑，即编辑时确保人物间的对话必须与剧中的人物口型或体态动作保持一致。对型编辑对声音的精准度要求极高，有时相差几帧就有可能导致声画错位，严重影响视听感受。

这种对白的剪辑是一种较为特殊的编辑类型，比较复杂，难度也较大，这主要体现在对“准”的高要求上。然而，这类编辑又是目标较为单一的，它除了要求将声音与口型对准之外，并无其他要求，归结起来，这类编辑的核心就是寻找剪辑点。一般来说，对白编辑寻找剪辑点需要掌握以下几点。

第一，对型之前需要找到人物开口说话的第一帧画面，再将需要匹配的音频在非线性编辑软件的时间线上扩展到最大（这里指的是观看比例）并找到第一帧音频波形的位置，然后拖动音频去对视频画面。然而，这只是对型的第一步，在找好了对话的开始位置后，再根据剧中人物对话发展的情况来对位置，这个过程最考验编辑的耐心和细心程度。

第二，上述第一点技巧主要是针对单机位和较少采用正反打形式拍摄的镜头而言，如果涉及多机位或多采用正反打形式拍摄的镜头时，则需要适当变通。在这些情况下，同样需要首先找到发声主体开口的第一帧画面和声波，当发声主体没变但画面切换为其他人物的反应镜头时，则要注意找准音频中与反应镜头里人物的表情相呼应的剪辑点。当反应镜头结束、切回发声主体的镜头时，则可使用第一点中提到的方法，或者运用相反的方法，找到此画面发声主体最后一帧闭口的画面与对应音频的最后一帧进行匹配。

第三，在有些对白的镜头段落中，可能会有大量发声主体自身细节特写的画面切入，如紧握的拳头、振振有词的嘴巴、怒目圆睁的双眼等，在这种情况下，这些形体或动作的画面完全可以置换成第二点技巧中提到的他人的反应镜头，然后再以相似的方式进行编辑。

第四，采用非同期声形式录制的对白，即便使用再丰富的技巧，也难免会出现不能与剧中人物的口型实现精准匹配的情况，比较简易的处理办法是，切入其他相关画面来代替口型不准的画面，但要注意不能对连续的音频做其他处理，因为稍有不当很可能会影响到整个段落的讲话节奏和听感。

第二节　音乐的编辑

1927 年，《爵士歌手》的公映标志着电影进入有声电影时代，真正成为一门视听综合的艺术。值得注意的是，让世人第一次感受到的声音元素既非人物对白，也不是自然音响，而是音乐，这足以看出音乐在电影发展史上的地位。

影视作品中的音乐分为有源音乐和无源音乐。有源音乐主要是指在画面内可以见到声源的音乐,也可被称为画内音乐。如剧中人物的歌声、乐器的演奏声、各种发声设备播放的歌曲等。例如,经典电影《马路天使》①(1937)就开创性地拓展了音乐在叙事表达上的功能,巧妙地将音乐元素与画面内容进行了有机的融合。剧中女主人公小云演唱《天涯歌女》的片段令受众回味无穷。无源音乐则在画面中见不到声源,也可被称为画外音乐。需要说明的是,这里的画外是指屏幕外的空间。无源音乐是创作人员根据影片内容的需要而特地为画面匹配上的音乐。例如,片头曲、片尾曲、主题曲、背景音乐等。无源音乐还可分为原创音乐和后期配乐。原创音乐是创作者根据作品内容和情节发展的需要请音乐创作者专门为作品量身打造的音乐。2018 年由何苦自编自导的纪录片《最后的棒棒》一经推出就引起了社会各界的关注,该纪录片以老黄、老甘等人为切入点,讲述了重庆"棒棒军"这个特殊群体在中国经济转型调整的关键时期的命运转折。其中,由导演何苦演唱的原创主题曲《棒棒》通过朴素的歌词展现了"棒棒军"在艰苦的生存环境中迸发出的蓬勃生命力,让观众感受到勤劳勇敢的中国人民坚韧不拔的生命意志,该主题曲点明了纪录片《最后的棒棒》的创作主旨,具有较高的艺术价值。非原创音乐是创作者根据作品内容需要在尊重知识产权的前提下购买已有音乐,并选取其中适当的部分为作品匹配的音乐。

《马路天使》片段

本节主要探讨的是无源音乐的编辑问题。编辑不仅涉及技术的层面,也涉及艺术的层面,它是技术与艺术的结晶。因此,本节在探讨音乐的编辑问题时,主要从技术和艺术两个层面进行展开。

一、技术层面

无论是原创的无源音乐,还是从已有音乐库中挑选的无源音乐,在编辑时无外乎会遇到以下两种情况。

(一)根据画面编辑音乐

根据画面编辑音乐时,画面是一个定量,音乐是一个变量,画面始终作为编辑音乐时的一个标尺或参照。对于无源音乐来说,不管是原创音乐还是非原创音乐,都会存在音乐时长与画面时长不一致的情况,有的是音乐时间长于画面时间,有的是画面时间长于音乐时间。在面对这两种情况的时候,可以参考下列方法予以解决。

1.音乐时间长于画面时间

当音乐时间长于画面时间时,一般都会采取裁剪或借助其他声音元素过渡,以及运用特技等方式来对音乐进行处理,以便使其更好地与画面匹配。

---

① 《马路天使》获奖记录:第 12 届菲格拉达福兹国际电影节评委奖,新时代国际电影节·金扬花奖"百年百部优质电影"。

(1)裁剪法

对于音乐的裁剪,通常有删减和挖剪两种方法。

一是删减法。当我们拿到一段完整的音乐时,发现它的时长远长于所要与之合成的画面,此时,应先把握好画面本身的节奏感和内涵,然后裁减掉与之不搭的音乐段落,再把剩下的音乐片段与画面进行合成。电视剧《我们这十年》①(2022)在对舞蹈演员们在路途中奔波和演出幕后的画面进行呈现时选用的背景音乐就具有极强的抒情性,而其循序渐进的节奏把握也在一定程度上辅助作品情感的表达。需要指出的是,任何快节奏的音乐不可能从第一秒到最后一秒都是一种快的形式,这就需要我们减掉慢节奏的片段,选取其中节奏合适的、时长接近的一段,并对其首尾做减淡处理(在段首采用淡入效果,在段尾采用淡出效果)。

二是挖剪法。挖剪,是基于删减之上的,也需要减掉一定的多余音乐,它与删减不一样的地方在于:有些时候,我们挑选的音乐中合适的段落可能比较分散,并非集中在一个局部,这就需要我们把夹杂在它们中间的不合适的音乐先挖剪掉,然后再填入合适的音乐,填入的音乐可以来自这首音乐本身,也可以自行创作。需要注意的是:这些切开的音乐段落之间并非简单的拼接,为了使听觉上更自然,我们一般将前后音乐进行适当的混合,或者加入一定的音频融合、过渡的特技。例如,电视剧《我们这十年》中唐宫夜宴演员们热身时的动感音乐与舞台表演录制结束演员们玩雪的抒情音乐在衔接上自然流畅,一是因为裁剪技法的应用,二是因为其与剧中人物情绪有机结合。

(2)过渡法

过渡法是指借助于其他声音元素过渡音乐的一种方法。一般情况下,我们需要先找到合适的过渡声(人物歌唱声、呐喊声、自然音响等),然后把音乐长度合理裁剪并选择合适的位置切开,再将其放在起到过渡作用的声音元素的前后,并给过渡声留出空隙。在具体操作时要注意的是:过渡声之前的音乐应该是淡出的,过渡声淡入,快到下一段音乐时,过渡声淡出、音乐淡入。在纪录片《样式雷》(2023)第一集《匠家》中,导演提出了一个问题:中国历代传统建筑是否有总体构思和设计?问题提出之后,导演并没有接着给出答案。随着几声教堂的钟声,画面一转来到了20世纪初的西方世界,此时的背景音乐也从沉稳大气的中国风格过渡到了神秘莫测的西方风格,导演通过教堂钟声,实现了两段风格相异的背景音乐的自然衔接,提升了纪录片观看的沉浸感。

(3)特技法

特技法是指添加编辑软件中的音频效果,实现音乐之间自然、顺畅的过渡。其实在上面两种方法的使用过程中或多或少都会涉及特技,这也说明很多方法在使用过程中并非孤立的,而是融合共生的。在具体操作中,特技法主要针对被切开的且需要拼接的多段音乐,将音频效果添加于音乐拼接处,可以使音乐过渡自然,旋律流畅,无跳

---

① 《我们这十年》获奖记录:第13届澳门国际电视节金莲花最佳电视剧奖提名,第11届中国大学生电视节大学生赏析推荐作品,第28届上海电视节白玉兰奖评委会大奖。

跃感。但需要指出的是,添加什么类型的特技和特技持续的时长都需要根据画面和音乐过渡的需求来确定,切不可随便使用特技,特技的使用应以听不出特技的存在为最高追求。

2.音乐时间短于画面时间

当音乐时间短于画面时间时,我们一般会采取填充或重复利用等方式来对音乐进行处理,以使其更好地与画面匹配。

(1)填充法

填充法是指选取适当的音乐段落填充于所编辑的音乐的某一处,可以放在中间,也可以置于开头或结尾,只要符合画面和情感需求、节奏适合、韵律一致且衔接自然即可。其实,这也是另一种形式上的挖剪法,同时也是简易的混合音乐的方法。首先,使用这种方法需要注意的是,作为填充的音乐最好选自同一首曲子,这主要基于两方面的考虑:第一,同一首曲子中出现的乐器固定,曲风也一致,这样容易使作为填充的音乐与需要填充的音乐段落间的衔接更和谐;第二,一般来说,一首完整曲目的时长往往会长于需要配音乐的镜头段落,因此,即便选取的音乐段落过短,仍然有足够的后备音乐资源可供选择。其次,如果无法从剩余片段中找到合适的素材,那只能自行模仿创作,这也是最棘手的处理方式,万一真的需要自行创作,最为理想的方式是直接为整个镜头段落重新创作背景音乐。

(2)重复法

重复法是指反复使用一段音乐或一首曲子。反复使用并不是将音乐在一个镜头段落中重复使用(用于制造某种戏剧性效果除外),而是指将一种音乐运用在故事情节、画面节奏等层面都具有一致性的多个镜头段落中。一般情况下,这种音乐往往成为影视作品的核心听觉元素,或成为其标志。很多时候,观众一听到这种音乐的前奏时就能预知将会有重要事件发生,甚至当这首曲子响起时,人们就会想到某部影视作品或某个演员。例如,在电影《我的父亲母亲》中,由三宝创作的曲子《心动》就曾多次在影片中出现,而每一次都用在母亲对父亲深情凝望的段落中,画面内容诗意、悠长,情绪质朴而又饱满。又如王家卫的电影《花样年华》的主题曲借用了日本导演铃木清顺的《梦二》中的插曲 *Yumeji's Theme*,这首曲子在影片中共出现七次,每一次出现都暗示着人物之间愈加暧昧的关系,配合着王家卫镜头下昏黄斑驳的光影,使影片总体呈现出一种暧昧忧郁的氛围,推动了故事情节的发展。

(二)根据音乐编辑画面

在根据音乐编辑画面时,音乐是一个定量,画面则是一个变量,音乐始终作为编辑画面时的一个标尺或参照,这与根据画面编辑音乐刚好相反。但根据音乐编辑画面也会遇到有的音乐时间长于画面时间、有的画面时间长于音乐时间的情况,在面对这两种情况的时候,可以参考下列方法予以解决。

1.音乐时间长于画面时间

当确定好一段音乐,且决定不再做任何裁剪时,接下来就需要对画面做调整。一般来说,我们所用到的音乐都是根据画面来确定的,所以不管是节奏还是氛围都与画面相匹配。当音乐时间长于画面时间时,则需要考虑选取合适的与音乐对应而缺位的画面。在编辑时,我们应该注意的是:所选取的画面不能仅满足节奏上的需要,还应该在内容表达上做到一致,通常,这些画面都来自同一批拍摄素材。我们可以选择回到原素材库中挑选在内容和节奏氛围上都一致的画面,如果同批次拍摄的素材没有可以选用的对象,也可根据实际需要选择合适的空镜头来进行补充。

2.音乐时间短于画面时间

同样,当确定好音乐之后,发现音乐时间短于画面时间,那么就得对画面做适当的删减。很多时候,编辑最头疼的不是从无到有地编辑一段画面素材,而是不得不对之前精心选取、调整的画面进行删减处理。很多时候,首次编辑的画面所耗费的时间成本是最高的,投入的精力也是最多的,编辑往往将这些编辑好的画面视若珍宝。因此,二次编辑时首先要解决的是心理层面的障碍,然后,再根据音乐的节奏和意境,剔除关联度较低的画面。

二、艺术层面

"坚持把社会效益放在首位、社会效益和经济效益相统一,深化文化体制改革,完善文化经济政策。"[①]基于这样的理念,近几年来,关于影视作品的创作到底应该重商业还是重艺术的争论只增不减,电影电视作品作为一种商品带来的经济效益也确实不容小觑。运用高科技剪辑技术的高低通常是评判一个剪辑师是否合格的最高标准,但作为一种文化产品,影视作品的创作也需要在强调技术的基础之上重视对作品艺术化的探索,将其带来的社会效益放在首位。从技术层面上来看,对于音乐和画面的编辑所探讨的核心问题是音乐与画面如何严丝合缝地匹配在一起,即画面与音乐在节奏感、情绪、韵律等层面要做到高度一致。在主旋律电影《建军大业》叶挺炸城墙的段落中,叶挺高举手枪发号施令,指挥炮兵装弹瞄准,派小分队干掉机关枪手、抢占城墙等一系列行动的背景音乐与画面高度匹配,不断变换的音乐风格以及音效的设置为影片中战士们的作战行动提供了节奏感,烘托了战士们高昂的情绪,声画结合体现了极强的艺术表现力。相对而言,艺术层面的发挥空间更大一些,更需要的是音乐的创意、反常规的使用、艺术性的处理。以技术层面的标准去评判画面和音乐这两个视听元素的话,两者毫无关联度。然而,如果从艺术层面去衡量,或许两个元素又是极佳的组合。这也说明,影视艺术中没有绝对的对与错。但这两个对立概念之间的转化又是需要一定技巧的,当这些技巧被运用得当时,在一定程度上就会为影视作品创造出令人意想不到的艺术性效果。一般来说,有以下几类处理方式。

《建军大业》片段

---

① 中共中央党史和文献研究院,中央学习贯彻习近平新时代中国特色社会主义思想主题教育领导小组办公室.习近平新时代中国特色社会主义思想专题摘编[M].北京:党建读物出版社,中央文献出版社,2023:323.

(一)对位

对位这一概念源于音乐,它是复调式音乐的一种,即运用对比的手法创作的复调式音乐。音乐与画面的对位是指音乐和画面本质上没有任何联系,在情绪、节奏、韵律上完全相异。对位的处理主要是通过两者在冲突、对抗的过程中产生艺术性的表现力,通常的对位有:哭与笑、悲与喜、阳刚与阴柔、放纵与矜持等。这里的对位主要是从音乐的角度来谈,突出音乐与画面节奏、感情色彩上的对位。在对位中,音乐不再仅仅附属于画面,而从相反的方向为主题立意。通常,这种处理手法也是极为特殊的,它更强调音乐的某种寓意,并从一定程度上引发观者的思考,从而起到升华主题的作用。在电影《辛德勒的名单》展现德军屠杀犹太人的一个段落中,一名德国军官在指挥士兵用机枪扫射犹太人后,竟饶有兴致地弹起了巴赫的钢琴曲,他的手指在琴键上快速跳动,急促的琴声与密集的枪声形成了一段“完美的和弦”,美妙的琴声与残忍的屠杀形成一种强烈的对比,展现了德军的冷血和暴虐,体现了战争的残酷。

值得注意的是,音乐与画面对位的使用要极为慎重,不能为了这种形式感而随意运用,一定要在熟知画面内容和情绪色彩的情况下去选取与之相异的音乐素材。音乐素材运用得当,将会取得意想不到的艺术效果;运用不当,则会显得突兀、混乱,让人难以理解。

(二)并行

音乐与画面的并行和音乐与画面的对位有一定的相似性,二者的音乐和画面都存在差异性。对位强调的是音乐与画面在情感色彩本质上的不同,而并行并不强调音乐与画面的二元对立性,只是说音乐不从属于画面,在形象和情感上具有独立性,音乐的存在不是为了解释画面,也不是靠反衬去挖掘画面的深意。虽然表面上二者处于游离状态,但形散神聚,共同塑造人物形象和揭示主题内涵。例如,在纪录片《听禅》中,在太极拳师马建超表演太极拳时,背景音乐是《贵妃醉酒 苏三起解》,在表演粤剧时背景音乐是西洋歌剧《咏叹调》。这种音乐与画面的处理形式既提升了音乐的表现力,又增强了画面的观赏性。与此同时,中外元素的混搭既突出了佛山文化的地域性,又彰显了这个城市的国际范。由此可见,音乐与画面并行的艺术效果就在于通过对看似互不相关的视听元素所传递的两类信息来共同揭示一个主题内涵,音乐看似与画面不搭,但正是在这种差异化中将二者各自的魅力转化成一股艺术性合力。

《听禅》片段

总而言之,不管如何编创音乐、挑选音乐,以及在后期如何编辑音乐,其目的只有一个,那就是运用音乐为画面服务,为画面服务也就是为主题服务。因此,在通常情况下,我们需要使音乐与画面在情绪、意境、节奏等方面保持高度一致,以求满足最基本的视听规范。而对于特殊题材、特殊情节,则应特殊对待,可以创造性地或者反常规地将音乐与画面进行结合,以求取得 1+1>2 的艺术表现效果。

第三节 音响音效的编辑

音响音效分为自然音响和人工音效。自然音响一般通过同期录音的形式进行录制,因此本节所说的音响音效主要指的是人工音效,而作为自然音响存在的音响音效,则主要在本章第四节同期声的部分里进行分析。人工音效是在影视制作的后期阶段经人工通过模拟、合成、虚拟等手段创作出来的听觉元素。它可以是对现实存在的声音元素的逼真模拟,也可以是将多种声音元素综合在一起创作出的新的音响音效,还可以是通过想象创作出来的原本不存在的音响音效。不管是通过哪种形式创作出来的音响音效,其都是为了更好地塑造主体形象、渲染环境氛围、推动情节的发展。因此,掌握音响音效的编辑技巧对影视创作者来说是极为必要的。

一、动作音响音效

顾名思义,动作音响音效主要是指剧中人物或相关主体由于动作行为而产生的效果声,例如,挥拳、击掌、跑动、跳跃,或是打击某些物体产生的撞击声等。首先,对于这些音响音效的编辑,要注意把握动作位置与声音的准确匹配,不能滞后,也不可提前,做到干脆利落;其次,对于追求艺术效果的影视作品而言,常规化编辑可能无法满足表现的需要,此时更需要突出动作的力量感、速度感乃至空间感。例如,在动作片中为了将打斗的场面表现得更有冲击力,通常会为人物挥拳、踢腿等动作配上富有力量感的音响效果,制造出具有听觉冲击力的震撼效果。编辑需要精准把控此类音响音效的音量,要做到使音量的变化符合动作的速度和力量等的变化。

当然,动作音响音效除了表现人物的肢体动作之外,也可以用于展现具有一定动势状态的其他主体形象,如:车辆飞驰而过、流星的转瞬即逝、某些物体的坠落等。例如,在涉及赛车情节的影片中,为了展现赛车的速度,往往会加入相应的音响效果。在从赛车由远及近到从镜头前飞驰而过的整个过程中,音量由弱到强,当赛车位于前景位置时,音量到达顶峰,然后再快速减弱。

二、剧情音响音效

剧情音响音效也称作戏剧音响音效,通常是指那些能展现人物内心情绪、揭示人物内心活动、渲染环境气氛、推进剧情发展的音响声,例如急促的心跳声、喘气声,以及极度刺耳的金属音、不寒而栗的叫声等。这些声音大多都是经过特殊处理的。以《中国机长》中的一个片段为例,飞机平稳行驶过程中突然响起几声系统警报音,接着伴随着玻璃裂缝的声音,飞机前挡风玻璃上的裂缝正以肉眼可见的速度向四周蔓延,再辅以呼啸的风声、陡然紧张的背景音乐,影片的气氛被提升到一个高度紧张的状态,观众开始为飞机上所有人的命运担忧,观影兴趣被完全调动起来。

剧情音响音效在很大程度上是恐怖片不可或缺的重要听觉元素。在编辑这类音响音效的时候,首先要把握好情节内容,根据剧情的需要有目的地处理相应的声音,在具体操作时要注意突出主要的音响音效,压低甚至删除其他次要的音响音效。

三、环境音响音效

环境音响音效主要是指通过后期编辑为没有环境声的视频配上的类似于自然音响的效果声,它对画面空间感的营造起着重要的作用。在很多影视作品中,经常会用到作为资料出现的无声视频和照片,而为了营造历史感和代入感,在后期制作时大都会为其配上相应的环境音响音效。在由新华社推出的微纪录片《红色气质》(2016)中,展现战士们在枪林弹雨的战场中冲锋陷阵、奋勇杀敌的场景由一幅幅静态照片处理而成,并配以真实的枪炮声。这种战场环境音响音效使观众在观影过程中获得极强的代入感,也使得普通的视觉元素有了更为丰富的视听感受。在编辑这类音响音效时,要从视觉元素的原有情境出发,处理后的音响音效要符合场景的实际环境,切勿滥用或错用。

《红色气质》片段

第四节　同期声的编辑

同期声是指在画面摄制过程中同步录制的现场声音,主要包括:同期对白、同期音乐和同期音响音效。

一、同期对白

同期对白是指在视频录制的现场同时拾取的主体人物之间的对话,它是交代人物关系、塑造人物形象、推动剧情发展的重要声音元素。常见的声音拾取方式有两种:一种是用摄录一体机录制的,这种声音在后期编辑时省去了一定的对口型的麻烦,但这类声音在录制时灵活性较差,且由于受机器性能的影响其音质也会相应受损;另一种是双系统式摄录,即除了通过摄像机录制画面和声音(摄录一体机录制的,同第一种方式)之外,还有单独的专业录音设备来录制声音,这种方式可以满足对声音质量要求相对较高的创作需要。

对于上述两种方式录制的同期对白,我们在编辑时可采用平行编辑和交错编辑的编辑技巧。

(一)平行编辑

人物对白的平行编辑(同位法)体现的是一种声画同步的关系,即声音与画面按照现实的逻辑相互匹配,人物对白的声音出现时对应的是主体形象的画面。常见的处理方式有以下几种。

第一,声音与主体形象同步出现,但上下镜头在剪辑点前后的画面与声音都留有一定的缓冲,即人物声音结束后,不会马上切入下一个画面,而是在画面持续一定的时间后再接入下一个画面；所切入的画面的声音也不会立刻出现，而是稍迟于画面出现。在电影《长津湖》中，张小山战死后，伍万里一时无法接受，为了体现此时人物内心悲痛的情绪，导演将他与哥哥的这段对话节奏设置得比较平缓。伍万里告诉哥哥："哥，张小山死了。"说话间，泪水顺着脸颊流下，他缓缓抬头看向哥哥，哥哥并没有马上回答他，而是静静地看着弟弟，为他擦去脸上的泪水，然后才告诉他："以后这样的事情，你还会经历很多。"对于刚接触战场的新兵伍万里来说，看着自己的战友在眼前牺牲是一件非常痛苦和无法接受的事情，而对于哥哥来说，看着稚嫩的弟弟在小小年纪就经受这样的打击他感到非常不忍心，但他也清楚这种事情在战场上是不可避免的，因此，此处对话中的缓冲其实暗含兄弟俩的多重情绪。

《长津湖》片段

第二，声音与主体形象同步出现，上一个画面声音结束后立即切入下一个画面，但切入的画面中的主体形象并不会立刻发声，这种情况适于表现听者的情绪和反应。例如，在影片《我不是药神》中，患有白血病的老人在警察曹斌追查假药时，没有声嘶力竭大哭大闹，而是用最为平缓的语气跟曹斌说："我不想死，我想活着，行吗？"曹斌听到这些话之后并没有马上说话，这一席话使他的内心产生了动摇。这一对话上的缓冲不仅给观众留出了思考的时间，也从侧面体现出曹斌的为难，为后来故事情节的发展做好了铺垫。

第三，声音与主体形象同步出现，上一个画面声音结束后立即切入下一个画面，在切入后画面中的主体形象立即发声，这是一种较为特殊的编辑方式，多用于表现节奏较快的段落或人物间对抗较为激烈的场面。在电影《霸王别姬》中，段小楼救下菊仙时宣称与菊仙定亲，程蝶衣听说后便与段小楼在化妆间展开了一次对话，这一片段节奏较快，一方面体现出两人对话之中有明显的矛盾，另一方面也展现了段小楼在程蝶衣心中不同寻常的位置。

（二）交错编辑

人物对白的交错编辑（串位法）体现的是一种声画分离的关系，即声音和画面彼此剥离，人物对白和主体形象不匹配、不同步、不吻合。常见的处理方式主要有两种，一种是插声法，另一种是拖声法。对于这两种方法，本书第四章第二节已经进行了细致的阐述，此处不再赘述。人物对白的交错编辑法在处理人物对白时经常会用到，用此方法进行的组接显得流畅、自然，很多时候更具有艺术表现力。

通常情况下，对于双系统录制来说，编辑声音的第一步是需要先对好口型，而这一步则可以参照本章第一节中提到的对白（采用后期配音的方式录制的）的编辑技巧。需要注意的是：对于剧情片的创作来说，现场录音大都有"打板"的环节，在后期编辑时则有"合板"的操作。在合板时，初学者往往会犯的错误是：直接将摄像机（即摄录一体机）收到的打板声的波峰与专业录音机录到的打板声的波峰配对。正确的方法是：将打板的那一帧画面与专业录音机的打板声的波峰进行配对，因为声音与光的传播速度不同，摄像机拍到打板那一刻的时间会早于摄像机自身收录的打板声音的时间。错误的编辑方式会导致人物口型和声音不匹配，进而导致整体感觉的怪异。例如,远距离拍摄烟花绽放的画面,用摄录一体机进行拍摄和录音是先拍到画面后录到声音的,这主要是因为光的传播速度快于声音的传播速度。如果用双系统录制则需要在烟花附近去收音,而直接将收到的这个声音和摄录一体机收到的声音进行匹配,显然声画就不同步了。因此,正确的做法是:用烟花绽放的画面与专业录音机录制的声音的波峰进行匹配。在这里,打板的画面就可以看成烟花绽放的画面。

二、同期音乐

同期音乐是指在视频录制的过程中同步收录的现场音乐声,例如剧中人物的歌声、乐器的演奏声、各种发声设备播放的音乐等。通常来说,同期音乐在歌舞片和纪录片中出现的频率较高,成为建构此类作品的关键性声音元素。在编辑同期音乐时,要掌握以下几个方面。

(一)内容是主导

在编辑视听元素之前,应该明白的是:一切的编辑都是为影片主题服务的,没有无意义的编辑。音乐作为一种极具感染力的声音元素,在塑造主体形象、推进情节发展、调节情绪氛围上有着独特的作用。同期音乐更是极具表现力的听觉元素,因为其来源在一定程度上与叙述主体有着或多或少的联系,并且自身所具备的真实性更容易打动人。然而,运用同期音乐是需要缘由的,仅仅满足于形式肯定是不够的,更重要的在于其音乐内容本身能够有利于影片的情绪、内涵的表达,要使之成为整个影片内容有机构成的一部分。在纪录片《乡村里的中国》的片尾中,杜滨才在村里的春节联欢会上演唱的一首《父亲》让不善言辞的父亲潸然泪下,这既感染了在场的村民,又让屏幕前的观众为之动容,而这段音乐也使得观众改变了对杜滨才所持的固执、叛逆的看法,这个片段更是成为影片的一个小高潮。

(二)为转场服务

对于影视编辑来说,场景转换是绕不开的话题,除了前面章节中提到的转场技巧外,我们还可以借助同期音乐实现场景的转换。借助这一声音元素进行场景转换的实质仍是运用声音编辑的捅声法和拖声法,捅声法在这里的应用就是将后一个画面中的同期音乐先于画面出现,提前进入前一个画面中;拖声法则是将前一个画面中的同期音乐延伸至后一个画面中。这两种方式都是为了实现场景的自然过渡,有时还能创造出意想不到的艺术效果。

在电影《雨中曲》中,唐(Don)、凯西(Kathy)与科斯莫(Cosmo)三人因《决斗骑士》的首映反响不佳而情绪低落,于是在唐的家中共同探讨应对策略。随着谈话氛围的转变,三人逐渐被轻松愉快的情绪感染,随之合唱并表演了歌曲 *Good Morning*。这一段充满活力的歌舞不仅展现了角色间的默契与情感联结,更成为叙事结构中从热闹夜晚生活场景过渡至“重新构思影片形式”的关键节点。

《雨中曲》片段

在该片段中，音乐并未随着舞蹈结束戛然而止，而是巧妙地延续至后续的室内场景：三人一边继续交流，一边从客厅步入下一个空间。此处采用了典型的“拖声法”，即将前一个画面中的同期音乐延伸至下一场景，以实现场景之间的自然衔接。该处理不仅有效维持了叙事节奏的连贯性，还让观众的情绪平稳过渡，确保了视觉和听觉上的一致。

（三）切勿滥用

通常来说，音乐元素能够更好地渲染气氛、增强艺术表现力，因而，很多初学者就容易陷入一个误区：有了足够多的同期音乐就不用再去考虑后期配乐了。虽同为音乐，但同期音乐不能等同于后期编辑的音乐。很多时候，同期音乐的表现空间是比较局限的，某些同期音乐可能只适合于某一个特定的片段或瞬间，而无法像后期配乐一样适用范围如此之广，甚至成为核心元素。因此，对于同期音乐来说，当用则用，不能依靠同期音乐来解决所有的问题，后期配乐相对来说更为保险一些。

三、同期音响音效

同期音响音效主要是指现实生活环境中实时产生的声音元素，它的获取方式是采用录音设备在现实生活环境中直接拾取，最大限度地保证声音的原始性和真实性，尽可能真实客观地呈现拍摄主体所处的环境空间，这对全面展现主体形象尤为重要。在对同期音响音效进行编辑时，需要注意以下几个问题。

（一）切勿喧宾夺主

自然音响音效对于影视作品来说虽然很重要，但是在一定程度上还只能算是画面的陪体。因而，需要注意，不能让自然音响音效的音量过高，甚至遮蔽其他重要的声音元素，进而喧宾夺主。例如，在一个有解说的段落里，很显然，解说是这个段落中的主要声音元素，必要的自然音响音效会带来真实的感受，但如果此时的自然音响音效的音量高过了解说的音量，那就起到了破坏的作用。

（二）场景的切换

绝大多数影视作品都是由多个场景组接而成的，这也决定了其音响音效的多样性。每一个环境中的自然音响音效都是不尽相同的，有些场景可能十分喧嚣、嘈杂，而有些场景则极为静谧。除了为了制造特殊效果之外，一般情况下，将动静差距较大的两种场景进行组接时要注意音响音效的自然过渡，即强音接弱音时，上一个画面的声音要做淡出处理；反之，弱音接强音时，下一个画面的声音要做淡入处理。

（三）捅声法与拖声法

对自然音响音效运用捅声法与拖声法进行编辑时，如果运用得当，会创造出极为强烈的戏剧效果。在纪录片《乡村里的中国》中有这样一个段落：村里来了第一书记后，新建了一个文化广场，广场建成后，人们将巨幅宣传板挂到墙上时，背景里听到了有人在倒计时的声音。随着声音切入的是杜深忠在看电视里火箭发射的画面。至此，观众恍然大悟,原来上一个镜头中挂宣传板时的倒计时声其实是火箭发射的倒计时声。此处,编辑师运用捅声法将看似平淡的声音赋予了新的内涵:村里新建的广场对于村民来说就像一个国家发射了一颗卫星一样意义重大。

(四)主观化处理

音响音效的主观化处理其实就是根据剧情或人物状态对音响音效进行人为的调整,比如做消音、扩音处理等,常用于剧情片的创作中。例如,如果要表现剧中人物瞬间失聪的状态,则可将人物所处环境中的音响音效做消音处理。同样,如果表现人物极度烦躁的状态,则可将音响音效声做间歇性的适时放大,以此来表现人物的心理状态。电影《拯救大兵瑞恩》在展现诺曼底登陆场景时,海滩上随处可见的尸体、空中飞舞的子弹以及士兵们破碎的衣衫无不展现出战争的残酷,而比这些更能让观众身临其境的,是导演从士兵的角度对声音做出的主观化处理,炮弹轰炸时造成的短暂耳鸣、漂浮在海面上时断断续续的人声以及子弹快速穿过水面的声音,这种对音响音效的主观化处理最大限度地还原了战争的细节,也加深了观众对于战争的认识。

(五)关键声音的匹配

双系统录制的自然音响音效在后期与画面进行匹配时,如果画面中没有明显的发声主体,则无须刻意去寻找声源来匹配画面,只要保证整个声音效果是正常的即可;如果画面中有辨识度较强或较明显的发声主体时,则要将画面与声音严格对应起来。在《我和我的祖国》的"相遇篇"中,方敏在公交车上看到了失踪三年的男友高远,那天也是原子弹爆炸成功当天,二人在人海里相认,随即也被人海冲散,方敏边走边喊高远的名字,此时导演只是在方敏出镜的几个镜头中实现了声音与画面的严格对应,而其他镜头则按照剧情需要进行剪辑。

《我和我的祖国》"相遇篇"片段

(六)声音的空间感和景别

同一物体在不同空间环境里发出的声音在听感上是有很大差别的,而这种差别其实就是声音的空间感。例如,人在旷野中的呼喊声是缺乏力量的,因为声波直接传向了四周并快速消散,这种声音给人的感觉是空旷的、短暂的。相反,人在宽敞的房间内呼喊,如果距离合适且没有吸收声音的介质,其声音是响亮的,甚至会有回音。景别则是指摄像机拍摄声源时画面取景的大小,景别大,意味着摄像机离声源远,这种情况下音量也应该是较小的;景别小,则意味着摄像机离声源很近,那么此时音量应该是较大的。在实际拍摄有声源的画面时,景别与空间感是同时存在的,即会遇到用不同景别拍摄不同场景里的同一种声音的情况。对于声音的上述特性来说,用摄录一体机拍摄并直接运用其中的声音,在编辑声音时则不需要处理空间感与景别之间匹配的问题。而用双系统录制时,为了拾取更为清晰的声音,录音设备往往被置于声源附近,在声音编辑环节则需要把握好声音的景别和空间感的特性,除非录音设备与摄像机是在同一个位置上,这样就相当于编辑用摄录一体机拍摄的声音了。这一点不光是对同期自然音响音效适用,对一切同期声都适用。

(七)保证声音的完整性

这里的声音主要指除了主体声音之外的背景音响音效声,即常说的空气声。通常情况下,在一段环境同期声的音频中,既会有声音比较明显的段落,又会有“无声”的段落。其实,这个“无声”并不是真的没有声音,只是正常情况下人耳不容易感觉到,如果将音量适当增加,人们是能够察觉到声音的,此时它是以一种类似噪声的“吱吱吱”声呈现的。很多时候,没有经验的编辑会把无声段落剪切掉,其实这是错误的处理方式。在声音播放条件较好的环境中人们便会发现,被切掉声音(无声)的画面会呈现一种真空状态,这是极不真实、脱离现实的听觉感受。因此,在编辑声音时,我们要保证这类声音的完整性,切忌随意剔除。

本章小结

声音在影视创作中的重要性日渐凸显,因此,对声音的编辑值得编辑的高度重视。影视声音包括语言声、音乐和音响音效三种类型。本章针对这三种类型的影视声音进行了具体编辑技巧的分析。从声音的录制方式而言,声音可通过同期录音或后期配音的方式获得,而同期录音是在画面拍摄的同时进行的声音录制,具有更强的真实性、现场感和空间感,在影视创作中的使用频率越来越高。鉴于此,本章从语言声、音乐和音响音效三个方面对同期声的编辑技巧进行了阐述。

本章思考题

1.在影视作品中,解说和对白在传达信息和推动情节方面有何不同?请举例说明。

2.任选一部经典影视作品,分析音乐在某一关键情节中起到了怎样的作用。如果更换或去除该音乐,对情节的情感表达和节奏创造会有怎样的影响?

3.任选一部经典影视作品,分析音响音效如何使观众更好地沉浸在故事中。

4.在有些影视作品中,声音与画面之间存在强烈的对比或冲突,这种设计是如何加深情感或强化主题的?

本章实训题

1.给学生提供一段5分钟未编辑的影片片段,其中包含多个角色的对话、背景噪声和一些非同期录制的对白,请学生进行以下操作:

(1)清理背景噪声,确保对白清晰。

(2)同步处理非同期录制的对白。

(3)根据情境调整对白的音量,确保每个角色的发声与其情感和情境相符。

(4)提交影片片段成品,并附带编辑过程的简要说明。

2.围绕体育运动或文艺活动拍摄相关素材,自拟片名,编辑成1—2分钟的纪实短视频,并完成以下要求:

(1)根据内容和情感表达为短视频选择合适的背景音乐。

(2)为短视频添加合适的音响音效。

(3)根据内容需要,撰写必要的解说词,录制解说,将解说与画面相结合。

(4)调整所有声音元素的音量,确保声音层次分明,不互相干扰。

(5)编辑成片,撰写简要的文字说明来分析各声音要素在该片中所起的作用。

参考文献

[1]中共中央党史和文献研究院,中央学习贯彻习近平新时代中国特色社会主义思想主题教育领导小组办公室.习近平新时代中国特色社会主义思想专题摘编[M].北京:党建读物出版社,中央文献出版社,2023.

[2]段晓明.影视编辑学[M].杭州:浙江大学出版社,2004.

[3]伍建阳.影视声音创作艺术[M].北京:中国广播电视出版社,2005.

[4]姚争.电视剪辑艺术[M].2版.杭州:浙江大学出版社,2007.

[5]傅正义.影视剪辑编辑艺术[M].修订版.北京:中国传媒大学出版社,2009.

[6]赵玉,吴天生.电视编辑技术与创作[M].广州:暨南大学出版社,2012.

[7]向延桃.电视后期编辑艺术[M].北京:光明日报出版社,2013.

[8]吴兵,阎安.电视编辑理论与实践[M].北京:国防工业出版社,2013.

07

第七章 Premiere的应用

学习重点

Adobe Premiere Pro CC的界面及基本操作

Adobe Premiere Pro CC的工作流程

学习难点

多机位同步编辑技巧的应用

关键帧运用中的细节控制

能力目标

熟练使用Adobe Premiere Pro CC进行基础的视音频编辑

掌握Adobe Premiere Pro CC的高级功能，进行专业级别的视音频制作

本章微课

本章知识更新

Premiere 是 Adobe 公司最早基于 Mac 平台(1993 年推出了首个支持 Windows 平台的版本)开发的一款易学、高效、精确的非线性编辑软件,其简单、友好的操作界面赢得了众多视频制作爱好者尤其是高校师生的青睐。早期的 Premiere 非线性编辑软件使得视音频编辑工作除了在高级的非线性编辑工作站上进行外,得以在 PC 工作平台上完成。当时 Premiere 的功能非常简单,只有两个视频轨道和一个立体声音频轨道。2003 年,为了占领高端市场,Adobe 公司发布了 Premiere Pro,将软件性能提升到一个新高度,其后的 Pro1.5、Pro2.0 版本初步奠定了 Premiere Pro 的软件框架和主要功能。

Premiere Pro CC 是 Adobe 公司继 Premiere Pro CS6 后推出的新版本,它与 Premiere Pro CS6 的操作界面非常相似,但提供了多项新的强化功能,使得后期剪辑工作变得更加快捷、流畅。其中,最重要的是 Premiere Pro CC 增加了 Adobe Creative Cloud 云服务功能,通过在线服务能够将所有视音频元素整合到一个云平台,简化了整个创意过程,帮助后期编辑更高效地完成团队协作。例如,在一些大型项目中,多位后期编辑需要在不同计算机上同时编辑影片的不同部分,再将编辑好的各部分组合成片。此时,借助 Premiere Pro CC 的"同步设置"功能,后期编辑可以将预设和设置好的信息上传至 Adobe Creative Cloud,再下载并应用到其他计算机上,使多台计算机之间的设置保持同步,这样各个后期编辑完成的部分预设特殊效果都将统一,各部分组合成片变得方便快捷。此外,Premiere Pro CC 也具备强大的特效功能,如转场效果、滤镜效果、动画效果、多层叠加、字幕制作等功能,能够承担一定的后期包装任务。

非线性编辑软件的更新换代是软件开发商为了适应用户需要而不断自我更新迭代的过程。本书以 Premiere Pro CC 2021① 为例,介绍 Premiere Pro CC 的应用知识与技巧。

第一节 基本界面

一、准备工作:安装软件

随着软件版本的不断更新与编辑功能的不断增强,Premiere 对计算机硬件的要求也越来越高。为了让用户完美地体验 Premiere Pro CC 2021 的所有应用功能,Adobe 公司要求其安装必须使用 64 位 Windows 10 或更高版本的 Windows 操作系统,具体安装要求如表 7-1 所示。此外,用户也可以购买下载其 Mac 版本,在苹果系统中使用。

① Adobe 在 2013 年推出了 Creative Cloud 订阅服务后,将旗下的软件统一加上了"CC"标识,以表示这些软件是通过订阅 Creative Cloud 获得的。因此,"Premiere Pro CC 2021"和"Premiere Pro 2021"仅是命名方式不同,实际上指的是同一个版本的软件,两者版本号(15.4)一致,功能特性一致。

表 7-1 Premiere Pro CC 2021 的安装要求

操作系统	Microsoft Windows 10 或更高版本
浏览器	Internet Explorer7.0 或更高版本
处理器	AMD Athlon 64，英特尔©第 6 代或更高版本的 CPU
内存	2GB RAM 以上（建议 8GB RAM）
显示器分辨率	1280×800
磁盘空间	8GB 的可用硬盘空间用于安装，安装过程中需要额外的可用空间；需要额外的媒体高速驱动器
.NET Framework	.NET Framework 4.0
其他要求	2GB 的 GPU VRAM；1280×1024 真彩色视频显示适配器 128MB；Pixel Shader 3.0或更高版本，支持 Direct3D 功能的图形卡；兼容 ASIO 或 Microsoft Windows 驱动程序模型

Premiere Pro CC 2021 的安装方式与其他软件的安装基本相同，如果计算机里已经有其他版本的 Premiere 软件，新软件的安装十分方便，用户不必卸载已有的软件，只需先关闭正在运行的相关软件，再打开 Premiere Pro CC 2021 安装软件文件夹，双击 Setup.exe 安装程序，然后根据向导提示进行安装即可。由于该软件占据的内存过大，建议用户尽量不要将其安装在 C 盘中。

二、启动开始界面

安装好 Premiere Pro CC 2021 后，可以通过双击桌面上的快捷方式图标，或在桌面“开始”菜单中找到并单击 Premiere Pro 选项，启动 Premiere Pro CC 2021。除了这两种方式，用户在计算机中双击 prproj 格式的文件，也可以启动 Premiere Pro CC 2021 并打开该项目文件。

图 7-1 开始界面

软件启动后，将出现“开始”界面，通过该界面，用户可以新建项目或打开已经存在的编辑项目（如图 7-1 所示）。

（1）新建项目：单击该按钮，可以创建一个新的项目文件，开始视音频编辑。

（2）打开项目：单击该按钮，可以打开并继续编辑计算机中已有的项目文件。

（3）新建团队项目：单击该按钮，可以创建一个新的团队项目文件并进行视音频编辑。使用团队项目，编辑们可以在 Premiere Pro CC、After Effects CC 和 Adobe Prelude CC 内的共享团队项目中同时工作。

（4）打开团队项目：单击该按钮，可以开启一个在计算机中已有的团队项目文件。

（5）最近使用项：在默认设置下，系统会以名称列表的形式显示用户最近使用过的 5 个项目文件，单击所要打开的项目文件名即可快速打开该项目文件。

在执行新建项目操作时，系统会打开“新建项目”对话框，在“常规”选项卡（在有的软件中也被称为“标签”或“页签”，下同）中，用户可以设置视音频素材的显示格式、捕捉格式以及设置项目存放的位置和项目的名称（如图 7-2 所示）。在“暂存盘”选项卡中,用户可以选择更改编辑视频过程中所产生的临时文件的存储位置(如图 7-3 所示)。设置完成之后,单击“确定”即可进入 Premiere Pro CC 2021 工作界面。

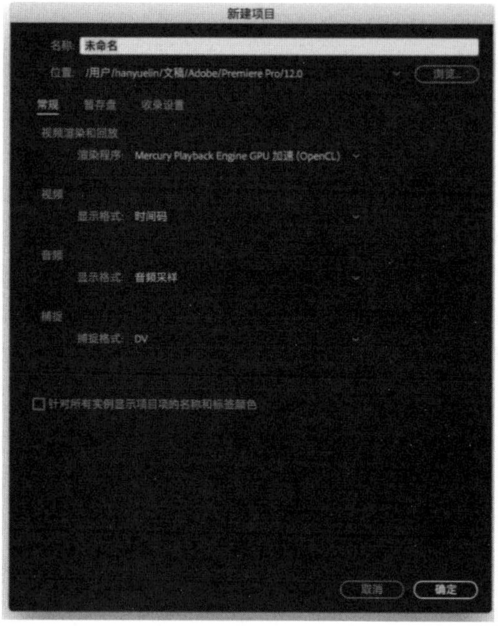

图 7-2 新建项目—“常规”选项卡

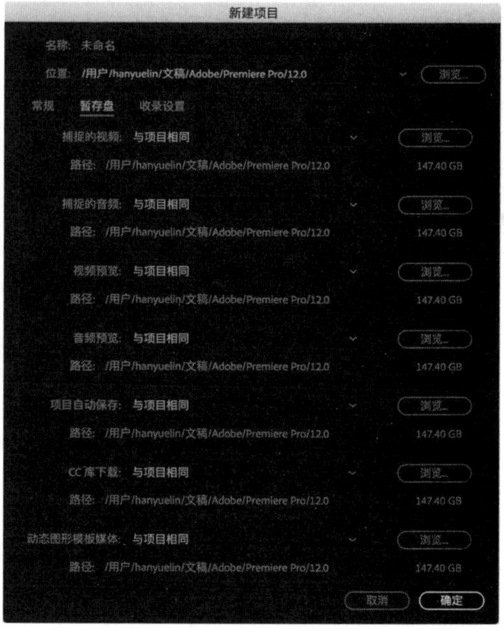

图 7-3 新建项目—“暂存盘”选项卡

三、工作界面

在完成新建项目操作后,系统将自动跳入工作界面。工作界面由菜单栏和操作面板构成(如图 7-4 所示),Premiere Pro CC 2021 的大部分操作都是在面板中进行的,因此,在使用该软件前,有必要对一些常用的面板及其功能有所了解。

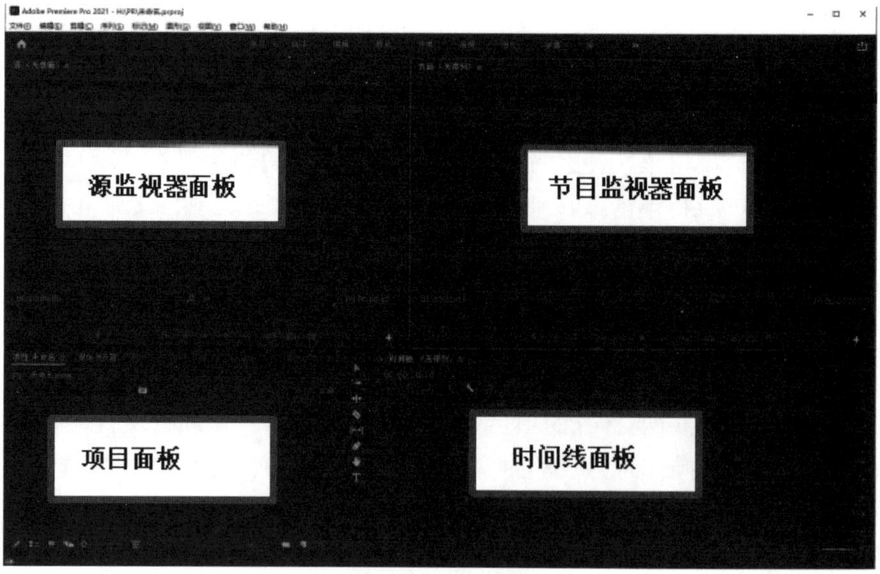

图 7-4 工作界面

(一)菜单栏

菜单栏位于程序窗口标题栏的下方,共包括“文件”“编辑”“剪辑”“序列”“标记”“图形”“视图”“窗口”“帮助”九个主菜单命令,每一个主菜单命令都可以下拉出一组菜单命令。如果菜单命令后面有省略号,表示执行该命令后会弹出对话窗口;如果菜单命令后有向右的箭头,表示该命令下还有下拉子菜单;如果菜单命令前有“开/关”标记,表示通过单击可以切换该命令的开关状态。

(二)项目面板

项目面板位于工作界面的左下方,主要用于输入和存储供时间线面板编辑合成的素材文件,并记录素材的属性信息。项目面板由四部分组成,从上至下分别是素材预览区、素材查找区、素材目录栏及工具栏。在默认情况下,素材的预览区域并不显示,用户可以点击项目名称右上角的展开菜单按钮☰,在弹出的菜单中选择“预览区域”选项,开启“预览区域”后,用户可以单击“播放/停止”按钮▶来预览素材(如图7-5所示)。如果项目涉及较多的视音频素材和其他作品元素,那么项目面板作为素材管理的重要场所应该给予足够的重视。

另外,项目面板中还设有媒体浏览器。用户在选择素材时可以先不进行导入,直接在媒体浏览器中进行本地素材的预览,再从中选择合适的素材(如图 7-6 所示)。

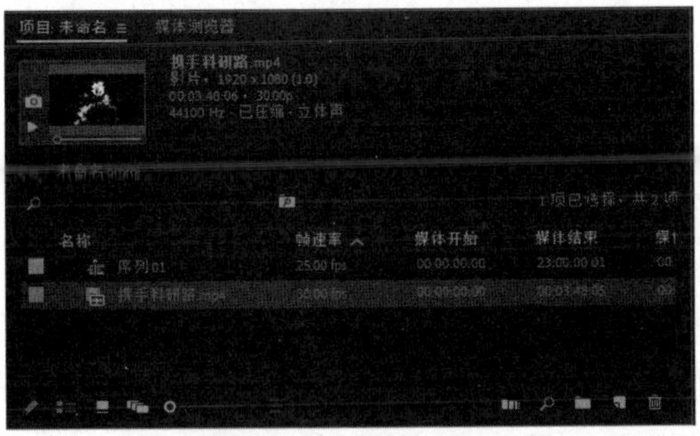

图 7-5　项目面板

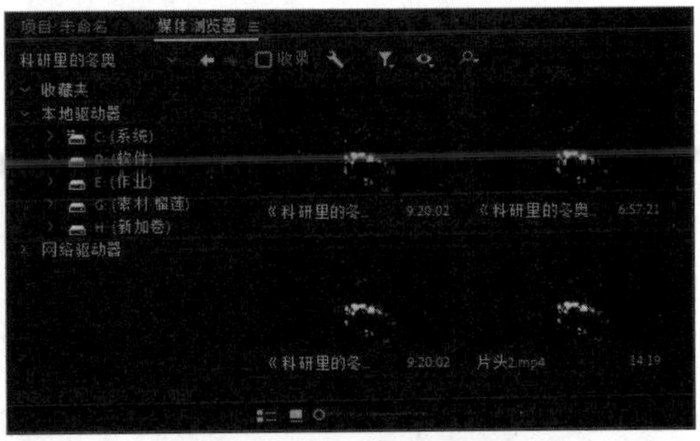

图 7-6　媒体浏览器

(三)监视器面板

监视器面板位于工作界面的中上方,被划分为左侧的“源监视器面板”和右侧的“节目监视器面板”两部分,源监视器面板主要用于预演原始的视音频素材片段或监视正在编辑的影片;节目监视器面板主要用于设置素材片段的入点、出点、标记点和静帧图像的持续时间等。

源监视器用于显示还未放入时间线的源视音频素材,为用户预览素材提供了另一个窗口(如图 7-7 所示)。在预览的同时,用户也可以通过设置入点、出点的方式,选定自己所需的素材片段,并将其直接拖动添加到时间线上。

节目监视器用于显示在时间线上重新编辑过的视音频素材以及对其添加的特效和转场效果(如图 7-8 所示)。要在节目监视器中播放序列,只需要单击“播放/停止”

按钮即可。如果用户创建了多个序列,可以通过节目监视器的序列列表,完成不同序列之间的切换。

图 7-7 源监视器面板

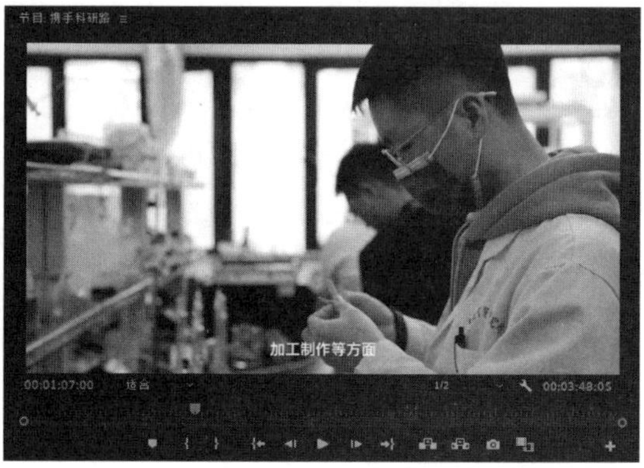

图 7-8 节目监视器面板

(四)时间线面板

时间线面板是非线性编辑软件中最重要的操作面板,位于工作界面的中下方,是编辑对视音频素材进行编辑操作的主要场所,在这里可以轻松地对素材进行剪辑、调整、插入、覆盖、添加关键帧、添加特效和字幕等操作。时间线面板由多条平行的视频轨道、音频轨道和一些工具按钮组成(如图 7-9 所示)。

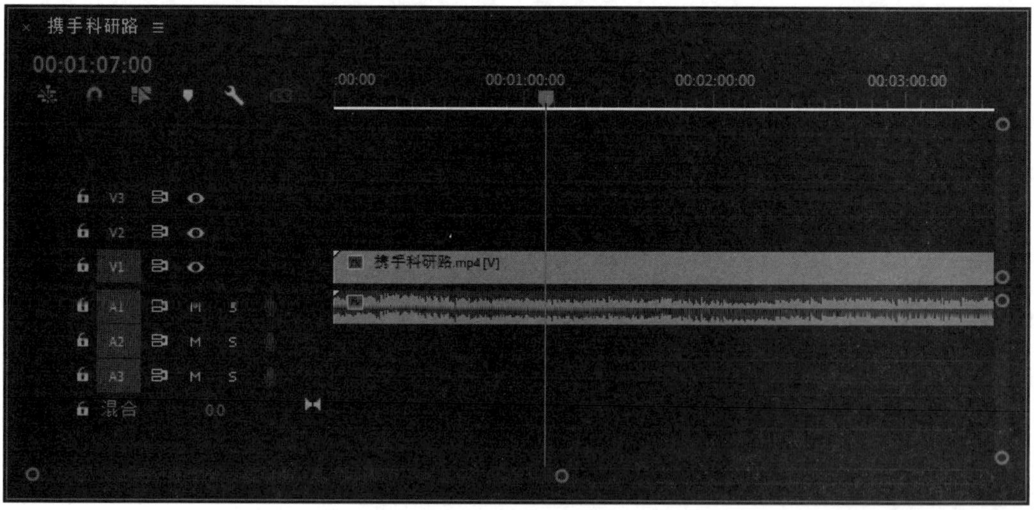

图 7-9 时间线面板

(五)效果面板

效果面板是各种视音频特效的集中营,位于工作界面的左上方。通过选择并拖动效果面板中的特效选项,可以快速为对应的素材添加视音频特效和过渡特效。之后,用户可以选择该视频素材,进入“效果控件”面板,为添加的特效设置属性,以达到预期的特效效果(如图 7-10 所示)。

除了上述常用的操作面板外,用户还可以通过单击菜单栏的“窗口”选项,在下拉菜单中查找其他工作面板,点击想要打开的工作面板的名称即可(如图 7-11 所示)。

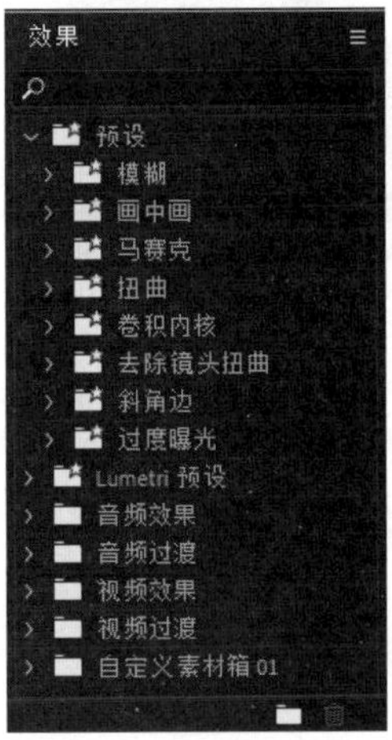

图 7-10　效果面板

图 7-11　窗口菜单

第二节　基本编辑操作

一、项目与素材管理

(一)项目管理

使用 Premiere 进行非线性编辑的前提是创建或打开项目文件,将需要编辑的素材导入项目面板中进行管理,以便在编辑的过程中随时查看和调用。

1.创建项目

如果用户是初次编辑某部影片,则需要创建项目文件。创建新项目的方法有两种,一是在开始界面中选择“新建项目”选项;二是进入操作界面时,在菜单栏的“文件”菜单中,单击“新建”命令,选择“项目”(如图 7-12 所示),或直接通过“Ctrl+Alt+N”的快捷键来创建新项目。

图 7-12　创建新项目

在创建新项目时,系统将弹出“新建项目”对话框,用户可以根据自身需要,设置项目的工作基本环境和相关参数信息。其中,常用的设置包括以下内容。

名称:在这里对新项目进行命名。

位置:显示存储该项目的位置,单击右侧的“浏览”按钮,即可选择存储该项目的路径(如图 7-13 所示)。

暂存盘:该选项卡下显示视音频素材和项目的保存路径(如图 7-14 所示)。其中,“捕捉的视频”“捕捉的音频”对应存放视音频采集文件的地址,默认为与程序所在目录相同,用户单击“浏览”可以更改路径。“视频预览”“音频预览”对应放置预览视音频文件的地址。“项目自动保存”对应编辑过程中项目临时文件的存储位置。

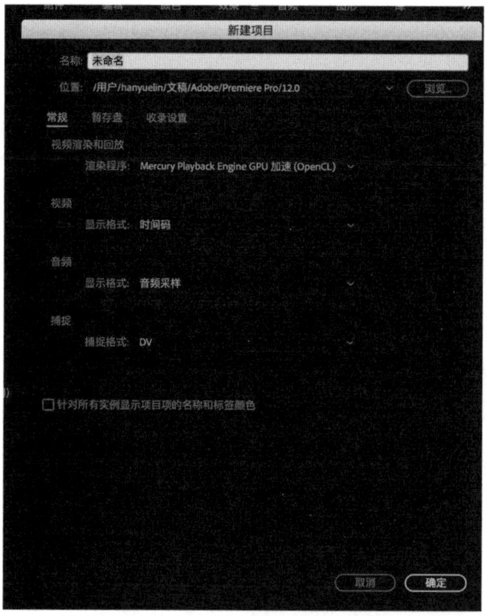

图 7-13　设置名称的位置

图 7-14　设置暂存盘

2.打开已有项目

对于曾经编辑过的影片项目,Premiere Pro CC 2021 提供了多种快速打开项目文件的方法。

使用菜单栏:在"文件"菜单中单击"打开项目"命令,在弹出的"打开项目"对话框中选择需要打开的项目,单击"打开"按钮即可。

使用开始界面:在开始界面中,单击"打开项目"按钮,在弹出的"打开项目"对话框中选择需要打开的项目,单击"打开"按钮即可(如图 7-15、图 7-16 所示)。

图 7-15 开始界面

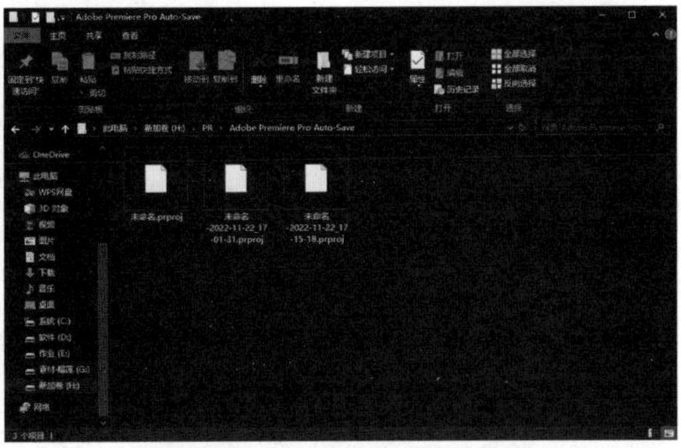

图 7-16 "打开项目"对话框

使用快捷键:在操作界面中,使用"Ctrl+O"快捷键,即可弹出"打开项目"对话框,选择需要打开的项目,单击"打开"按钮即可。

使用 prproj 工程文件:编辑过的项目一般都会自动保存在电脑相应存档的文件夹中,直接打开文件夹中的工程文件即可进入项目。

3.保存项目

在结束编辑工作后,需要及时对项目进行保存,以确保下次可以继续进行编辑。被保存的项目将存储在本地计算机中,为防止项目内容丢失或因操作失误带来的损失,还可以进行项目文件的备份。具体操作如下:

对于新建项目,在"文件"菜单中选择"另存为"命令,在弹出的"保存项目"对话框中,设置保存名称和地址,单击"保存"按钮即可完成保存。如果用户需要将项目保存为默认位置,可以直接执行"文件"菜单中的"保存"命令。如果需要保存副本,可以在"文件"菜单中执行"保存副本"命令,将项目副本的文件名设置为原名加"_副本"。在保存的过程中,将"另存为"的文件和"_副本"文件尽量放到同一个地址中去,这样下次打开项目的时候,更方便寻找。

(二)导入素材

在利用 Premiere Pro CC 2021 编辑影片之前,首先需要获得必要的视频、音频、图片等素材,并将这些素材导入项目面板中。针对不同类型的素材文件,Premiere 提供了多种导入途径,下面介绍两种常用的类型。

1.导入视音频素材

在项目面板中的空白处单击鼠标右键,在弹出的快捷菜单中选择“导入”命令(如图 7-17 所示),也可以在“文件”菜单中单击“导入”命令(如图 7-18 所示),随后弹出“导入”对话框,选择需要导入的素材及其存放位置后,单击“导入”按钮,即可完成素材的导入。

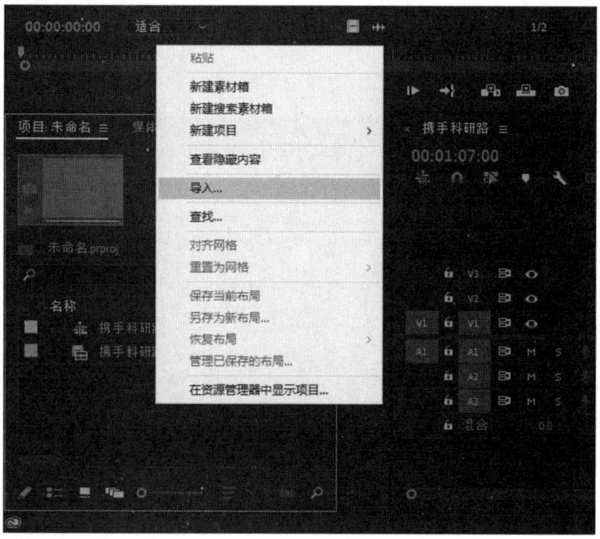

图 7-17　从项目面板导入素材

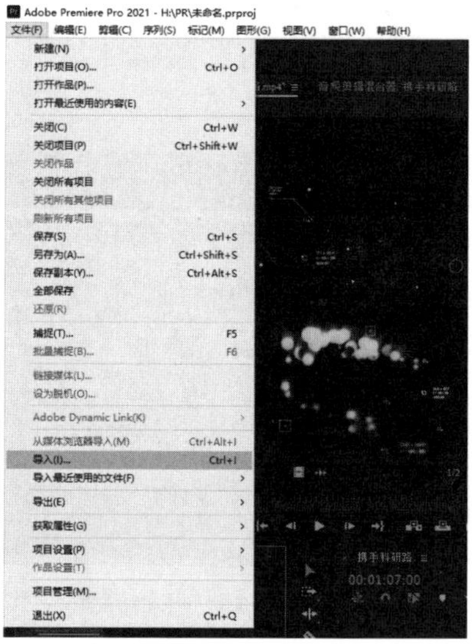

图 7-18　从“文件”菜单导入素材

2.导入嵌套项目

嵌套项目是指在一个项目文件中导入的另一个项目文件,导入的项目包含其中的所有素材。用户执行“导入”命令后,在对话框中选择要导入的项目文件,单击“打开”按钮;在弹出的“导入项目”对话框中选择“导入整个项目”,单击“确定”即可。

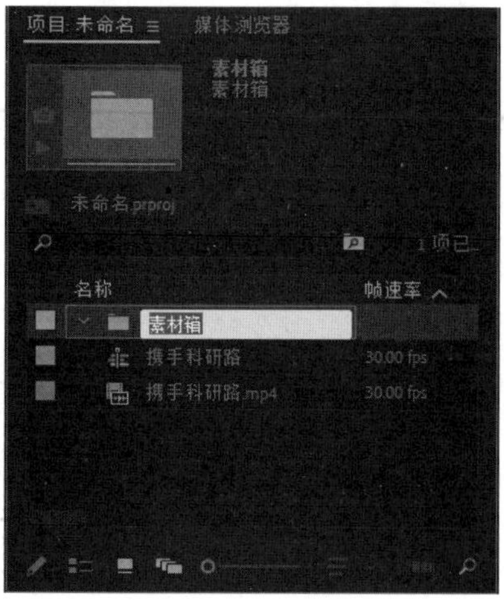

图 7-19　新建素材箱

(三)素材管理

素材管理是后期编辑创作过程中的一个重要环节,尤其是在素材量较大的情况下,清晰合理地进行素材管理,能够帮助编辑快速找到所需素材,提高编辑的工作效率。

1.归类素材

Premiere 使用素材箱进行素材的归类管理。素材箱类似于 Windows 操作系统中的文件夹。用户可以通过单击项目面板下方的“新建素材箱”按钮,并对素材箱进行命名,即可创建素材箱。随后用户可以选择项目面板中的素材,将其拖动至素材箱上,即可将所选素材放入素材箱(如图 7-19 所示)。

2.编辑素材

导入素材之后,用户可以根据需要对素材进行重命名、替换或删除。重命名可以帮助用户进行素材分类和查找,用户右键单击目标素材,执行“重命名”命令,此时素材名即处于激活状态,直接输入新素材名即可(如图 7-20 所示)。如果用户想在保留已经做好的特效设计的前提下更换素材,则可以使用替换素材操作。右键单击将要被替换的素材,选择“替换素材”命令,然后在弹出的对话框中选择目标素材,单击“选择”按钮即可(如图7-21所示)。如果用户想删除某素材,只需要在项目面板中选择该素材,单击“删除”(Delete)按钮即可。

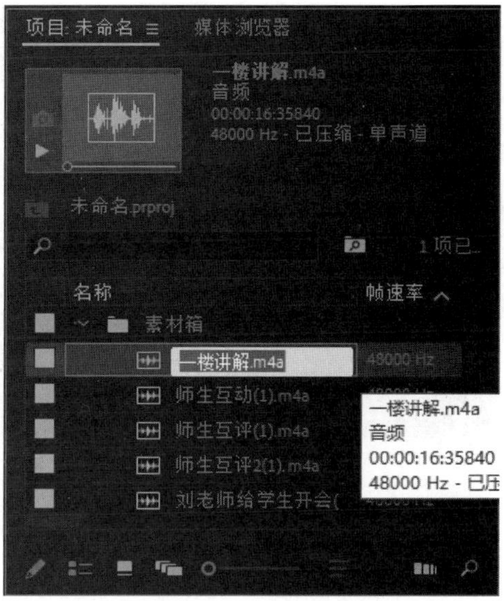

图 7-20　素材重命名

图 7-21　替换素材

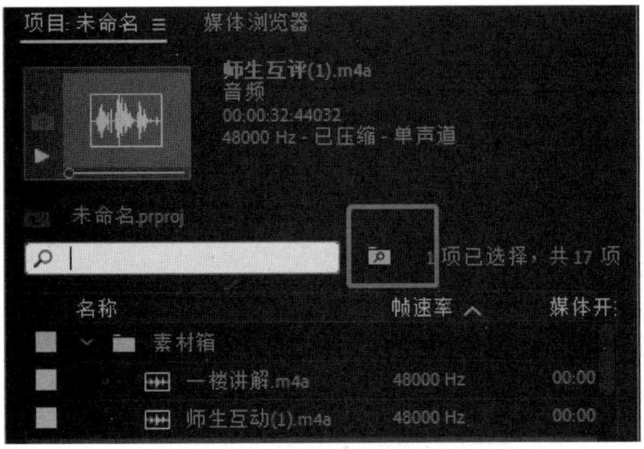

图 7-22　查找素材

3.查找素材

当素材量较大时,用户可以使用查找功能迅速定位想要使用的素材。在项目面板的“搜索”文本框中,输入部分或全部素材名,则所有包含该名称的素材都将显示在项目面板中(如图 7-22 所示)。用户也可以单击项目面板上的“查找”按钮,在弹出的“查找”对话框中输入相应的查找条件,点击“查找”按钮,即可完成对素材的高级检索。

4.打包素材

当某一序列涉及的素材量较大时,用户还可以将所有素材打包到同一文件夹中,以便统一管理留存。用户可在“文件”菜单栏中执行“项目管理”命令,在弹出的“项目管理器”对话框的“序列”区域内选择所要保存的序列,并在“生成项目”选项组中选择“收集文件并复制到新位置”,单击“确定”按钮,随后在保存路径下生成一个命名为“已修剪_”加项目名称的文件夹,其中包含所有项目文件和素材文件的副本。

二、视音频编辑

(一)视频编辑

1.创建序列

具体的编辑工作需要在时间线面板上完成,将素材按照顺序分配到时间线面板上就是装配序列。用户在创建新序列的时候,可以按照需要设置序列的名称和轨道数,也可以在后期添加或删除轨道。新建的序列会作为一个新的选项卡自动添加到时间线面板中。

第一步:在“文件”菜单下单击“新建”,选择“序列”命令,在弹出的“新建序列”对话框中输入序列的名称。

第二步:在“设置”选项卡中设置视频的编辑模式和帧大小(如图 7-23 所示)。

第三步:在“轨道”选项卡中设置视频轨道和音频轨道的参数,单击“确定”即可创建一个新序列,新序列将被自动添加到时间线面板中(如图 7-24 所示)。

当编辑完成后,用户需要保存序列并关闭,当需要继续编辑时,双击项目面板中的序列项目名称,即可在时间线面板中再次打开该序列。

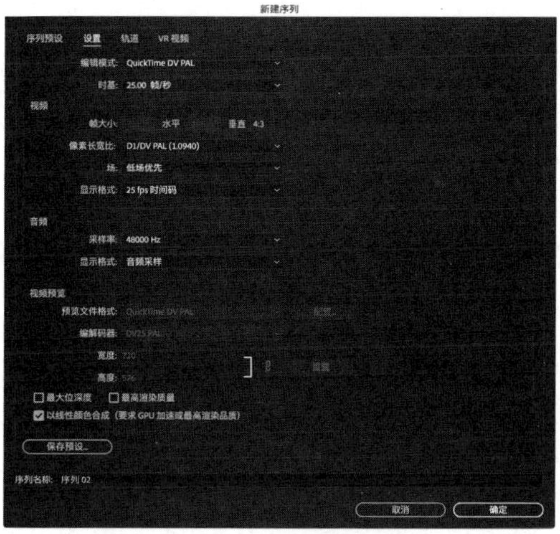

图 7-23 “设置”选项卡

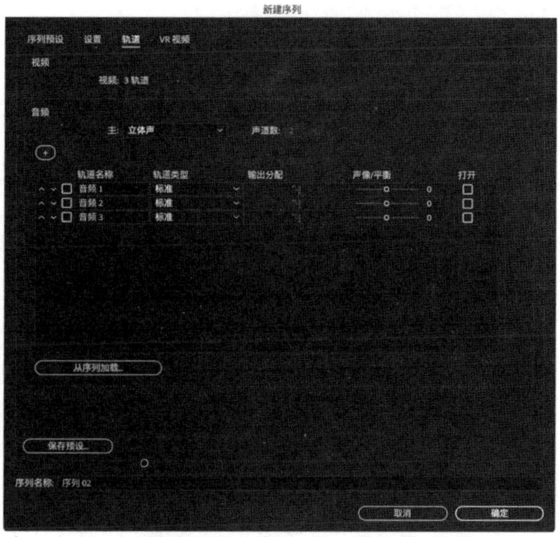

图 7-24 “轨道”选项卡

2.添加素材

创建序列后，下一步就是将项目面板中的素材添加到时间线的序列中。在添加序列前，首先需要对 Premiere Pro CC 的时间线面板有所了解（如图 7-25 所示）。

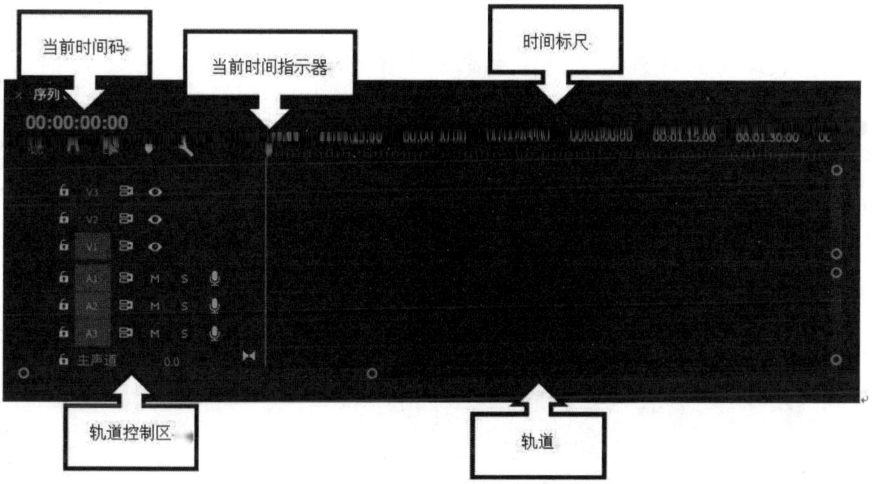

图 7-25 时间线面板

（1）时间标尺

时间标尺是显示时间间隔的可视化工具，在默认情况下，时间标尺按照每秒所播放的画面的数量来划分时间线。用户可以通过拖动查看区滚动条或缩放条进行调整。

（2）当前时间指示器

当前时间指示器是标尺上的一个蓝色的三角图标，用于指示当前所查看的视频帧，用户可以直接拖动当前时间指示器来查看视频内容，也可以单击鼠标，将当前时间指示器移动到特定时码处。

(3)当前时间码

当前时间码显示当前时间指示器的所在时码,用户也可以单击时间码显示框并输入时间,让当前时间指示器快速跳到指定时码处。

(4)轨道

视频轨道以“V1、V2、V3……”表示,音频轨道以“A1、A2、A3……”表示,轨道是放置素材的场所,也是编辑进行编辑和添加特效的场所。在将视音频素材放置到轨道上时,视频会被放在上方的视频轨道上,音频会被放在下方的音频轨道上。如果想要单独对视频或音频进行编辑,需要在视音频素材上单击右键,选择“取消链接”即可。在视频轨道中,上层轨道的素材将遮盖下层轨道的素材,而在音频轨道中,不同轨道的素材不存在遮盖的关系。如果当前轨道数量不能满足编辑需要,用户可以右键单击轨道,选择“添加轨道”或“删除轨道”以改变轨道数量。

(5)轨道控制区

位于轨道头的位置,通过一系列按钮可以对整个轨道进行操作,如“切换轨道开关”“切换轨道输出”“切换轨道锁定”等。

向序列添加素材,即将素材放置到相应轨道的特定位置。一般来说,有两种方式可以迅速完成此操作。

其一,从项目面板直接添加。从项目面板中选择素材,单击并拖动到时间线面板的相应轨道上,即可将该素材文件全部添加到序列中。

其二,从源监视器面板添加。如果只需要添加素材文件中的某一素材片段,可以双击该素材,在源监视器面板中查找需要添加的素材片段,在设置好素材的“入点”和“出点”后,单击源监视器面板上的“插入”按钮或“覆盖”按钮,即可将入出点之间的素材片段添加到时间线面板中(如图 7-26 所示)。

图 7-26 从源监视器面板添加素材到序列

需要注意的是，在执行“插入”命令时，添加的素材被放置在当前时间指示器指示时码处，并将插入点处的原素材推向右边。在执行“覆盖”命令时，添加的素材被放置在当前时间指示器指示时码处，并替换当前时间指示器后面的原素材。在编辑的过程中，需要注意“插入”和“覆盖”的区别，灵活运用，提高工作效率。

3.编辑素材

在时间线面板中，用户可以借助其功能强大的编辑工具面板，对素材进行精确、快捷的编辑，更好地提高操作的准确性。因此，用户应熟悉编辑工具面板中的常用按钮及其功能。

(1)选择工具：这是编辑工具面板中最常用的按钮，用于对素材进行选择、拖动，也可以调节素材的关键帧、设置入出点等。

(2)向前选择轨道工具：用此工具在某一轨道中单击鼠标，可以选择该轨道中光标及其右侧的所有素材。

(3)向后选择轨道工具：用此工具在某一轨道中单击鼠标，可以选择该轨道中光标及其左侧的所有素材。

(4)波纹编辑工具：该工具可以改变一个素材的入点和出点，而不影响相邻素材。例如，用户将光标移至某素材的出点处，单击并向右拖动，该素材的出点被改变，后面的相邻素材将随之向后移动而没有被删减，并保持与前面的素材连接在一起。此时，整个序列的持续时间将变长。

(5)滚动编辑工具：用此工具可以通过单击并拖动一个素材的边缘，修改素材的入点或出点。相邻素材将根据该素材的变动自动调整。例如，用户将光标移至某素材的出点处，单击并向右拖动，如果该素材增加 1 秒，则右侧相邻的素材就将被减去 1 秒，而整个序列的持续时间保持不变。

(6)比率拉伸工具：该工具通过改变素材的长度，可以对素材的播放速度进行相应的调整，缩短素材即使素材快放，拉长素材则使素材慢放。

(7)剃刀工具：该工具用于分割素材，选择“剃刀工具”后单击素材，原素材将被切成两段，切割处将产生新的入点和出点。

(8)外滑工具：该工具可以改变夹在两个素材之间的中间素材的入点和出点，而保持中间素材的原有持续时间不变。拖动中间素材时，左右两边的素材不会被改变，序列的持续时间也保持不变。

(9)内滑工具：与外滑工具不同的是，内滑工具可以在保持中间素材入点和出点不变的情况下，改变左右相邻素材的出点和入点。例如，单击并向左拖动中间素材，可以缩短前一个素材并加长后一个素材，而序列的持续时间保持不变。

(10)钢笔工具：该工具主要用来设置素材的关键帧。在调节音频大小时，可以上下拉宽音频轨道，再利用钢笔工具打关键点，通过拖动关键点的高低来调节声音的大小。这样就可以快速地对音频进行淡入淡出的设置。

(11)手形工具：该工具可以改变时间线窗口的可视区域，主要在素材较长而窗口显示不全的时候使用。

(12)缩放工具：该工具用于调整时间线面板中时间单位的显示比例,按下 Alt 键,可以在放大和缩小模式间进行切换。

(13)文字工具：点击文字工具,不用再新建字幕,可以直接在画面上任意位置插入横排或竖排文字内容。

(二)音频编辑

1.添加素材

在 Premiere Pro CC 2021 中,音频素材的添加方式与视频素材基本相同,用户既可以添加单个音频素材,又可以一次性添加多个音频素材;既可以添加整个音频,又可以添加某个音频素材中的一个片段。

添加单个音频素材:在项目面板上,右键单击想要添加的音频素材,执行“插入”命令,即可将该素材添加到时间线面板中的音频轨道上(如图 7-27 所示)。用户也可以将项目面板上的素材直接拖动到时间线面板中相应的音频轨道上,即可完成对整个音频素材的添加。

添加音频素材片段:双击项目面板上的音频素材,通过源监视器播放该音频,在所需要片段的起始和结束处分别打入点和出点,单击源监视器面板上的“插入”或“覆盖”按钮,即可将入出点之间的素材片段添加到时间线面板中(如图 7-28 所示)。

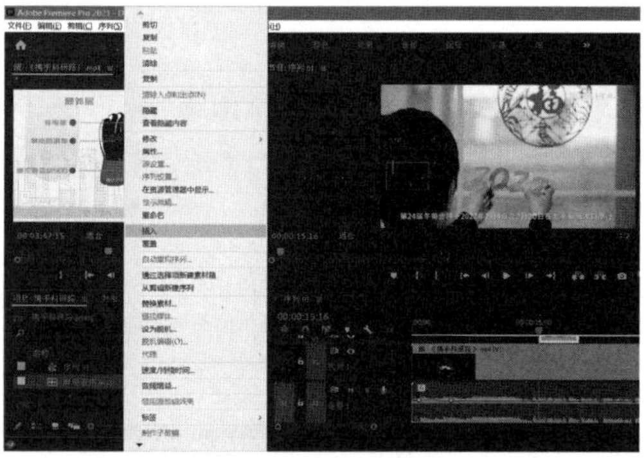

图 7-27 将音频添加到时间线

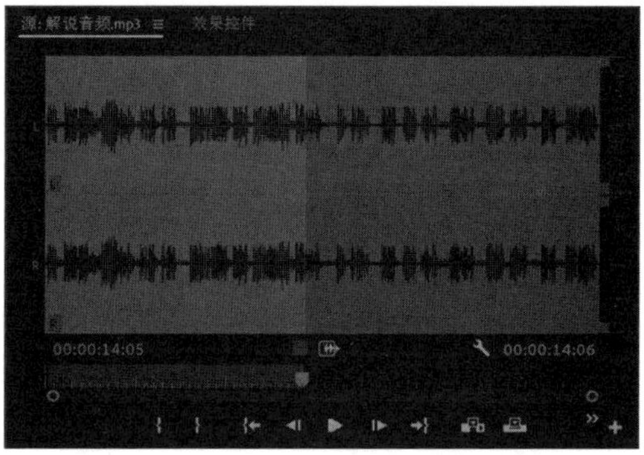

图 7-28 从源监视器添加音频素材

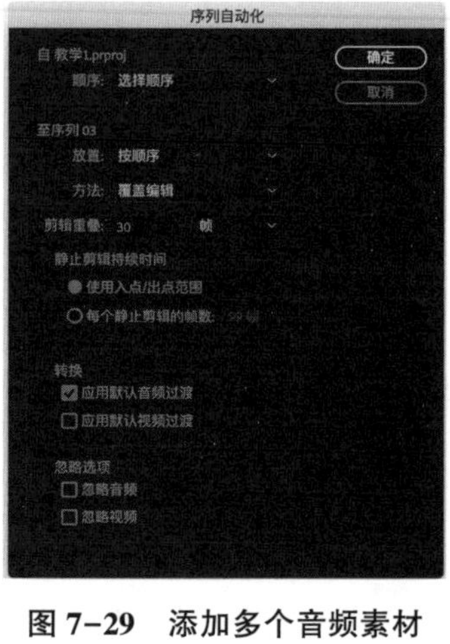

图 7-29 添加多个音频素材

添加多个音频素材:在项目面板中,按下 Shift 键同时选择多个音频素材后,单击面板下方的“自动匹配序列”按钮,在弹出的“序列自动化”对话框的“转换”复选框中,选择“应用默认音频过渡”选项,并单击“确定”,即可完成多个音频素材的添加(如图 7-29 所示)。

为了便于编辑操作和未来的成片输出,每一个音频轨道应添加单独类型的音频素材。例如,在 A1 轨放置同期声素材,在 A2 轨放置解说素材,在 A3 轨放置音乐素材,在 A4 轨放置音效素材……如果默认的音频轨道数不能够满足编辑的需要,用户可以在“序列”菜单中选择“添加轨道”，在打开的对话框中设置添加音频轨道的数量。单击“轨道类型”下拉列表框，还可以选择添加的音频类型。

2.编辑素材

音频素材的编辑方法与视频素材的编辑方法基本相同，此外，还有一些常用的编辑方法，在实际编辑工作中经常使用。

调整音频长度：在时间线面板中，将鼠标置于音频素材的末尾，单击并拖动鼠标，即可改变音频素材的长度。例如，向右拖动可以加长音频的持续时间，但当音频素材处于最长持续时间状态时，则不能再通过拖动鼠标的方式延长素材。如果需要精确调整音频长度，可以右键单击音频素材，执行“速度/持续时间”命令，在弹出的对话框中精确输入持续时间，单击“确定”即可（如图 7-30 所示）。另外，在拖动鼠标调节长度的时候，也可以参考节目监视器面板中的时间标尺来确定精确时间。

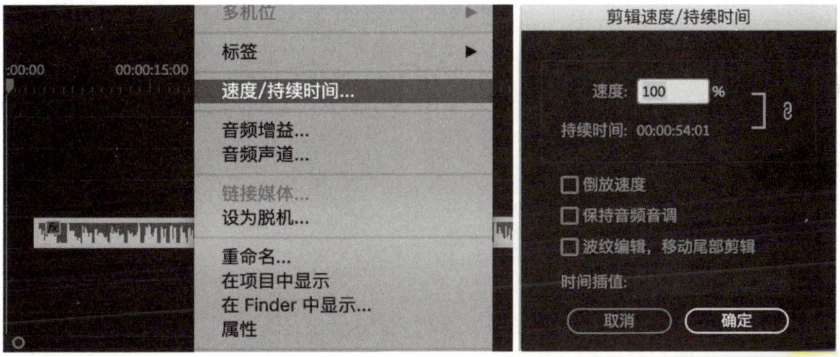

图 7-30　设置“速度/持续时间”

调整音频增益：音频增益是指音频信号声调的高低。用户在选择时间线面板上的音频素材后，执行“剪辑”菜单中“音频选项”下的“音频增益”命令（如图 7-31 所示）。在弹出的对话框中选择“调整增益值”，并输入新的增益值。当参数大于 0dB 时，表示增大音频素材的增益值；反之，当参数小于 0dB 时，表示减小音频素材的增益值（如图 7-32 所示）。

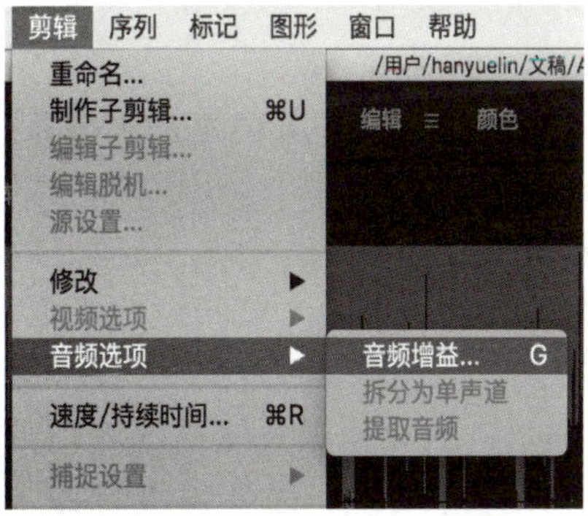

图 7-31　执行“音频增益”命令

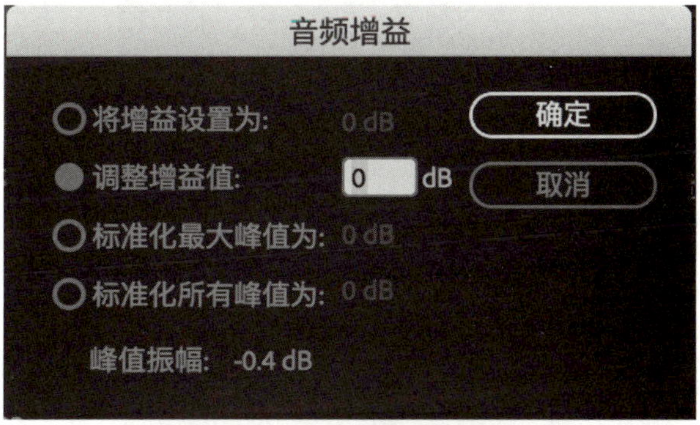

图 7-32　音频增益的调整

此外,也可以使用上文提到的钢笔工具,通过打关键帧的方式对特定时段的音频进行音量大小的调节(如图 7-33 所示)。

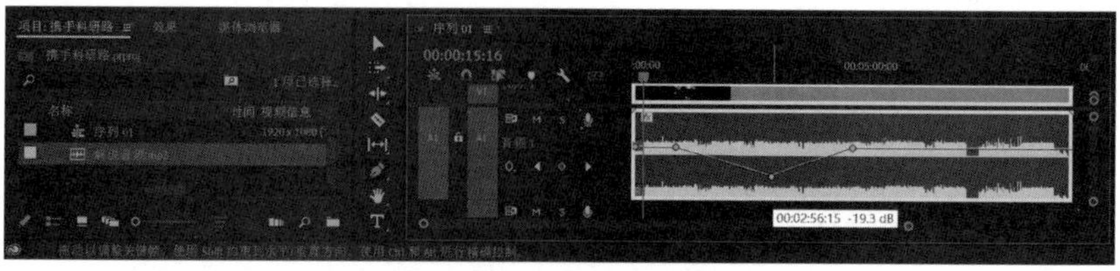

图 7-33　用钢笔工具调节音频声音大小

视音频解组/建组:默认情况下,视音频一体的素材的视频和音频为链接状态,在添加、移动、删除视频和音频中的任意一方时,另一方也将发生相应改变。如果需要单独编辑视频或音频,则需要首先将视音频解组,即取消二者之间的链接。用户选择素材后,执行"剪辑"菜单下的"取消链接"命令,或右键单击视频或音频素材,选择弹出菜单中的"取消链接",即可完成视音频的解组(如图 7-34 所示);反之,执行菜单中的"链接"命令,即可使处于分离状态的视音频重新建组。

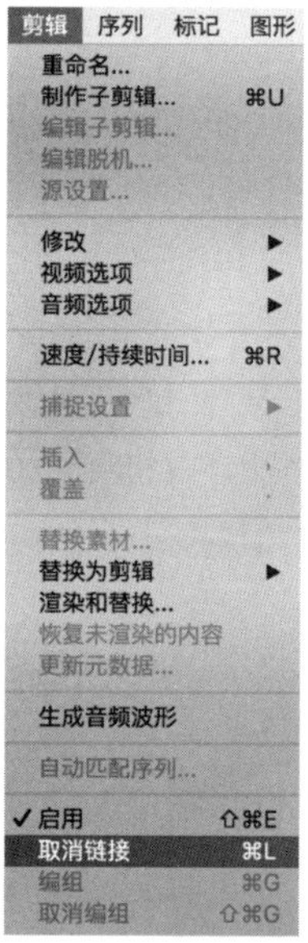

图 7-34　取消链接

三、特效的编辑

在掌握基本编辑操作技巧后,用户可以用 Premiere Pro CC 2021 实现基本的创作意图,为了加强影视作品的视觉和听觉效果,还需要掌握视音频特效的添加方式。Premiere 软件提供了强大的视音频特效命令,下面介绍几种常用的特效编辑手段。

(一)视频过渡特效

当不同场景的镜头画面组接在一起的时候,由于时间、地点、情节的不同,难免会出现画面之间存在逻辑上或视觉心理上不连贯的现象。为了避免这种现象的出现,使画面衔接更加流畅,用户可以添加视频过渡特效,即转场特效。

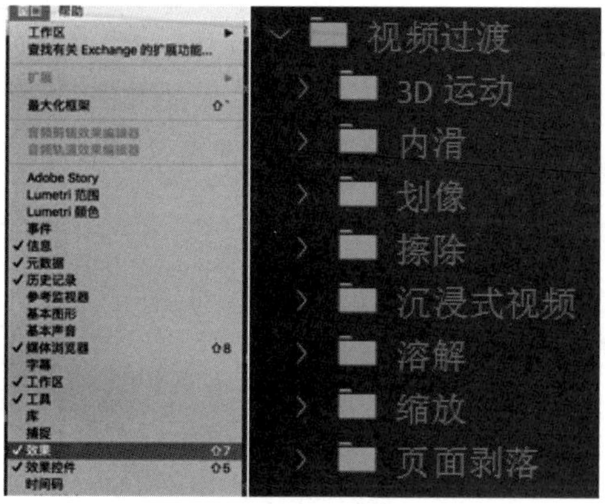

图 7-35　打开效果面板

Premiere Pro CC 2021 的视频过渡特效集中存放在效果面板的"视频过渡"效果文件夹中,用户选择"窗口"菜单下的"效果"选项,即可打开效果面板(如图 7-35 所示)。在"视频过渡"文件夹中,一共有 8 种不同过渡类别,包含 47 种不同的过渡效果,供用户挑选使用。但需要注意的是,过渡效果并非越多越好,而要根据具体情况谨慎使用,切不可滥用过渡效果,以免造成特效喧宾夺主、冲淡影片主题的后果。

1.添加视频过渡效果

“视频过渡”文件夹下提供了“3D 运动”“内滑”“划像”“擦除”“沉浸式视频”“溶解”“缩放”“页面剥落”等过渡效果种类，每一种类包含多种过渡效果供用户选择。例如，在“划像”文件夹下，提供了“交叉划像”“圆划像”“盒形划像”“菱形划像”几种不同的划像效果。用户可以单击文件夹前面的三角形图标，打开种类列表，查找所需的过渡效果。

在 Premiere Pro CC 2021 中添加视频过渡效果十分简便，只需要单击效果面板中的过渡效果并将其拖动至视频轨道上的两个相邻素材之间，即可完成对所选过渡效果的添加。例如，如果想使用常见的转场方式——淡入淡出，用户可在“溶解”过渡效果中选择“黑场过渡”，并将其拖到 A、B 两段素材之间，素材 A 则逐渐淡化为黑色，然后再逐渐淡化出素材 B，即达成淡入淡出的效果（如图 7-36 所示）。

2.应用默认的视频过渡效果

如果要在序列中多次应用相同的过渡效果，用户可以将此效果设置为默认过渡效果，以便将其快速应用到各个素材之间，从而提高编辑的效率。

Premiere Pro CC 2021 系统初始的默认过渡效果是“交叉溶解”，即“叠化”效果。若添加默认过渡效果，用户可在序列中选择需要添加过渡效果的所有素材后，执行“序列”菜单栏下“应用默认过渡到选择项”命令，或使用快捷键“Shift+D”，即可对所选择的所有素材应用默认的视频过渡效果。

如果希望更改默认过渡效果，只需在效果面板中右键单击目标效果图标，在弹出的菜单中选择“将所选过渡设置为默认过渡”命令即可（如图 7-37 所示）。

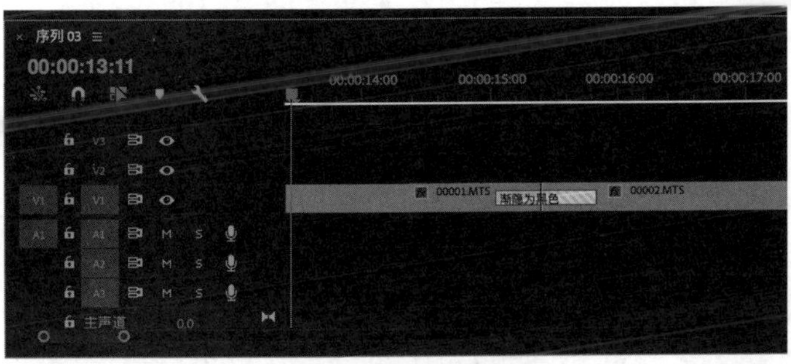

图 7-36　淡入淡出效果

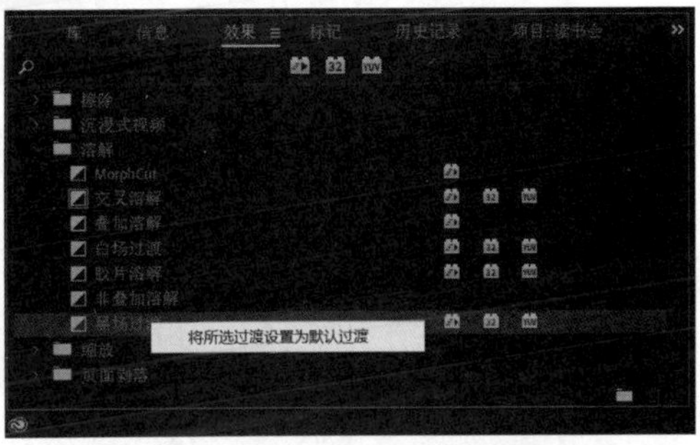

图 7-37　更改默认过渡效果

3.编辑视频过渡效果

过渡效果的应用位置、持续时间等都要根据影片的节奏和衔接镜头的具体情况决定，当系统默认的过渡效果不能满足编辑需要时，用户可以对视频过渡效果进行进一步的调整，例如，设置过渡效果的持续时间、开始方向、结束方向，替换或删除过渡效果等。

(1)更改持续时间

当用户在两个素材之间添加过渡效果后,可以更改过渡效果的持续时间。用户可以用鼠标单击并拖动过渡效果的左边缘或右边缘,即可延长或缩短持续时间,且可以在下方提示中直观地看到精确的持续时长(如图7-38所示)。此外,用户也可以在"效果控件"面板中单击"持续时间"选项右侧的数值,在文本框中输入自定义的时间值,即可完成对过渡时间的精确设置(如图 7-39 所示)。

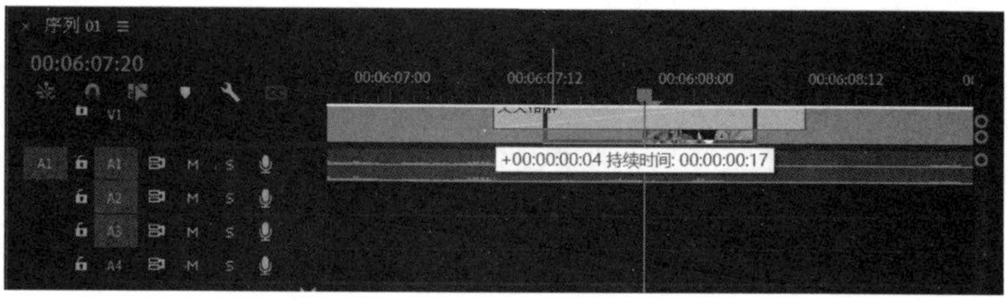

图 7-38　改变视频过渡效果的时间

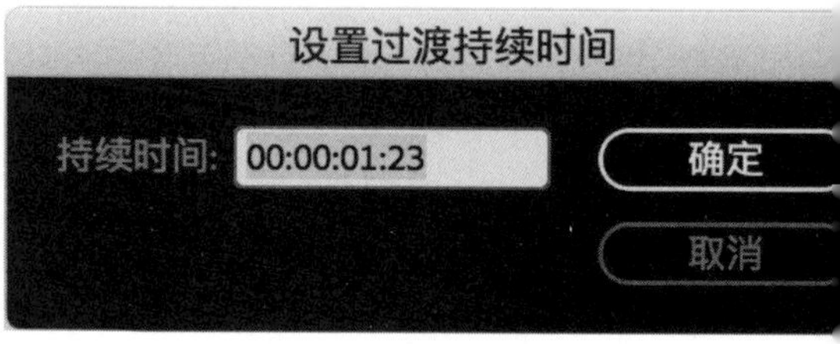

图 7-39　设置过渡效果的持续时间

(2)更改对齐方式

在添加过渡效果后,利用"效果控件"面板的"对齐"下拉列表可以更改过渡效果的对齐方式(如图 7-40 所示)。系统提供了"中心切入""起点切入""终点切入""自定义起点"几种对齐方式。在更改对齐方式的时候,用户可以勾选面板中的"显示实际源"复选框,显示素材及过渡效果,以便对过渡效果进行精确的编辑。

(3)反向过渡效果

在默认情况下,视频过渡效果是从第一个素材切换到第二个素材,即由 A 到 B。如果需要创建从 B 到 A 的过渡效果,用户可以选择"效果控件"面板中的"反向"复选框,对过渡效果进行反转设置(如图 7-41 所示)。

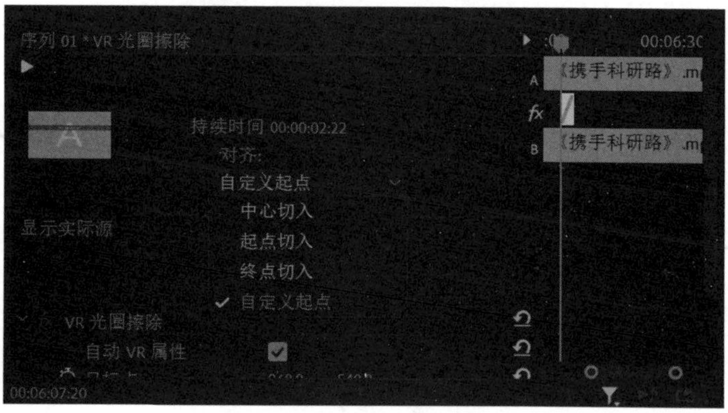

图 7-40　更改对齐方式

图 7-41　反向过渡效果

(4)替换和删除效果

如果用户对当前添加的视频过渡效果不满意,可以替换或删除该效果。用户只需要从效果面板上选择所需的新效果,单击并将其拖动到时间线面板上原过渡效果的添加位置，即可完成对原过渡效果的替换。如果要删除过渡效果，只需选择时间线面板上的该效果，按下“Delete”键删除。

(二)视频运动特效

运动是视频的主要特征，它能够给画面带来视觉冲击力。Premiere Pro CC 2021 提供了强大的运动效果特效，用户可以利用设置关键帧的方法制作丰富多彩的视频运动效果。需要注意的是，与视频过渡特效一样，视频运动特效也是为影片锦上添花的一种手段，切不可滥用特效，避免带来喧宾夺主、冲淡主题的后果。

1.*添加运动特效*

Premiere Pro CC 2021 的视频运动特效存放在“效果控件”面板下的“运动”属性组中。用户在选择要添加运动特效的素材后，只需单击“运动”属性组中各选项前面的“切换动画”按钮，即可为素材添加该运动特效，并自动生成一个关键帧（如图7-42所示）。

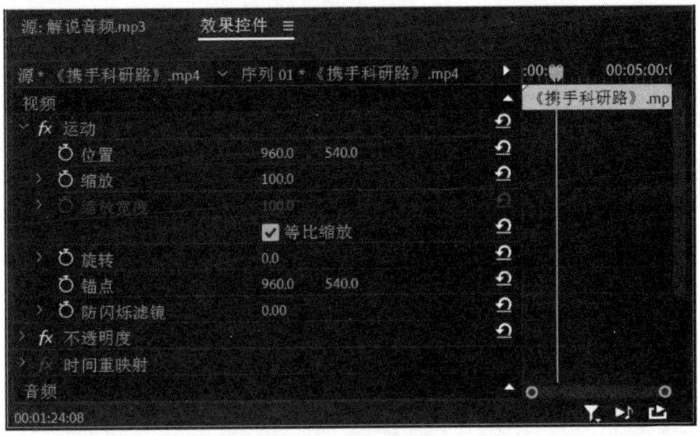

图 7-42　“运动”属性组

常用的视频运动特效参数有以下几个。

（1）位置：通过调整位置参数可以实现画面的移动效果，即通过改变坐标系中的坐标（X，Y），实现素材画面按照一定的平面运动轨迹进行移动。

（2）缩放：通过调整缩放参数可以改变画面的大小，即通过改变素材尺寸的百分比，实现素材画面的缩放变形。当“等比缩放”复选框被勾选时，素材画面只能按照原比例缩放变化，若“等比缩放”复选框未被勾选，则可以单独改变素材画面的高度和宽度。

（3）旋转：通过调整旋转参数可以使素材画面围绕指定轴线进行转动，不同的旋转角度可以实现不同的旋转效果。当旋转角度小于 360°时，参数的设置只有旋转角度一项；当旋转角度超过 360°时，参数的设置除了旋转角度之外，还包括旋转的周数。

（4）锚点：通过调整锚点参数可以创造特殊的旋转效果。在默认情况下，锚点设置在素材画面的中心点，调整锚点后，旋转的轴线将发生偏离。

（5）防闪烁滤镜：视频显示在隔行扫描的显示器上时，图像中的细线和锐利边缘有时会发生闪烁，此控件可以减少甚至消除这种闪烁。随着强度的增加，消除的闪烁也就更彻底，但图像也会变淡。因此，在使用的过程中需要合理设置。

2.*编辑运动特效*

Premiere Pro CC 2021 通过设置关键帧的方式来编辑运动特效。帧是最小单位的单幅影像画面，关键帧则是指画面运动的关键变化所处的那一帧。关键帧可以控制视频效果的参数变化，主要用于制作有运动效果和属性变化的动画效果。关键帧既具有独立性又具有相互作用性,任何视频运动特效的编辑至少需要前后给出两个不同属性的关键帧,中间过渡属性的变化则由计算机自动完成。

(1)添加关键帧

关键帧既可以通过时间线面板来添加,又可以通过效果控件面板来添加。在时间线面板上,首先选择要添加关键帧的视频素材,将当前时间指示器移动到添加关键帧的位置,单击“添加/移除关键帧”按钮,即可添加关键帧。再次单击该按钮,即可将该位置的关键帧删除。用户也可以在效果控件面板上,利用“特效控制台”上的“切换动画”按钮,即可在添加特效的同时创建第一个关键帧,之后只要单击该特效属性下的“添加/移除关键帧”按钮,即可添加新的关键帧。

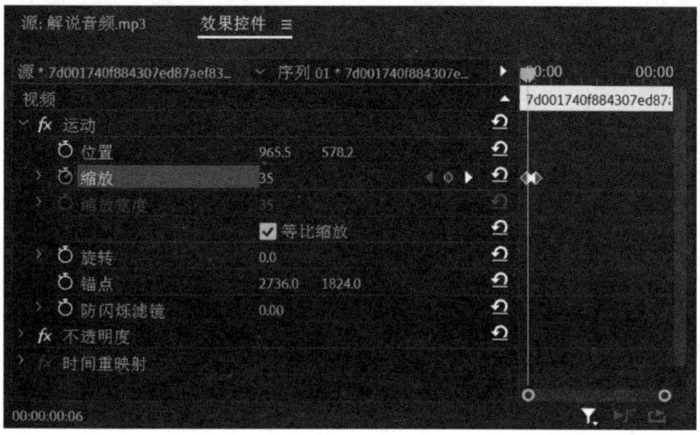

图 7-43 编辑关键帧——等比缩放效果

(2)编辑关键帧

在效果控件面板添加关键帧后,可以通过设置属性参数来实现动画效果。例如,在添加“缩放”特效后,将第一个关键帧的属性参数设置为 35,将第二个关键帧的属性参数设置为 100,即可实现“缩放”效果(如图 7-43、图 7-44 所示)。如果用户要移动关键帧,只需选择该关键帧,单击并拖动鼠标即可。如果两个关键帧的属性相同,用户也可以使用复制粘贴的方式提高操作的效率。

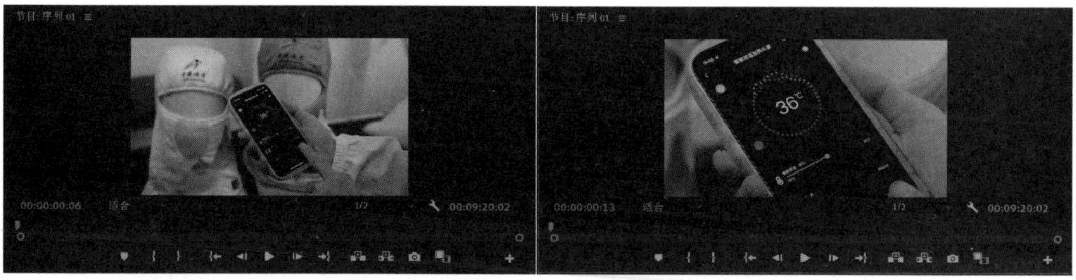

图 7-44 “缩放”效果

(3)删除关键帧

选中关键帧,按下 Delete 键即可将其删除。或者再次单击“添加/移除关键帧”按钮,也可将关键帧清除。如果想删除所有关键帧,可以直接点击“切换动画”按钮,在弹框中选择确定即可(如图 7-45 所示)。

图 7-45　删除所有关键帧

四、字幕编辑

（一）创建静态字幕

Premiere Pro CC 2021 的字幕编辑功能较之前版本有所调整，改变了过去字幕设计器与视音频编辑区完全分开的布局，使得字幕与视音频内容的编辑衔接得更加顺畅。初学者在使用 Premiere Pro CC 2021 时常常会遇到两个问题：一是如何调出之前版本的字幕设计器，二是新功能字幕如何添加及修改。

对于习惯于使用旧版字幕设计器进行字幕编辑的用户，可以通过选择“文件”菜单下“新建”子菜单的“旧版标题”命令，打开“新建字幕”对话框（如图 7-46 所示），输入字幕名称后单击“确定”，即可打开字幕设计器。

旧版字幕设计器主要由绘图区、主工具栏、字幕工具面板、字幕动作面板、旧版标题样式面板、旧版标题属性面板构成（如图 7-47 所示）。

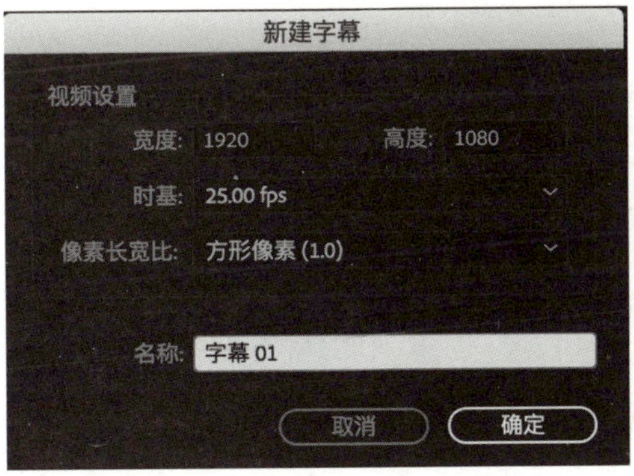

图 7-46　“新建字幕”对话框

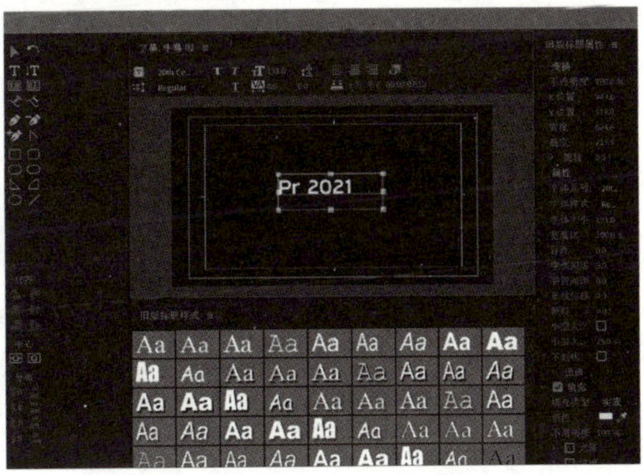

图 7-47　旧版字幕设计器

绘图区(如图7-48所示):用户可以在此窗口创建和编辑文字或图形。例如,当用户要添加水平文本字幕时,可以在字幕工具面板中选择工具T,然后单击绘图区的任意位置,直接输入文字,即可创建水平文本字幕。

主工具栏(如图7-49所示):这部分工具主要用于字幕创建和排列方式的基本设定。例如,指定创建静态文字、游动文字或滚动文字,指定是否根据当前字幕新建字幕、选择字体和对齐方式等。

字幕工具面板(如图7-50所示):该面板集合了字幕设计器的文字工具和图形工具,利用文字工具,用户可以创建横排、竖排或沿某一路径排列的文字文本。利用图形工具,用户可以创建直线、曲线、矩形、椭圆形、楔形等多种图形。

字幕动作面板(如图7-51所示):该面板中的按钮用于规定文字和图形的对齐或分布方式。

图7-48 绘图区

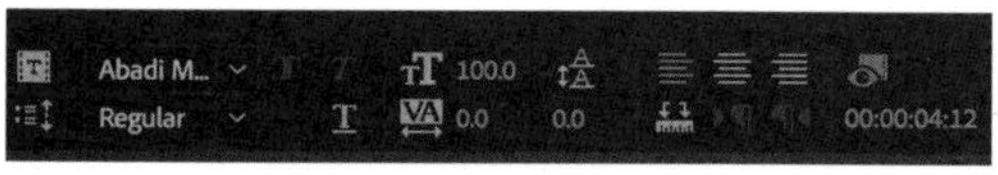

图7-49 主工具栏

图7-50 字幕工具面板

图7-51 字幕动作面板

旧版标题样式面板(如图7-52所示):该面板集合了标题的预设样式。

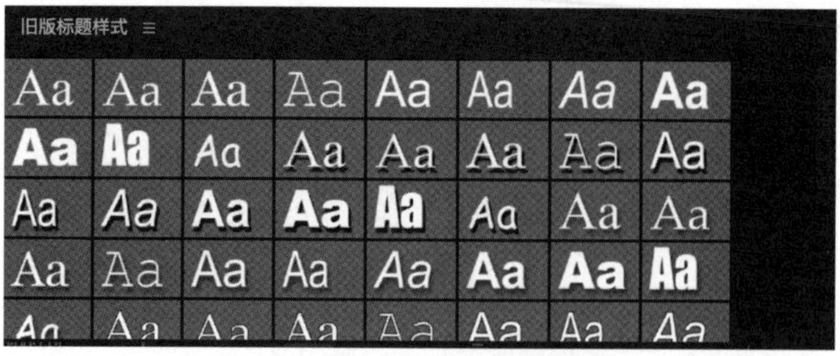

图7-52 旧版标题样式面板

旧版标题属性面板（如图 7-53 所示）：该面板中放置了与字幕内各对象相关的选项，用户可以由此调整字幕的大小、颜色、位置等基本属性，也可以设置字幕描边、阴影效果等高级属性。

在创建静态字幕的过程中，如果用户需要输入的字数较多，可以使用回车键实现换行，也可以在字幕工具面板中选择“区域文字工具”或“垂直区域文字工具”创建多行文本字幕。二者的区别在于，当使用“选择工具”拖动文本字幕的角点时，使用回车键输入的多行字幕将随角点位置的变化而变形；而使用“区域文字工具”创建的多行字幕，在角点变化时，只是文字的排列方式随文本框的形状变化而变化，文字本身不会发生变形。

除了使用旧版的字幕设计器添加字幕外，Premiere Pro CC 2021 在编辑区的编辑工具面板（如图 7-54 所示）中新增了“文字工具”按钮和“垂直文字工具”按钮，可以方便快捷地添加图形字幕。用户只需选择“文字工具”，在节目监视器中单击并拖动鼠标，即可创建一个文本框，然后在其中输入需要添加的字幕即可（如图 7-55 所示）。添加字幕后，在效果控件面板上将新增一个“文本效果”组，在这里用户可以对当前字幕的字体、颜色、描边、位置等参数进行修改（如图 7-56 所示）。

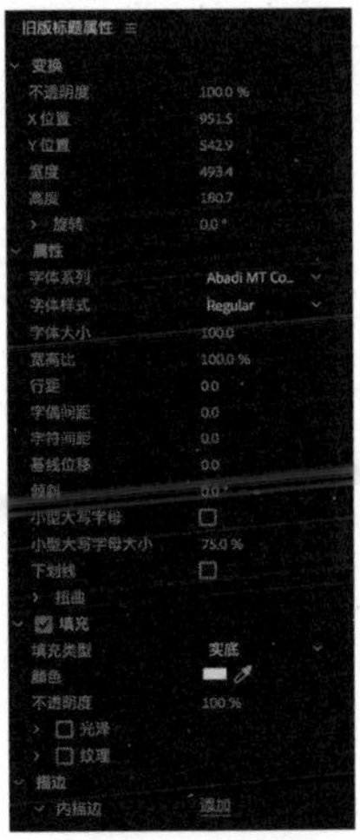

图 7-53　旧版标题属性面板

图 7-55　添加字幕

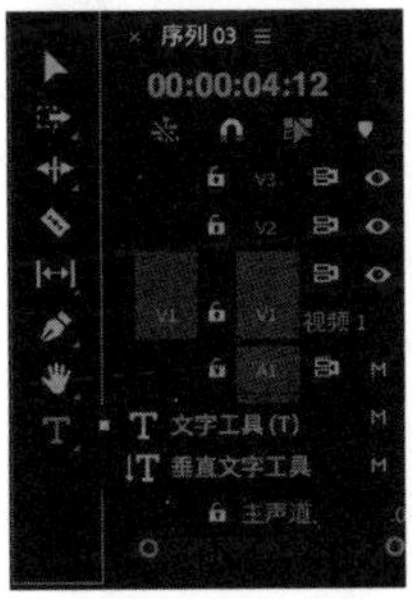

图 7-54　编辑工具面板

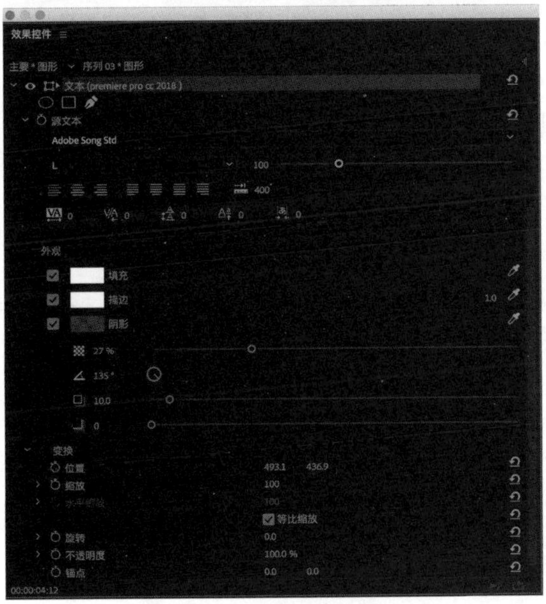

图 7-56　文本参数调整

此外,用户还可以直接打开 Premiere Pro CC 2021 上方的字幕面板,双击即可新建字幕。鼠标拖动时间轴到任意位置都可以点击“添加新字幕分段”按钮来创建字幕(如图 7-57 所示)。如果字幕较长或过短,可以在已添加的字幕段上通过点击“拆分区段”和“合并区段”对字幕进行拆分和合并设置。在 Premiere Pro CC 2021 中,为了方便字幕的添加,基础图形部分加入了很多字幕模板(如图 7-58 所示),方便用户选择合适的字幕模板,并直接拖到时间线面板中使用。

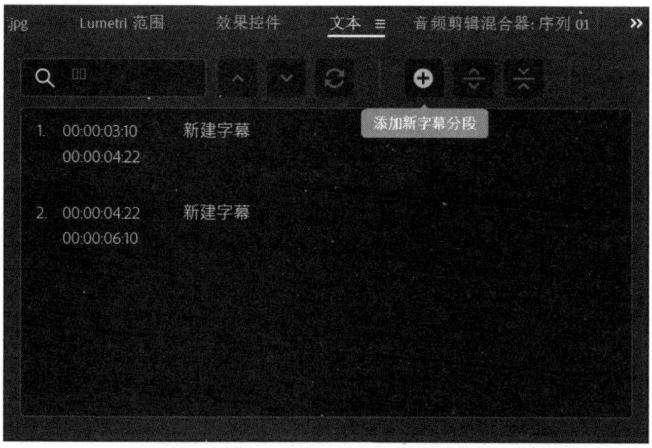

图 7-57　添加新字幕分段

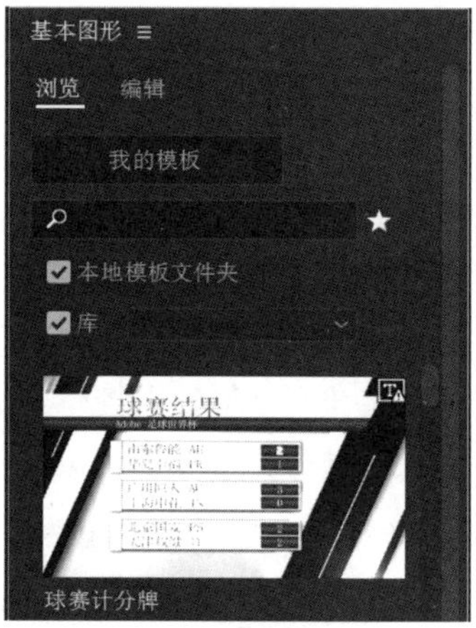

图 7-58　字幕模板

(二)创建动态字幕

除了创建静态字幕外,Premiere Pro CC 2021 还可以轻松地创建动态字幕,包括创建游动字幕和滚动字幕两种类型。

1.创建游动字幕

游动字幕是指沿着水平方向运动的字幕,一般出现在屏幕的顶端或底端,用于弥补画面之外的信息。根据人眼的阅读习惯,一般游动字幕多采用从左向右的运动方式。创建游动字幕的方法如下:

第一步:选择“文件”菜单栏中“新建”菜单下的“旧版标题”选项,在打开的“新建字幕”对话框中对字幕进行命名并单击“确定”。

第二步:在弹出的字幕设计器中单击字幕工具面板中的“文字工具”,按照静态字幕的创建方法添加字幕文字(如图 7-59 所示)。

第三步:在字幕设计器中单击“主工具栏”的“滚动/游动选项”按钮,在弹出的对话框中选择“向左游动”选项,勾选“开始于屏幕外”和“结束于屏幕外”复选框,单击“确定”(如图 7-60 所示)。

第四步:关闭字幕设计器,将创建的字幕文件添加到时间线面板的视频轨道上,通过节目监视器进行效果预览。

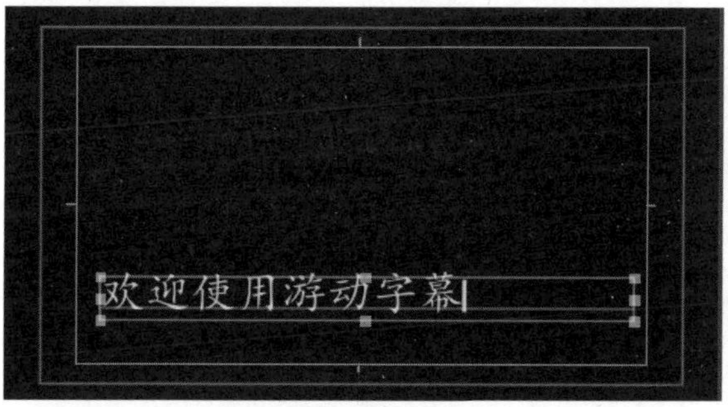

图 7-59　添加字幕文字

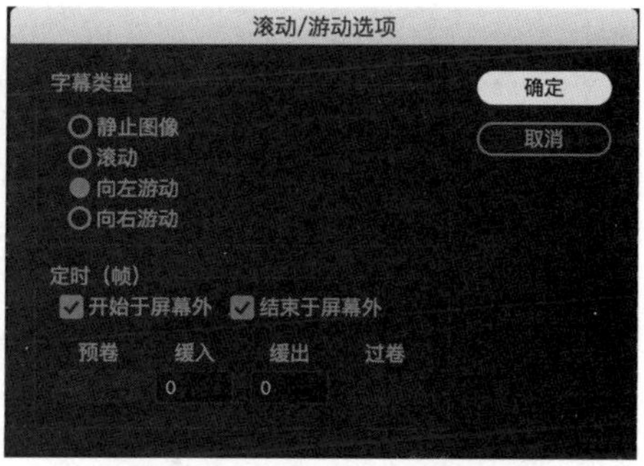

图 7-60　设置游动选项

当然，我们也可以通过设置关键帧的形式来创建游动字幕。首先，添加静态字幕。其次，选中所添加的字幕，点击效果控件中的“运动”。最后，选择“锚点”，添加关键帧。关键帧的位置调节，可以是从左往右，也可以是从右往左，通过关键帧的设置同样可以达到字幕游动的效果（如图 7-61 所示）。

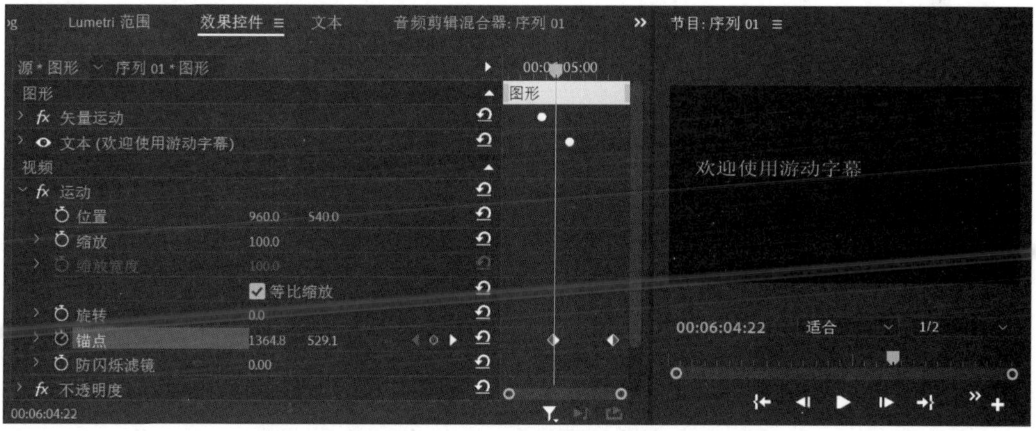

图 7-61　利用关键帧设置游动字幕

2.创建滚动字幕

滚动字幕是指由下向上进行滚动的字幕文件，一般用于片尾演职员表的制作。滚动字幕与游动字幕的创建方式类似，具体步骤如下：

第一步：选择“工具栏”中的文字工具。

第二步：在画面合适的位置添加文本框（如图 7-62 所示），输入字幕内容。

第三步：点击菜单栏中的“图形”选项，界面右侧会弹出“基本图形”栏，单击其中的“滚动”选项，并勾选“启动屏幕外”和“结束屏幕外”复选框，还可以直接在“滚动”字幕中设置“预卷”“过卷”“缓入”“缓出”等效果（如图 7-63 所示）。

图 7-62　添加文本框

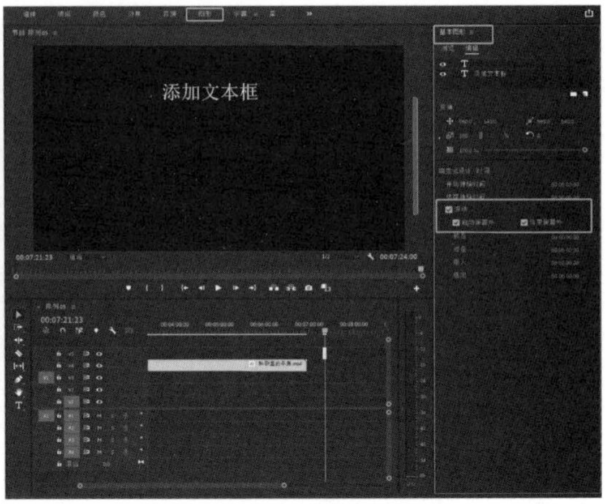

图 7-63　设置滚动选项

第四步:通过节目监视器预览效果。

滚动字幕同样也可以通过打关键帧的形式来进行设置,具体步骤参考游动字幕的设置。与游动字幕不同的是,滚动字幕是纵向变换,因此所调节的是 Y 坐标上的数值,而游动字幕所调节的是 X 坐标上的数值。与直接在字幕设计器中设置的动态字幕不同,通过"效果控件"改变锚点数值更具灵活性。用户可以根据自己的实际需求,通过设置关键帧的形式对字幕的变换位置进行任意调节。

(三)绘制图形

在字幕设计器中,用户可以直接创建"矩形""圆角矩形""切角矩形""椭圆形""楔形""弧形"等基本图形,也可以利用贝赛尔曲线工具来绘制用绘图工具无法制作或制作得不理想的图形,并为图形添加渐变色、阴影、描边、光泽等效果。

1.绘制基本图形

用户选择字幕工具面板上的图形按钮后,在绘图区单击并拖动鼠标,即可创建相应的图形。例如,单击"矩形工具"按钮■,在绘图区单击并拖动鼠标,即可创建一个矩形,如配合 Shift 键操作,则可绘制出正方形(如图 7-64 所示)。

绘制完成后,用户可以单击"选择"工具按钮▶,进一步调整图形的位置和大小;也可以在旧版标题属性面板的"变换"选项组中,修改"X 位置"和"Y 位置"的值,精确调整图形的位置,修改"宽度"和"高度"的值,精确调整图形的大小(如图 7-65 所示)。

在 Premiere Pro CC 2021 中,除了通过字幕设计器进行图形编辑之外,还有一种更加快捷的方式。首先点击工具栏中的"钢笔工具",出现"矩形工具"和"椭圆工具",选择后便可轻松绘制矩形或椭圆形。用户也可以用"钢笔工具"直接在画面中绘制出满意的形状并编辑。"钢笔工具"的使用不需要再次打开字幕面板,更加高效便捷(如图 7-66 所示)。

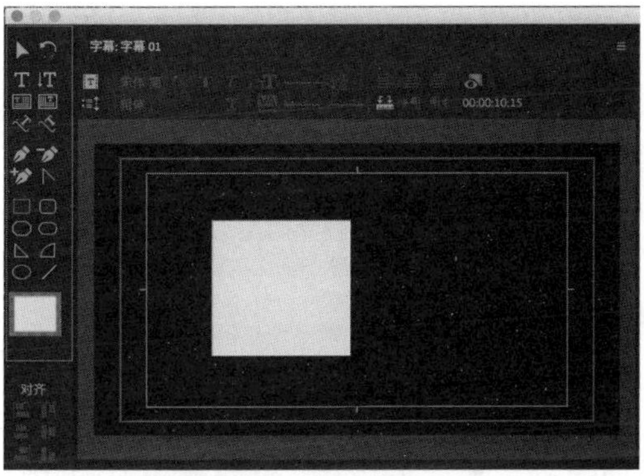

图 7-64 绘制正方形

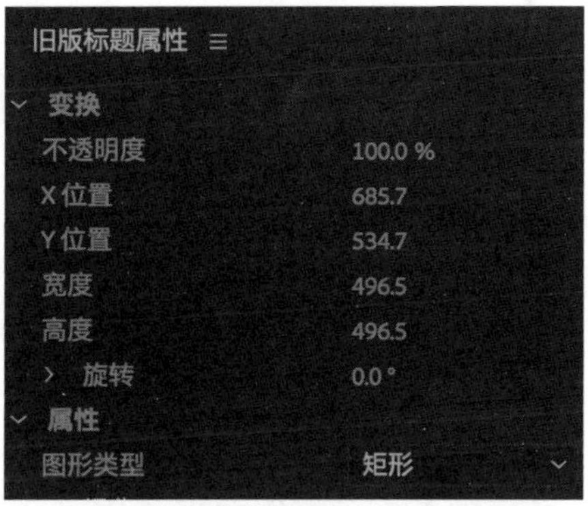

图 7-65 "变换"选项组

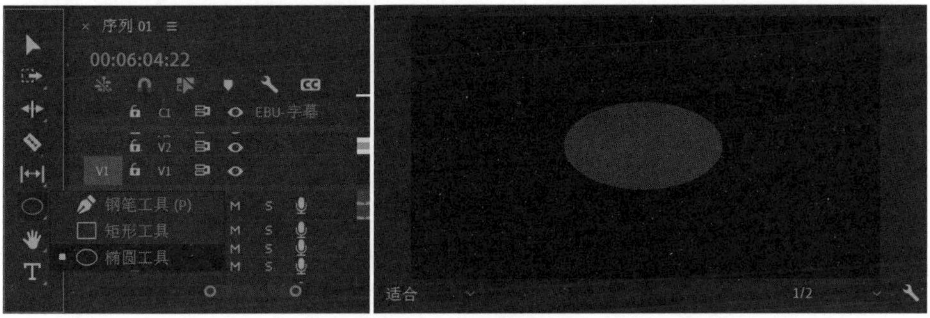

图 7-66 图形工具

2.绘制特殊图形

如果基本图形无法满足要求,用户也可以通过字幕工具面板或工具栏中的"钢笔工具"自行绘制所需图形。用户选择"钢笔工具"后,在绘图区单击鼠标,即可创建一个路径节点,连续创建多个路径节点后,即可绘制形成图形的基本轮廓(如图 7-67 所示)。随后,在字幕工具面板中选择"转化节点工具",调整各个路径节点的控制柄,完成对轮廓形状的修正(如图 7-68 所示)。

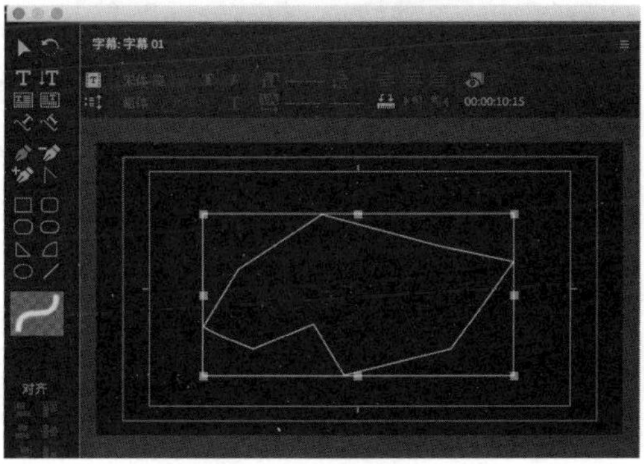

图 7-67 绘制特殊图形

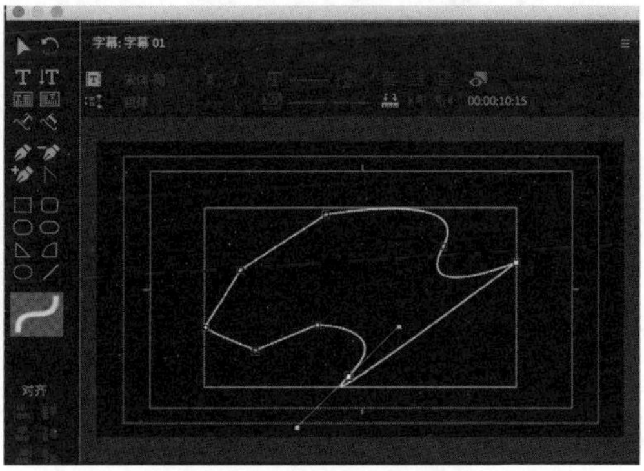

图 7-68 调整路径节点

如果用户希望增加或删除路径节点,可以选择字幕工具面板中的“添加节点工具”或“删除节点工具”,在当前路径上添加新的节点或删除已有节点。

第三节　常用技巧及注意事项

一、快捷键的使用技巧

在熟悉 Premiere Pro CC 2021 的基本功能和操作之后,使用快捷键组合可以很好地提高工作效率。例如,在剪辑素材的时候,一般操作是选择“剃刀工具”,点击素材的相应位置,将一段完整的素材剪开,再将不需要的素材删去。而使用快捷键则可以迅速实现相同效果。用户只需将当前时间指示器放置在需要剪辑的位置,单击键盘的 Q 键,即可将当前时间指示器之前的素材删除,并实现与相邻素材自动衔接;单击键盘的 W 键,即可将当前时间指示器之后的素材删除,并实现与相邻素材自动衔接。

(一)查看快捷键

选择“编辑”菜单栏下的“快捷键”命令,可以打开“键盘快捷键”对话框,初始状态下对话框中的“键盘布局预设”显示为“Adobe Premiere Pro 默认值”,用户可以查看到系统对“应用程序”“面板”的默认快捷键。单击展开“命令”下拉菜单可进行各部分快捷键列表的切换,单击选项前面的三角形图标,可以进一步展开其中的命令选项列表(如图 7-69 所示)。

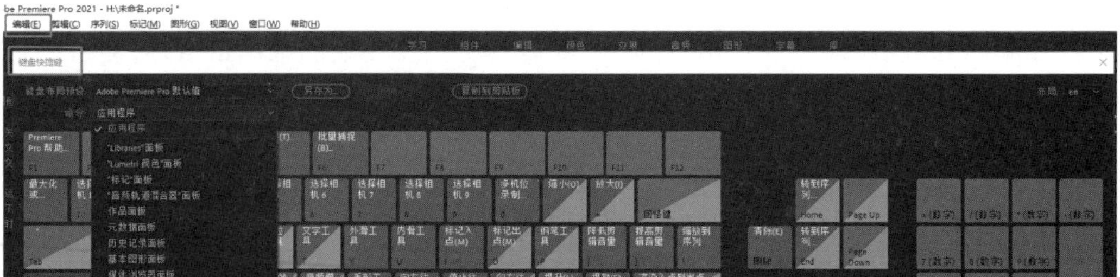

图 7-69　切换查看快捷键

(二)修改快捷键

除了使用系统默认的快捷键操作外,用户还可以根据自己的操作习惯,修改并自定义快捷键命令。单击“键盘布局预设”右侧的箭头,打开下拉菜单,可以看到除了“Adobe Premiere Pro 默认值”外,还提供了“Adobe Premiere Pro CS 6”“Avid Media Composer 5”“Final Cut Pro 7.0”三种快捷键系统供用户选择,用户可以根据自身操作习惯选择适用的快捷键系统(如图 7-70 所示)。

此外,用户可以根据需要自定义快捷键。单击“键盘快捷键”对话框上的“另存为”按钮,在打开的“键盘布局设置”对话框中单击“确定”,则创建“新建自定义键组”(如图 7-71 所示)。利用“命令”下拉菜单找到要更改的快捷键命令,然后单击命令后面的快捷键文本框,将其激活。此外,用户还可以在对话框下方的快捷键列表中选择没有快捷键的命令,为其设置一个快捷键。

图 7-70 键盘布局预设对话框

图 7-71 创建新建自定义键组

重新按下一个功能键或组合键,新的按键方式将显示在快捷键文本框中,单击文本框右侧的删除按钮后根据习惯修改快捷键再单击“确定”按钮即可完成对快捷键的修改(如图 7-72 所示)。在更改键盘命令后,既可保存修改设置,又可以避免改写 Premiere 的默认设置。快捷键修改完成后,下次启动 Premiere 时,只需在“键盘布局预设”下拉列表选中“新建自定义键组”,即可载入自定义的快捷键。

需要注意的是,在重新设置快捷键时,如果所设置的快捷键与其他菜单命令中的快捷键一致,则会显示冲突提示。此时,用户需要重复之前的快捷键修改操作,设置新的快捷键命令,直至所设置的快捷键不会出现冲突为止。

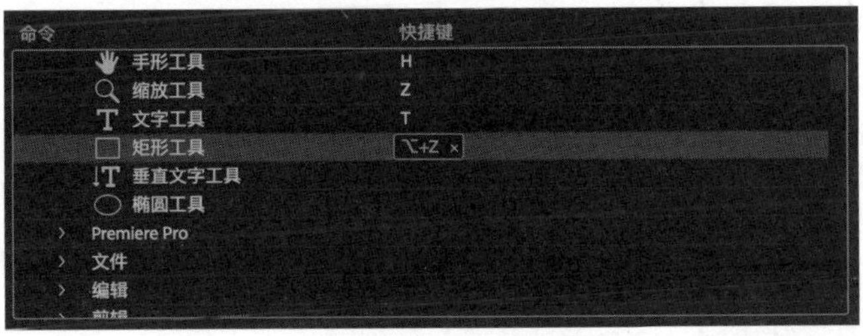

图 7-72 修改快捷键

如果快捷键设置错误或者想删除某个命令快捷键,只需在“键盘快捷键”对话框中选择该快捷键后,单击“清除”按钮即可。此外,用户也可以单击对话框中的“还原”

按钮,撤销快捷键的设置操作。

二、多机位同步编辑技巧

对于一些多机位拍摄的影视作品,Premiere Pro CC 2021 提供了多机位序列编辑功能,最多可以同时编辑四台摄像机所拍摄的视频素材。使用多机位同步编辑,可以很容易地将一个机位拍摄的内容替换成另一个机位拍摄的内容,提高后期剪辑的效率。

第一步:新建一个项目,然后选择“文件”菜单下“新建”子菜单的“序列”命令,在“新建序列”对话框中设置视频轨道数为 4,单击“确定”按钮。

第二步:导入多机位素材,分别放置在 V1、V2、V3、V4 轨道上,然后将各素材的入点对齐(如图 7-73 所示)。

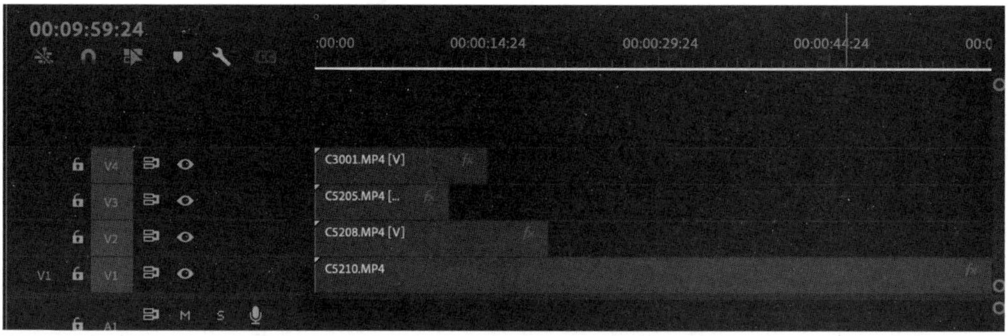

图 7-73 对齐各轨道上的素材

第三步:使用选择工具,框选 V1 至 V4 轨的素材,然后执行“剪辑”菜单栏中的“同步”命令,在打开的“同步剪辑”对话框中,将同步点设置为“剪辑开始”(选择该项,同步素材的入点),单击“确定”按钮(如图 7-74 所示)。

第四步:选择“文件”菜单栏下“新建”子菜单的“序列”命令,创建一个作为目标序列的新序列,然后将带有同步视频素材的源序列从项目面板拖到目标序列的一个视频轨道上,从而将源序列嵌套到目标序列中(如图 7-75 所示)。

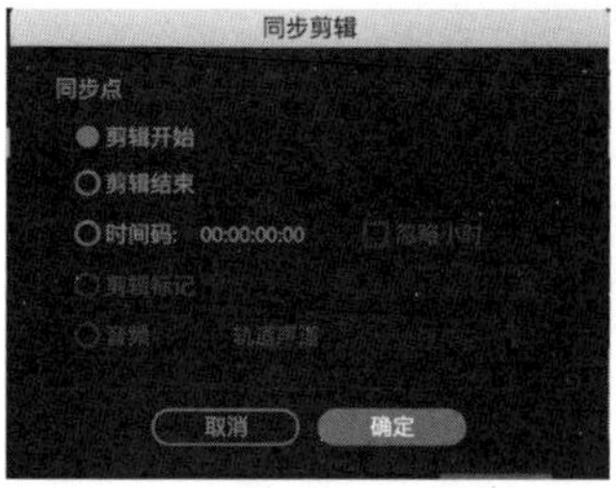

图 7-74 设置同步点

图 7-75 将源序列嵌套到目标序列中

第五步:选中嵌套的新序列,然后选择“剪辑”菜单栏下“多机位”的“启动”命令,即可激活多机位编辑功能。需要注意的是，只有在时间线面板中选中了嵌套的序列，才能执行多机位编辑功能（如图 7-76 所示）。

图 7-76　激活后的多机位效果

三、关键帧运用的注意事项

关键帧广泛运用于创建动画、效果和音频属性，以及一些随时间变化而变化的属性。上一节简单介绍了关键帧的添加和编辑操作，在制作一些较复杂的视音频效果时，往往需要使用并调整多个关键帧，在操作的过程中用户应留意以下事项。

第一，在时间线面板中编辑关键帧，只适用于具有一种属性数值参数的特效，如不透明度、音频变量等。效果控件面板则更加适用于具有二维或多维数值参数的特效设置，如位置、缩放、旋转等。

第二，在时间线面板中，关键帧数值的变化会以图像的形式进行展现。因此，用户可以直观地看到并分析数值随时间变化的趋势，完成对关键帧的快速调整。

第三，效果控件面板可以一次性显示多个属性的关键帧，但只能显示所选素材的关键帧，而不能显示整个序列的关键帧。时间线面板可以一次性显示多个轨道多个素材的关键帧，但每个轨道仅能显示一种特效属性。

第四，利用效果控件面板设置关键帧，在开启动画记录后，如再次单击“切换动画”开关按钮，将删除此运动方式下的所有关键帧。单击效果控件面板中“运动”右边的“重置”按钮，也将清除该素材片段上所有的运动效果，将素材效果还原到初始状态。

第五，在使用多个关键帧控制动画效果时，当选择了关键帧的曲线变化方式后，可以利用钢笔工具来调整曲线的手柄，从而调整曲线的形状。使用效果控件面板中的速度曲线可以调整效果变化的速度，通过调整速度曲线可以模拟真实世界中物体的运动效果。

第六，在视频编辑中，如果需要选择多个关键帧进行统一编辑，需要在效果控件面板中选择多个关键帧。用户可以按住键盘的 Ctrl 或 Shift 键,依次单击要选择的各个关键帧,完成对关键帧的多选,也可以通过按住并拖动鼠标的方式框选多个关键帧。

第四节 创作实训:制作读书会宣传短片

了解了 Premiere Pro CC 2021 的基本操作方法和编辑技巧后,本节将通过解析案例——读书会宣传短片的制作流程,帮助初学者进一步了解相关知识的具体应用,并达到举一反三的目的。

一、新建项目与序列

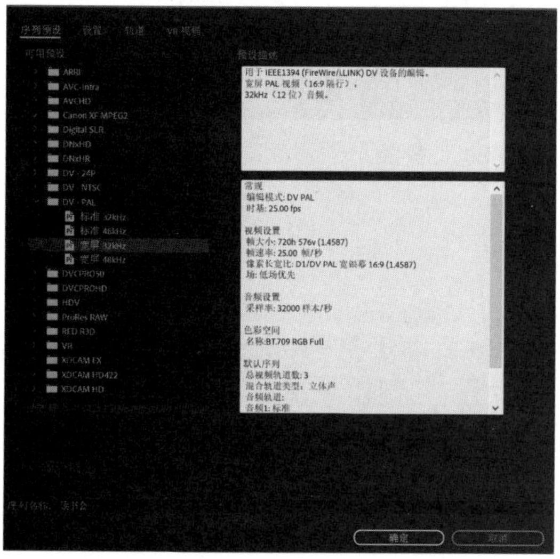

图 7-77 设置序列预设

启动 Premiere Pro CC 2021 应用程序,在开始界面选择"新建项目"选项,在弹出的对话框中添加项目名称和保存路径后单击"确定"。

单击菜单栏中"文件"菜单下的"新建",选择"序列"命令,在"序列预设"选项卡中选择"宽屏 32kHz";将"轨道"选项卡中的视频轨道数设置为 3,添加序列名称后单击"确定"(如图 7-77 所示)。

二、导入素材

用鼠标右键点击项目面板空白处,在弹出的菜单中选择"导入"命令。在导入对话框中选择需要导入的素材,单击"导入"(如图 7-78 所示)。

导入素材后,单击项目面板下方的"新建素材箱"按钮,为素材箱重命名后,将素材分类放入素材箱内,以方便编辑时查找(如图 7-79 所示)。

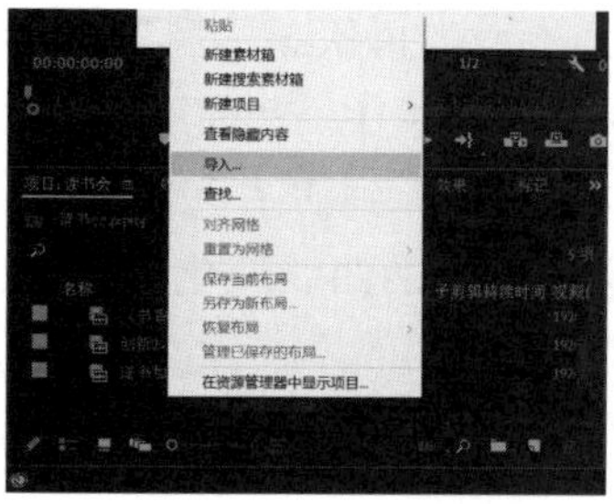

图 7-78 导入素材

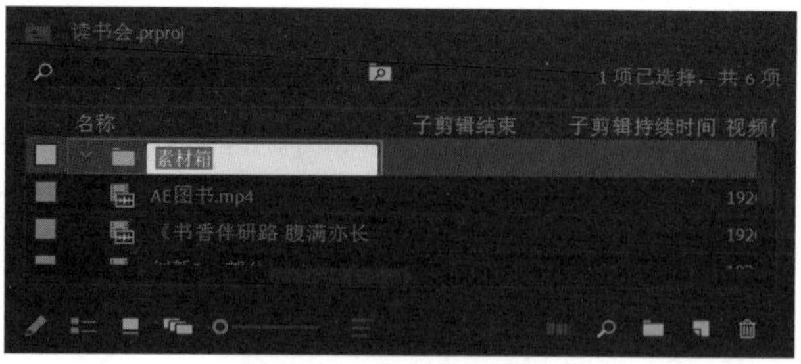

图 7-79 新建素材箱

三、将素材添加到时间线面板

双击素材文件，单击源监视器面板的“播放—停止切换”按钮进行预览，在所需片段首尾打上入点和出点(如图 7-80 所示)。

图 7-80　选择所需素材片段

将所需素材片段从源监视器窗口直接拖动到时间线面板的轨道上。重复上述操作，将素材进行初步的组接(如图 7-81 所示)。

图 7-81　将素材拖入时间线面板

如不需要保留同期声，可以右键单击时间线面板上的素材，在弹出的对话框中选择“取消链接”，再将音频删除。或直接使用快捷键，在按住 Alt 键的同时单击音频，则音频被单独选中，按 Delete 键即可将音频单独删除(如图 7-82、图 7-83 所示)。

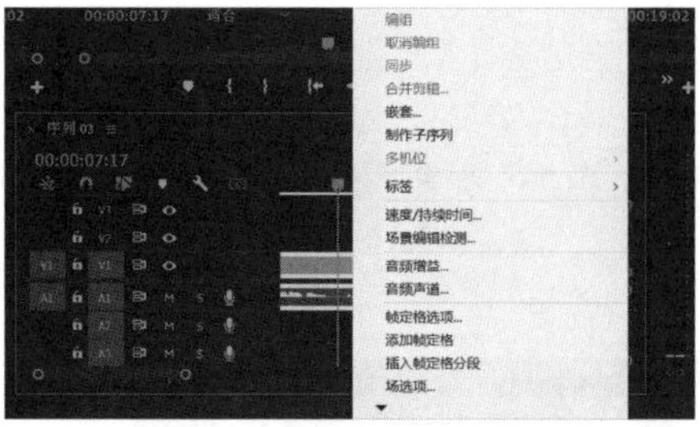

图 7-82　取消视频与音频的链接

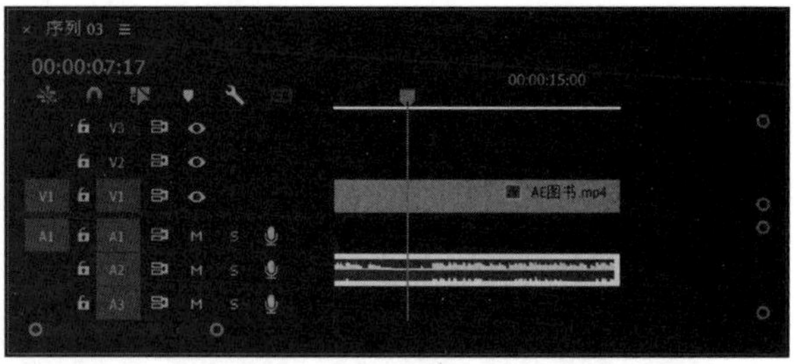

图 7-83　单独选中音频素材

四、批量添加剪辑素材

在项目面板上按住 Shift 键选择或用鼠标框选所需素材,单击项目面板下方的“自动匹配序列”按钮,再单击“确定”,即可将素材批量添加到时间线面板的轨道上。

选择编辑工具面板中的“剃刀工具”,将不需要的素材部分剪开并删除。为了快速删除素材之间的空隙,可以选择“序列”菜单栏下的“封闭间隙”命令,即可将素材之间的空隙批量删除,使素材快速组接在一起(如图 7-84、图 7-85 所示)。

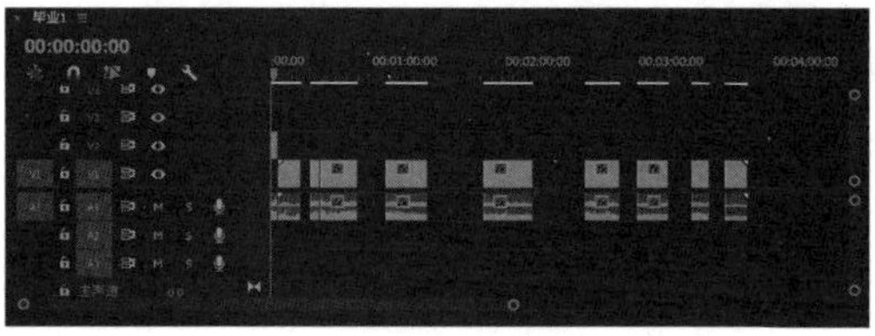

图 7-84　缝隙被删除前的效果

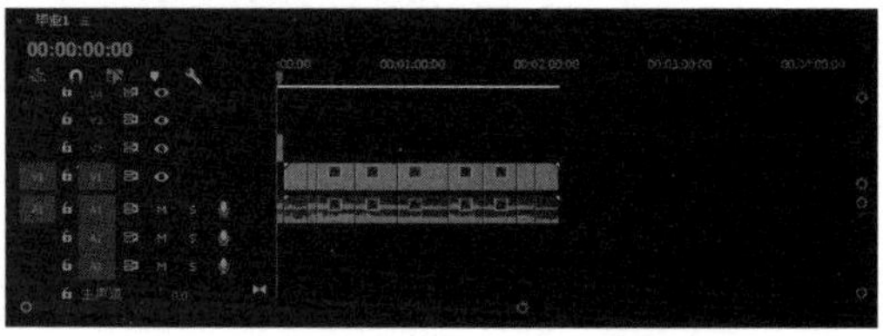

图 7-85　缝隙被删除后的效果

五、添加视频过渡效果

首先,在场景切换处添加转场特效。单击效果控件面板中“视频过渡”特效组前面的小箭头图标,展开特效列表。选择“溶解”特效组下的“黑场过渡”效果,将其直接拖到需要添加视频过渡特效的两个素材之间。

其次,打开效果控件面板,设置视频过渡效果的持续时间和对齐方式,将过渡时间设置为 3 秒,将对齐方式选为“中心切入”。勾选“显示实际源”,检查特效起止画面,播放以便检查特效的效果(如图 7-86、图 7-87 所示)。

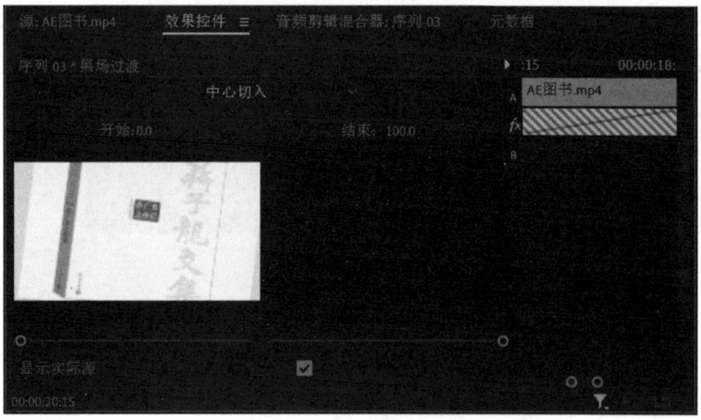

图 7-86　设置视频过渡效果

图 7-87　添加“黑场过渡”特效后的视频播放效果

六、添加视频运动效果

首先，利用视频运动特效制作视频组的叠加效果。单击“序列”菜单执行“添加轨道”命令，增加所需的视频轨道。如果时间线面板的轨道显示不全，可以单击序列名称右边的菜单选项按钮，选择“浮动面板”，即可将时间线面板拖到屏幕中央，将鼠标放在面板边缘拖动，将面板拉大。

其次，将视频素材组呈阶梯形放置在视频轨道上（如图 7-88 所示）。

再次，选择“视频 1”，在效果控件面板上为其添加“位置”和“缩放”效果。将入点的“位置”效果的 Y 参数设为“-200”，使视频从画面上端进入。将“缩放”比例减小到合适数值（如图 7-89 所示）。

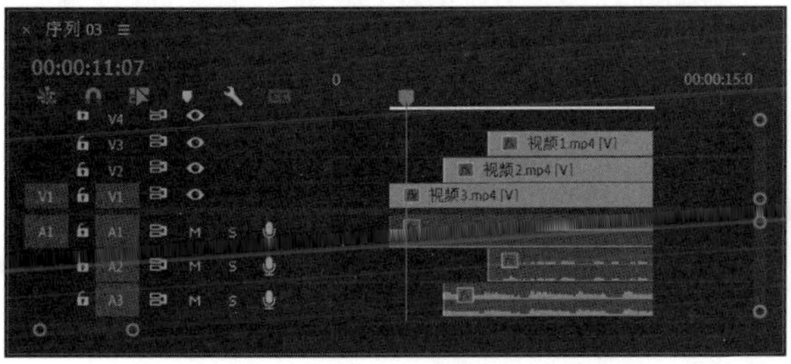

图 7-88　调整各轨道素材的位置

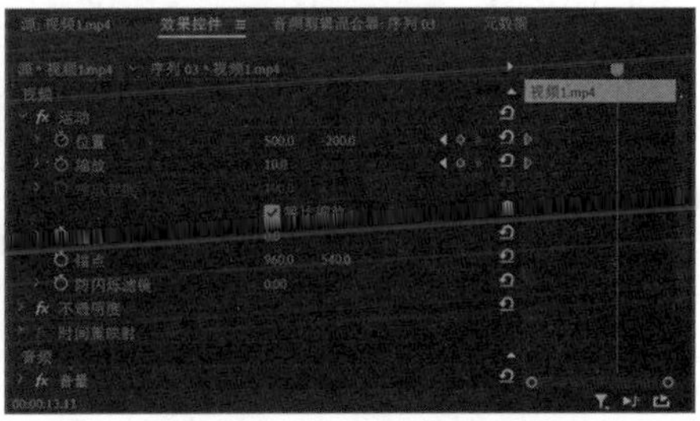

图 7-89　设置视频效果

在下一视频进入前设置特效的出点，将当前时间指示器移至相应位置，单击效果控件面板上的“添加/移除关键帧”按钮，并分别调整关键帧的参数。将“位置”效果的 Y 参数改为 300，将“缩放”比例调大（如图 7-90 所示），使得“视频 1”最终落在画面左上角位置。

图 7-90　设置关键帧参数

最后，重复上述操作，为“视频 2”“视频 3”添加视频运动效果。或者右键单击“视频 1”，选择弹出菜单中的“复制”命令,再框选其他视频素材,单击右键后选择弹出菜单中的“粘贴属性”命令,单击弹出对话框的“确定”按钮,即可将“视频 1”的特效快速复制到其他视频文件中,之后再微调各视频文件的特效参数(如图 7-91、图 7-92 所示)。

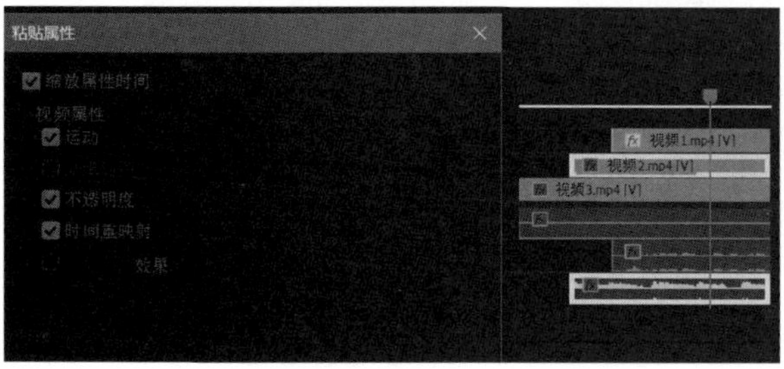

图 7-91 复制并粘贴视频运动效果

图 7-92 已添加运动效果的视频组

七、视频局部处理

在编辑视频的过程中,我们常常会遇到视频画面内其他信息的干扰,这时就需要对画面中的冗余内容进行局部打码或模糊处理。我们以二维码的处理为例进行详细步骤的介绍。

第一步:单击选中视频,在效果控件面板的搜索栏中搜索“模糊”视频效果(如图7-93所示)。

第二步:点击“高斯模糊”,将其直接拖动到需要添加效果的视频轨道上。

第三步:选中视频,点击效果控件面板中的“高斯模糊”。

第四步:创建四点多边形蒙版或自由绘制贝塞尔曲线,框出二维码所在位置(如图 7-94 所示)。

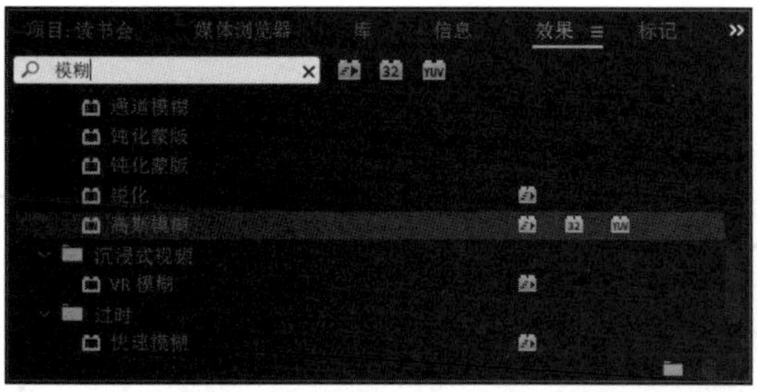

图 7-93 搜索“模糊”视频效果

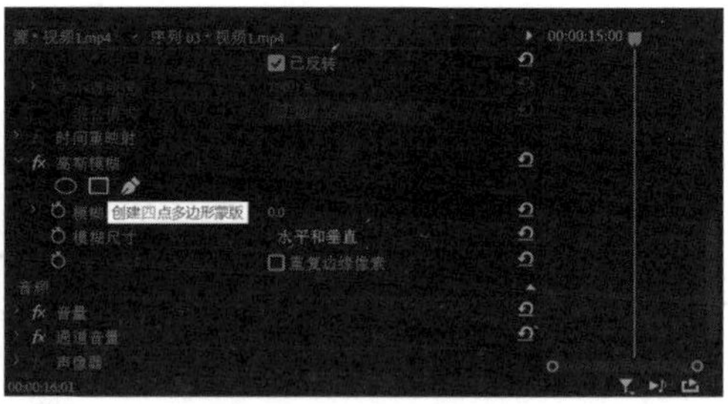

图 7-94 绘制蒙版

第五步:调节模糊度的数值,再调节蒙版羽化数值和蒙版扩张数值以便弱化蒙版的边界感,使模糊效果更加自然(如图 7-95 所示)。

第六步:全部调节完毕后,播放视频,检查模糊效果,若不满意再对参数进行调整,直至满意。

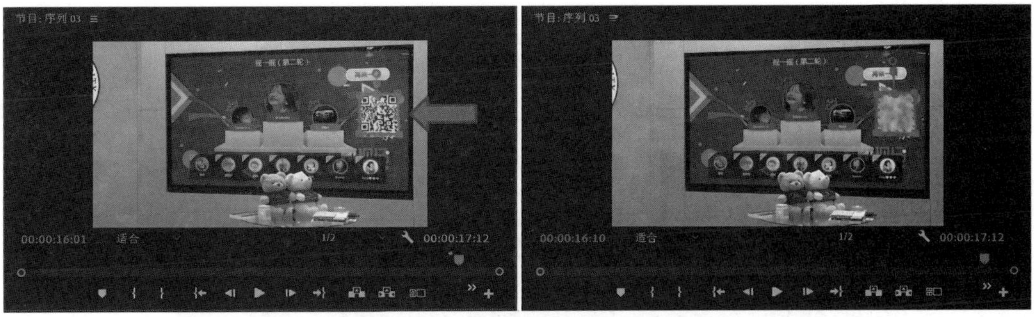

图 7-95　模糊完成前后效果比较

八、添加字幕

点击字幕面板，选择“创建新字幕轨”，点击“添加新字幕分段”（如图 7-96 所示）。输入需要添加的字幕，在“基本图形”编辑面板中更改字体、位置、大小、颜色等（如图 7-97 所示）。

图 7-96　添加字幕

图 7-97　调节字幕属性

九、添加并编辑背景音乐

将同期声素材统一放置在时间线面板的 A1 轨道上,将背景音乐素材从项目面板拖到时间线面板的 A2 轨道上(如图 7-98 所示)。

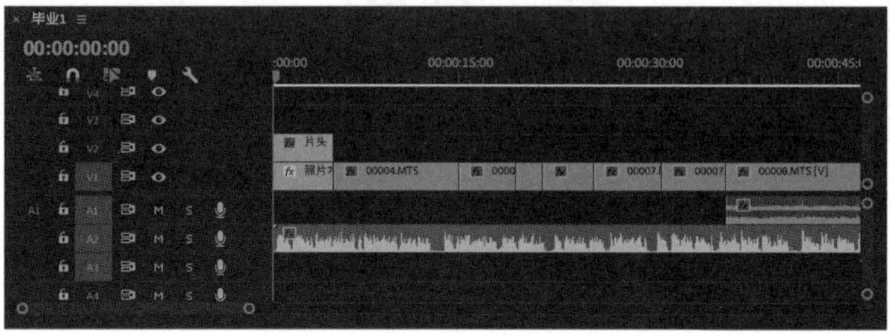

图 7-98　设置音频素材的所处轨道

右键单击新添加的背景音乐素材,在弹出的菜单栏中选择“音频增益”命令。在弹出的对话框中修改增益值,单击“确定”(如图 7-99 所示)。此外,也可以选择工具栏中的“钢笔工具”,在音频轨道上打上关键点,通过向上或向下拖动关键点来改变音量大小。

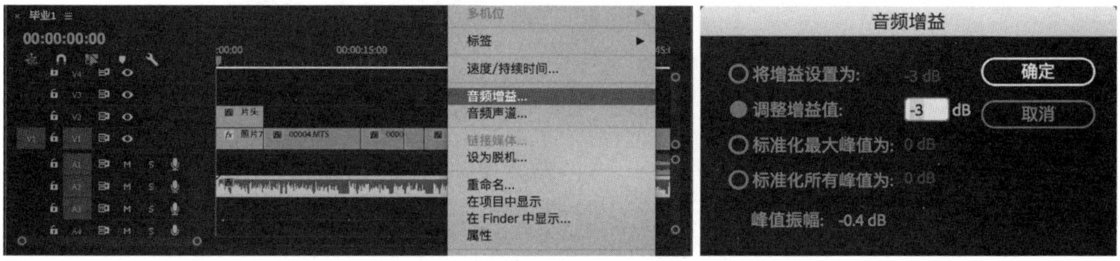

图 7-99　修改音频的增益值

图 7-100　为音频素材设置和调整恒定增益效果

为了使音乐的开始和结束不显得突兀,需要在背景音乐的头尾处添加淡入淡出音效。点击效果面板中“音频过渡”特效组前的小箭头图标,选择“交叉淡化”下的“恒定增益”效果,并将其拖到时间线面板上背景音乐素材的入点处。“恒定增益”能够使音频以逐渐增强的方式进行过渡,从而实现淡入的效果。双击时间线面板上“恒定增益”的图标,可以在弹出的“设置过渡持续时间”对话框中输入并调整特效的持续时间(如图 7-100 所示)。

选择效果面板上的“恒定功率”效果，并将其拖到时间线面板上背景音乐素材的出点处，“恒定功率”能够使音频以逐渐减弱的方式进行过渡，从而实现淡出的效果。双击时间线面板上“恒定功率”的图标，可以在弹出的“设置过渡持续时间”对话框中输入并调整特效的持续时间（如图 7-101 所示）。

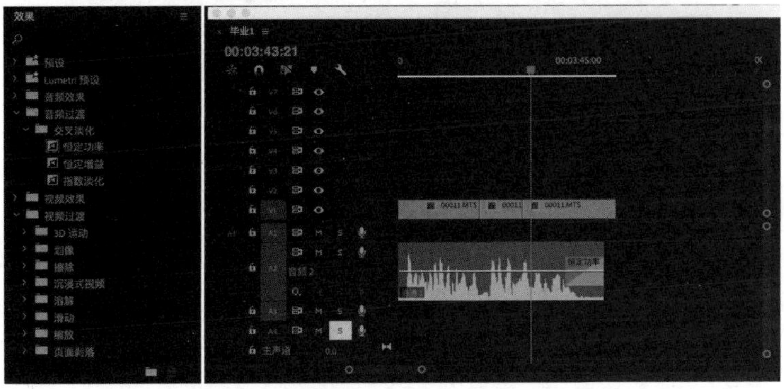

图 7-101　为音频素材设置和调整恒定功率效果

十、将项目输出成影片文件

执行“文件”菜单栏中“导出”下的“媒体”命令，在弹出的“导出设置”对话框中，选择导出的格式、修改输出文件的名称和保存路径、调整输出质量等参数后，单击对话框下方的“导出”按钮（如图 7-102 所示）。

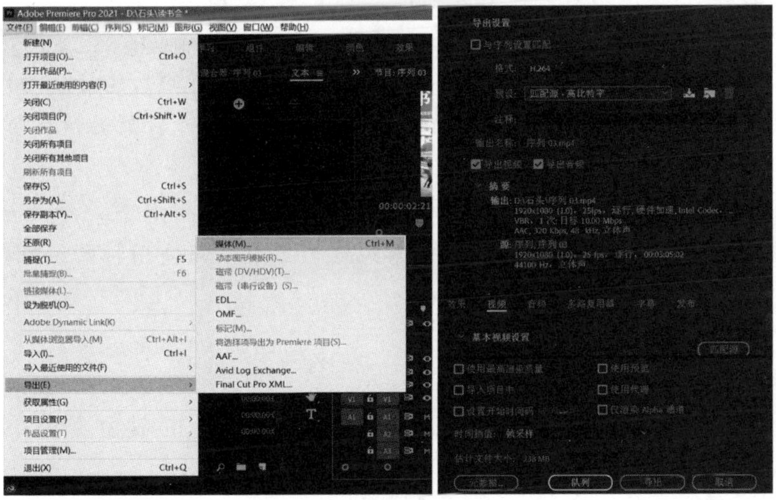

图 7-102　导出设置

之后，屏幕将弹出导出进度条，用户如需修改可以单击“取消”，在更改参数后再次导出文件，并替换之前的导出文件（如图 7-103 所示）。

图 7-103　导出进度条

本章小结

本章主要以 Premiere Pro CC 2021 为例,介绍了 Premiere 非线性编辑系统的基本界面、基本操作和常用的编辑技巧。初学者应以影视编辑的工作流程为线索,着重学习使用 Premiere 非线性编辑系统,完成项目管理、素材导入、视音频编辑、视音频转场特效编辑、视频运动效果编辑、字幕编辑等基本操作。当然,Premiere 的功能远不止于本章所述的内容,读者可以以本章的学习为契机,继续探索其强大的视频剪辑与效果制作功能,也可以举一反三,通过对 Premiere 的学习,更好地理解非线性编辑的思维方式和操作原理,为将来学习其他非线性编辑软件,或从事影视非线性编辑工作打下良好的基础。

本章思考题

1.在非线性编辑中,为什么工作界面的设计和布局对于编辑者非常重要?如果你有权限重新设计 Adobe Premiere Pro CC 的界面,你会有什么建议?

2.在 Adobe Premiere Pro CC 中,视音频编辑通常是并行的。请分析为什么视频与音频的紧密结合在编辑过程中是非常关键的。在没有音乐或音效的情况下,单纯的视频编辑会带给观众怎样的观感差异?

3.Adobe Premiere Pro CC 为编辑者提供了丰富的特效和特技。如何确保这些特效和特技能够服务于故事的叙述,而不是单纯地为了炫技而使用特效和特技?结合具体实例进行分析。

本章实训题

1.任选一首经典的红色歌曲,使用 Adobe Premiere Pro CC 2021 制作一部 2—3 分钟的音乐 MV。你可以选择现有的音乐片段或自行录制音乐。

要求:

(1)根据所选音乐,收集或拍摄相关的视频素材。

(2)在 Premiere 中新建项目,并根据需要创建合适的序列。

(3)将视频素材导入时间线,进行初步剪辑。

(4)使用 Premiere 的特技特效,增强视频的视觉效果。

(5)对音乐进行编辑和特效处理，确保音乐与画面协同。

(6)制作片头片尾，添加必要的字幕，为歌词打上同步唱词字幕。

(7)将编辑完成的音乐 MV 输出为影片文件。

2.围绕某一热点话题在校园内随机访问，将素材整理制作成一期 5 分钟左右的访谈节目，使用 Adobe Premiere Pro CC 进行后期编辑。

要求：

(1)选择合适的话题，设计访谈提纲。

(2)现场拍摄，同期录音。

(3)根据访谈内容确定节目主题，完成初步编辑。

(4)将声音与画面同步，调整访谈录音的音量，确保声音清晰可听。

(5)添加必要的特技特效和字幕。

(6)制作片头片尾，输出成片。

参考文献

[1]张晓艳.影视非线性编辑[M].北京：北京大学出版社，2010.

[2]时代印象.中文版 Premiere Pro 2021 入门教程[M].北京：人民邮电出版社，2021.

[3]李铁，黄临川，徐丕文.影视动画后期非线性编辑(Premiere Pro CC)[M].北京：人民邮电出版社，2016.

[4]华天印象.中文版 Premiere Pro CC 实战视频教程[M].北京：人民邮电出版社，2017.

[5]刘尉.Premiere Pro 2021 从入门到精通[M].北京：人民邮电出版社，2021.

[6]JAGO M. Adobe Premiere Pro CC 2017 经典教程[M].巩亚萍，译.北京：人民邮电出版社，2017.

08

第八章 EDIUS的应用

学习重点

EDIUS的工作界面和基本操作
EDIUS的工作流程
EDIUS视音频编辑的基础操作

学习难点

EDIUS转场特技的使用技巧
EDIUS视频特效的使用技巧

能力目标

熟练操作EDIUS完成基本的视音频编辑
有效使用EDIUS的特技特效提升影视作品的表现力

本章微课

本章知识更新

EDIUS 是 Grass Valley 公司推出的一款非线性编辑软件,为广播电视后期制作而设计,拥有完善的工作流程、友好的操作界面,能够提供实时、多轨道、多格式混编与合成、视音频特效、字幕和时间线输出等功能。EDIUS 的功能特性比较突出,具有强大的实时视频转码技术,支持所有流行的视音频文件格式,能够将不同清晰度、不同分辨率、不同宽高比和帧速率的素材在同一时间线上混编,甚至在嵌套序列里实现实时操作。用户可以在高清环境下放置并编辑 4∶3 标清视频,或者混合 PAL 制和 NTSC 制的素材。此外,EDIUS 还可以处理多种新兴视频格式,如索尼的 XAVC(Intra/Long GOP)/XAVC S,松下的 AVC-Ultra,佳能的 XF-AVC、H.265/HEVC 以及 HDR 编辑和颜色分级的各种 Log/Raw 文件等,并支持 1080P 或 4K 分辨率,这使得 EDIUS 深受专业视频编辑人士的青睐。

EDIUS 的版本包括 EDIUS Pro4、EDIUS Pro5、EDIUS Pro6、EDIUS Pro7、EDIUS Pro8、EDIUS Pro9 和 EDIUS X 等,本章将以 2020 年推出的 EDIUS X 为例,阐述 EDIUS 非线性编辑软件的功能与操作技巧。

第一节　基本界面

一、安装与启动

自 Pro7 开始,EDIUS 就要求在 64 位的 Windows 系统上安装和运行,作为升级版本,EDIUS X 也要求如此,同时 EDIUS X 充分发挥 64 位操作系统的优点,能够运用多达 512G 的系统内存实现 3D、多机位以及多轨道 4K 等超强度的编辑操作。作为 64 位的应用程序,EDIUS X 对电脑的硬件配置有一定的要求,在安装软件时,用户需要考虑 CPU 的运行速度、内存大小、显卡的显存容量以及硬盘空间等指标,这些因素决定了软件处理和渲染视频文件的速度、保存文件的容量,直接影响编辑工作的效率。安装 EDIUS X 需要达到的硬件标准如表 8-1 所示。

表 8-1　EDIUS X 对电脑硬件的要求

操作系统	Windows10 64 位(1903 版或更高版本),注:EDIUS 目前没有 Mac 版
处理器	英特尔 Core i7 处理器或 AMD FX-8150 Eight-Core 处理器或更高级的处理器,支持 AVX2 的第 4 代 Intel CPU 及更高或同等 AMD CPU
内存	4GB 或更大内存(4K 视频编辑建议选用 16GB 或更大内存) Windows10 企业版和专业版, 64-bit,最大支持 512 GB 内存
硬盘	软件安装需要 6GB 的硬盘空间,视频存储需要 SATA/7200RPM 或更快速的驱动器,可用硬盘空间应为编辑文件大小的两倍及以上,高清以上分辨率的视频编辑制作建议采用 RAID 0 阵列

续表

显卡	显卡 GPU 需兼容 Direct3D 9.0C 或更高版本,支持 Pixel Shader Model 3.0 或更高版本。使用 GPUx 对视频内存大小的要求会因项目格式而异。对于 10-bit 标清的工程建议显存 1GB 以上,4K 编辑建议 2GB 及以上显存
声卡	支持 WDM 驱动
光驱	DVD-ROM 驱动器,如果需要刻录蓝光光盘,则应具备蓝光刻录驱动器,如 DVD-R/RW

安装 EDIUS X 的方法与安装一般软件相同,在安装 EDIUS X 前,应检查计算机是否安装低版本的 EDIUS 程序,如果存在,应将其卸载后再安装新版本的软件。除此之外,EDIUS X 的使用需要安装 Quick Time 7.75 或者更高版本,并且要保证电脑配置能够达到 EDIUS X 的运行要求。此外,从网上下载的 EDIUS X 为试用版,其试用期为 30 天,试用期满后建议购买正版的 EDIUS X 软件,杜绝使用盗版软件。

安装完成后,双击桌面上 EDIUS 快捷方式图标,即可打开 EDIUS 程序。首次打开程序时,要求用户在线注册。单击在线注册对话框中的“eID Web”按钮,将自动跳转至注册网站,用户完成在线注册后,可在线申请 EDIUS X 软件使用序列号,注册网站会将序列号发至用户的注册邮箱中。

完成注册后,系统会弹出初始登录界面,用户输入注册邮箱和密码后,单击“登录”按钮即可,此时系统会自动弹出提示,告知该软件的试用期为 30 天。首次使用时,登录后系统会自动弹出文件夹设置对话框,单击“浏览”按钮选择默认文件夹后,单击“确定”按钮即可。

在欢迎页面之后,系统将弹出“初始化工程”对话框,对话框上有“新建工程”和“打开工程”两个按钮(如图 8-1 所示)。EDIUS 中的“工程”相当于 Premiere 中的“项目”,初次编辑时,应单击“新建工程”。在弹出的“创建工程预设”对话框中选择视频尺寸、帧速率、音频通道等的相关参数后,单击“下一页”,检查工程的预设参数,确认无误后单击“完成”(如图 8-2、图 8-3 所示)。

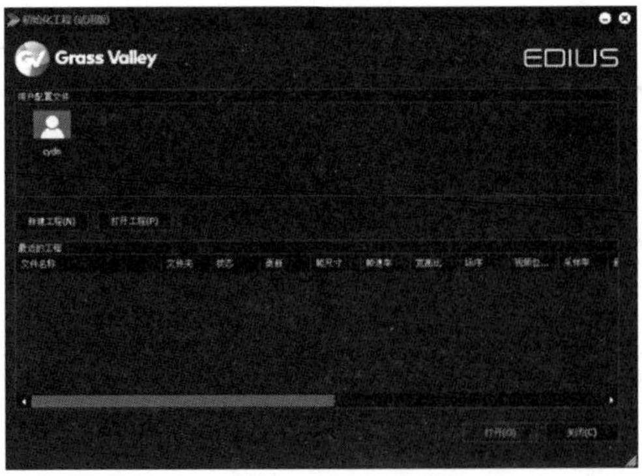

图 8-1 初始化工程页面

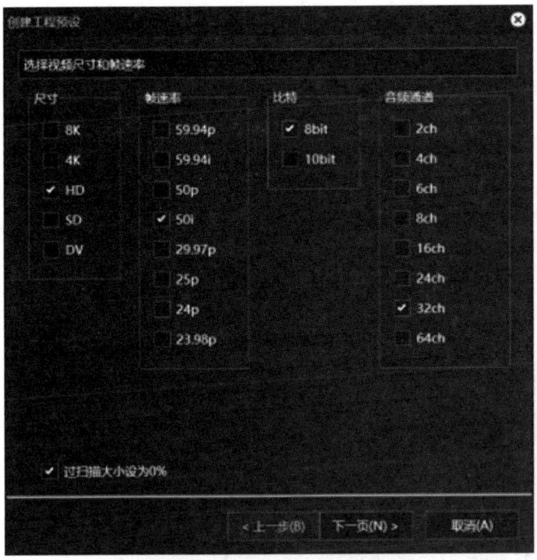

图 8-2 创建工程预设

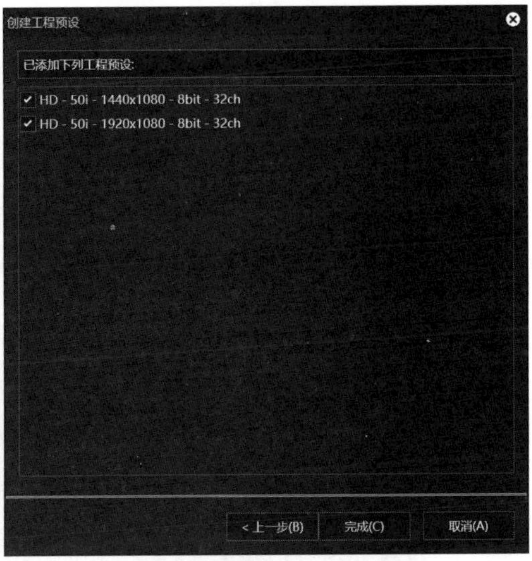

图 8-3 检查工程的预设参数

随后,系统会弹出“工程设置”对话框,设置工程名称和保存路径,选择预选模式后,单击“确定”,即可进入 EDIUS X 的工作界面(如图 8-4 所示)。

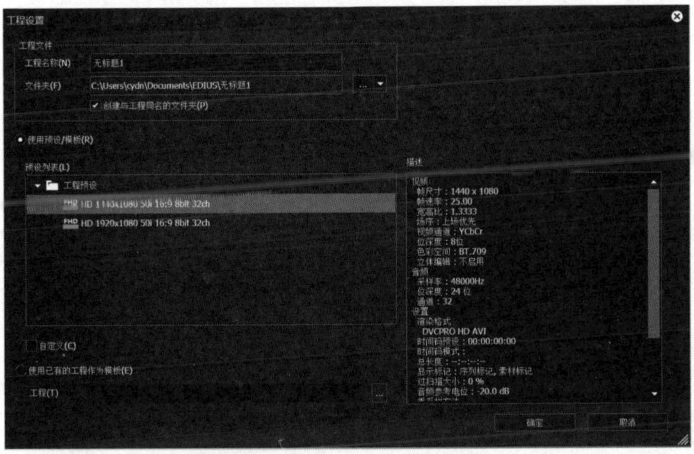

图 8-4 “工程设置”对话框

二、基本工作界面

EDIUS X 的工作界面提供了完善的编辑功能,用户可以利用这些功能实现对视频制作过程的全面操控。EDIUS X 工作界面主要包括菜单栏、播放窗口、录制窗口、素材库面板、特效面板、序列标记面板、信息面板和时间线面板等(如图 8-5 所示)。

菜单栏(如图 8-6 所示):位于整个工作界面的顶端,由“文件”“编辑”“视图”“素材”“标记”“模式”“采集”“渲染”“工具”“设置”“帮助”11 个菜单项构成,单击任意一个菜单项,都会弹出其包含的命令。利用菜单栏提供的命令按钮,用户可以完成绝大部分的编辑工作。

播放窗口(如图 8-7 所示):与 Premiere 中的“源监视器”相似,用于采集素材和浏览被选定的素材。在菜单栏的右侧,有“PLR”和“REC”两个切换按钮,选择“PLR”按钮或双击视频轨道中的素材,即可显示播放窗口。利用播放窗口下方的功能按钮,用户可以实现设置入/出点、播放素材、快进、快退、逐帧播放、循环播放、停止、将入/出点间的素材插入或覆盖到时间线等操作。

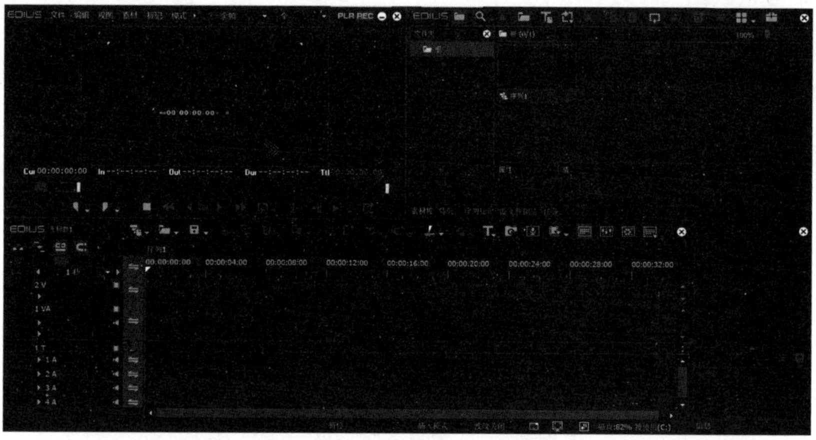

图 8-5 EDIUS X 工作界面

图 8-6 菜单栏

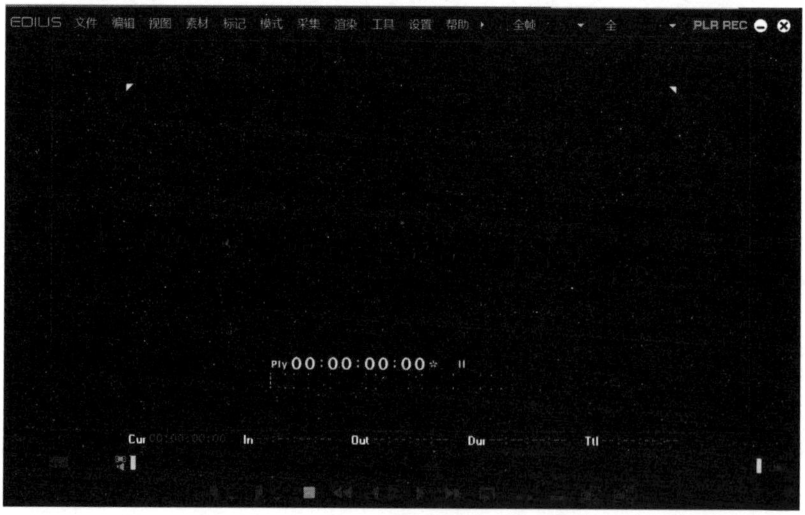

图 8-7 播放窗口

录制窗口(如图 8-8 所示):与 Premiere 中的“节目监视器”相似,用于播放时间线中的文件，播放的内容与最终视频输出的内容一致。在 EDIUS X 中单击菜单栏右侧的“REC”按钮，即可切换到录制窗口。在录制窗口中，大部分功能按钮与播放窗口一致，如播放、快进、快退等，但还有一些不同的按钮，如“上一编辑点”“下一编辑点”“播放指针区域”“输出”按钮，用户可以用这些按钮实现上下编辑点跳转、播放指针区域内视频和输出节目文件的操作。

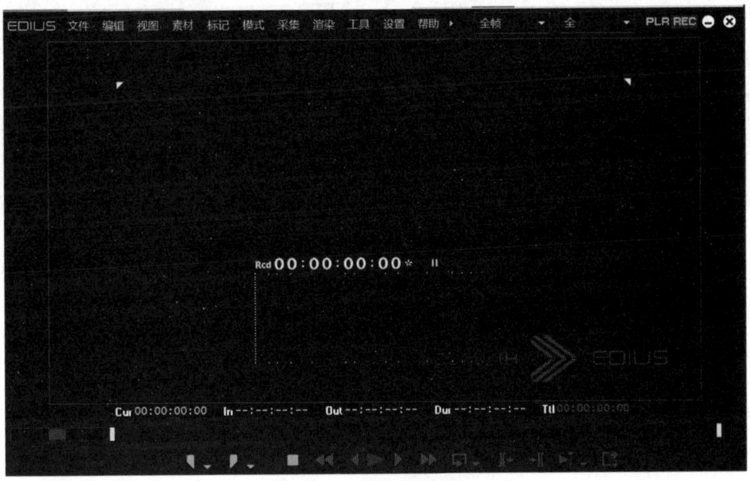

图 8-8　录制窗口

素材库面板（如图 8-9 所示）：位于工作界面的右上方，用于放置工程文件中的视频、图像以及音频等素材文件。利用面板上方的功能按钮，用户可以实现简单的素材编辑和管理工作，如添加素材、字幕，复制、粘贴、剪切或删除素材，查看素材属性，将素材添加到时间线等。

特效面板（如图 8-10 所示）：包含了所有的视频滤镜、音频滤镜、转场效果、音频淡入淡出、字幕混合以及键特效。相比其他级别的非线性编辑软件，EDIUS X 的特效种类并不突出，特效制作也并非 EDIUS 的强项。

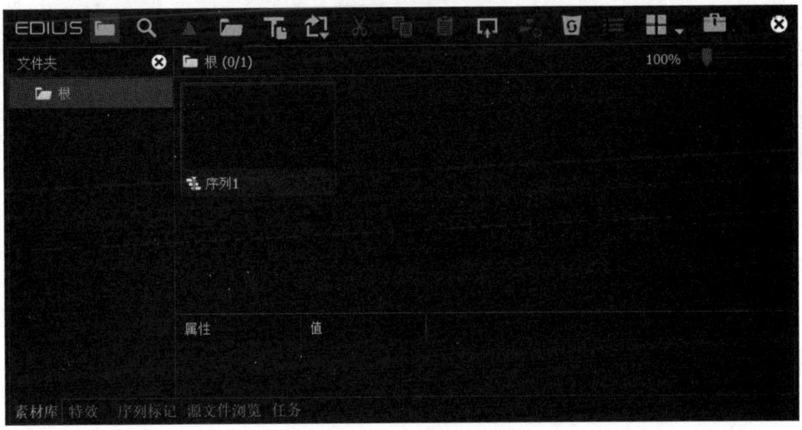

图 8-9　素材库面板

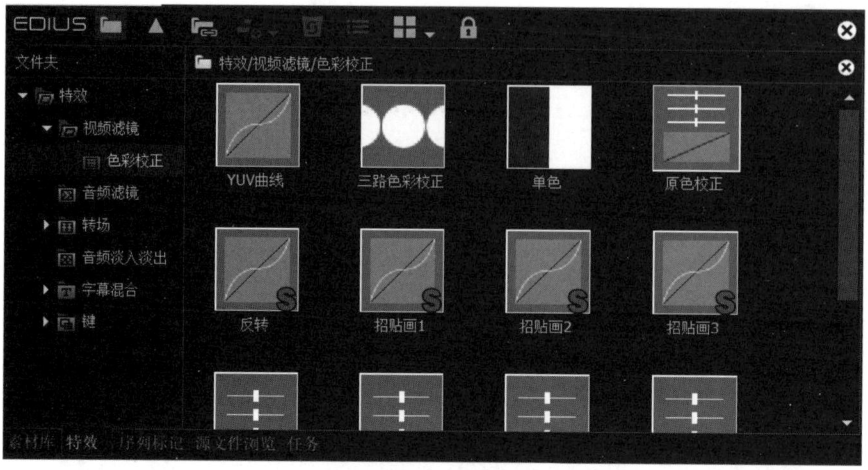

图 8-10　特效面板

序列标记面板(如图 8-11 所示):用于显示用户在时间线上创建的标记信息。EDIUS X 中的标记分为两种类型:素材标记和序列标记,素材标记是在播放窗口中添加的,而序列标记则是基于时间线添加的,是用于提醒用户的记号。在序列标记面板中,用户可以随时查看入点与出点的位置,以及它们之间的持续时间,也可以通过面板上方的功能按钮,添加、移动、删除标记点,导出或导入标记列表。

信息面板(如图 8-12 所示):位于工作界面的右下角,用于显示当前选定素材的属性信息,如文件名、入/出点时码、帧尺寸等,也可以显示应用到素材上的滤镜和转场特效。

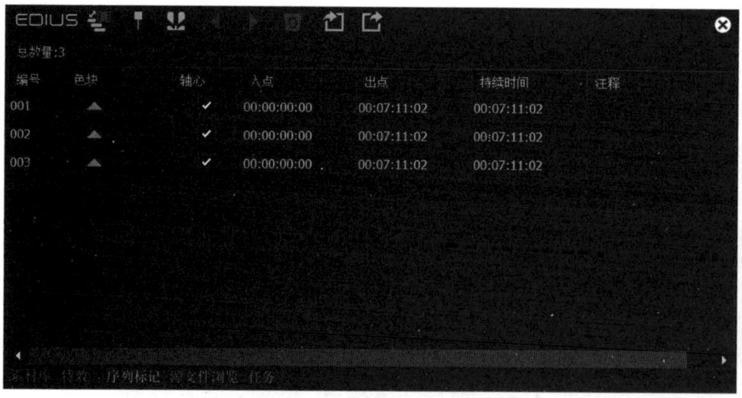

图 8-11　序列标记面板

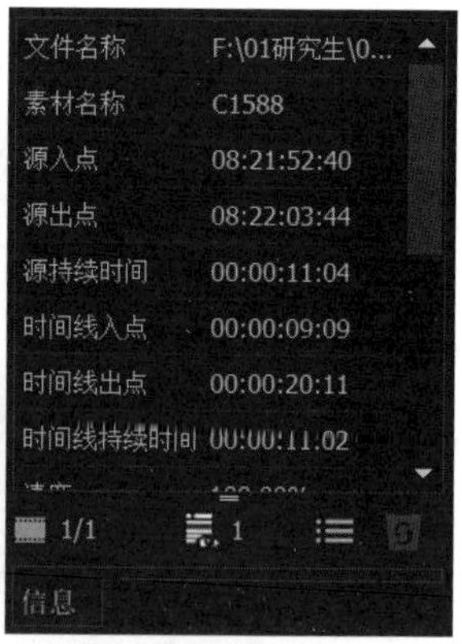

图 8-12　信息面板

时间线面板(如图 8-13 所示):位于工作界面的下方,是浏览和编辑素材的区域,用户可以在此完成精确到帧的操作。利用面板上方的功能按钮,用户可以实现新建序列、打开/保存工程、复制、剪切、替换、删除、撤销、恢复、添加默认转场、创建字幕、渲染入/出点间的素材等功能。

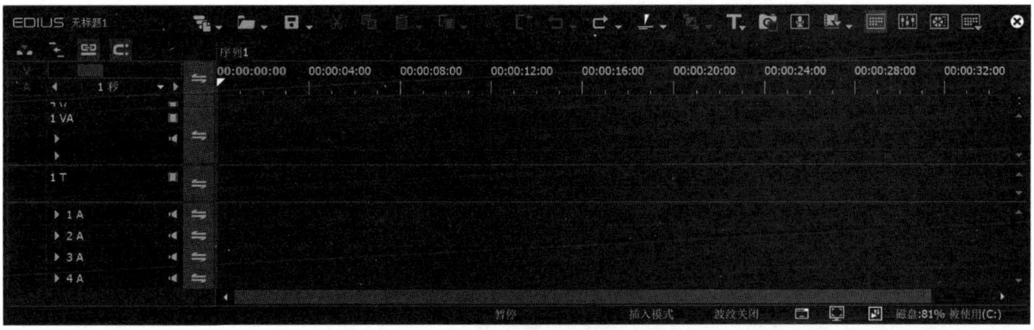

图 8-13　时间线面板

第二节　基本编辑操作

一、工程和素材管理

使用 EDIUS X 进行非线性编辑，最基础的工作同样是创建工程并组织该工程所需要的素材，包括导入视频、图片、音频等。EDIUS X 可以导入单个文件，也可以导入包含多个素材的文件夹。为了避免后期工作的混乱，应在导入文件后及时对素材进行整理，以清晰醒目的标题对素材进行重命名，并将不同种类的素材存放在不同的文件夹（类似于 Premiere 的素材箱）中。

（一）工程文件的基本操作

1.新建工程

在使用 EDIUS X 进行非线性编辑时，首先需要创建工程文件。它用来存放制作影视节目所需的必要素材，包括视音频素材、序列、字幕、特效等。EDIUS X 提供了多种方法来新建工程。

方法一：单击“文件”菜单，在弹出的菜单列表中单击“新建”，选择“工程”命令，在弹出的“工程设置”对话框的“预设列表”选项区中选择相应的工程预设模式，之后单击“确定”按钮。

方法二：使用“Ctrl+N”快捷键新建工程文件。

方法三：在时间线面板上单击“新建序列”右侧的下拉按钮，在弹出的列表框中选择“新建工程”选项，即可新建工程文件。

2.打开已有工程

在保存已有工程之后，系统将生成扩展名为“.ezp”的源文件，当用户需要再次打开该文件时，可以单击“文件”菜单，在弹出的菜单列表中单击“打开工程”命令，在弹出的“打开工程”对话框中，选择需要打开的文件，单击“打开”按钮即可。用户也可以使用“Ctrl+O”快捷键,在“打开工程”对话框弹出后选择需要打开的项目,单击“打开”按钮即可。

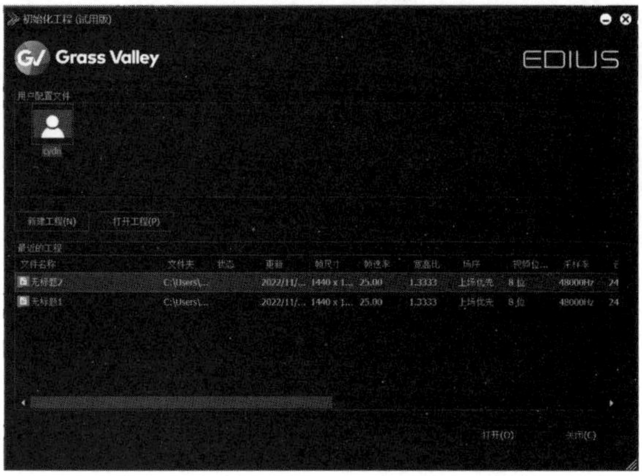

图 8-14 “初始化工程”界面

要打开已有工程,用户也可以通过启动软件后的“初始化工程”界面实现,界面会提供“最近的工程”列表,根据需要选择打开即可(如图 8-14 所示)。用户也可以在默认文件夹中选择扩展名为“.ezp”的工程文件,双击文件也可以打开该工程。

需要注意的是,当正在编辑的工程文件没有保存时,在执行打开工程文件命令时会弹出提示对话框,询问是否保存当前工程文件。单击“是”,即可保存该文件;单击“否”,则不保存该文件。

3.保存工程

在编辑过程中,及时保存工程文件是十分必要的,保存之后,工程文件中的视音频素材、字幕、特效等信息都将被记录下来。初学者为了避免操作失误所带来的素材遗失或序列混乱,也可及时对工程文件进行“另存为”操作,将编辑的阶段性成果进行备份。保存文件的方法如下:

方法一:单击“文件”菜单,在弹出的菜单列表中单击“另存为”命令,在弹出的保存对话框中单击“保存在”右侧的下拉按钮,选择工程文件的保存路径,并在“文件名”处添加文件名称,单击“保存”即可。

方法二:使用快捷键“Shift+Ctrl+S”对工程文件进行保存。

(二)素材的导入和管理

1.导入素材

导入素材时,用户可以单击“文件”菜单,执行下拉菜单栏中的“添加素材”命令,随后在弹出的“添加素材”对话框(如图 8-15 所示)中选择需要导入的素材,单击“打开”后,即可将该素材导入至播放窗口中。

用户也可以在素材库面板的空白处单击右键,在弹出菜单中选择“添加文件”命令(如图 8-16 所示)。在“打开”对话框中选择所要导入的文件,单击“打开”按钮,即可将该文件导入至素材库面板中。对于视频或图片序列,用户还可以在“打开”对话框中浏览缩略图,拖动缩略图下方的滑块浏览动态素材的内容。

此外,如果用户想要一次性导入多个素材文件,可以在“打开”对话框中,按下 Ctrl 键,一次性选择多个文件。为了方便选择导入的素材,用户还可以在“打开”对话框中选择导入的素材类型,如选择“.avi”便只显示 avi 格式的视频文件。

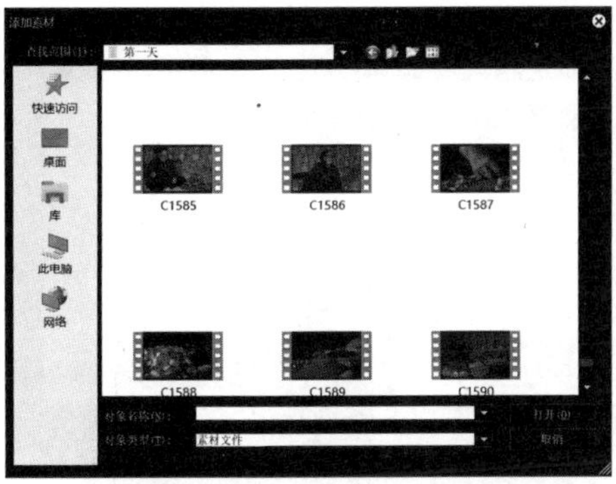

图 8-15 “添加素材”对话框

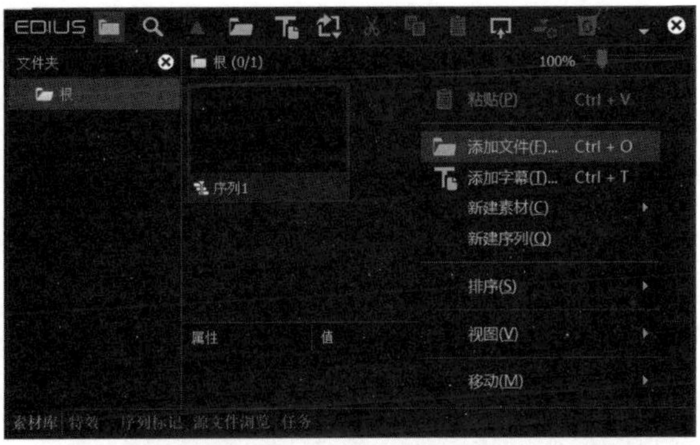

图 8-16 在素材库面板的空白处单击右键

如果用户想要导入整个文件夹里的素材,EDIUS X 也提供了快捷的方法。右键单击素材库窗口左侧的空白处,在弹出的对话框中选择“打开文件夹”命令,之后,在弹出的“浏览文件夹”对话框(如图 8-17 所示)里选择需要导入的文件夹,单击“选择文件夹”按钮,整个文件夹的素材即可导入素材库,并以文件夹的形式呈现。用户选择该文件夹时,素材库面板的右侧将出现所有素材的缩略图(如图 8-18 所示)。

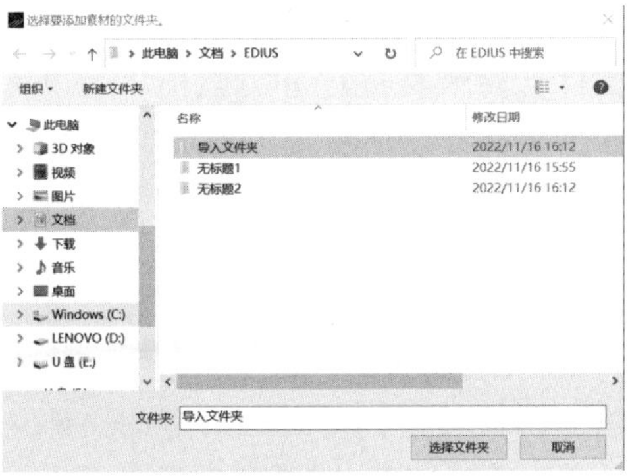

图 8-17 “浏览文件夹”对话框

图 8-18 素材缩略图

2. 管理素材

(1)添加颜色标签

管理素材包括在素材库面板中对素材进行组织、分类、排序、重命名等操作。为了更好地对素材进行组织分类,用户可为素材添加标签颜色。在素材库面板中的素材图标上单击右键,在弹出的菜单中选择“素材颜色”命令,在子菜单中选择合适的颜色即可(如图 8-19 所示)。当一个素材被添加了颜色标签后,放置到时间线面板中时也会呈现相应的颜色。

当工程素材较多时,用户也可在导入素材时就为素材统一添加颜色标签。在添加文件的“打开”对话框下方,打开“素材颜色”选项,选择合适的颜色后,单击“打开”按钮即可(如图 8-20 所示)。

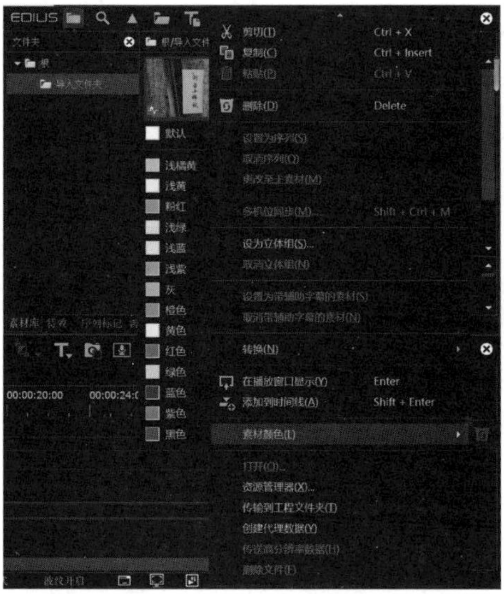

图 8-19　添加颜色标签

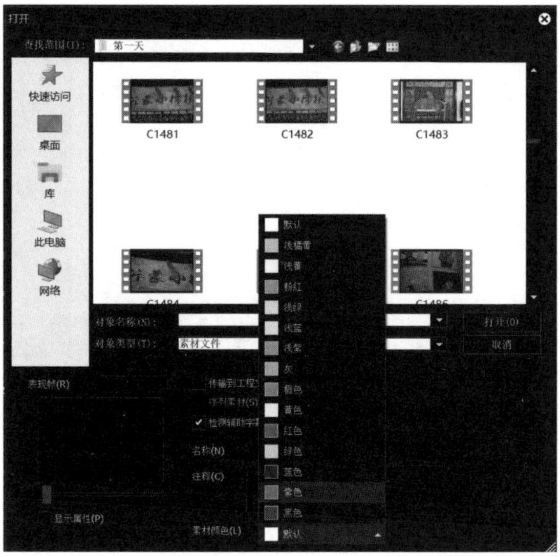

图 8-20　为多个素材统一添加颜色标签

图 8-21　新建文件夹

图 8-22　素材排序

(2)素材的分类归档

为了方便素材管理,用户可以创建新的文件夹对素材进行分类归档。用户可以根据素材内容分类,也可以按照拍摄时间、地点分类。在素材库面板的左侧空白处单击右键,在弹出的菜单中选择“新建文件夹”命令,创建新文件夹后可以对其进行重新命名(如图8-21所示)。之后,用户将素材直接拖到与之相对应的文件夹中。单击该文件夹,即可在素材库面板的右侧查看储存在该文件夹中的素材的缩略图。

素材归档之后,用户可以右键单击素材库面板右侧的空白处,在弹出的菜单中选择“排序”命令,对素材进行排序。EDIUS X 提供了多种排序方式,如素材名称、素材颜色、素材类型、开始时间码、结束时间码、持续时间、大小、宽高比、通道、卷号等(如图 8-22 所示)。

(3)搜索素材

当素材库文件较多时,如果用户需要快速找到某一个素材,可以使用搜索功能。右键单击素材库面板左侧的根目录，在弹出的快捷菜单中选择“搜索”（如图 8-23 所示），或使用快捷键“Ctrl+F”，即可弹出“素材库搜索”对话框。在“素材库搜索”对话框中单击“类别”右侧的三角按钮可以看到，弹出的列表框提供了“素材名称”“素材类型”“时间码”“文件注释”“录制日期”“大小”等多种搜索方式。以“素材名称”为例，用户在“文本”项下方的文本框中输入需要搜索的素材名称，输入完成后，单击对话框中间的“添加”按钮，搜索内容将被添加到对话框右侧的搜索列表中（如图 8-24 所示）。单击“关闭”按钮，此时素材库面板将只显示符合搜索结果的素材文件。

图 8-23　搜索素材

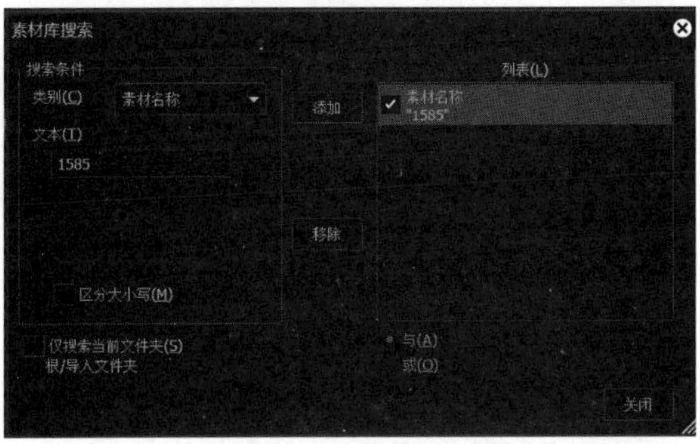

图 8-24　按名称搜索

二、视音频编辑

（一）视频编辑

1.将素材添加到时间线

与其他非线性编辑软件一样，时间线面板是对素材进行编辑操作的主要场所。EDIUS X 提供了多种将素材添加到时间线面板的方式，用户可以灵活应用，以提高文件处理的效率。

方法一：直接拖曳。与其他非线性编辑软件相同，直接拖曳是最简单直接的素材添加方式。用户在素材库面板或播放窗口中选择需要添加的素材，按住鼠标左键将其拖到时间线面板的相应轨道即可。如果当前 VA 轨道不能满足使用需要，用户可以右键单击轨道名称，在弹出的快捷菜单中点击“添加”，选择需要增加的轨道类型（如图 8-25所示），在随后弹出的“添加轨道”对话框中输入添加的轨道数量，单击“确定”即可。

方法二：使用快捷方式。除了直接拖曳外，EDIUS X 还提供了两种快捷方式来完成素材的添加。一是通过快捷菜单完成：右键单击素材库中需要添加的素材文件，在弹出的快捷菜单中选择“添加到时间线”命令，即可将所选素材文件插入时间线面板的当前时间指示器所在位置上（如图 8-26 所示）。二是通过快捷键按钮完成：在素材库面板中，选择需要添加的素材文件，按下“Shift+Enter”组合键，也可快速在时间线面板的当前时间指示器所在位置插入所选的素材文件。

图 8-25 添加视频轨道

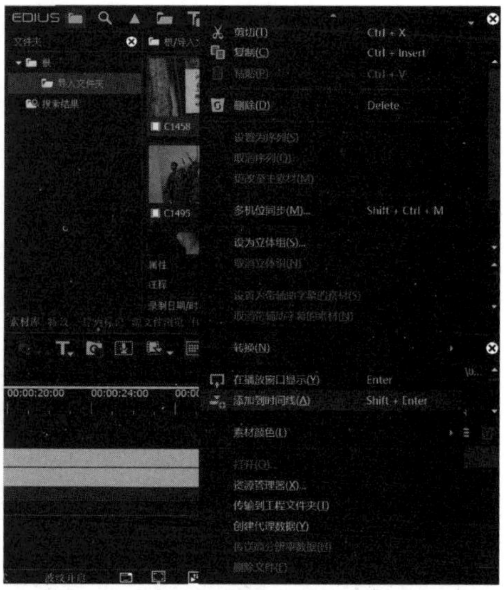

图 8-26 将所选素材添加到时间线面板

图 8-27 生成序列素材

方法三:生成序列素材。当素材库面板中需要添加到时间线面板上的视频文件比较多时,逐个添加往往耗费时间,用户可以先将一组视频文件生成为一个序列素材,再将其添加到时间线面板中。在素材库面板中,选择需要创建成序列的视频素材组,单击右键,在随后弹出的快捷菜单中选择“设置为序列”命令,即可将所选的多个素材合并为一个序列素材(如图 8-27 所示)。需要注意的是,该操作只针对视频文件起作用,对音频文件、图片文件和字幕文件无效。

2.视频素材的编辑

针对基本的素材编辑任务,EDIUS X 同样提供了多种简便的操作。用户可对素材的入点、出点、长度进行调整,或对素材添加/删除剪辑点,改变素材的播放速度等,进而快速地完成影片的粗编工作。

(1)添加剪辑点

用户为视频文件添加剪辑点,即可将该文件剪切成两段,并对每段素材单独进行编辑或删除操作。用户将当前时间指示器移至需要剪辑的位置后,单击菜单栏的“编辑”选项,在弹出的菜单列表中选择“添加剪辑点”,之后弹出的子菜单会提供两个命令选项。执行“选定轨道”命令,即可对选定的视频轨道添加剪辑点;执行“所有轨道”命令,即可对当前时间指示器所在位置的所有轨道素材添加剪辑点。此外,用户也可以通过快捷键迅速完成此操作。例如，使用快捷键“C”，即可实现“添加剪辑点”的“选定轨道”命令效果（如图 8–28、图 8–29 所示）。

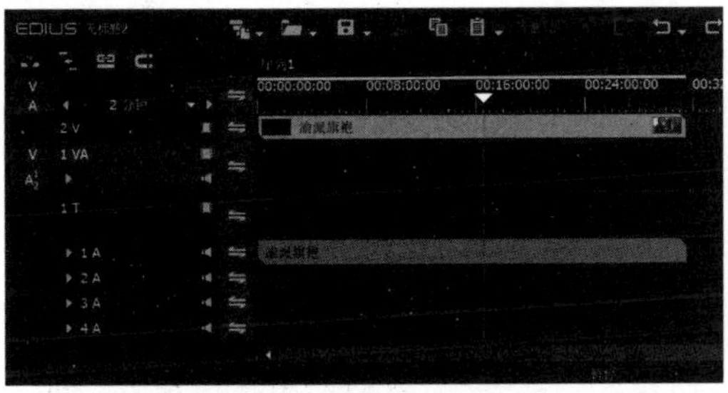

图 8–28 剪辑前的效果

图 8–29 剪辑后的效果

（2）删除剪辑点

如果用户希望简化时间线界面，将多段视频素材合为一段，可以将素材之间的剪辑点删除。首先，选择视频轨道上需要合并的素材片段，单击“编辑”菜单，在弹出的菜单列表中选择“去除剪辑点”命令，即可删除素材间的剪辑点，将多段素材合为一段。此外，选定需要合并的素材后，按下“Ctrl+Delete”快捷键，也可实现上述效果。

（3）设置素材持续时间

用户可以通过设置素材的持续时间，实现对素材长度的精确把控。在选定需要调整的素材后，单击“素材”菜单中的“持续时间”命令，在弹出的“持续时间”对话框中输入新的时间数值，例如，要设置为 1 秒 20 帧则输入“00:00:01:20”，单击“确定”即可。需要注意的是，输入的持续时间必须小于素材本身的时长，如果超过则此操作无效。

（4）改变素材播放速度

用户可以对选定素材进行快动作或慢动作的设置。单击菜单栏中的“素材”选项，在弹出的快捷菜单中选择“时间效果”下的“速度”选项（如图 8–30 所示），即可弹出“素材速度”对话框，对话框中有“方向”“比率”“持续时间”等选项。“方向”选项提供了“正方向”“逆方向”两个单选按钮，可实现素材的顺序播放或倒放。“比率”选项的数据框中可以输入不同数值，数值大于 100 可实现快动作，小于 100 则实现慢动作。用户也可以通过更改“持续时间”选项的数

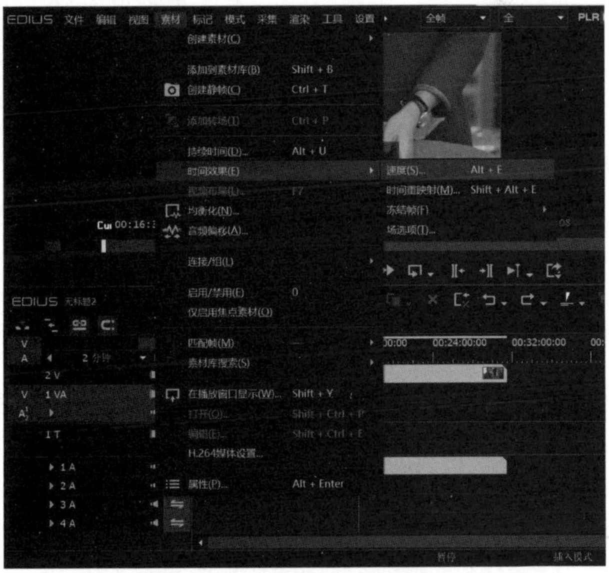

图 8–30 选择“时间效果”下的“速度”选项

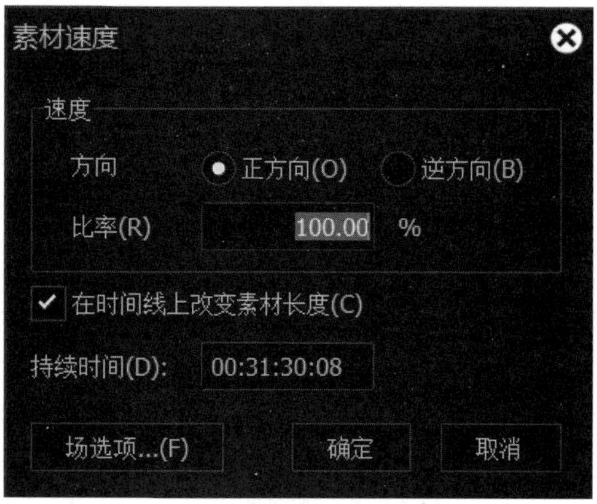

图 8-31　设置素材的播放速度

值,实现更改素材播放速度的效果,当持续时间长于原素材时长时,则实现慢动作,反之则实现快动作(如图 8-31 所示)。

(5)改变素材入/出点

要改变视音频素材的入点和出点,除了在常规模式下点击素材入点或出点位置进行直接拖曳外,还可以利用剪辑模式的功能按钮完成更加多样化的操作。

按键盘上的 F6 键,或单击菜单栏中的"模式",选择剪辑模式,即可将录制窗口(REC)从常规模式切换为剪辑模式。在剪辑模式下,用户可以看到录制窗口下方有一系列针对剪辑的功能按钮(如图 8-32 所示)。

图 8-32　剪辑模式的功能按钮

选择"裁剪入点"按钮,单击素材并拖动鼠标,即可调整该素材的入点位置,此时与该素材相邻的前一个素材的出点不会改变,但视频整体区间长度将发生改变。

选择"裁剪出点"按钮,单击素材并拖动鼠标,即可调整该素材的出点位置,此时与该素材相邻的后一个素材的入点不会改变,但视频整体区间长度将发生改变。

选择"裁剪—滚动"按钮,将鼠标放置在相邻素材间的边缘处,单击并拖动,可以同时改变前一个素材的出点和后一个素材的入点,而素材的整体区间长度不变。

选择"裁剪—滑动"按钮,单击某一素材并拖动鼠标,可以同时改变该素材的入点和出点,而不会改变该素材的长度,与其相邻的前一段素材的出点和后一段素材的入点也不会发生改变。

选择"裁剪—滑过"按钮,单击某一素材并拖动鼠标,可以同时改变与其相邻的前一段素材的出点和后一段素材的入点,而不会改变该素材的长度以及它的入点、出点的位置,视频整体区间长度也不会发生改变。

3.删除全部或部分素材

EDIUS X 提供了多种精确删除视频素材的方法,包括直接删除、波纹删除、删除部分内容以及删除入点/出点间内容等,用户应熟练掌握各种删除素材的方法,确保精确高效的操作。

(1)直接删除

右键单击视频轨道中需要删除的视频片段,在弹出的快捷菜单中选择"删除"选项;或选择该素材后,单击时间线面板上方功能键区域中的"删除"按钮;或选择该素材后按下键盘的 Delete 键,均可将该素材删除。删除后,该素材在视频轨道上的位置将显示空白(如图 8-33 所示)。

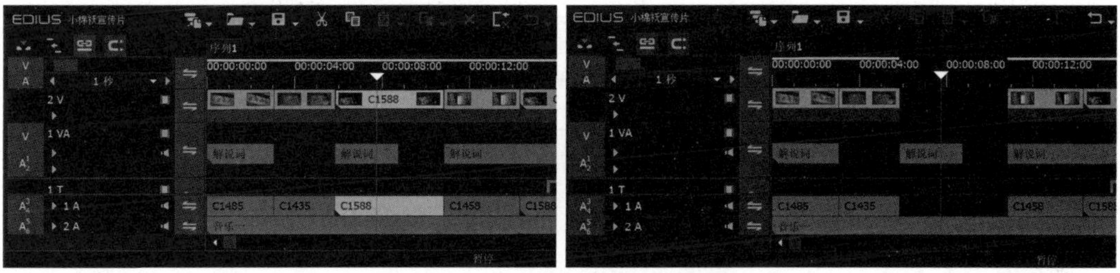

图 8-33 直接删除前后的效果

(2)波纹删除

如上所述,使用直接删除功能后,素材之间的空白处会造成播放时的黑场,影响视频画面的流畅性,波纹删除则可以解决这个问题。用户可以右键单击需要删除的素材片段,在弹出的快捷菜单中选择“波纹删除”选项;或选中素材后,单击时间线面板上方功能键区域的“波纹删除”按钮,或使用快捷键“Alt+Delete”,即可在将素材删除的同时,使后面的素材自动紧贴前一段素材(如图 8-34 所示)。

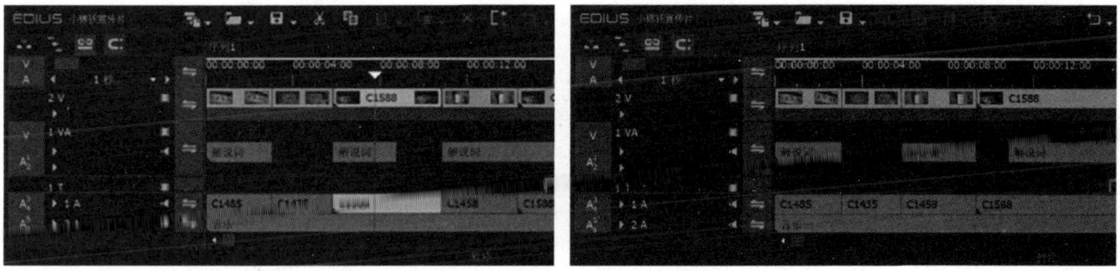

图 8-34 波纹删除前后的效果

需要注意的是,如果用户点亮了轨道头上方的“设置波纹模式”选项,此时,按下键盘的 Delete 键,即可实现波纹删除效果。

(3)删除部分内容

有的时候,用户希望只删除某一段素材的视频或音频,而保留其余部分,此时,可以右键单击需要处理的素材,在弹出的快捷菜单中选择“删除部分”,在弹出的子菜单中选择需要删除的内容;或单击菜单栏中的“编辑”选项,选择“删除部分”命令,在弹出的子菜单中选择相应选项。使用“删除部分”功能,可以直接或波纹删除视频、直接或波纹删除音频,也可以删除该素材的转场、混合器、滤镜、音频调节点等内容。

(4)删除入点/出点间内容

使用快捷键“I”和“O”在时间线面板中分别标记入点和出点之后,就可以对入点和出点间的所有素材进行删除操作。单击菜单栏中的“编辑”选项,执行“删除入/出点间内容”或“波纹删除入/出点间内容”命令,即可删除入出点之间的视频素材。此外,用户也可以利用快捷键“D”或“Alt+D”完成上述操作。

(二)音频编辑

在 EDIUS X 的工作界面中,用户可以通过视音频素材解组,单独编辑音频素材。音频素材的编辑方式与视频素材的编辑方式基本相同,用户可以添加音频轨道,添加或删除音频素材,调整音频的长度和播放速度,更改音频素材的入点和出点等。此外,用户可以调整音频的音量,或录制背景音乐及旁白,以达到理想的听觉效果。

1.视音频解组

在 EDIUS X 中,用户可以将时间线面板上的素材的视频和音频文件进行解锁操作,以便对音频进行单独的编辑修改,由此实现更加丰富的视听效果。

在菜单栏中单击“素材”选项,在弹出的菜单列表中选择“连接/组”下的“解除连接”命令;或右键单击需要分解的视音频素材,在弹出的快捷菜单中选择“连接/组”下的“解锁”选项,即可分解视音频素材。完成解组素材后,用户可以单击被分解出来的音频素材,调整音频素材的位置,或使用录制窗口的功能按钮,调整音频素材的入点和出点。

此外,用户也可以使用快捷键“Alt+Y”快速实现视音频的解组。

2.调整音频音量

在编辑声音时,音量过大或者过小都会造成听觉上的不舒服。在 EDIUS X 中,用户可以统一调整整个音频轨道中的音频音量,也可以通过调音台对不同轨道中的音频文件的音量进行调整,或通过调节线对音频文件的局部声音进行调整。

(1)调整整个音频音量

用户可以利用调音台,快速对整个音频音量进行调整。单击菜单栏中的“视图”命令,选择“调音台”;或者单击时间线面板上的“切换调音台显示”按钮,即可弹出“调音台(峰值计)”对话框(如图 8-35 所示)。

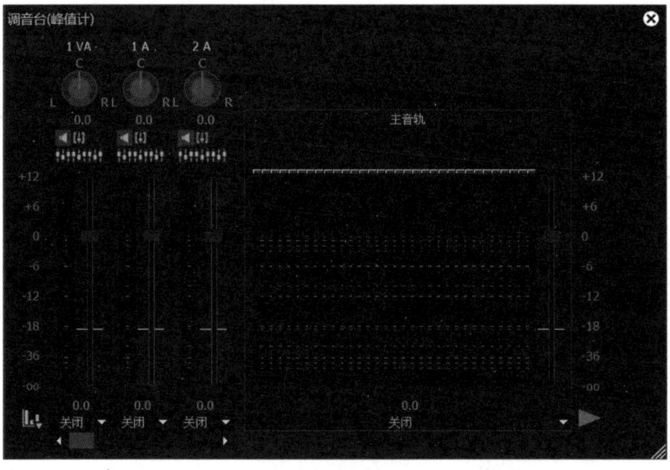

图 8-35 “调音台(峰值计)”对话框

系统默认状态下，各声音轨道的调节功能处于“关闭”状态，单击“关闭”右侧的下三角按钮，在弹出的列表中选择“主音轨”，即可将主音轨的调节功能激活（如图 8-36 所示）。单击主音轨的调节滑块，向上或向下拖曳，即可将所有轨道的声音都调大或调小一些。点击对话框右下角的“播放”按钮▶，可试听调整后的音量效果。完成音量调节后，单击对话框右上角的“关闭”按钮，即可退出“调音台（峰值计）”对话框。

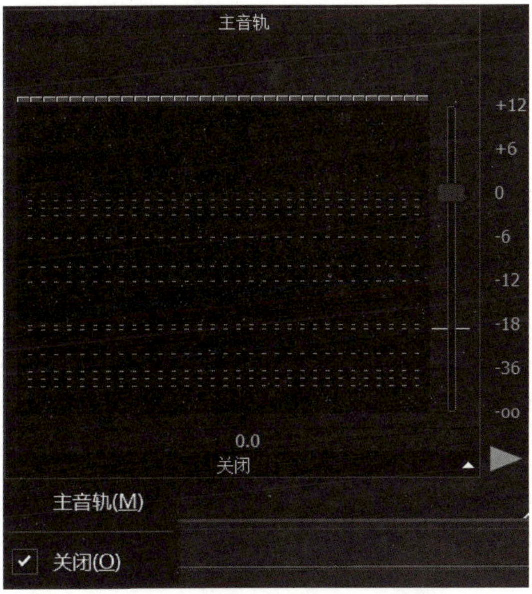

图 8-36　声音轨道调解功能的设置

（2）调整某一轨道的音量

除了整体调整所有音轨的音量外，用户也可以针对某一音频轨道的素材音量进行调整。在打开“调音台（峰值计）”对话框后，将需要调节的音频轨道激活，并拖动该音频轨道的调节滑块，即可调整该轨道的音频音量。随后，用户可以点击对话框右下角的“播放”按钮▶，试听调整后的音量效果。完成音量调节后，单击对话框右上角的“关闭”按钮，即可退出“调音台（峰值计）”对话框（如图 8-37 所示）。

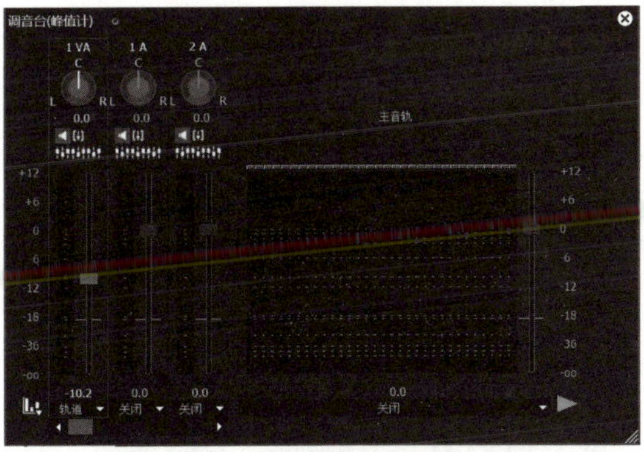

图 8-37　调整某一轨道的音量

（3）调整音频局部

如果用户需要对局部音量进行调整，可单击该音频轨道头的“音量/声相”按钮，进入 VOL 音量控制状态，此时“音量/声相”按钮显示为 VOL，音频轨道的素材上显示出橘色调节线。在橘色调节线的合适位置，单击添加一个关键帧并进行上下拖动，即可调高或调低局部音量（如图 8-38 所示）。再次单击“音量/声相”按钮，可切换至 PAN 声相控制状态，此时“音量/声相”按钮显示为 PAN，音频轨道的素材上显示出蓝色调节线。在蓝色调节线的合适位置点击并拖动鼠标，即可添加一个声相关键帧，由此便可以调整局部声相（如图 8-39 所示）。调整时应注意，蓝色调节线在垂直方向上的中央位置时表示左右声道平衡，移至轨道顶端表示只使用左声道，移至轨道底端表示只使用右声道。完成调节后，再次单击“音量/声相”按钮，蓝色调节线消失，“音量/声相”按钮重新显示为 VOL PAN。

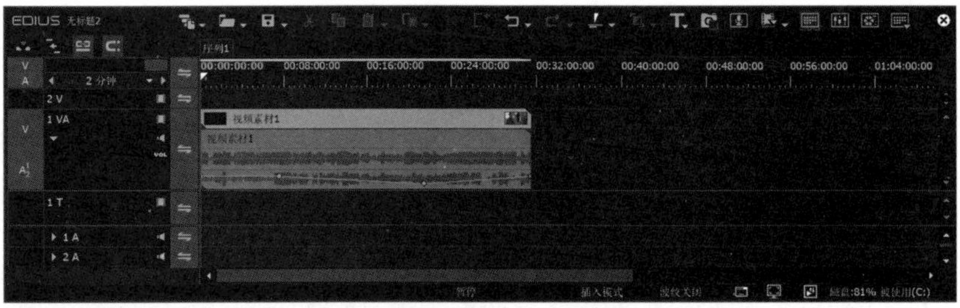

图 8-38　调整局部音量

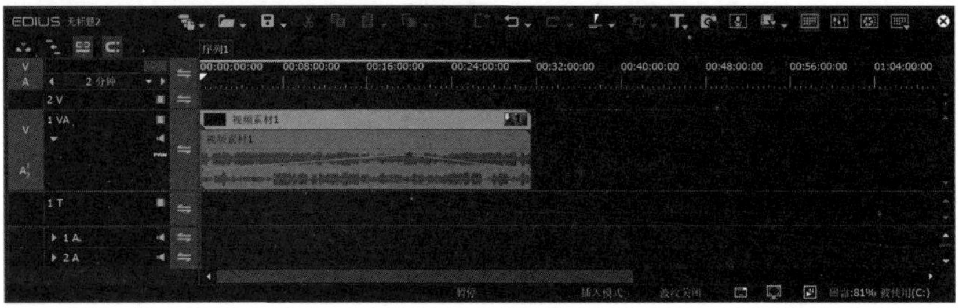

图 8-39　调整局部声相

3.录制声音

在 EDIUS X 中,用户可以方便地将声音录入时间线面板或素材库中,并对录制完成的声音文件进行编辑操作。

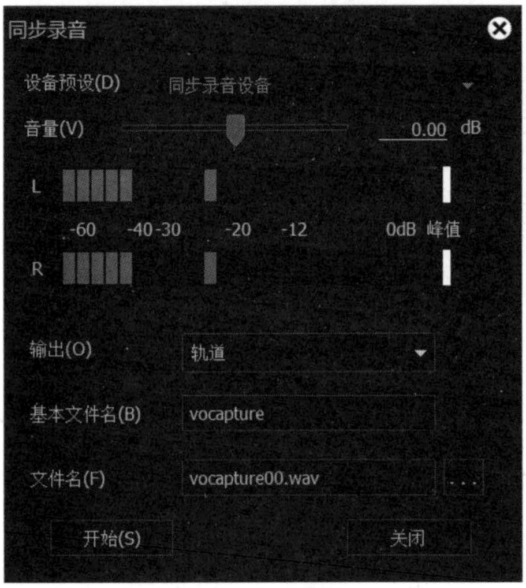

图 8-40　“同步录音”对话框

单击菜单栏中的“采集”选项,在菜单列表中选择“同步录音”命令,或单击时间线面板上方的“切换同步录音显示”按钮,即可弹出“同步录音”对话框(如图 8-40 所示)。

在对话框的“输出”选项框处,用户可以选择将录音文件输出到时间线轨道或素材库;在“文件名”文本框处,可以添加录音文件的名称,点击右侧的按钮,可以进一步设置文件的保存路径。

在声音录制开始前,用户可以通过拖动“同步录音”对话框上的音量调整滑块调整录制声音的音量。

单击对话框的“开始”按钮,即可开始录音,录音结束后,单击“结束”按钮,系统会弹出提示框,提示是否使用此波形文件,单击“是”,即可将音频输出到轨道或素材库。如果对录音情况不满意,单击“否”,即可清除刚录制的音频文件。

三、字幕编辑

字幕是影视节目的重要组成部分,能够对画面和声音难以或无法全面表达的信息起到补充的作用。字幕编辑并非 EDIUS 非线性编辑软件的强项,但用户依然可以借助其自带的字幕程序,完成基本的字幕添加和效果处理。

(一)字幕添加

1.打开字幕窗口

单击时间线面板上方的“创建字幕”按钮,在弹出的列表中选择“在 1T 轨道上创建字幕”命令,即可打开字幕窗口。字幕窗口由标题栏、菜单栏、工具栏、工具箱、样式面板、属性面板和预览窗口 7 个部分组成(如图 8-41 所示)。

标题栏:位于字幕窗口最上方,显示字幕文件的具体名称,包含“最大化”“最小化”“关闭”等操作按钮。

菜单栏(如图 8-42 所示):位于标题栏下方,由文件、编辑、视图、插入、样式、布局、帮助 7 部分组成,可以实现绝大部分字幕编辑的操作。

工具栏(如图 8-43 所示):位于菜单栏下方,在此显示“新建”“打开”“保存”“另存为”“剪切”“复制”“粘贴”“删除”等最常用的功能按钮。

工具箱(如图 8-44 所示):位于字幕窗口最左侧,显示各种编辑字幕的工具,如选择对象、横向文本、纵向文本、图像、矩形、椭圆、三角形等。

样式面板(如图 8-45 所示):位于字幕窗口最下方,包含各种系统预设的字幕样式。

图 8-44　工具箱

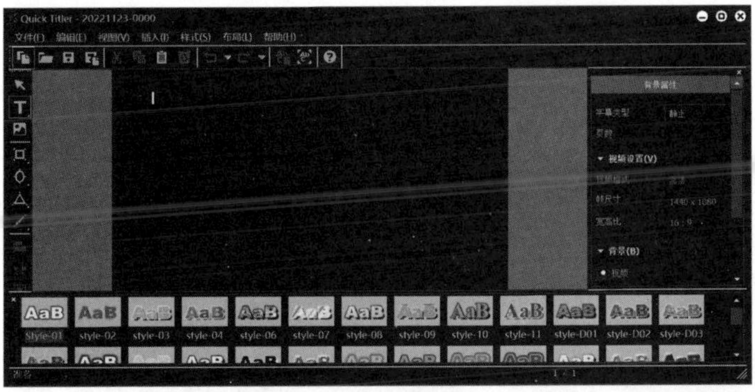

图 8-41　字幕窗口

图 8-42　菜单栏

图 8-43　工具栏

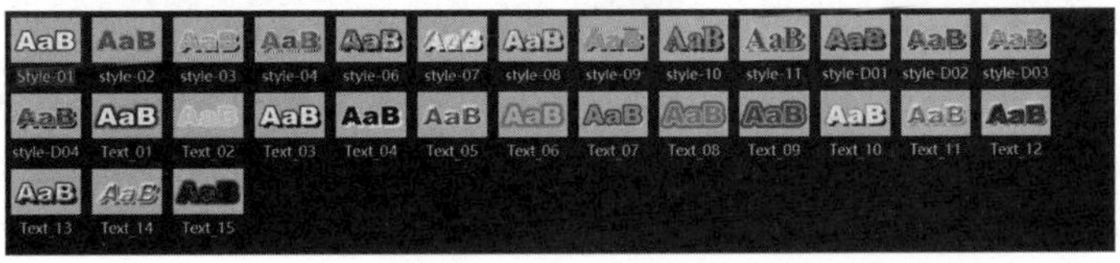

图 8-45　样式面板

属性面板(如图 8-46 所示):位于字幕窗口最右侧,可设置字幕的大小、字体、间距、颜色、阴影、边缘色等属性。

预览窗口(如图 8-47 所示):位于字幕窗口中央,在此可进行添加字幕的操作,并预览字幕效果。

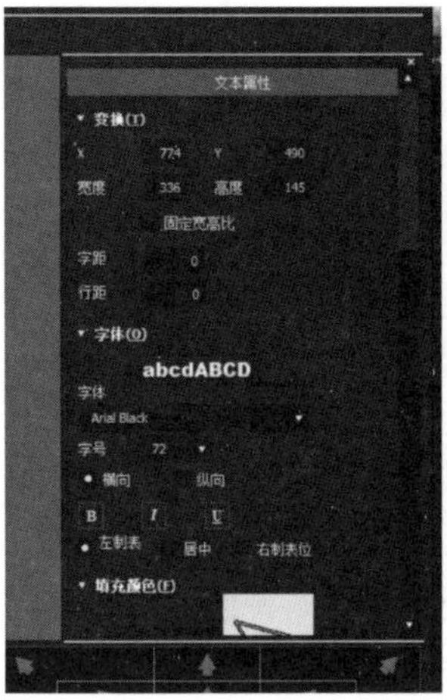

图 8-46 属性面板

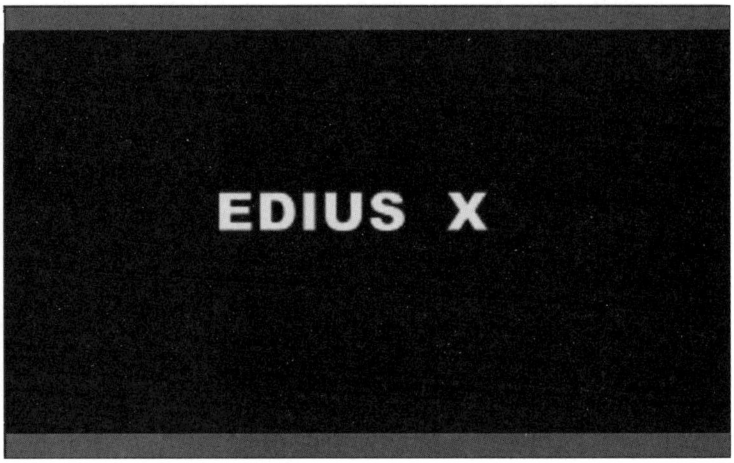

图 8-47 预览窗口

2.写入与保存字幕

以添加横向文本字幕为例:打开字幕窗口后,选择工具箱中的“横向文本工具”T,单击预览窗口的合适位置,定位光标并输入文本内容。在属性面板中,用户可根据需要设置字幕的位置、字号、字体、填充颜色等属性,设置完成后,单击工具栏中的“保存”按钮,退出字幕窗口(如图 8-48 所示)。此时,用户可以看到时间线面板的 1T 轨道上出现了刚刚添加的字幕素材(如图 8-49 所示)。

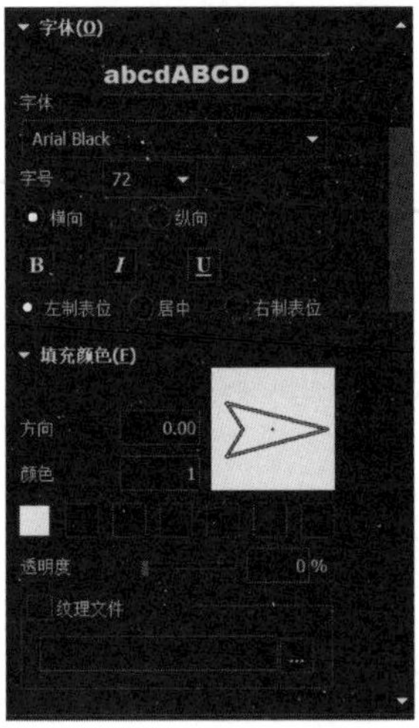

图 8-48 设置文本属性

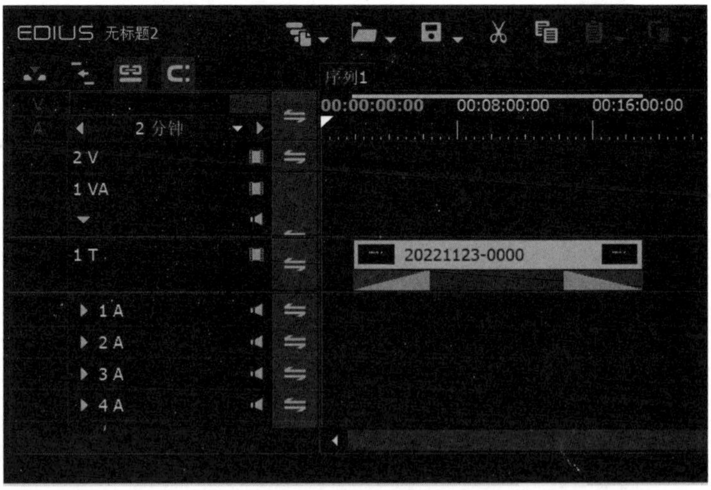

图 8-49 添加字幕素材

如果用户需要添加多行字幕，可单击时间线面板上方的“创建字幕”按钮，在弹出的列表中选择“在新的字幕轨道上创建字幕”命令。之后，在弹出的字幕窗口中完成字幕的添加并保存，此时，在时间线面板的 2T 轨道中，将出现新添加的字幕素材（如图 8-50 所示）。

所有添加的字幕，用户都可以在素材库面板中找到，双击该字幕文件，也可以快速打开字幕窗口。

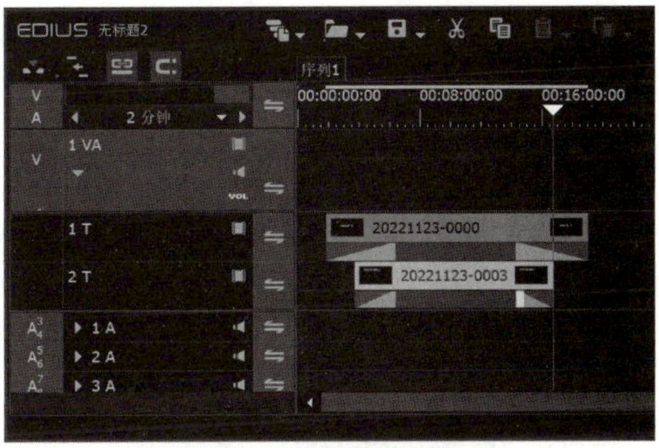

图 8-50　添加多行字幕

（二）字幕运动效果

为了使字幕更加美观，通过 EDIUS X 的特效面板，用户还可为字幕添加不同的运动入屏方式，如划像、淡入淡出、激光、飞入等。本节以“划像”为例介绍添加字幕运动效果的操作方法，其他效果的添加方式与其相似，读者可以根据自身需要选择尝试，在此不再一一列举。

单击菜单栏中的“视图”选项，在弹出的菜单列表中选择“面板”下的“特效面板”命令，即可展开特效面板。在特效面板左侧，单击“字幕混合”选项前的三角形按钮，即可展开其中包含的字幕特效。

单击划像特效组，在窗口右侧会出现不同的划像效果以供选择（如图 8-51 所示），例如选择“向上划像”，单击该效果图标并拖动至 1T 轨道的字幕文件上，即可完成“向上划像”运动效果的添加。添加效果后，字幕素材下方的白色区域将出现两个黄色的三角形区域，表示该运动特效的入特效和出特效的范围，用户可以单击并拖动鼠标，改变黄色三角形以控制运动特效的速度（如图 8-52 所示）。之后，将当前时间指示器移至字幕文件的开始处，播放预览字幕运动效果。如果对添加的字幕效果不满意，可在 1T 轨道中选择已添加的运动效果，按键盘的 Delete 键，即可快速将其删除。

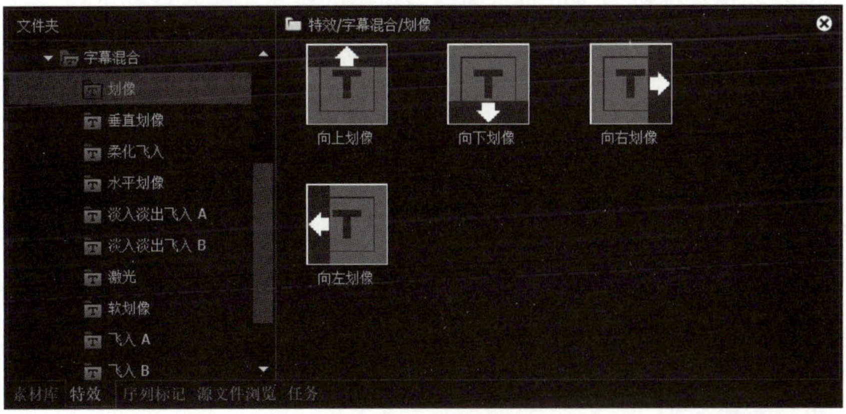

图 8-51　划像特效

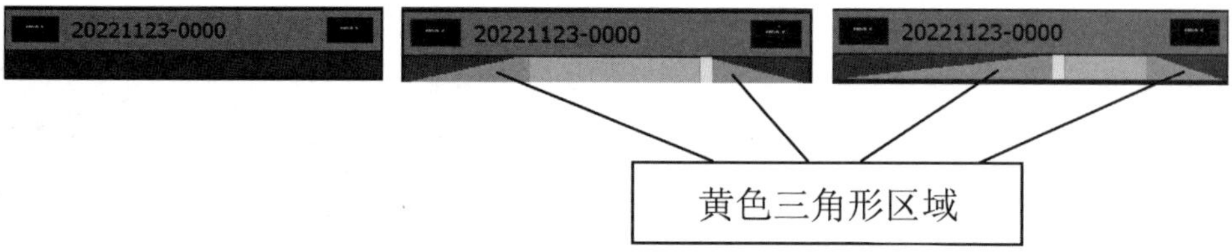

图 8-52　添加并调整特效

四、渲染与输出

在完成全部制作工作后,用户可利用 EDIUS X 的渲染和输出功能,渲染视频或音频文件,并将时间线面板上的节目序列输出成视频文件或刻录到 DVD 光盘中。

(一)渲染文件

为使视音频播放更加流畅,一般在输出成片之前,用户要对时间线面板进行渲染操作,将非实时的素材渲染成实时的素材。EDIUS X 可以对整个时间线面板中的视音频文件进行快速渲染,也可以针对入点和出点之间的部分进行渲染操作。

1.渲染全部视频

在时间线面板上,单击面板上方的“渲染入/出点间”按键右侧的下三角按钮,在弹出的列表中选择“渲染全部”下的“渲染满载区域”命令,或使用快捷键“Shift+Ctrl+Alt+Q”,即可对整个时间线面板进行渲染。

在渲染的过程中,系统会弹出渲染进度框,显示渲染完成的比例,若单击进度框的“取消”按钮,则可中断渲染工作。

2.渲染入出点间的视频

在实际编辑中,为了节约存储空间,用户往往不需要渲染全部视频,而只针对部分段落进行渲染即可,这时可以只渲染入点出点之间的素材段落。

用户首先使用快捷键“I”和“O”,为需要渲染的段落添加入点和出点,然后单击面板上方的“渲染入/出点间”按键右侧的下三角按钮,在弹出的列表中选择“渲染入/出点间”下的“全部”命令,或使用快捷键“Shift+Alt+Q”,即可对入点和出点间的视频文件进行快速渲染。

(二)节目输出

渲染完成后,用户可将编辑完成的节目输出到计算机的硬盘中。EDIUS X 为用户提供了 AVI、MPEG、QuickTime、Windows Media 等常见的输出格式,用户可通过调整输出属性,获得不同格式和质量的视音频文件,也可直接将成片刻录至 DVD 光盘或蓝光光盘中。

1.输出视音频文件

在常规模式下,单击录制窗口下方功能键区域的“输出”按钮,在弹出的菜单列表中选择“输出到文件”，或使用快捷键 F11，即可弹出“输出到文件”对话框（如图 8-53 所示）。在该对话框的左侧，用户可根据需要选择拟输出文件的格式，在对话框右侧将出现一系列与该格式对应的具体类型。选择好具体的格式类型后，单击对话框下方的“输出”按钮，将弹出“Grass Valley HQX AVI”对话框（如图 8-54 所示），用户在其中设置文件名和保存路径，单击“保存”后系统弹出显示输出进度的渲染进度框。

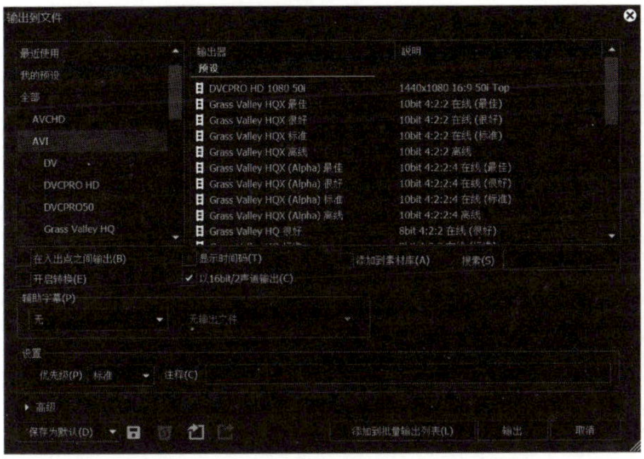

图 8-53　“输出到文件”对话框

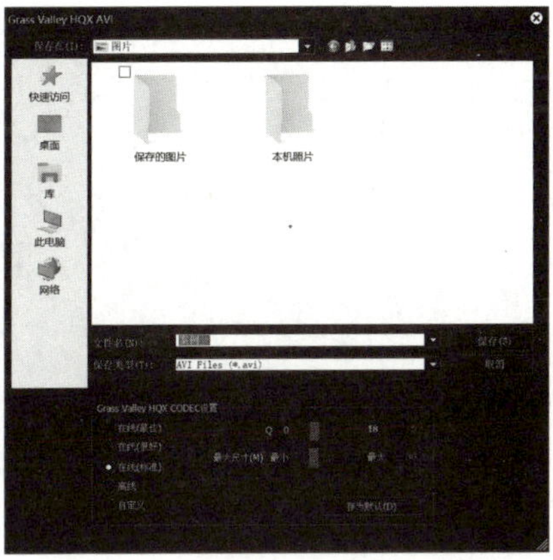

图 8-54　“Grass Valley HQX AVI”对话框

输出完成后，用户可在素材库面板中找到生成的视音频文件，双击该文件，即可在播放窗口预览输出效果。如果需要将生成的视音频文件拷贝到其他磁盘上，可右键单击该文件，在弹出的快捷菜单中选择“资源管理器”选项，即可打开该文件所在的磁盘文件夹，并进行文件的拷贝操作。

2.刻录至光盘

用户也可将编辑后的成片直接刻录至 DVD 或蓝光光盘中，此处主要介绍直接刻录 DVD 的方法。

在常规模式下，单击录制窗口下方的“输出”按钮，选择“刻录光盘”命令。在弹出的“刻录光盘”对话框中点击“开始”选项卡，选择“光盘”选项区的“DVD”单选按钮，以及“编解码器”选项区的“MPEG2”单选按钮，由此完成刻录选择的设置（如图 8-55 所示）。

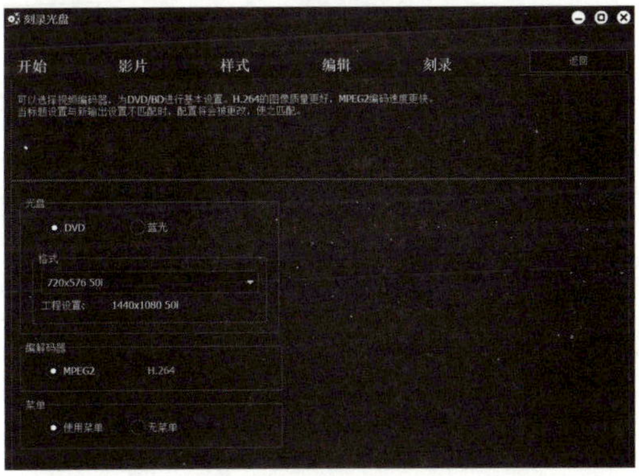

图 8-55　“刻录光盘”对话框的“开始”选项卡

之后，单击对话框上端的“影片”标签，切换至“影片”选项卡（如图 8-56 所示）。在默认状态下，系统会自动将当前时间线序列作为“序列 1”添加到刻录光盘列表中。用户还可以单击“添加序列”按钮，将其他视频序列添加到刻录光盘列表中。除了刻录时间线序列外，EDIUS X 还可以刻录存储在电脑磁盘上的视音频文件:单击“添加文件”按钮,在弹出的“添加段落”对话框中选择需要刻录的视音频文件,单击“打开”按钮,即可将所选文件导入刻录光盘列表中。

单击“刻录光盘”对话框的“刻录”选项卡可以看到,该选项卡提供了“磁盘信息”“卷标号”“光盘数量”等信息,用户根据需要做好调整后,单击右下角的“刻录”按钮,即可开始 DVD 光盘的刻录(如图 8-57 所示)。

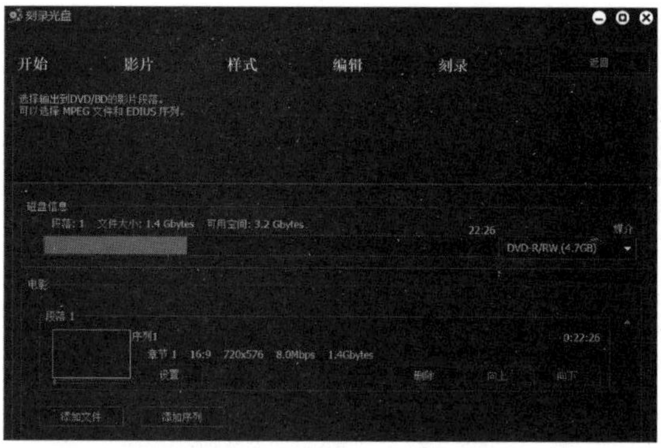

图 8-56 “刻录光盘”对话框的“影片”选项卡

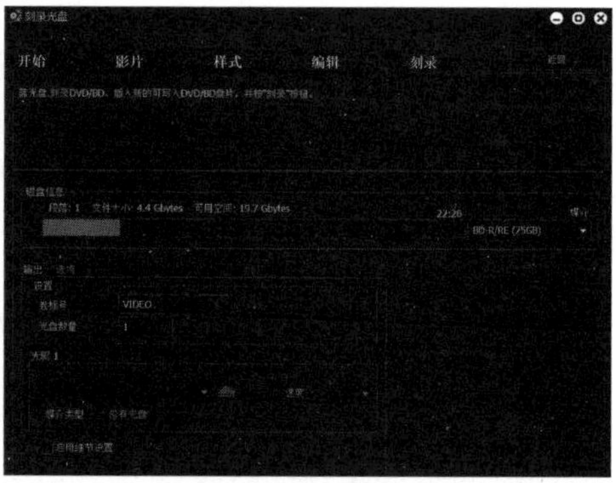

图 8-57 “刻录光盘”对话框的“刻录”选项卡

第三节 常用特效的使用技巧

一、转场特效

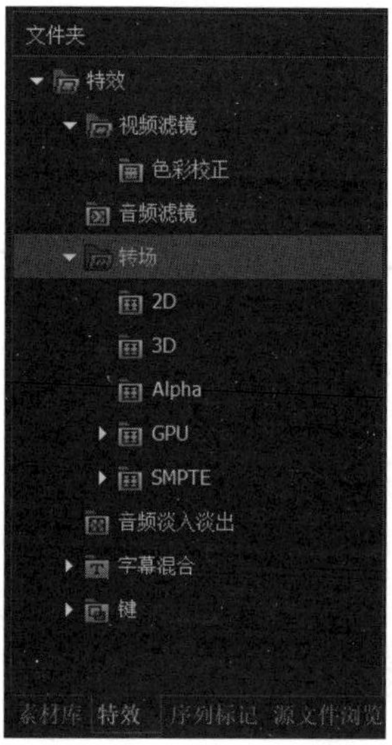

图 8-58 打开特效面板

在影视节目的镜头与镜头之间、场景与场景之间、段落与段落之间除了使用直接切换进行转场外,还可根据需要添加转场特效,使镜头、场景或段落的过渡平滑流畅。EDIUS X 中的转场特效与 Premiere 中的视频过渡效果类似,都是后期编辑中经常使用的视频特效。

(一)添加转场特效

在 EDIUS X 中,转场特效被放置在特效面板中。用户只需选择所需的转场特效,并将其拖入视频轨道的两段素材之间,即可快速完成转场特效的添加。具体操作如下:

首先,单击菜单栏的“视图”选项,在弹出的菜单列表中选择“面板”下的“特效面板”命令,即可打开特效面板;此外,单击素材库面板下方的“特效”标签也可以快速进入特效面板(如图 8-58 所示)。

其次,在特效面板的左侧,单击“转场”选项前面的三角按钮，即可展开转场特效列表。EDIUS X 为用户提供了 2D、3D、Alpha、GPU、SMPTE 等多个预选转场效果，点击 GPU、SMPTE 前面的三角按钮还可以进一步展开转场特效列表。以 2D 特效组为例，单击 2D 特效组，在面板右侧即出现该特效组下的转场效果（如图 8-59 所示）。单击某一特效图标，可以预览该特效的运动方式。用户选择所需的转场特效，如“交叉划像”，并将其拖动至视频轨道中两段素材之间，即可完成“交叉划像”转场特效的添加（如图 8-60 所示）。其他转场特效的添加方式基本相同，不再一一列举。

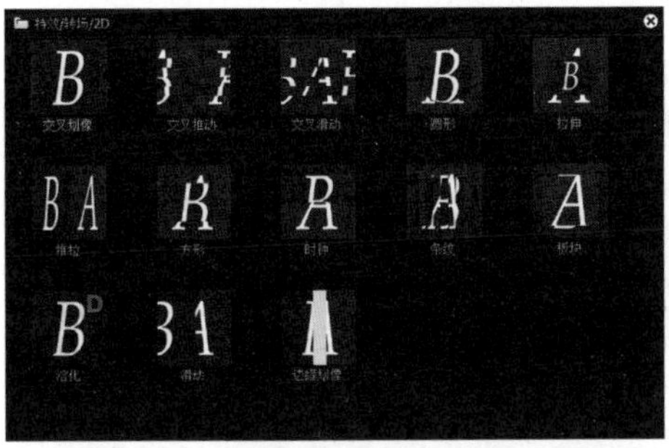

图 8-59　2D 特效组之“交叉划像”

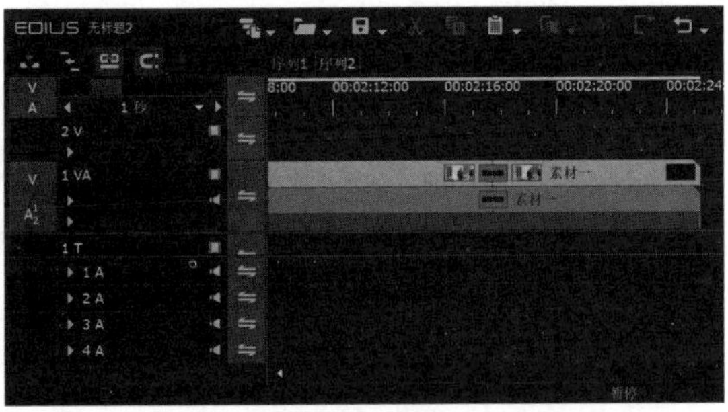

图 8-60　为相邻视频添加转场特效

单击录制窗口的“播放”按钮，预览转场特效效果（如图 8-61 所示）。如果用户对添加的转场效果不满意，可以再选择其他效果，并将其拖动至视频轨道已经添加的转场特效上，即可替换之前添加的转场特效。

图 8-61　预览转场特效效果

（二）使用默认转场

在编辑过程中，如果有大量视频片段需要添加同一种转场效果，可以使用默认转场完成添加，以提高操作效率。在 EDIUS X 中，系统初始状态默认的转场特效为 2D 特效组中的“溶化”。

用户选择需要添加特效的素材，单击时间线面板上方的“设置默认转场”按钮，在弹出的列表中选择“添加到素材入点”命令或使用快捷键“Shift+Alt+P”，即可在素材入点处添加默认转场特效；同理，在弹出的列表中选择“添加到素材出点”命令，或使用快捷键“Alt+P”，即可在素材出点位置添加默认转场特效。

如果用户不满足系统初始的默认转场特效，也可选择自己喜欢的转场特效并在其图标上单击右键,在弹出的快捷菜单中选择“设置为默认特效”命令,即可自定义默认转场特效。

(三)编辑转场特效

1.设置转场特效属性

用户添加转场特效后,如果对特效效果不满意,可通过设置特效属性的方式对特效效果进行调整。具体操作方法如下:

在视频轨道中选择需要设置属性的转场特效,在该特效上单击右键,在弹出的快捷菜单中选择“设置”命令。

在弹出的对话框中,用户可以对一系列参数进行调整,以2D特效中的“板块”特效为例,通过参数选项卡可以调整样式、过程模式、方向等(如图8-62所示)。设置完成后,单击“确定”即可。完成特效属性设置后,用户可以在时间线面板上播放并预览转场特效效果。

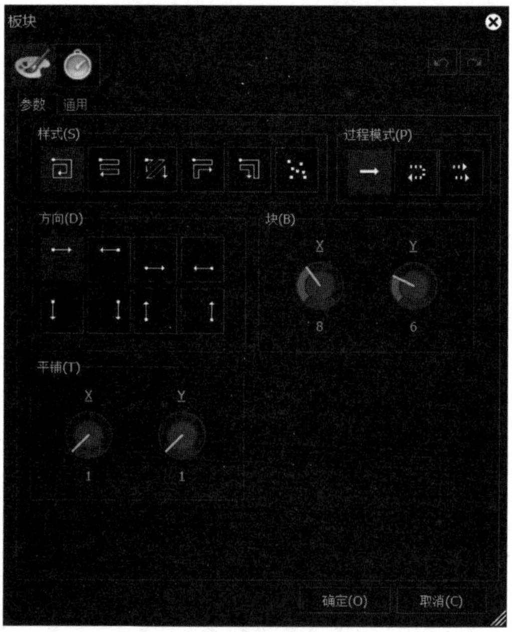

图8-62 设置特效属性

2.复制粘贴转场特效

当有多个素材需要添加同一转场特效时,使用复制粘贴转场特效的方式能够大大提高操作效率。复制粘贴转场特效的方式与复制粘贴素材和文件的操作方式相同。

在需要复制的转场特效上单击右键,在弹出的快捷菜单中选择“复制”命令。在视频轨道上选择需要粘贴转场特效的素材文件,单击时间线面板上方的“设置默认转场”按钮,在弹出的列表中选择“粘贴到素材入点”命令,即可将复制的转场特效快速粘贴到素材的入点,同理,如果选择“粘贴到素材出点”命令,即可将复制的转场特效快速粘贴到素材的出点。

3.删除转场特效

用户如果对添加的转场特效不满意,除了替换该特效外,还可以将其删除,甚至将所选区域内的全部转场特效都删除。

(1)删除某个转场特效:在视频轨道中,选择需要删除的转场特效,按键盘的Delete键即可删除。

(2)删除全部转场特效:在视频轨道中,选择需要删除转场特效的素材组,单击菜单栏中的“编辑”项目,选择菜单列表中“部分删除”下的“转场”,执行“所有”命令,即可将这个素材组内所使用的全部转场特效均删除。用户也可以使用快捷键“Alt+T”,快速实现该操作。

二、视频滤镜特效

为了增强画面的艺术感，用户有时需要对画面进行处理，模拟出一种特殊的光照或纹理效果。EDIUS X 提供了多种滤镜选择，可谓该软件的一大亮点。滤镜特效能够帮助用户快速制作出诸如滚动、模糊、马赛克、手绘、浮雕等特殊画面效果。

(一)添加滤镜特效

EDIUS X 工作界面为用户提供了大量的滤镜特效，如“光栅滚动”“动态模糊”“块颜色”“马赛克”“浮雕”等，这些效果存放在特效面板中。在 EDIUS X 的默认状态下并没有显示特效面板，用户可以单击素材库右侧的“特效”标签，快速进入特效面板。

EDIUS X 提供的滤镜特效十分丰富，向视频素材添加滤镜特效的方法也十分简便，在此笔者以其中的“铅笔画”特效为例进行讲解，其他的特效添加方式基本相同，读者可自行尝试，此处不再一一列举。

打开特效面板后，单击面板左侧的“视频滤镜”特效组，面板右侧即可显示出该组下所有滤镜特效。将鼠标移至每一滤镜特效的图标上方，系统将自动弹出对该特效的说明(如图 8-63 所示)。

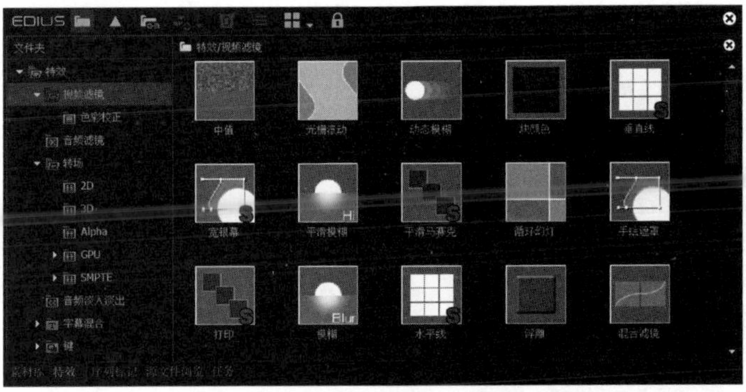

图 8-63　视频滤镜特效

找到“铅笔画”滤镜，单击并将其拖动至视频轨道的素材文件上，释放鼠标后即可完成对滤镜特效的添加。为视频素材添加滤镜效果后，其效果将应用到该素材从起始帧到结束帧之间的所有画面上(如图 8-64 所示)。

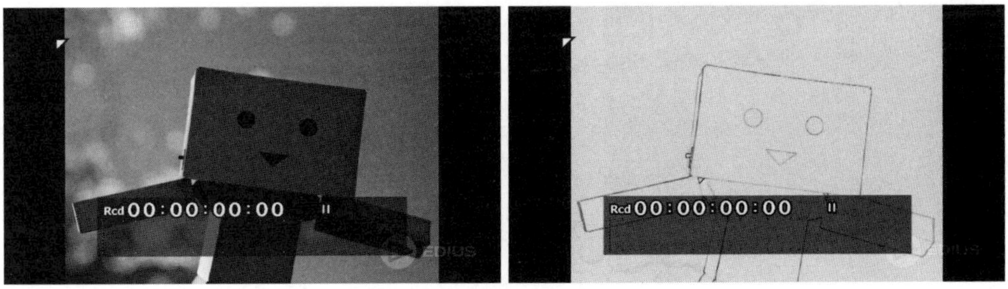

图 8-64　使用“铅笔画”滤镜特效前后的画面效果

用户如果需要对滤镜特效进行调整,可在时间线右侧的信息面板上找到“铅笔画”滤镜特效,单击右键,在弹出的快捷菜单中选择“打开设置对话框”选项,即可弹出“铅笔画”对话框,修改密度属性数值后,单击“确定”,即可完成对滤镜特效的编辑。滤镜特效参数设置完成后,用户可在录制窗口中查看修改后的效果(如图 8-65 所示)。

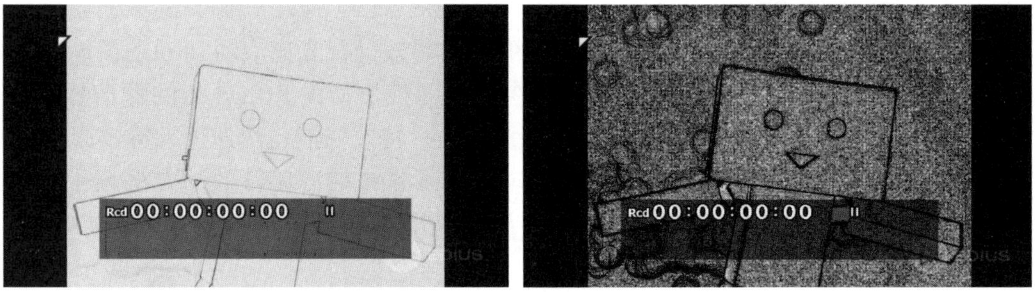

图 8-65　参数调整前后的效果

(二)添加多个滤镜特效

与转场特效不同,用户可以为同一段视频素材添加多个滤镜特效,各特效之间并无替换或覆盖关系,而是叠加的关系,从而创造出更加丰富的画面效果。

例如,在“视频滤镜”特效组中选择“焦点柔化”滤镜,单击并将其拖到视频轨道的素材上,即可添加该滤镜效果。然后,选择“老电影”滤镜,用同样的方法将其添加到同一视频素材上,此时,信息面板将显示两个视频滤镜的效果。

添加多个滤镜特效后,在信息面板中,按住 Ctrl 键的同时选择多个滤镜特效,右击鼠标,在弹出的快捷菜单中选择“启用/禁用”选项,即可启用或禁用设置的滤镜特效(如图 8-66 所示)。

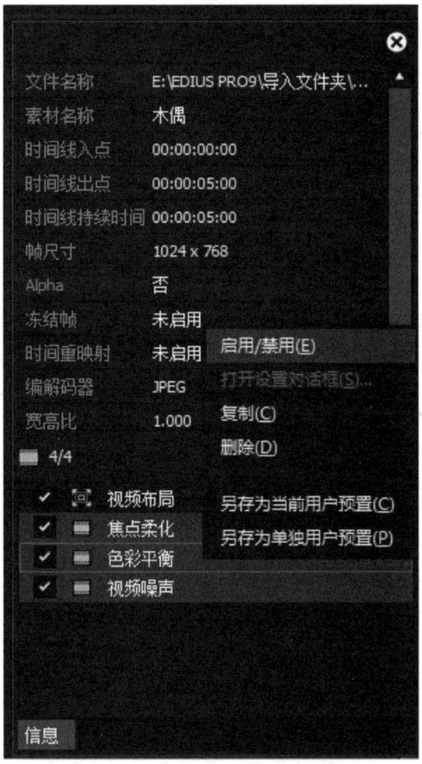

图 8-66　启用/禁用滤镜特效

(三)删除滤镜特效

用户如果对添加的滤镜特效不满意,可以将其删除。在时间线右侧的信息面板中,用户可以找到刚添加的滤镜特效,单击右键,在弹出的快捷菜单中选择“删除”,或使用键盘上的 Delete 键,即可快速将其删除。

三、运动特效

在 EDIUS X 中，用户可以利用添加关键帧的方式改变画面的位置、角度以及大小，创造运动画面的效果或是三维空间的动画效果。

（一）制作二维动画特效

EDIUS X 的运动特效功能要通过“视频布局”对话框的功能按钮来实现。单击菜单栏中的“素材”选项，在弹出的菜单列表中选择“视频布局”命令，或双击信息面板中的“视频布局”选项，即可打开“视频布局”对话框（如图 8-67 所示）。在默认状态下，对话框直接显示 2D 动画界面。借助“视频布局”对话框，用户可以完成移动位置动画、视频拉伸动画、视频旋转动画以及可见度和颜色调整等。下面介绍几种常用的二维动画特效。

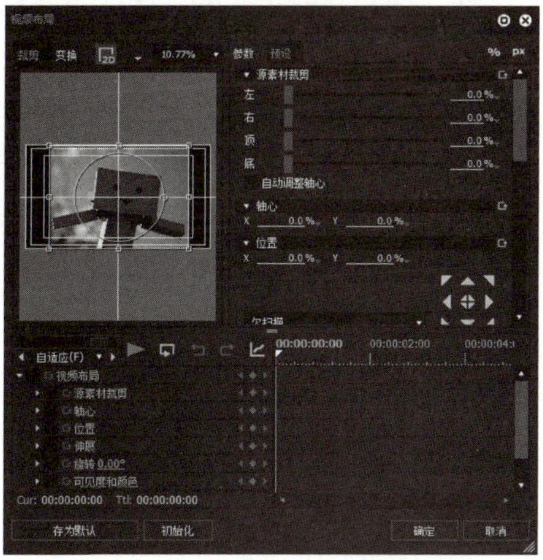

图 8-67　“视频布局”对话框

1. *移动位置动画*

在“视频布局”对话框中，通过设置不同关键帧的位置参数，可以创造画面移动的效果。

选择需要调整位置的素材文件，打开“视频布局”对话框，在右侧的参数面板中，找到“位置”选项区，设置 X 和 Y 坐标的数值（如图 8-68 所示）。

在对话框下方的控制面板中，选中“位置”复选框，点击右侧的“添加/删除关键帧”按钮，在当前时间指示器所在的位置添加第一个关键帧（如图 8-69 所示）。

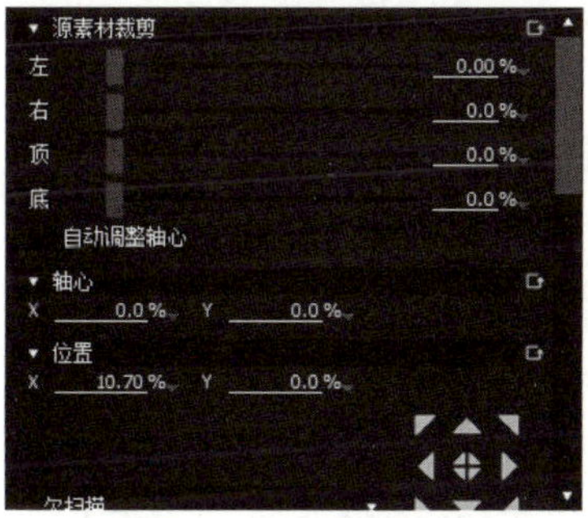

图 8-68　“位置”参数设置

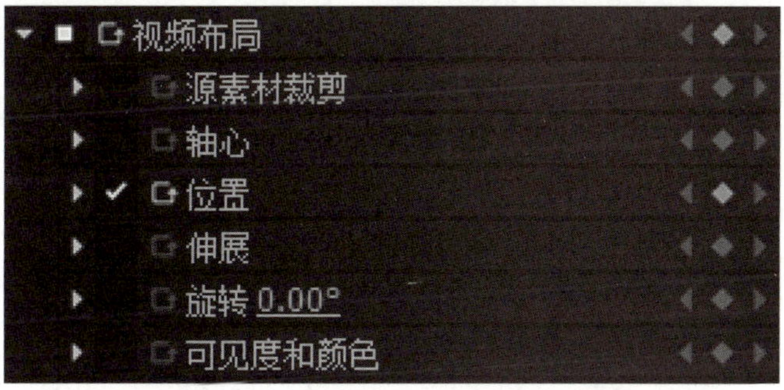

图 8-69　添加第一个“位置”关键帧

在控制面板中，将当前时间指示器移至另一位置后，在参数面板的“位置”选项区输入新的 X 和 Y 坐标数值。此时，在控制面板上当前时间指示器所在的位置自动添加第二个关键帧（如图 8-70 所示）。

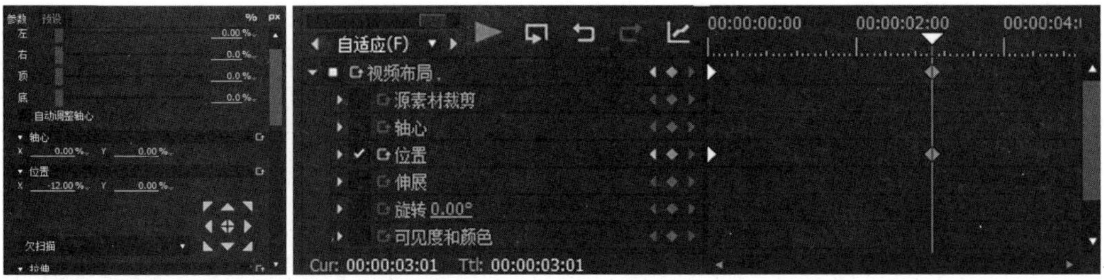

图 8-70　添加第二个“位置”关键帧

完成设置后,单击“视频布局”对话框右下角的“确定”按钮,即可返回 EDIUS X 工作界面,在时间线面板上播放这段素材便可预览其动画效果。

2.视频拉伸动画

在 EDIUS X 中,用户可以通过拉伸动画特效,改变视频画面的长宽比,或改变画面的大小,使整个画面呈现出丰富的构图效果。

选择素材文件,打开“视频布局”对话框,在右侧的参数面板中,找到“拉伸”选项区,设置 X 和 Y 的数值(如图 8-71 所示)。

在对话框下方的控制面板中,选中“伸展”复选框,然后点击右侧的“添加/删除关键帧”按钮,在当前时间指示器所在的位置添加第一个关键帧(如图 8-72 所示)。

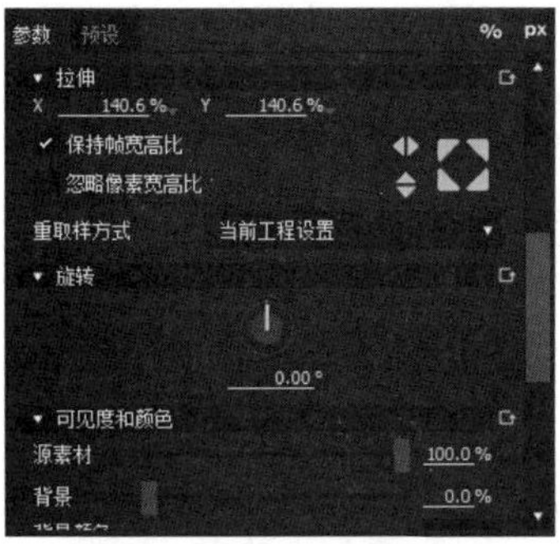

图 8-71　“拉伸”参数设置

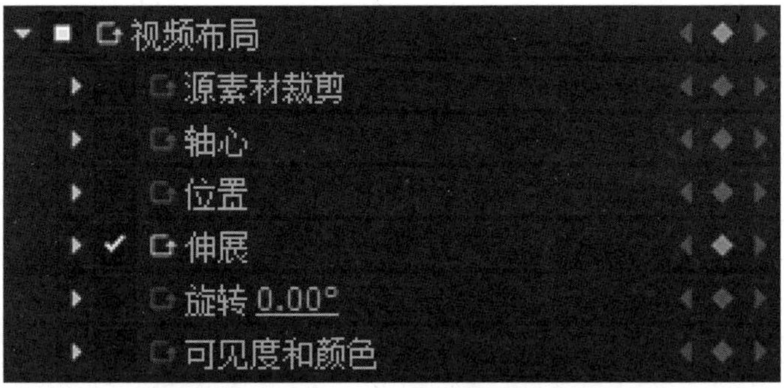

图 8-72　添加第一个“伸展”关键帧

在控制面板中,将当前时间指示器移至另一位置后,在参数面板的“拉伸”选项区输入新的 X 和 Y 数值。此时,在控制面板上当前时间指示器所在的位置自动添加第二个关键帧。需要注意的是,如果勾选“拉伸”选项区中的“保持帧宽高比”复选框,则画面将被等比例放大或缩小(如图 8-73 所示)。

完成设置后,单击“视频布局”对话框右下角的“确定”按钮,即可返回 EDIUS X 工作界面,在时间线面板上播放这段素材便可预览其动画效果。

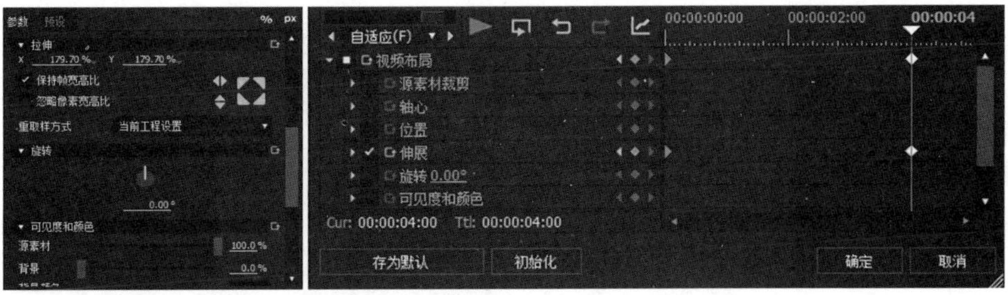

图 8-73 添加第二个“伸展”关键帧

3.视频旋转动画

在 EDIUS X 中,用户可以让画面以某一点为轴进行旋转,由此带来更加炫目的动画效果。

选择需要添加特效的素材文件,打开“视频布局”对话框,在右侧的参数面板中,找到“轴心”选项区,设置轴心的 X 和 Y 坐标数值。系统默认的轴心为画面正中(如图 8-74 所示)。

在对话框下方的控制面板中,选中“旋转”复选框,在选项区中输入起始旋转角度数值,然后点击右侧的“添加/删除关键帧”按钮,在当前时间指示器所在的位置添加第一个关键帧(如图 8-75 所示)。

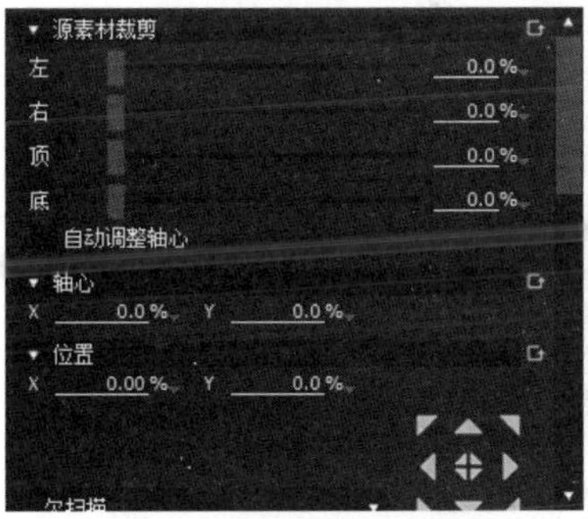

图 8-74 “轴心”参数设置

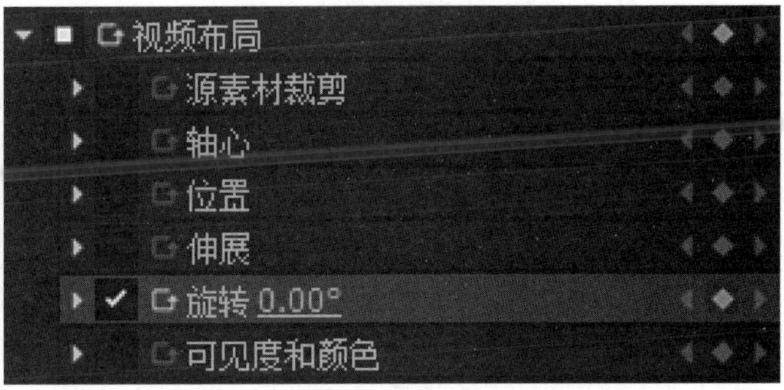

图 8-75 添加第一个“旋转”关键帧

在控制面板中,将当前时间指示器移至另一位置后,在“旋转”选项区中输入另一个旋转角度数值,此时,在控制面板上当前时间指示器所在的位置自动添加第二个关键帧(如图 8-76 所示)。

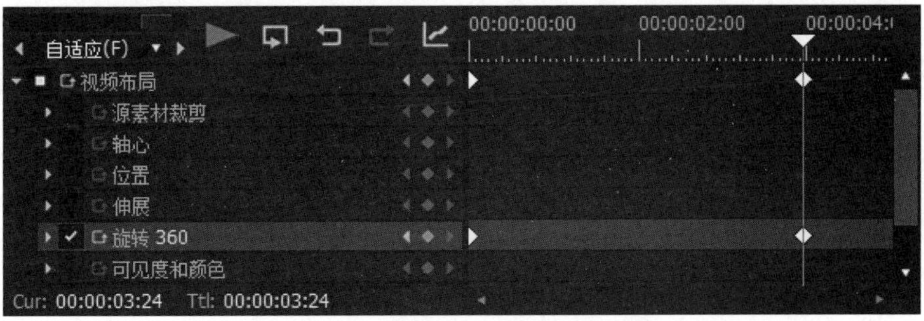

图 8-76 添加第二个“旋转”关键帧

完成设置后,单击“视频布局”对话框右下角的“确定”按钮,即可返回 EDIUS X 工作界面,在时间线面板上播放这段素材便可预览其动画效果。

值得注意的是,关键帧的位置是影响运动效果的重要因素,用户可单击控制面板上的关键帧并拖动鼠标,即可移动关键帧所在的位置,从而改变动画的效果。

(二)制作三维动画特效

在“视频布局”对话框中,单击 2D 标签右侧的下三角按钮,在弹出的列表中选择“3D 模式”,即可切换至三维动画特效编辑模式(如图 8-77 所示)。激活三维空间后,用户可以在对话框的预览窗口中看到图像的变换轴与二维空间不同,在该空间可以对图像进行三维空间变换。

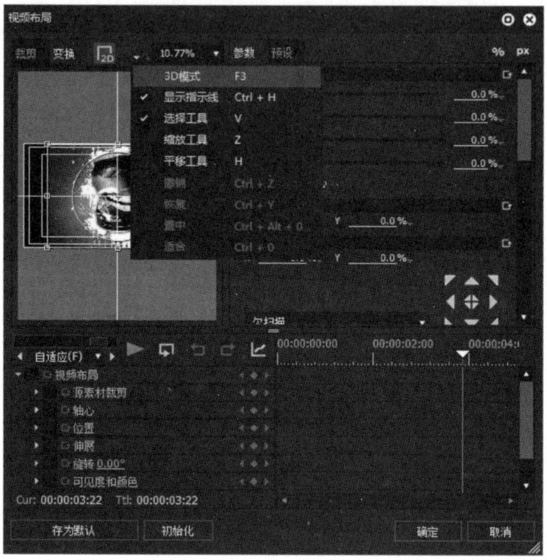

图 8-77 选择“3D 模式”

EDIUS X 的三维动画与二维动画的操作方法基本相同,只是在位置、轴心和旋转操作上增加了 Z 轴,提供了三个可供用户操作的坐标数值。本节以“位置”和“旋转”特效为例,介绍三维动画特效的操作方式。

1.三维位置动画

在视频轨道上添加一段素材,单击菜单栏“素材”选项,在弹出的菜单列表中选择“视频布局”命令,打开 “视频布局”对话框。

切换至三维动画编辑模式,在参数面板的“位置”选项区中,设置 X、Y、Z 的相应参数。其中,改变 Z 坐标的参数,可以调整素材在纵深方向上的位置(如图 8-78 所示)。

在对话框下方的控制面板中选中“位置”复选框,单击“添加/删除关键帧”按钮,在当前时间指示器所在的位置添加第一个关键帧(如图 8-79 所示)。

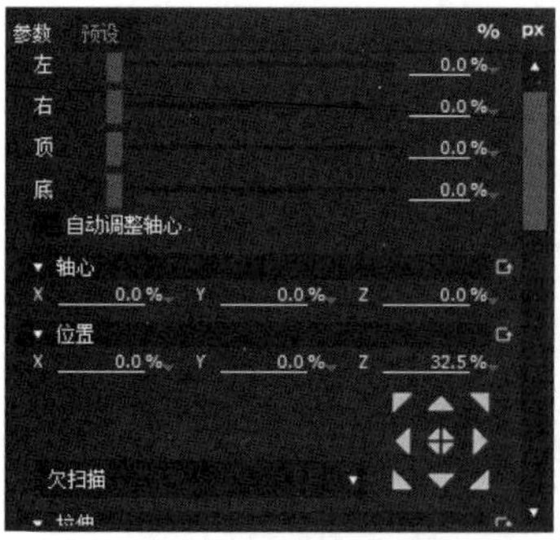

图 8-78 “位置”参数设置

图 8-79 添加第一个“位置”关键帧

在控制面板中，将当前时间指示器移至另一恰当位置，在参数面板上，输入“位置”选项区中 X、Y、Z 的新参数，此时，系统会在控制面板上当前时间指示器所在的位置生成第二个关键帧（如图 8-80 所示）。

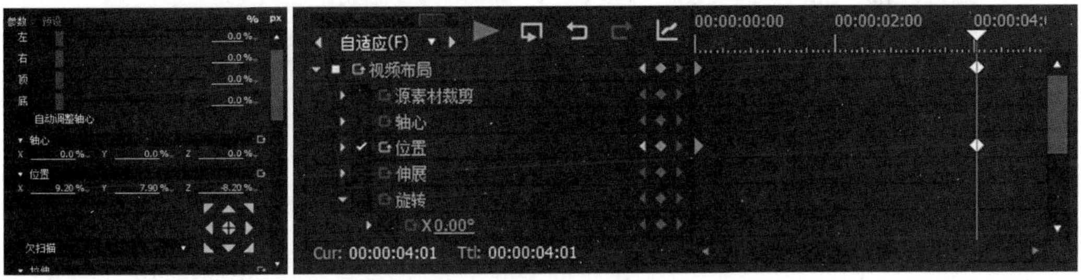

图 8-80　添加第二个“位置”关键帧

用户也可以根据运动效果的要求，添加第三个、第四个关键帧，并相应调整“位置”选项区中 X、Y、Z 的参数。完成设置后，单击对话框右下角的“确定”按钮，即可完成三维位置动画效果的制作。

2. 三维旋转动画

三维旋转动画的制作方式与二维相似，在加入 Z 轴参数之后，画面的旋转方向可以变得更加多样，能创造更加炫目的效果。

在视频轨道上添加一段素材，单击菜单栏“素材”选项，在弹出的菜单列表中选择“视频布局”命令，打开“视频布局”对话框。

切换至三维动画编辑模式，在对话框下方的控制面板中选中“旋转”复选框，在选项区中输入 X、Y、Z 的起始旋转角度数值，在控制面板上当前时间指示器所在的位置将自动添加第一个关键帧（如图 8-81 所示）。

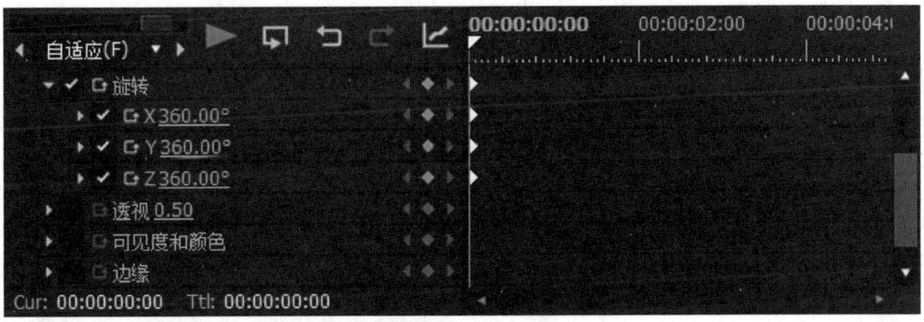

图 8-81　添加第一个“旋转”关键帧

在控制面板中，将当前时间指示器移至另一位置后，在“旋转”选项区中输入 X、Y、Z 的新的旋转角度数值，此时，在控制面板上当前时间指示器所在位置自动添加第二个关键帧（如图 8-82 所示）。

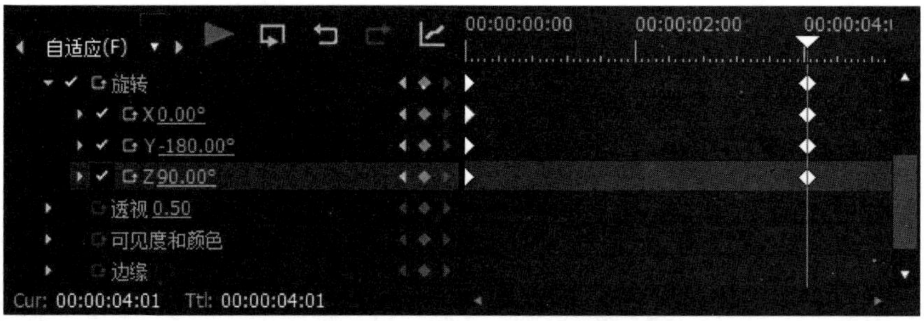

图 8-82　添加第二个“旋转”关键帧

用户也可根据运动效果的要求,添加第三个、第四个关键帧,并相应调整“旋转”选项区中 X、Y、Z 的参数。完成设置后,单击对话框右下角的“确定”按钮,即可完成三维旋转动画效果的制作。

第四节　创作实训:编辑节目宣传片

“坚守中华文化立场,提炼展示中华文明的精神标识和文化精髓,加快构建中国话语和中国叙事体系,讲好中国故事、传播好中国声音,展现可信、可爱、可敬的中国形象。”①由此可见,推动中华文化更好地走向世界已经成为新时代无法忽视的命题,而文艺作品作为提升我国文化软实力的重要方面,更是要承担起塑造国家形象的使命,向世界展示更加全面、立体的中国形象。

宣传片是影视节目的重要组成部分,在节目正式播映之前起到形象化宣传的作用,引导观众收看。一部好的节目宣传片是对节目精彩内容的集中体现,在编辑节奏上往往较快,以形成视觉上的积累,并配合音乐、音效、标题字等元素,给观众带来新奇的视听体验。本节以纪录片《沂蒙小棉袄》(如图 8-83 所示)的宣传片编辑为例,帮助初学者进一步了解本章知识的具体应用。

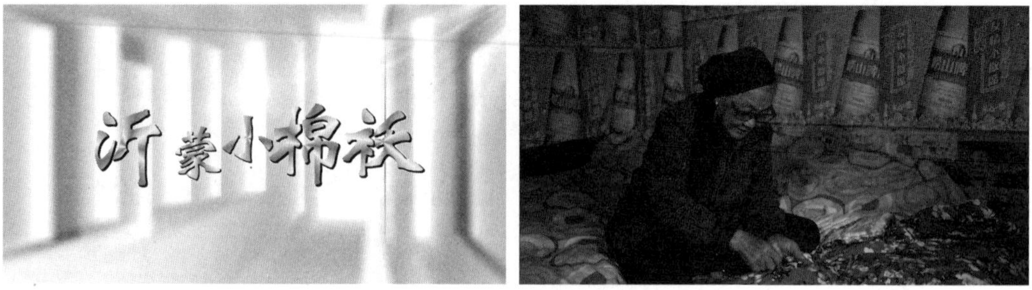

图 8-83　纪录片《沂蒙小棉袄》

① 中共中央党史和文献研究院,中央学习贯彻习近平新时代中国特色社会主义思想主题教育领导小组办公室. 习近平新时代中国特色社会主义思想专题摘编[M].北京:党建读物出版社,中央文献出版社,2023:333.

纪录片《沂蒙小棉袄》记录了地处沂蒙山区的山东省临沂市沂水县杨庄镇吴家楼子村的村支书吴照京带领村里的奶奶们通过缝制“小棉袄”创业致富的故事。如今，奶奶们缝制的“小棉袄”不仅是奶奶们对子女的祝福，更蕴藏着生生不息的沂蒙精神和代代相传的红色基因，成为一种寓意美好的手工艺品。本片展现了沂蒙山区女性的勤劳、善良、聪慧，更体现了在中国式现代化进程中沂蒙革命老区致富创业的智慧。

《约定》(如图 8-84 所示)是该纪录片的宣传短片，时长 36 秒，以纪实的形式记录非物质文化遗产“小棉袄”的制作者和推广者的故事，展现沂蒙山区乡村振兴的美丽图景，体现沂蒙精神和红色基因的代代相传。该宣传片通过散文化的结构和具有冲击力的影像画面，配以丰富的视听信息，给观众带来强烈的视听审美体验。

图 8-84　宣传片《约定》

该宣传片的具体操作如下：

(1)添加素材：在素材库面板右侧的空白处单击右键，在弹出菜单中选择“添加文件”命令。在“打开”对话框中选择所要导入的文件，单击“打开”按钮，将所需视频导入素材库中备用(如图 8-85 所示)。在素材库面板右侧的空白处再次单击右键，在弹出菜单中选择“新建序列”命令，将需要添加的素材文件拖到新建的序列中。

(2)编辑素材：在时间线上快速浏览素材，找到需要的镜头，按下键盘的快捷键“C”，添加剪辑点，将宣传片所需的镜头剪出来，选择不需要的素材片段，使用快捷键“Alt+Delete”进行波纹删除，删去不需要的素材片段的同时使留下的素材首尾连接(如图 8-86 所示)。一般而言，宣传片的时长在 30 秒左右，在编辑的过程中要注意镜头切换的节奏和镜头时长的把控。宣传片《约定》以“小棉袄”为线索串联故事，多线叙事，虚实结合，设置了三条叙事线：第一条是“小棉袄”这个物品本身的实线；第二条是“小棉袄”作为文化的载体，是红色沂蒙印记的文化符号这条叙事线；第三条是前两条线交织产生的小棉袄与人的关系线。三条叙事线交织，提升了作品的艺术魅力。在宣传片《约定》的剪辑中，创作者先将宣传片需要的镜头进行选择和标注，然后按叙事线进行组合，确定剪辑点，确保画面的连贯性。

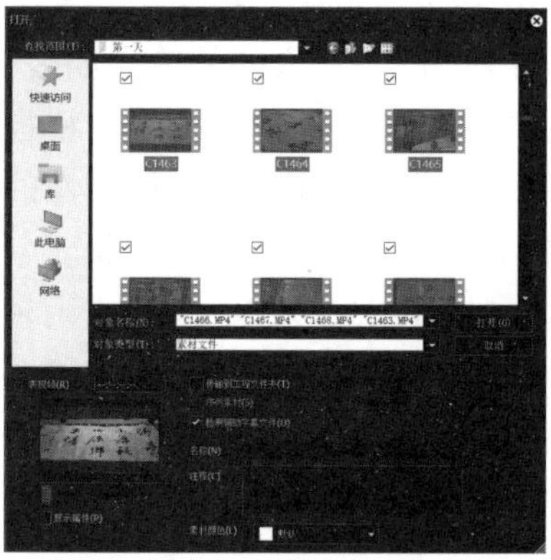

图 8-85　添加素材

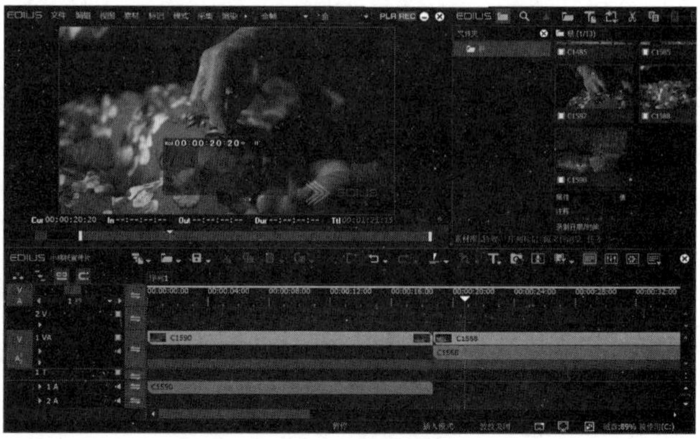

图 8-86　编辑素材

(3)添加解说:一般而言,在编辑宣传片时,为了让观众更好地理解影片的重点信息,会添加提前录制好的解说,解说词一般以简洁的语言对内容亮点进行提示。单击“文件”菜单,执行下拉菜单栏中的“添加素材”命令,随后在弹出的“添加素材”对话框中选择解说的音频文件,单击“打开”将其导入播放窗口(如图 8-87 所示)。宣传片《约定》以解说词“与其说沂蒙小棉袄助力乡村振兴,倒更像是我和这些乡村老人的一个约定,一个承诺兑现的过程!”作为开场,在开头用解说词来呈现整部作品的观点。创作者通过解说词完善画面的同时,也通过解说词来调动观众的情感,唤起观众对家、对故土,甚至是对生命体验的情感共鸣。

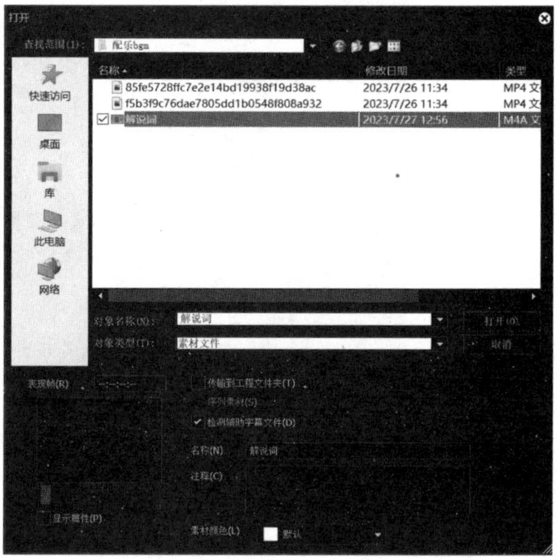

图 8-87　打开解说的音频文件

通过播放窗口播放音频,找到需要添加的音频段落,添加入点和出点,将入点和出点之间的解说音频片段拖到 1A 轨道上,如此重复操作,可以添加全部所需的解说(如图 8-88 所示)。

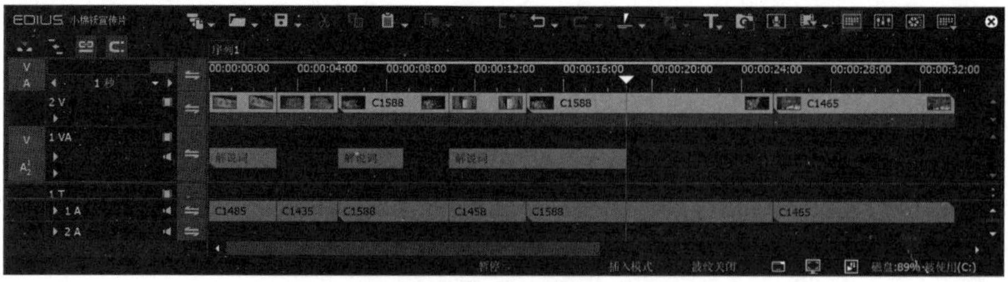

图 8-88　在音频轨上添加解说的音频文件

(4)编辑音乐：单击“文件”菜单，执行下拉菜单栏中的“添加素材”命令，在弹出的“添加素材”对话框中选择要添加的音乐文件，单击“打开”按钮（如图8-89所示）。通过播放窗口播放音乐文件，找到合适的片段。一般而言，先寻找音乐的出点，即找到有结束感的音乐处，再向前寻找合适的入点。打好入点和出点后，将入点和出点之间的音乐片段添加到时间线的2A 轨道上（如图 8-90 所示）。

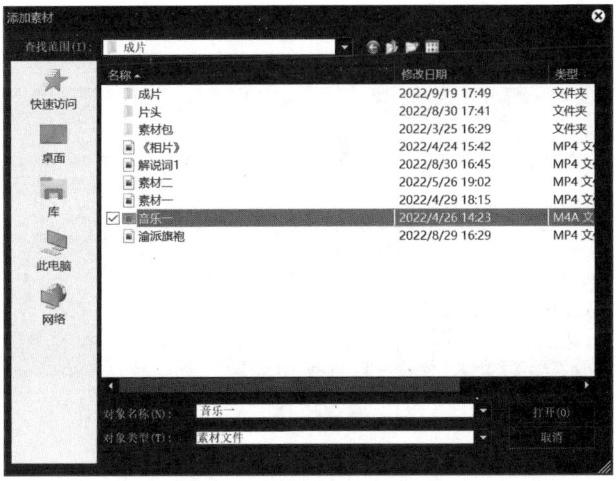

图 8-89　打开音乐文件

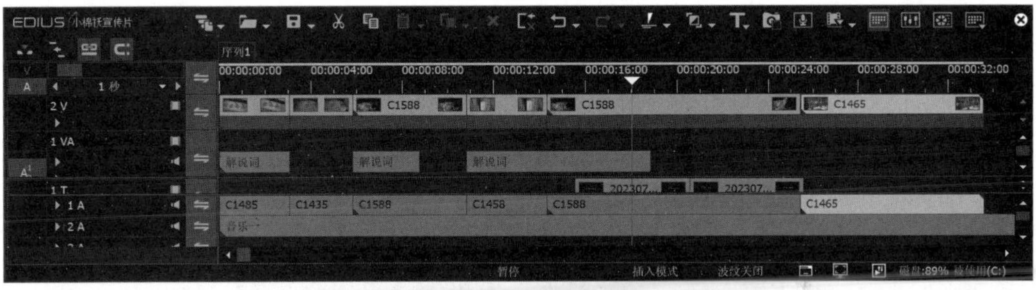

图 8-90　添加音乐文件

(5)制作标题字：一般而言，用户还需要给宣传片添加标题字，进行片名和播出时间等信息的预告。单击时间线面板上方的“创建字幕”按钮T，在弹出的列表中选择“在 1T 轨道上创建字幕”命令（如图 8-91 所示），打开字幕窗口。选择工具箱中的“横向文本工具”T，在预览窗口的合适位置单击定位光标，输入片名和播出时间，根据需要设置字幕的位置、字号和字体等（如图 8-92 所示）。单击工具栏中的“保存”按钮后，退出字幕窗口。用户可以通过

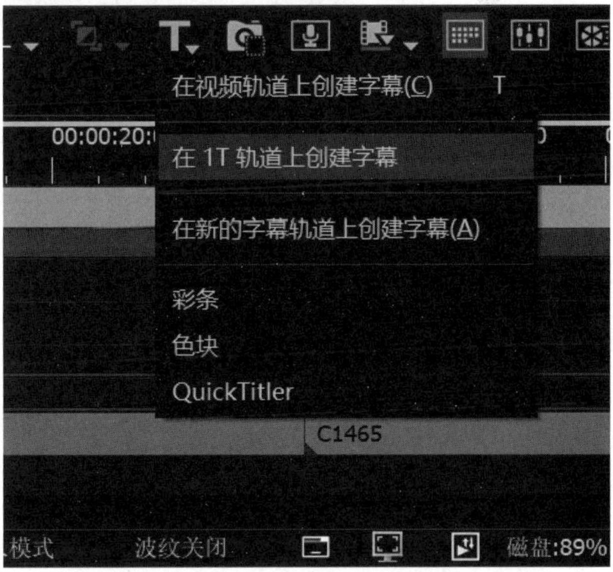

图 8-91　执行“在 1T 轨道上创建字幕”命令

播放窗口预览标题字添加效果(如图 8-93 所示)。

图 8-92 编辑字幕

图 8-93 预览字幕效果

(6)成片输出:使用快捷键 F11,在弹出的“输出到文件”对话框中选择需要输出的文件格式(如图 8-94 所示),单击对话框下方的“输出”按钮,在“Grass Valley HQX AVI”对话框中设置文件名和保存路径,单击“保存”按钮,等待系统完成输出操作。

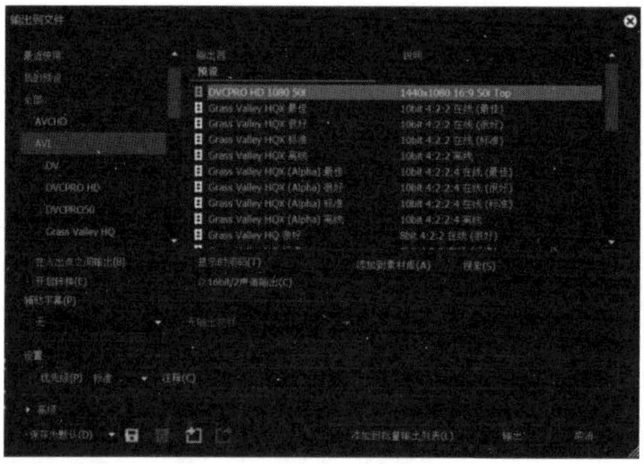

图 8-94 “输出到文件”对话框

本章小结

本章主要以 EDIUS X 为例,介绍了 EDIUS 非线性编辑系统的基本界面、基本编辑操作及常用的特效编辑技巧。初学者应以影视编辑的工作流程为线索,着重学习使用 EDIUS 非线性编辑软件来完成工程管理、素材导入、视音频素材编辑、转场特效编辑、视频运动特效编辑和字幕编辑等的基本操作技巧,并在学习的过程中认真体会 EDIUS 与其他同类非线性编辑软件的异同,以做到触类旁通,举一反三。当然,EDIUS 的功能远不止于本章所述内容,读者可以以此为契机继续探索学习。

本章思考题

1.在影视节目中,过多或不恰当的特效可能会让观众感到困惑或分散注意力。你认为在什么情况下应该使用特效?使用特效的主要目的是什么?

2.请比较 Premiere 与 EDIUS,分析这两款软件的特点及其适用场合。

3.为什么在编辑过程中要特别关注声画的同步性?

4.在使用 EDIUS 进行编辑时,你认为技术和创意哪个更重要?它们之间是什么样的关系?请结合编辑经验进行分析。

本章实训题

1.运用 EDIUS 软件制作一个 3 分钟的以个人成长为主题的电子相册。

要求:

(1)根据主题准备和个人成长有关的照片。

(2)电子相册分辨率为 1920×1080,请根据这一要求自行处理照片。

(3)利用 EDIUS 软件为照片添加运动效果。

(4)选择合适的背景图片,根据背景图片设计照片在图片上的位置以及运动效果。

(5)添加字幕,制作片头片尾。

(6)使用特技特效,让电子相册富有动感。

(7)根据主题设计内容,要有故事性。

(8)添加必要的音乐、音响音效。

2.结合社会热点问题,如环保、健康、公共安全等,使用 EDIUS 软件制作一则 30 秒—1 分钟的公益广告。

要求:

(1)选择一个你关心的社会公益主题。

(2)根据主题拍摄或收集相关素材。

(3)运用 EDIUS 的编辑功能进行镜头组接,添加特技特效、音乐、音响音效、字幕等,使其具有强烈的视觉和听觉冲击力。

参考文献

[1]张晓艳.影视非线性编辑[M].北京:北京大学出版社,2010.

[2]华天印象.EDIUS 完全学习手册[M].北京:人民邮电出版社,2014.

[3]楚飞.EDIUS 专业级视频与音频制作从入门到精通[M].2 版.北京:人民邮电出版社,2016.

[4]华天印象.中文版 EDIUS 8 实战视频教程[M].北京:人民邮电出版社,2017.

[5]袁诗轩.EDIUS 视频、音频制作标准教程[M].北京:清华大学出版社,2017.

09

第九章

剪映的应用

学习重点

剪映的工作界面和基本操作

剪映的常用编辑技巧

学习难点

多机位同步编辑技巧的应用

关键帧运用中的细节控制

能力目标

熟练使用剪映完成基本的视音频编辑

利用剪映中的高级功能进行专业级别的视音频制作

本章微课

本章知识更新

剪映是由抖音推出的一款视频编辑软件，带有全面的剪辑功能，支持变速，有多样滤镜和美颜效果，有丰富的曲库资源。

随着技术的发展，视音频的制作门槛不断降低，普通民众对视音频制作与发布的需求越来越大，需要一款功能强大但又易学易用的影视编辑软件，剪映就是在这种背景下应运而生的。

剪映自 2019 年上线以来更新迭代速度飞快，从最初的 2019 年 5 月移动端版至 2021 年 2 月剪映专业版 Windows 版正式上线，已实现手机端/Pad 端/PC 端等各终端的全覆盖。自 2023 年起，剪映积极拥抱 AI 技术，推出 AI 功能，探索 AI 赋能视音频制作的多种可能。本书以剪映 5.4.0(beta4) Mac 版为例，介绍剪映的应用知识与操作技巧。

第一节 基本界面

一、运行环境

剪映是一款专业的视频剪辑软件，可以满足用户对视音频编辑、特技特效添加、音乐添加、字幕添加等基本操作的需求。按照官网的介绍，剪映软件对电脑硬件配置的基本要求为 64 位双核 CPU，至少 8GB RAM，VRAM 至少为 512MB。对于手机用户而言，需要的手机硬件配置为：A11 芯片及以上，至少 3GB RAM。从这些要求来看，剪映需要的硬件配置并不是很高，足以体现其对广大用户的考虑。当然，如果需要进行更为复杂且专业的视音频编辑，添加大量的特技特效、音乐和字幕等，剪映需要的硬件配置也会相应提高。

剪映的安装方式非常简单，用户在官网上便可直接下载最新版安装文件。手机端用户只需要在手机的应用商店中下载剪映的应用程序即可安装。

二、启动开始界面

软件启动后，是“开始”界面，开始界面包含资源区、创作区和草稿区三个部分，通过该界面，用户可以新建项目或打开已经存在的编辑项目(如图 9-1 所示)。

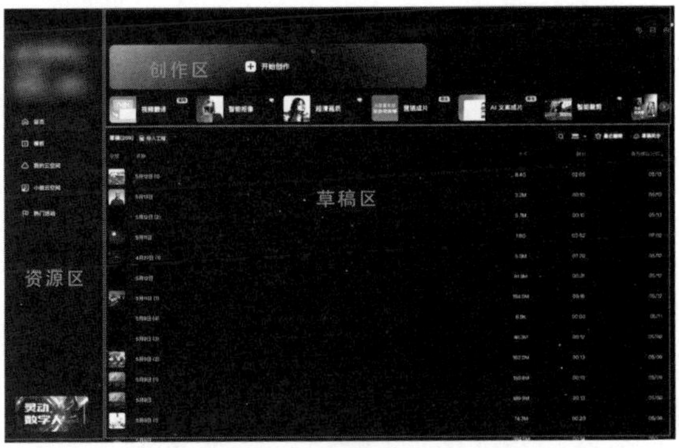

图 9-1 开始界面

资源区：该区域包含模板(剪辑模板库)、我的云空间、小组云空间及热门活动等一些剪辑资源的链接地址，其中的模板包含了很多已经剪辑好的样式模板，用户可以借鉴这些模板进行独立创作,也可以直接使用模板,只要把其中的素材替换成自己的素材即可。

创作区:该区域包含视频翻译、智能抠像、超清画质、营销成片、AI文案成片、智能裁剪等功能模块,可以在用户开始剪辑前辅助其进行一些初级创作。

草稿区:草稿区用于存储和导入工程文件、视频片段、使用过的素材资料、创建的字幕脚本等。在草稿区用户可以对未完成的文件进行多次编辑。但要注意的是,不可在电脑或手机中移动或更改该项目所用到的文件,因为剪映的运行逻辑是调用电脑或手机中存储的文件,而非将文件拷贝至软件自身,这一点和 Premiere 等编辑软件是一致的。

第二节 基本编辑操作

一、模板界面

在资源区点击“模板”,进入模板选择界面(如图9-2所示)。在模板区域中,剪映官方提供了各式各样已经剪辑好的短视频风格样式,用户可以选择其中的模板样式进行同样风格的剪辑,只需要导入自己的素材即可,这也就是剪映中的“剪同款”。这样既可以帮助用户快速创作短视频,又可以为用户提供剪辑思路。对于没有受过专业剪辑训练的人群来说,模板的辅助功能十分显著。但这种方式也有许多不足,那就是对于模板的挑选比较费时费力,并且一旦选择使用模板,也就意味着放弃了自己独有的创意与个性化创作,并且模板的质量良莠不齐,且许多模板需要付费使用。

图9-2 各式风格的模板

(一)模板搜索

1.使用搜索功能查找模板

在模板面板的顶部有搜索框,通过搜索框可以快速找到需要的模板,例如,希望找到关于“生日”的模板,则可在搜索框中输入“生日”,系统便会快速显示有关“生日”的模板。如果用户知道某一模板的名字,那么在搜索框中输入模板的名字便可直接找到该模板,这是最快捷的方式。

2.按照分类查找模板

在搜索框的下方，剪映提供了许多模板分类，用户可以根据这些分类快速找到需要的模板。剪映的模板包括推荐、风格大片、片头片尾、宣传、日常碎片、vlog、卡点、旅行、情侣、纪念日、游戏、美食等类型。

（二）模板应用

各种模板的使用方法基本一致，下文以旅行类别为例进行介绍。用户点击进入旅行类别后，下面的面板就都是有关旅行的模板（如图9-3所示）。

图9-3　旅行模板的面板

在旅行模板的面板中找到“温柔冬月”模板（如果在面板中找不到，则可以在搜索栏中输入“温柔冬月”进行搜索）。点击该模板，弹出预览面板（如图9-4所示）。在面板的右面可以看到模板简介、模板需要使用的素材数量、模板的时长以及目前该模板的使用人数和收藏人数等。用户还可以看到模板的作者信息和发布时间。

图9-4　模板效果预览面板

（三）替换素材

点击模板预览面板右下角的“使用模板”后，就会进入剪映的编辑界面（如图9-5所示）。

此时模板已经在时间线上铺好，在时间线的上方是需要替换的六个素材，用户只需要导入自己的素材进行替换即可。导入素材可以选择本地导入，点击“导入”即可导入本地素材，也可以使用云素材导入云素材库里的素材（剪映专业版已支持上传视频、图片、音频到云空间）。这意味着用户可以通过存储素材到云端，实现个人剪辑资产随时随地使用，永不丢失。同时，用户也可通过小组空间与团队和朋友分享素材，实现共同创作。

图9-5　编辑界面

导入云素材，要先将素材上传到云素材库，方法是在剪映启动界面的资源区选择

“我的云空间”或“小组云空间”,然后点击“新建文件夹”,建好文件夹后就可以点击上传按钮上传素材了(如图 9-6 所示)。上传素材后用户即可在剪映剪辑界面的“云素材”中导入自己的素材。

图 9-6 上传云素材

导入素材后,便可进行替换操作。点击时间线上的模板视频片段,然后点击视频片段上的“编辑”字样即可弹出模板中使用的素材片段层,这一层标出了每个素材片段的时长,在替换之前用户要先确保自己的素材的时长足够长(如图 9-7 所示)。

图 9-7 模板素材替换界面

素材替换有两种方法,可以直接从媒体面板上将素材拖到时间线面板中需要替换的单个片段缩略图上,也可以如上所述点击缩略图上的“编辑”字样,在弹出的菜单里选择“从本地替换”项进行替换(如图 9-8 所示)。

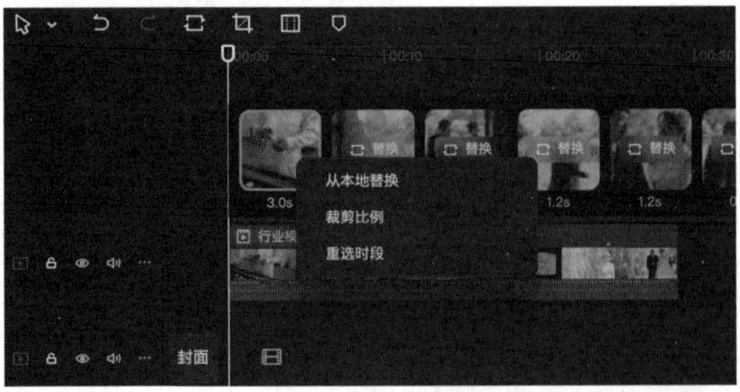

图 9-8 片段替换菜单

（四）裁剪比例

替换好素材后，用户还可以对素材进行再次编辑。点击片段缩略图，在弹出的菜单中选择“裁剪比例”，可以对素材进行旋转与裁切编辑（如图 9-9 所示）。

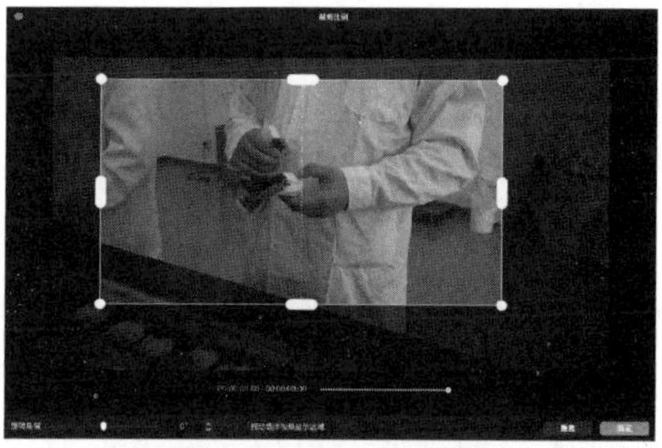

图 9-9 片段裁剪面板

（五）重选时段

剪映还提供了重新选择素材时段的编辑功能。右键单击片段缩略图后，在弹出的菜单中选择“重选时段”，随后，用户可以在弹出的编辑面板中重新设定素材的时段，手动拖动时间范围框里的素材进行重新定位，设定好后点击“替换片段”即可完成编辑（如图 9-10所示）。

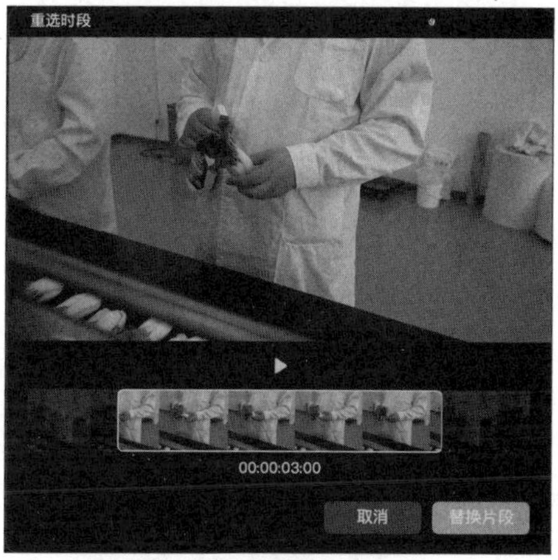

图 9-10 重选时段面板

在手机版的剪映下方，用户还可以看到“创作课堂”，在“创作课堂”里有剪映官方提供的免费的教学课程。此外，用户还可以通过一些付费的课程学习高级的剪辑技巧。

二、剪辑界面

选择好素材后，系统进入剪映的剪辑界面，电脑版的剪映主要分为上下两个部分，上半部分由素材面板、播放器面板、功能面板三部分组成，下半部分则是时间线面板（如图 9-11 所示）。

图 9-11 剪辑界面

(一)项目管理

剪映在项目设置与管理上非常人性化,通常,在用户进入剪映开始创作时,软件会以自适应的方式自动建立一个工程项目,该工程项目一般以当天的日期为项目名称,如“5 月 11 日”。在用户完成编辑关闭剪映时,工程项目文件自动保存到启动界面的草稿区中;再次打开剪映时,用户直接从草稿区中点击该项目名称即可将文件打开。

剪映同样也支持对工程项目进行具体的设定。点击“开始创作”后,功能面板区会显示当前草稿项目的一些基本信息,包括草稿名称、保存位置、比例、分辨率、草稿帧率、色彩空间等(如图 9-12 所示)。

如果需要对工程项目进行具体的设置,则可以点击面板右下角的“修改”按钮。用户进入修改面板后可根据需求对项目的属性和性能进行设置(如图 9-13 所示)。

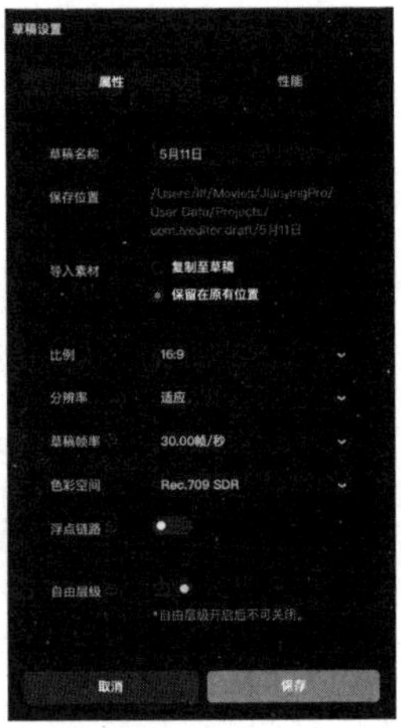

图 9-12　项目草稿设置面板

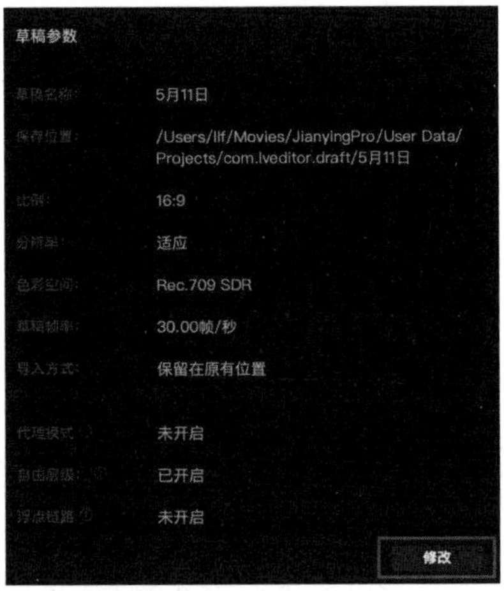

图 9-13　项目草稿参数

1.“属性”标签

草稿名称:可重新更改项目名称。

保存位置:系统默认的项目保存地址。

导入素材:“复制至草稿”选项是将素材全部复制到项目文件所在地址;“保留在原有位置”是指将素材保留在原始位置,但再次打开项目时素材的原始位置不能发生改变,否则用户在操作时无法链接至素材。

比例:系统默认为适应原始素材的长宽比例,用户也可以根据具体需要进行设置。系统提供了适合多种环境的长宽比例。

分辨率:系统默认为适应原始素材的分辨率,用户也可以根据具体需要进行自定义设置。

草稿帧率:系统默认的时间线帧率是 30 帧/秒,用户也可以根据素材的原始帧率进行相应的其他设置。

色彩空间:系统默认的色彩空间是标准电视的色彩空间,即 SDR-Rec.709 色彩空间。剪映还支持两项高动态范围的色彩空间,其中,HDR-Rec.2020 HLG 适用于创作最终在电视上观看的视频；HDR-Rec.2020 PQ 适用于创作在电脑和手机上观看的视频，即适合发布到互联网上的视频。

自由层级：开启“自由层级”选项后，用户可以任意拖动素材到时间线上的不同位置，实现视频的叠加和调整。系统默认“自由层级”为开启状态。

2.“性能”标签

在“性能”标签下，用户可以设置用低分辨率模拟视频代理高分辨率的原始素材进行编辑，以节约内存，使编辑更加流畅（如图 9-14 所示）。最终用户输出的视频分辨率还是按照项目设置的分辨率进行输出，输出质量不受影响。

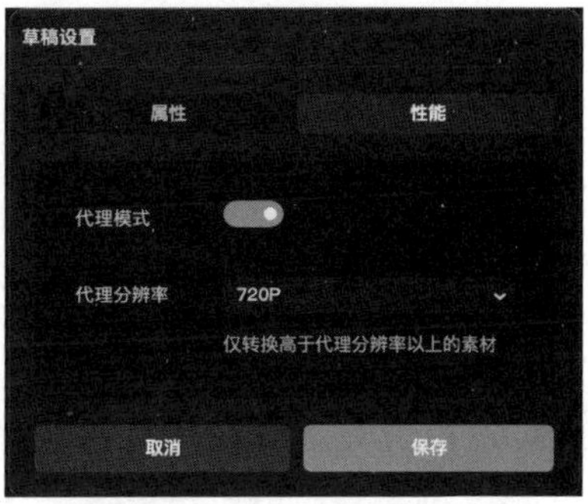

图 9-14　代理分辨率的设置

（二）素材管理

1.从本地和云素材中导入素材

打开电脑版剪映后，点击“开始创作”进入剪辑界面（如图 9-15 所示）。

图 9-15　剪辑界面

用户可以选择从本地导入素材，也可以从“云素材”导入云素材库中的素材。点击“导入”，弹出导入本地素材浏览器，可以导入视频、音频和图片。如果需要导入的素材文件是视频文件，点击该素材的文件名，用户可以在浏览器右侧的预览框中对素材进行预览，同时，预览框的下方列出了该素材的基本信息（如图 9-16 所示）。以视频文件为例，在预览框下方的信息区中可以看到该视频的创建时间、修改时间、尺寸（视频分辨率）、编解码器、颜色描述文件、持续时间（时长）、音频声道等信息，选择好后点击下方的“导入”按钮即可导入素材，导入后系统会返回至剪辑界面。

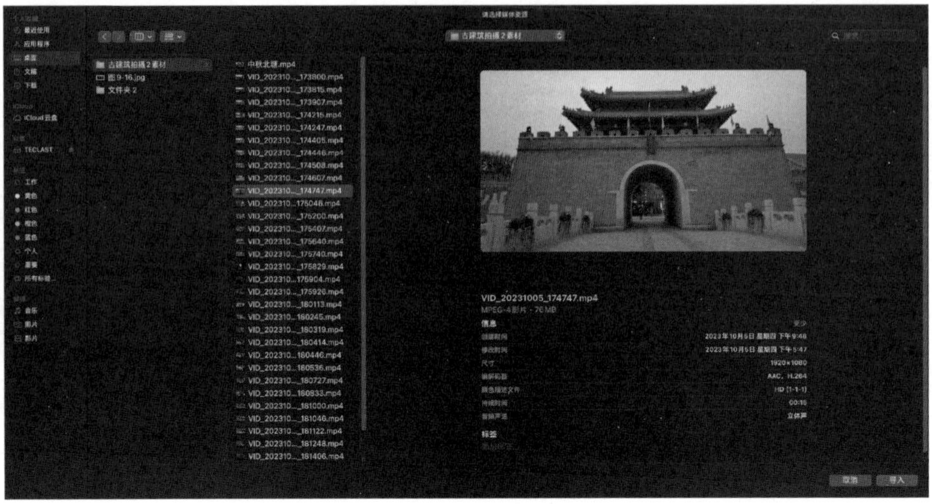

图 9-16　导入素材预览

如果用户已将素材上传到云素材库,也可以选择从“云素材”中导入素材。点击剪辑面板左侧的“云素材”,系统会直接链接到当前账号下的云素材库,并呈现在素材面板中。素材库中如果有文件夹,面板中则会显示这些文件夹,继续双击某一文件夹图标,就会打开该文件夹并呈现其中的素材。此时素材还只是预览状态,无法使用,如果用户使用云素材,可点击相应素材缩略图右下角的下载图标进行下载,素材下载完成后即可被导入素材面板中供剪辑使用(如图 9-17 所示)。

2.导入素材库中的素材

除了导入本地素材和云素材外,剪映软件还提供了大量内容丰富的各类型创作类素材,例如视觉中国、通用、节日、美食、旅行、可爱等类型的设计类视频与图片素材。这些素材可以帮助用户快速完成短视频作品的创作,并且能够使用户创作的短视频更具有吸引力(如图 9-18 所示)。

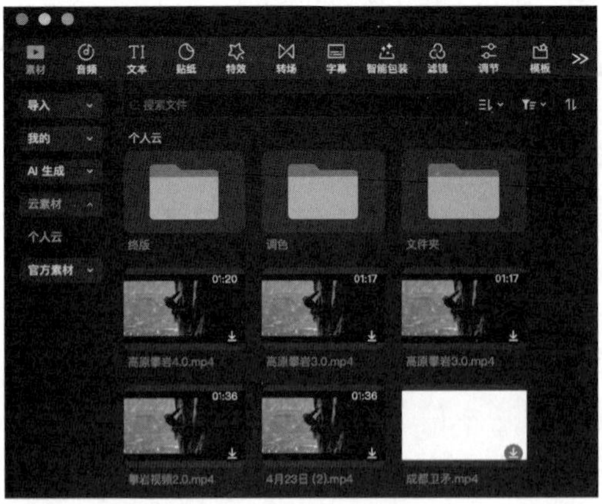

图 9-17　将云素材下载到本地

图 9-18　剪映官方提供的素材库

三、工具及功能介绍

(一)视音频工具

时间线面板顶部左侧为剪辑工具组,剪辑工具组的类型会根据时间线上的视音频类型变化而变化。

1.视频工具

选择工具 :可对素材进行选择和拖动操作,也可用于调节素材的关键帧,设置入点和出点等。点击选择工具右下角的半角符 ,可以看到在下拉列表中除了选择工具外还包含其他 3 个工具,分别是分割工具 、向左全选工具 和向右全选工具 。选择分割工具,可在任意位置对素材进行分割,此功能对视频和音频均有效。选择向左全选工具,可以在时间线的任意位置点击素材,此时鼠标点击位置左侧视频轨与音频轨上的全部素材都会被选中。选择向右全选工具,可以在时间线的任意位置点击素材,此时鼠标点击位置右侧视频轨与音频轨上的全部素材都会被选中。

撤销工具 :执行撤销操作。一般情况下,剪映允许的撤销次数最多为 30 次。

恢复工具 :恢复被撤销的操作。

分割工具 :点击该工具,可以将选定的素材从时间线位置分开。本工具与分割工具 的区别在于,当拖动时间线到目标切割位置时,点击该工具可直接将视频进行分割,而选择 工具时则需要在拖动时间线到目标切割位置后,再左击鼠标才可将视频进行分割。这点与 Premiere 软件的快捷键“Ctrl + K”(Windows 系统)或“Command+K”(Mac 系统)的功能相类似。

向左裁剪工具 :点击该工具,可以将选定的素材从时间线位置向左的部分全部删除,保留时间线向右的部分。

向右裁剪工具 :点击该工具,可以将选定的素材从时间线位置向右的部分全部删除,保留时间线向左的部分。

删除工具 :删除时间线上选定的素材。

定格工具 :点击该工具,可将时间线所在位置上的选定素材进行分割,并且将当前帧延伸 3 秒,以产生 3 秒的定格画面。

倒放工具 :点击该工具,时间线上的选定素材会按照 1 : 1 的速率进行倒放,再次点击该工具则会撤销倒放操作。

镜像工具 :点击该工具,可将时间线上选定的素材进行水平翻转,再次点击该工具则会撤销该操作。

旋转工具 :点击该工具,可对时间线上选定素材进行旋转操作,一次旋转 90°。

裁剪比例工具 :点击该工具,可在弹出的调节窗内对素材进行不同尺寸的裁剪及旋转缩放操作。

智能剪口播工具 :使用该工具,可以快速分析出视频同期声中人声部分所包含的语气词、停顿、重复等口语化内容,并根据实际情况对内容进行部分或全部删除操作,从而使画面内容更加流畅。

2.音频工具

音频工具里也有选择工具、分割工具、向左全选工具、向右全选工具、撤销工具、恢复工具、分割工具、向左裁剪工具、向右裁剪工具、删除工具、智能剪口播工具,这些音频工具的用法与视频工具的用法一致,此处不再赘述。

自动踩点工具:使用该工具,可以在选中音频素材的节奏鼓点处自动标记踩点记号,当时间线经过该标记点时,标记点就会放大显示,以便于用户在标记点位置编辑相应的视频画面,进行卡点类视频的创作。该工具提供了“踩节拍I”和“踩节拍II”两种节点标记间隔方式(系统会自动分析选中的素材的不同节奏,从而生成两种不同的踩点风格),以配合不同创作风格的需求。

手动踩点工具:点击该工具,可在选中素材时间线位置上根据需求自由添加节点标记,使用户的创作更具独特性。

清空踩点工具:点击该工具,可以清空选中素材上的踩点标记。

(二)音频功能

剪映专业版提供了全面的短视频编辑功能,包括音频、文本、贴纸、特效、转场、滤镜、调节和模板功能,每一项功能都提供了丰富的资源,在为创作者获取素材提供便利的同时也极大地开阔了创作者的剪辑思路,帮助创作者提高剪辑效率,创作出丰富多彩的短视频作品。

同视频素材资源库一样,剪映在音频方面同样具有丰富的素材资源库,可以帮助用户快速找到适合的音乐素材和音效素材,同时提供音频提取、抖音收藏、链接下载等功能。

音频提取:该功能主要用于原始视频中音频部分的提取和分离。

抖音收藏:该功能主要用于用户在登录抖音账号后对音频资源的保存和收藏。

链接下载:该功能应用于对通过抖音分享的视频与音频链接进行视音频的本地存储。

另外,剪映还提供了丰富多样的音乐创作模板,以帮助用户更好地完成短视频创作,极大地提高了创作效率。

卡点音乐视频是目前十分流行的一种短视频模式,即选取具有较强节奏感的音乐,并对其节奏鼓点进行手动或自动踩点,将其作为视频画面切换、特效编辑的依据。音频与视频结合形成了强烈的视听效果。下面具体介绍该类型视频的制作方式。

第一,导入目标素材后,在功能区中点击“音频”,进入音频素材面板。

第二,点击并展开音频面板左侧的“音乐库”项(即点击音乐库右侧的箭头),下拉菜单中有推荐音乐(包括假日、旅行、会员热榜、抖音、VLOG、纯音乐、卡点、搞怪、国风等不同的音乐素材类别),用户可以根据需求迅速定位所需音乐素材(如图9-19所示)。

第三，点击“卡点”类别，右侧面板会列出诸多节奏感强烈的音乐素材（如图 9-20 所示）。任意选择其中一首，点击该音乐的缩略图，系统会下载并播放该音乐，当选择好音乐素材后，点击缩略图右下角的“+”号，即可将该素材添加到音频轨道时间线所在的位置（如图9-21、图 9-22 所示）。

图 9-19　音乐素材库

图 9-20　卡点音乐素材

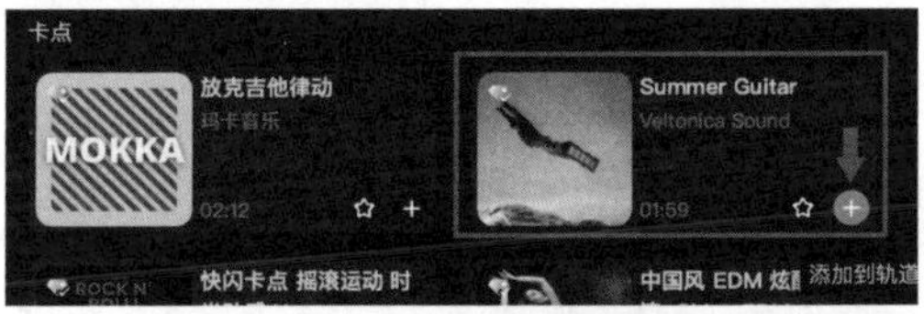

图 9-21　选择卡点音乐素材

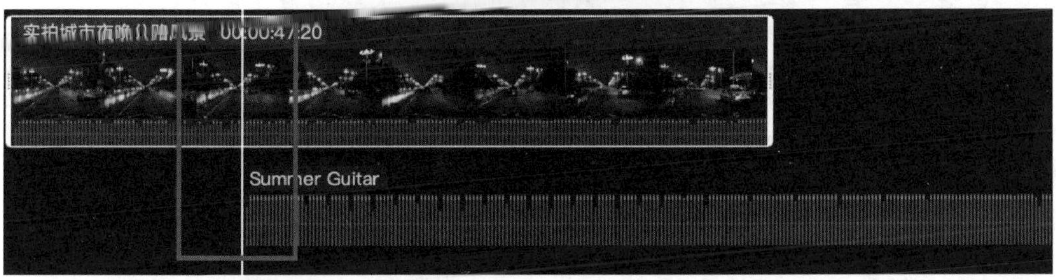

图 9-22　将音乐素材添加到时间指示器所在位置

第四，点击音频轨道上的卡点音频素材，此时素材周围会出现白色边框，即表示该素材为选中状态，后面的操作只对该素材有效。同时，用户可以前后拖动素材以改变其在轨道上的位置（在取消自动磁吸功能的前提下），这里先将素材拖到最左端。

第五，在时间线工具栏中选择手动踩点工具 ，并在音频素材的突出节奏点上添加黄色标记点，添加好后根据标记点的数量将相应数量的视频素材拖至时间线音频素材的上方，使每一段视频素材的首尾与下面音频轨道上素材的黄色标记点对齐，这样就完成了一段简单的卡点音乐视频的创作。

(三)背景功能

相较于传统流媒体平台,短视频平台上传播的视频多为竖屏模式,而日常拍摄的视频素材往往为横屏拍摄,因此,用户若导入横向拍摄的视频,剪映会自动在横版视频的上下方添加背景色块,使其变为竖版视频。若想改变此背景,可以在时间线上任意点击一个视频素材,此时该视频为选中状态,将光标移至编辑界面功能面板区,并将面板拉到底部,勾选“背景填充”项,即可对画面背景进行设置(如图 9-23 所示)。

图 9-23　设置画面背景格式

剪映提供了三种背景设置模式,分别是“模糊”“颜色”“样式”,用户可根据需求对单个镜头进行背景样式应用或通过选择“全部应用”将效果应用于整个时间线。

模糊:用户可复制时间线第一层的视频片段作为背景底层,并进行放大和模糊效果处理,以达到视频和背景相统一的效果。

颜色:用户可根据需求以某一单一颜色作为背景层,并对单个镜头或全部镜头进行背景应用。

样式:用户一方面可以以剪映提供的背景模板图片作为背景底层;另一方面也可以根据自己的视频风格,选择适合的图片样式。剪映的背景图片样式库十分丰富,不仅提供免费版,也提供可供商用的付费版,用户可以根据需要选择适合的背景样式,创作出更具特色的短视频作品(如图 9-24 所示)。

图 9-24　设置背景样式

(四)贴纸功能

在创作短视频时,尤其是在制作综艺类切片视频时,用户经常需要添加一些卡通画、剪纸画等创作元素,即贴纸,以丰富短视频的趣味性。作为适配短视频创作的专业剪辑软件,剪映在贴纸元素方面具有强大的功能,在提供丰富的贴纸素材库的同时,也提供了专门的贴纸搜索功能,用户可以根据需求输入关键词找到合适的贴纸素材。

为顺应人工智能生成内容(AIGC)的发展趋势,剪映嵌入了 AI 素材生成技术,用户可根据需求输入关键词以生成相应贴纸。剪映为付费用户或会员提供商用版贴纸素材。

剪映的贴纸功能支持单层模式和多层模式,为用户提供了多样化的创作空间。下面以具体案例讲解贴纸功能的使用。

第一,启动剪映,点击“开始创作”按钮进入编辑界面,在“素材库”下方的“官方素材”搜索栏中输入关键词“古装人物背影”并进行搜索,将搜索到的合适的素材拖到时间线面板的主轨上(如图 9-25 所示)。

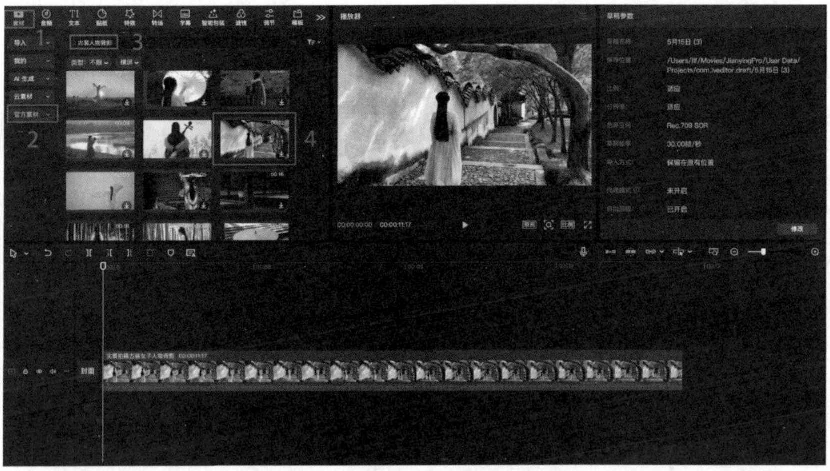

图 9-25　搜索古装人物背影素材

第二,点击素材面板顶部的“贴纸”选项,进入贴纸面板,贴纸面板两个选项分别为“AI 生成”和“贴纸素材”。点击“贴纸素材”,在弹出面板的搜索栏中输入关键词“蝴蝶”,系统将自动匹配到关于蝴蝶的贴纸素材。系统搜索到的素材为预览图,如需使用,将素材下载到本地即可,即点击预览图右下角的下载图标 ,素材将下载至所选本地文件夹。

第三,用户根据需求选好贴纸素材后,点击贴纸素材预览图右下角的 图标,系统将自动把素材添加到时间线指示器所在位置,并在选中的视频片段上方建立贴纸层 。用户也可手动将素材拖至选择的时间线面板上,选中相应素材后左键长按鼠标拖动贴纸素材至合适位置,松开鼠标后系统将自动在视频素材的上方增加贴纸层,并将素材放至松开鼠标的位置。若建立的是多层视频轨道,则用户可根据需求将贴纸拖至相应的视频片段,系统将在当前图层上方增加贴纸层。

将“蝴蝶”贴纸拖至时间线“古装人物背影”的视频片段上,系统会自动在视频片段上方建立贴纸层。同时,“蝴蝶”贴纸会出现在时间线面板上。如需调整贴纸在时间线上的位置,将鼠标光标放至贴纸层的蝴蝶片段的开始位置,等待光标变为调节状态,并长按鼠标左键进行位置调节即可。用户可在播放视窗面板中调节贴纸的大小和位置,使其处于人物的上方(如图 9-26 所示)。

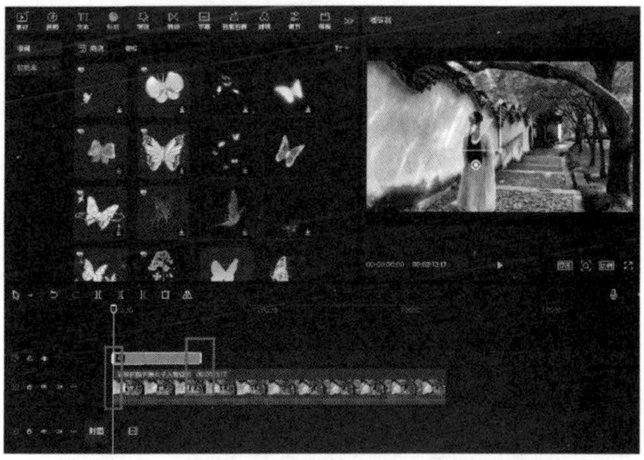

图 9-26　调整贴纸片段的长度和位置

此外,剪映也支持对贴纸元素进行跟踪设置,具体操作如下:

点击选中贴纸层,在右侧功能面板中点击“跟踪”标签,选择“运动跟踪”。用户可根据画面中的被跟踪对象的运动方式选择跟踪方向,如来回运动可选择“双向跟踪”,并启用“缩放”和“距离”功能,由此可以根据被跟踪对象的距离进行近大远小的变化,使跟踪更加真实(如图 9-27 所示)。

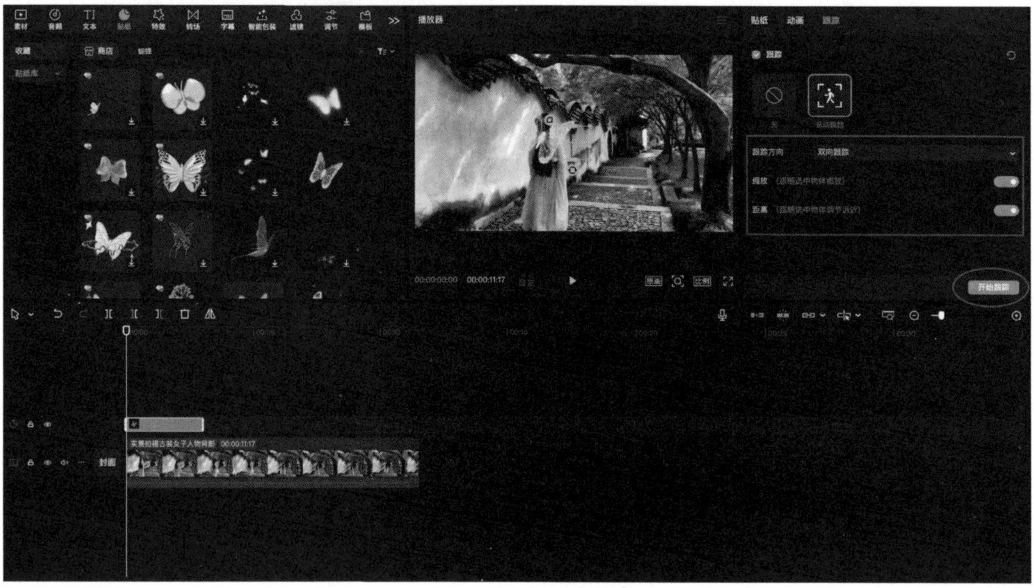

图 9-27　贴纸跟踪设置

此时,用户可以观察到播放器窗口内的“蝴蝶”贴纸配备了一个黄色的跟踪框,从“蝴蝶”到黄色跟踪框的中心有一条虚线相连,用户只需将黄色跟踪框的中心移至需要被跟踪对象即可开始跟踪。在此,可将黄色跟踪框的中心移动至人物头部黑色头发处,点击功能面板的“开始跟踪”,系统便开始自动跟踪计算,这一过程通常需要等待几分钟时间。计算完毕后,用户点击播放窗口的播放钮,可查看最终跟踪效果,并根据效果进行微调,直至达到满意效果。

第三节　特技特效编辑

在视觉效果增强方面,剪映提供了包括色彩、光晕、模糊和变形在内的多种滤镜,用户可依据个人喜好选择相应的滤镜,以实现期望的视觉效果。

在音乐编辑方面,剪映内置了丰富的背景音乐库,同时支持用户从本地导入个性化音乐,以丰富视频的听觉体验。

剪映的字幕功能同样强大,它提供了弹幕、标题、字母和数字等多种字幕样式,用户可根据视频内容添加合适的字幕。

手机版剪映还支持画中画功能,允许用户在主视频中嵌入一个小视频,这一特性在制作教程或游戏视频时尤为实用。

在视频输出方面，剪映支持多种分辨率，如 720P、1280P 和 4K 等，以及多种视频格式，包括 MP4 和 MOV 等，以满足不同场景和需求。

一、特效操作

剪映丰富的滤镜和特效资源为用户在画面风格与色调调节方面提供了诸多便利。

（一）黑金色调

黑金色调是近年来非常流行的一种影视色调风格，其画面主要色彩由黑色等偏暗的颜色和橙黄色组成，作为一种经典的色彩搭配，其广泛存在于自然界和日常生活之中。

通常情况下，黑色与白色几乎可以与所有的颜色进行搭配，并在与不同颜色的混合搭配中表现出不同的特征。在“黑金”色调中，黑色给人以阴暗、冷酷、未来的感觉；金色则代表光芒、繁华。二者融合为一，便将科技感、夜的繁华、画面的高贵凸显而出。

以下是“黑金色调”调节的具体操作。

（1）打开电脑版剪映，导入夜景视频素材，点击工具栏中的“滤镜”选项。

（2）在左侧滤镜分类中选择“黑白”滤镜，并点击其中的“黑金”选项，点击缩略图右下角的 ⊕ 号，将其添加至滤镜层。为视频添加滤镜和特效时，有两种方法可供选择：创作者既可直接点击缩略图右下角的加号，将其添加到滤镜层，又可在下载完相应滤镜和特效后，将其直接拖到视频轨的素材片段上。二者的区别在于前者的效果时长没有限制，用户可以任意改变入点和出点以及效果在时间线上的位置，可覆盖整个工程项目的时间轨，后者的效果只能作用于该素材片段本身，不会影响其他素材片段。这里选择点击加号，将滤镜效果添加至滤镜层（如图 9－28 所示）。

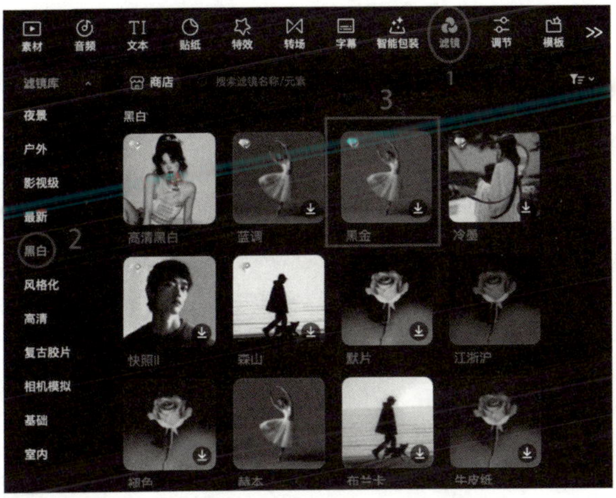

图 9－28　选择黑金滤镜

（3）若要删除片段本身的效果，只需点击该片段，将其选中，在功能面板中的“画面—基础”面板内即可看到该效果。当鼠标指向该特效效果名称时，其右侧会出现删除标记，点击标记即可将效果删除。

（4）添加“黑金”滤镜至相应素材段落之后，观察素材色彩，如果符合需求继续剪辑即可；如果色彩存在问题，则可以使用“HSL”功能进行色彩的微调。“HSL”是 hue（色相）、saturation（色饱和度）和 lightness（亮度）的缩写。色相（H）是指颜色的名称，如红色、黄色等;色饱和度(S)则是指色彩的纯度,数值越高色彩越浓;亮度(L)即色彩的明暗程度。我们可以根据需求吸取画面中的某种颜色进行细致调节,从而达到精准控制画面色彩的目的。

如图 9-29(a)所示的素材图片,添加“黑金”色调后,桥的主体颜色偏红,因此可以适当拉低饱和度进行调节。选中素材后,点击功能面板右上方的“调整”选项,并选择“HSL”标签,点击其中的黄色圆环,将饱和度调节至-24,具体数值及效果如图 9-29(b)所示。“黑金”色调由此设置完成。

扫码可看
彩图 9-29

a 添加“黑金色调”后的素材效果　　b HSL 调节选项与效果呈现

图 9-29　设置黑金色调

(二)青橙色调

所谓“青橙色调”,是指画面的色调主要由青色和橙色组成。在色相环中,青、蓝色和橙色刚好对应,是一对完美的对比色(如图 9-30 所示)。因此,当二者相融时,会给观众带来强烈的视觉冲击和鲜明饱和的感受。

以下是调节“青橙色调”操作的具体演示。

(1)打开剪映,添加视频素材,点击工具栏上的“滤镜”选项,选择左侧“影视级”选项,再选择其中的“青橙”选项,点击缩略图右下角的加号,将滤镜添加至时间线(如图 9-31 所示)。

扫码可看
彩图 9-30

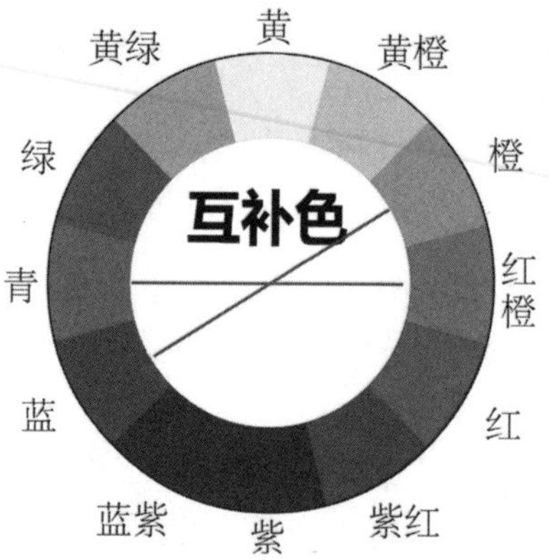

图 9-30　色相环

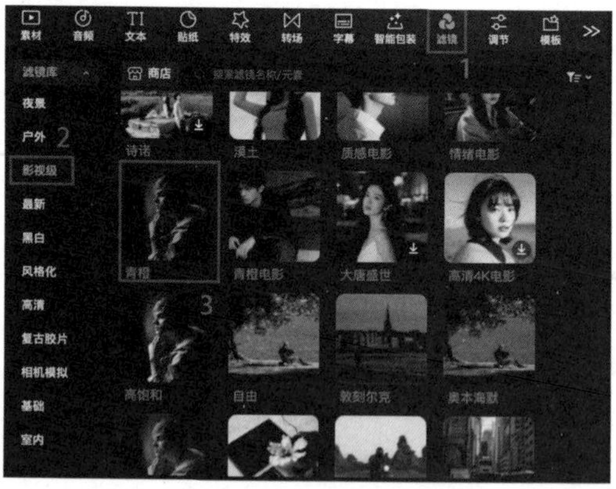

图 9-31　青橙滤镜

（2）点击左侧工具栏中的“新建调节”选项，在弹出的子菜单栏中选择“自定义调节”选项，并将其拖曳至时间线面板，选中“自定义调节”图层，将亮度和对比度的数值调整为 12，饱和度的数值调整为 20，光感的数值调整为 20，锐化的数值调整为 20，色温的数值调整为 12，暗角的数值调整为 20（如图 9-32、图9-33所示）。

扫码可看
彩图 9-33

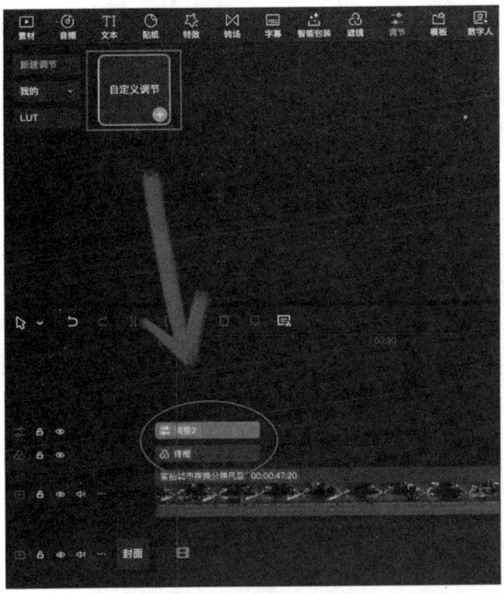

图 9-32　添加调节层

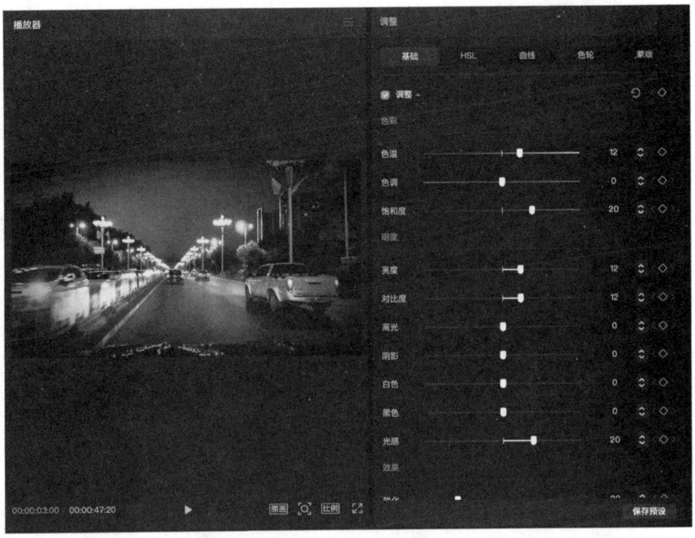

图 9-33　设置参数

（3）点击上侧工具栏的“特效”选项，按照“特效—基础—开幕”的顺序进行选择（如图 9-34 所示）。

（4）将特效时长与上述视频对齐，青橙色调即设置完成（如图 9-35 所示）。

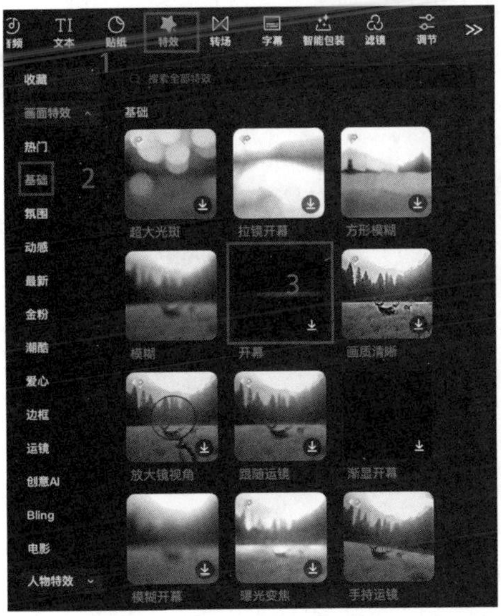

图 9-34　添加开幕效果

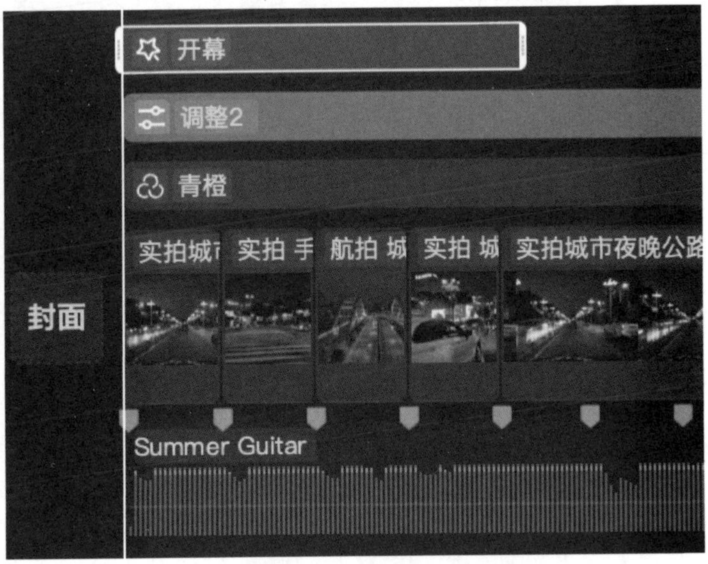

图 9-35　对齐时长

(三)冷质感色调

冷质感色调即以冷色调为主色调,雾霭蓝色调便是其中的代表,雾霭蓝色调给人安稳感,介于清新和优雅之间,令人舒适。具体操作示例如下。

(1)在导入面板中点击“素材”选项,选择“官方素材”,在搜索栏中输入关键词“冰雪世界”,系统自动匹配符合条件的视频,选择其中任意一条将其拖到时间线面板的视频轨上(如图9-36所示)。

(2)选中素材,点击功能面板中的“调节”选项,调节参数:亮度为-20,对比度为50,饱和度为-25,锐化为30,色温为-12,色调为15(如图9-37所示)。

扫码可看
彩图 9-37

图 9-36 搜索“冰雪世界”素材

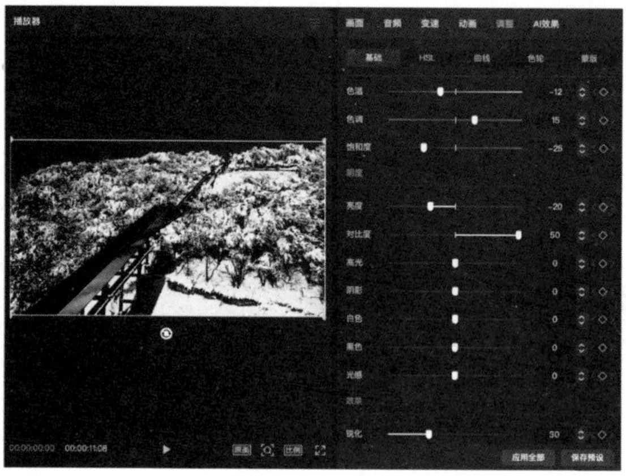

图 9-37 调节参数

(3)在功能区点击“滤镜”选项,依次选择“黑白—江浙沪”,点击缩略图中的加号,将其添加到滤镜层,并查看最终效果。数值可根据画面的具体情况进行调整,用户可不断调整,直至调出满意的效果。

二、关键帧操作

在计算机动画领域,关键帧(keyframe)是一个专业术语,它指的是在角色或物体的运动变化过程中,代表关键动作的特定帧。关键帧不仅是动画中主体运动变化的转折点,也是构成动画流畅性的关键节点。在动画创作和视频编辑软件中,关键帧的设置是创作过程中基础且关键的步骤,其准确性和质量直接关系到最终作品的完成度。

在剪映中,关键帧的设置功能设计得相当全面,并且用户界面友好、易于操作,极大地提高了短视频创作的质量。

值得注意的是,剪映的电脑版本与手机版本在关键帧设置的操作上存在细微差别。在电脑版剪映中,关键帧的设置选项通常位于每个参数调整项的后方,以菱形图标的形式呈现。

关键帧的应用通常与视频素材的基本变换属性紧密相关,如缩放(scale)、位移(position)、旋转(rotation)和大小(size)等,这些变换是动画和视频编辑中最常使用的关键帧类型。除此之外，关键帧也被广泛应用于滤镜和特效等设计操作中，为创作者提供了丰富的表现手法和创意空间。

（一）关键帧的设置

在视频编辑中，我们经常会遇到需要做速度渐变、大小渐变、明暗渐变、透明度渐变、颜色渐变、音调渐变等各种渐变效果的情况，而渐变效果创作的核心是关键帧的设置。此处以制作颜色渐变为例，介绍关键帧的设置技巧。

（1）打开电脑版剪映，导入视频素材，将视频拖到视频轨。

（2）点击功能区的“滤镜”选项，在下方滤镜库的“风格化”选项中选择“空谷”滤镜。

（3）点击滤镜缩略图右下角的加号，将其添加至滤镜层，调整位置与长度，使其与下方视频片段对齐。

（4）确保滤镜为选中状态，并且时间指示器在最前端，此时在功能面板中显示的为该滤镜的参数，其中“强度”一栏最右侧为关键帧操作处（如图 9-38 所示）。

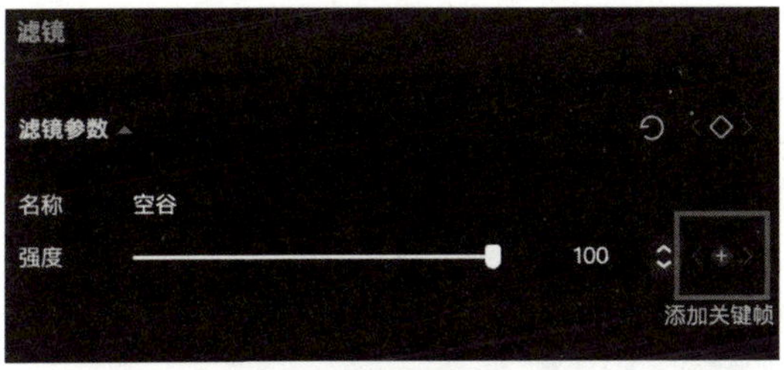

图 9-38　关键帧设置钮

（5）此时，将“强度”值设为 0，点击数值旁的菱形图标记录关键帧；设置好后，将时间指示器移至视频轨最末端，将“强度”值设为 120，并再次点击右侧菱形图标，设置第二个关键帧。

（6）添加合适的音乐，并将时间指示器拖到开始处，按下“空格键”进行播放，观察最终效果。

（二）运用关键帧制作抽帧卡点视频

在视频编辑技术中，“抽帧”（frame skipping）指的是从视频序列中有意地移除特定帧的过程。此技术的应用旨在通过减少视频文件的帧数来减小其大小，同时保持视频质量不受影响。这一效果得以实现在于抽帧操作仅涉及对视频帧的有选择性剔除，而不改变剩余帧之间的时间连续性。

为了制作具有特定节奏感的“抽帧卡点视频”，创作者应依据背景音乐的节奏来确定抽帧的时机。根据背景音乐节奏的特性，抽帧方法主要分为两大类：第一类适用于音乐节奏稳定且规律的情况，第二类则适用于音乐节奏变化无常或不规律的情况。

在实施抽帧操作时，创作者应细致分析音乐的节奏，并据此确定抽帧的具体位置和频率，以确保视频与音乐节奏的同步与和谐。通过这种技术，创作者能够在不牺牲视觉流畅性的前提下，创造出与音乐节奏相匹配的视觉效果，从而提高观众的观看体验。

1.音乐节奏匀速的抽帧方法

选择音乐，在工具栏中选择踩点工具，添加自动踩点形成黄点，据此选择节奏（如图 9-39 所示）。此外，创作者也可根据需求手动标记卡点处，并据此进行后期剪辑。

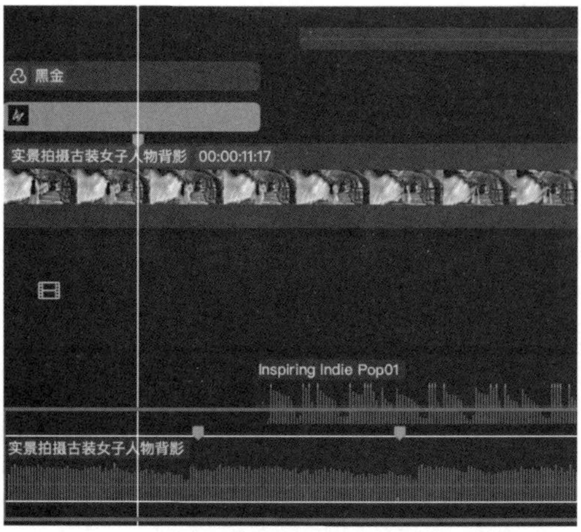

图 9-39 利用自动踩点工具进行节奏点的标记

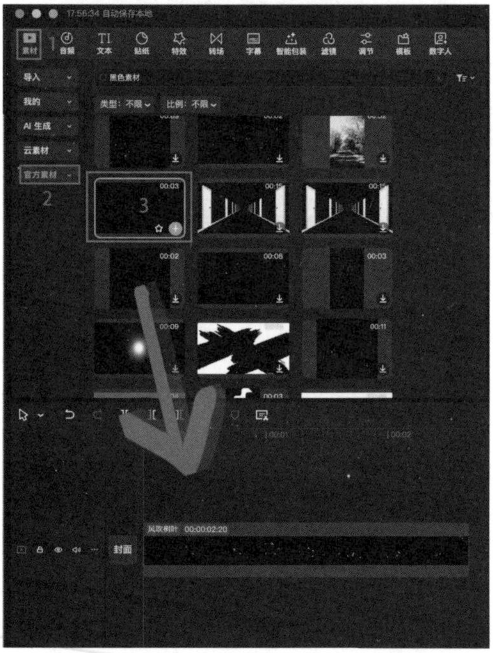

图 9-40 将“黑色素材”拖入视频轨

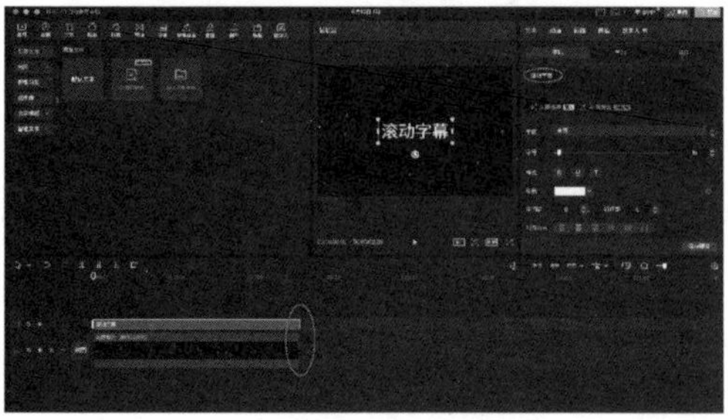

图 9-41 设置文本层

在节奏点处将视频分割,往后移动若干帧后再次进行分割,删除两个分割点之间的片段后后续视频会自动衔接上。在后面的节奏点据此操作,由此便可形成抽帧效果。

2.音乐节奏不匀速的抽帧方法

在音乐节奏不匀速时,用户通常使用手动踩点工具在需要进行抽帧的位置设定标记点,再根据标记点将视频片段进行分割并删除不需要的部分,即可达到抽帧效果。

(三)运用关键帧制作滚动字幕

启动剪映电脑版,点击“开始创作”,进入剪辑界面。

在功能区选择“素材”下方的“官方素材”,在搜索框中搜索“黑色素材”,选择其中一个并将其拖至时间线面板的视频轨上(如图 9-40 所示)。

点击视频轨上的黑色素材将其选中,鼠标移到最右端,向右拖动素材边缘,根据需求调整时长,并确保时间指示器处在视频素材最左端。

在功能区中点击文本,在新建文本框中选择“默认文本”,将其添加至时间线文本层,点击文本层选中文本,然后在功能面板中将文字改成“滚动字幕”,并调整文本层的时长,使其与“黑色素材”的长度一致(如图 9-41 所示)。

保持默认设置,点击“导出”,将当前片段输出为一段文字素材。

重新点击“开始创作”,导入一段视频素材和刚才制作的文本素材,将两个素材分别拖到时间轨中,视频素材在下,文本素材在上,调整时长使两者保持长度一致(如图 9-42 所示)。

点击选中上层的文本素材，在功能面板中将混合模式设置为“滤色”（如图 9-43 所示）。

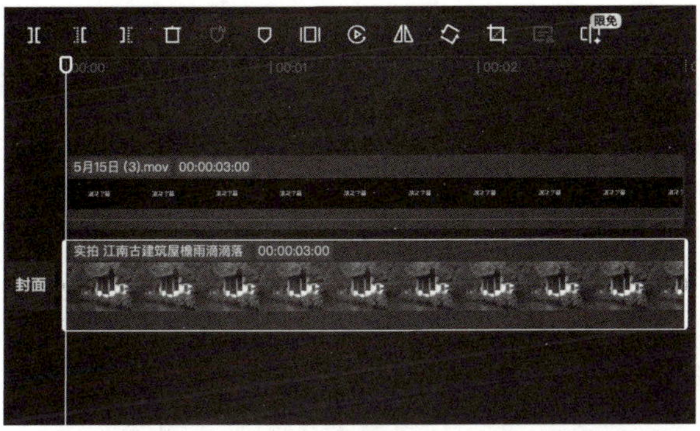

图 9-42 将素材添加到时间线面板的轨道上

图 9-43 给文本素材设置滤色模式

确保时间指示器在文字素材轨道的开头且为选中状态，在功能面板的“画面—基础”中，点击“位置”参数旁的菱形图标添加关键帧，在 Y 值中输入“-1200”，再把时间指示器移动到素材的结尾处，在 Y 值中输入“1300”，使文字完全移出画面，系统将自动生成关键帧。

将时间指示器移至最左端，点击功能区中的“音频”，选择一段合适的音乐，将其添加至音乐轨，在播放窗口点击播放按钮观看最终效果。

第四节 创作实训：编辑读书短视频

鉴于剪映软件的较高易用性和丰富的素材库，本节旨在介绍一种创新的视频创作方法。

当一个创作者接到了创作任务，需要完成一部短视频作品创作，如果没有具体的时间、地点、人物、环境、背景以及情节的限定，而只有一个命题时，如何进行创作构思并最终完成短视频创作呢？本案例正是基于这种情况，围绕“阅读的快乐”这一命题，介绍从原始创意策划，到 AI 辅助设计，再到后期剪辑合成的全流程，由此使创作者快速掌握基于人工智能辅助创作的基本操作方法。

一部短视频的创作策划包含三个主要维度，即场景、情节和情绪。因此，在创作初期，创作者可围绕这三个维度，将每个维度中可能出现的情景全部罗列出来，然后结合命题从三个维度中各选择一个情景作为短视频创作的关键词，接下来就可以用这三个关键词借助 deepseek、豆包、印象笔记等人工智能大模型平台来进行短视频文案的辅助创作（本案例选择 deepseek 作为文案创作工具）。文案生成后，需要进行人工检查和修饰。之后，将修改好的文案再次输入 deepseek 平台进行分镜头脚本的辅助创作。有了分镜头脚本，接下来就可以借助可灵、即梦等文生图 AI 创作平台（本案例选择即梦作为图片创作工具），进一步为分镜头脚本的每个镜头创作画面图片，将分镜头脚本完善为故事板脚本。最后,依据这个故事板脚本,运用剪映软件完成短视频的最终创作,其创作流程如图 9-44 所示。

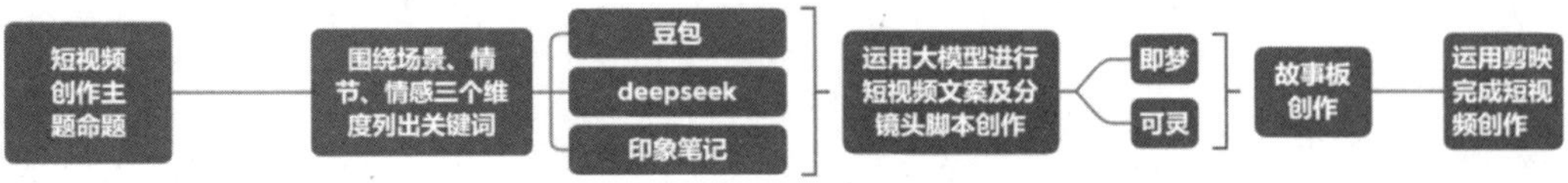

图 9-44 基于 AIGC 的短视频创作流程

本案例的具体操作步骤如下:

步骤一:围绕"阅读的快乐"构建思维导图,并由此进行策划分析。

步骤二:根据策划分析中的场景、情节和情绪,可以得出多种版本的组合,本实验选择"一个人在图书馆阅读,并在阅读中获得了激励和启迪"这一组合作为文案的基础创意思路。

步骤三:围绕"一个人在图书馆阅读,并在阅读中获得了激励和启迪"进行文案创作。

步骤四:打开浏览器,在地址栏中输入 www.deepseek.com,进入 deepseek 的官网(如图 9-45 所示)。

步骤五:点击"开始对话"选项(若是初次登录 deepseek 官网,则需要先注册和绑定手机,注册完成后就可以进入 deepseek 的对话界面),在对话界面的文字输入区中输入"用图书馆、一个人阅读、激励和启迪这几个词创作一篇文案,200—300 字。"(如图 9-46 所示),然后点击右侧的⬆按钮,稍等片刻,系统会自动生成一段文案。生成的文案将显示在文本区(如图 9-47 所示)。

图 9-45 deepseek 官网界面

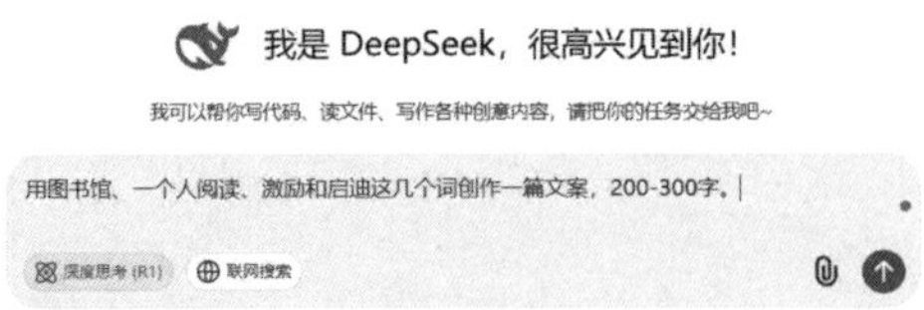

图 9-46 在文字输入区中输入要求

图 9-47 按照要求由软件生成的一段文案[①]

---

① 本图内容为 AI 自动生成,其中的文字有待润色。

步骤六：结合 AI 生成的文案进一步分析内容是否达到要求，是否需要修改。

步骤七：继续在文案下方的对话框中输入“用以上文案创作一个短视频分镜头脚本”然后点击右侧的⬆按钮。此时，系统会在此文案的基础上进一步创作分镜头脚本（如图 9-48 所示）。

步骤八：对软件生成的分镜头脚本进行景别划分和人工修订（如表 9-1 所示）。

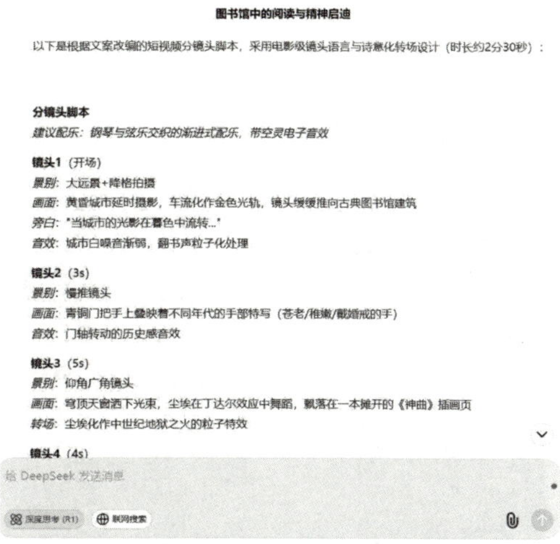

图 9-48　软件根据要求生成的分镜头脚本①

表 9-1　按照文案初步编写的分镜头脚本

镜号	时长	景别	运动方式	画面	配乐	旁白
1	3 秒	全景	慢推	采用延时摄影的拍摄手法，展现校园图书馆清晨时的外景	采用钢琴与弦乐交织的渐进式配乐，带空灵电子音效	当城市的光影在清晨中洒落
2	3 秒	中景	慢推	一位女生走向图书馆，伸手推开图书馆的门	钢琴旋律延续	当世界喧嚣如潮，总有人选择在这里停泊
3	4 秒	全景	平移	图书馆内景，清晨的阳光透过窗户，洒向一排排摆满书的书架	钢琴旋律延续，加入轻微的翻页音效	一个人的阅读，是与万千心灵的对话
4	4 秒	特写	跟拍	女生的手指轻轻划过书架上摆放的书籍	音乐渐强，加入轻微电子混音（象征思维的碰撞）	那些被写下的思想与故事，会在某个瞬间苏醒，点燃你内心的火种
5	7 秒	近景	平移	双场景交叉蒙太奇——A 画面：女生坐在落地窗前翻看书籍。B 画面：女生低头认真地写着读书笔记，轻微抬头若有所思	音乐进入高潮，加入弦乐和空灵的人声哼唱	阅读，是最低成本的成长，却有着最震撼人心的力量
6	3 秒	全景	慢拉	合上书本，文字如星光从书页飞出，在空气中形成点点星光	音乐渐弱，回归钢琴独奏	一个人读一本书，也能在寂静中听见世界的心跳

① 本图内容为 AI 自动生成，其中的文字有待润色。

步骤九:运用即梦软件以文生图的方式,为分镜头脚本添加画面。启动浏览器,在地址栏中输入 https://jimeng.jianying.com,按回车键进入即梦首页(如图 9-49 所示)。

图 9-49 即梦首页界面

在系统首页点击“AI 作图”中的图片生成按钮,然后在屏幕左侧图片生成区的文本输入框中输入“清晨校园图书馆的外景,中式建筑,大全景,写实风格”(如图 9-50 所示)。生图模型选择“图片 3.0”,为了提升图片的质量,图像清晰度可以选择“高清 2K”,接着选择生成图片的尺寸比例,本案例选择 16∶9 的格式,选好后点击下方的“立即生成”按钮,系统开始计算,并生成图片。

图 9-50 在即梦图片生成区输入文字要求

经过软件计算后生成图片，系统会一次性生成 4 张图片，点击这些图片逐个进行放大观看，选择其中比较满意的一张，将图片下载到本地（如图 9-51 所示）。

图 9-51　将图片下载到本地

用这种方式，依次为每个画面生成图片，便有了表 9-2 中带有具体画面的分镜头脚本。

表 9-2　带有具体画面的分镜头脚本

镜号	时长	景别	运动方式	画面	配乐	旁白
1	3 秒	全景	慢推		采用钢琴与弦乐交织的渐进式配乐，带空灵电子音效	当城市的光影在清晨中洒落
2	3 秒	中景	慢推		钢琴旋律延续	当世界喧嚣如潮，总有人选择在这里停泊

续表

镜号	时长	景别	运动方式	画面	配乐	旁白
3	4秒	全景	平移		钢琴旋律延续,加入轻微的翻页音效	一个人的阅读,是与万千心灵的对话
4	4秒	特写	跟拍		音乐渐强,加入轻微电子混音(象征思维的碰撞)	那些被写下的思想与故事,会在某个瞬间苏醒,点燃你内心的火种
5	7秒	近景	平移	 	音乐进入高潮,加入弦乐和空灵的人声哼唱	阅读,是最低成本的成长,却有着最震撼人心的力量
6	3秒	全景	慢拉		音乐渐弱,回归钢琴独奏	一个人读一本书,也能在寂静中听见世界的心跳

步骤十：按照 AI 生成的文案脚本及故事板图片进行视频部分的剪辑创作，即“脚本预演”，脚本预演将借助具有 AI 辅助功能的剪映软件来完成。

步骤十一：启动电脑版剪映，点击“开始创作”。进入剪映创作界面后点击最右侧的“素材”，进入素材陈列界面，选择“官方素材”，在搜索栏中输入关键词“图书馆大门”，查找有关图书馆大门的素材（如图 9-52 所示）。

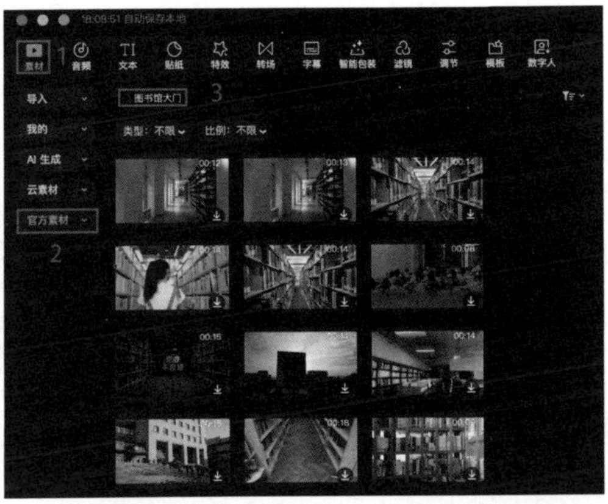

图 9-52　在素材搜索栏中输入“图书馆大门”查找素材

步骤十二：当系统找到相关素材后，选择最接近文案脚本的素材，将其拖至时间线上。

步骤十三：按上述方法，依次查找图书馆大门、宁静的图书馆内景、走动的读者、在图书馆里读书等画面素材，并挑选合适的素材拖放至时间线上（如图 9-53 所示）。

图 9-53　将挑选的素材摆放到时间线上

此时时间线上的这些素材并不一定为最终效果，但已经让视频有了基本框架，因为这些镜头并非随意添加，而是根据文案和脚本尽可能挑选出合适的，因此很接近脚本的原始面貌。

步骤十四：在剪映中选择文本工具，在时间线上添加一个“默认文本”，适当调整文本层的长度，将之前的文案复制到文本输入区（如图 9-54 所示）。

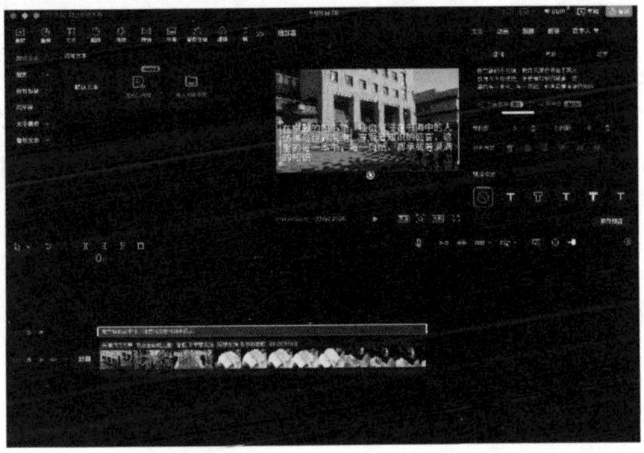

图 9-54　添加文本层

步骤十五：保持文本层为选中状态，点击文本参数区的“朗读”标签，在下方弹出的二级标签中选择“女声音色”，根据文案特色选择其中的一种风格进行朗读，本案例选择“心灵鸡汤”。

步骤十六:选择好音色风格后,点击音色面板右下角的“开始朗读”按钮,系统将自动生成一段朗读好的音频,并自动添加至音频轨上(如图 9-55 所示)。

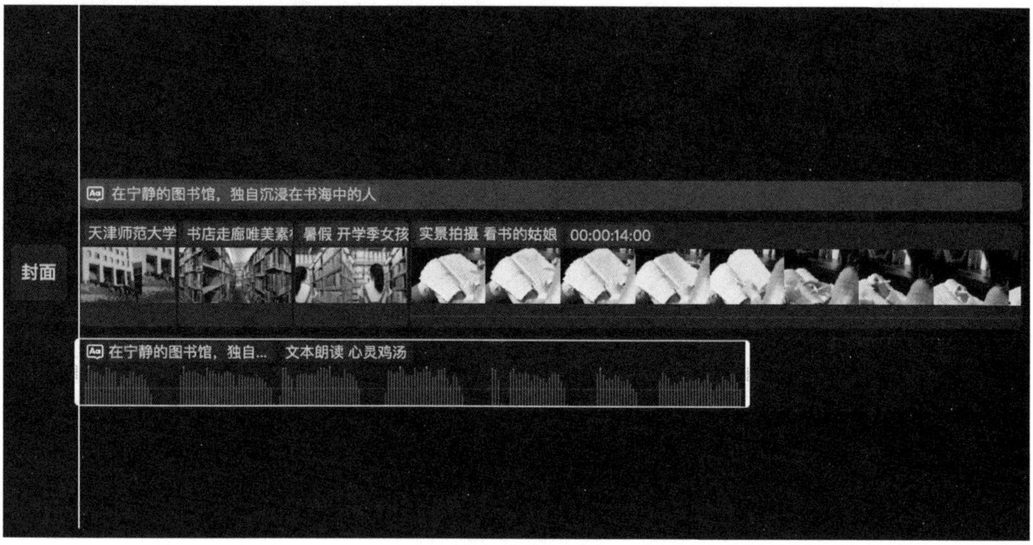

图 9-55 系统生成的朗读音频

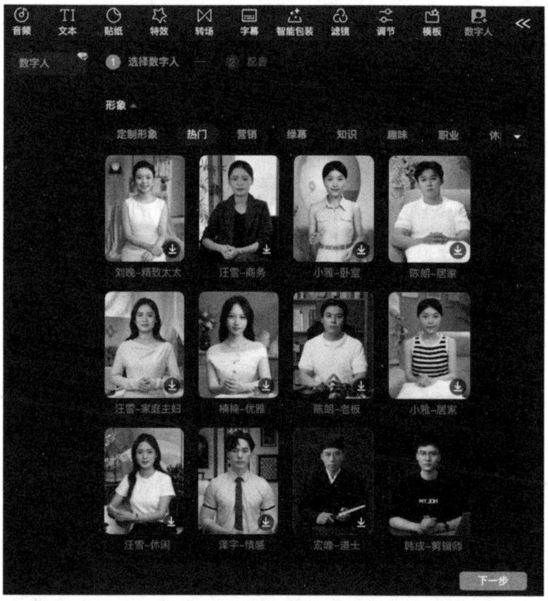

图 9-56 选择数字人

步骤十七:点击功能面板的“音频”标签,在二级标签中选择“纯音乐”分类,挑选合适的音乐素材。本案例选择“路过你的回忆(钢琴曲)”,将其拖到朗读音频下面的轨道上。

步骤十八:点击播放器窗口的播放按钮,查看视频素材与朗读素材以及音乐素材是否对位,若不对位则进行适当调整,以实现视频与音频完美结合。再次点击播放按钮,观看效果,直到满意。

步骤十九:再次选中文本层,点击右上角的“数字人”标签,在下方的数字人面板中选择合适的数字人头像进行下载(如图 9-56 所示),下载好后点击面板右下角的“下一步”按钮,再点击“生成”。经过系统计算后,视频轨道上将生成一个数字人的视频片段,此时这个数字人朗读的文案为文本层的文案。

步骤二十:由于数字人自带语音,因此,可以将时间线上的文本层和女声朗读的音频删除,最终效果如图 9-57 所示。

图 9-57 最终效果

本章小结

本章系统阐述了剪映编辑系统的用户界面、基础操作流程以及编辑技巧。通过一系列实际操作案例,本章旨在指导初学者运用剪映软件执行项目管理、素材导入、视音频特效编辑、关键帧动画设置以及字幕编辑等核心操作。

通过对这些基础操作的学习,初学者不但能够对剪映软件的工作机制和操作方法有基本的认识,而且还能够迅速提高 AIGC 创作能力,这能够为学习者进一步探索和学习其他 AIGC 相关软件和工具打下坚实的基础。

本章思考题

1.与其他编辑软件相比,剪映具有哪些特色?

2.剪映为创作者提供了丰富的特技和特效,那么,如何确保这些特技和特效更好地服务于影视创作,而不是单纯地为了炫技而使用特技和特效?结合具体实例进行分析。

本章实训题

1.任选一首经典的红色歌曲,使用剪映软件制作一段 2—3 分钟的短视频。你可以选择现有的音乐片段或自行录制音乐。

2.围绕某一社会热点话题,在校园内随机采访,使用剪映软件制作一期 5 分钟的访谈节目。

要求:

(1)选择合适的话题,设计访谈提纲。

(2)现场拍摄,同期录音。

(3)根据访谈内容确定节目主题,完成初步编辑。

(4)将声音与画面同步,调整访谈录音的音量,确保声音清晰可听。

(5)添加必要的特技特效和字幕。

(6)制作片头片尾,输出成片。

参考文献

[1]郭绍义,杜利明.剪映:短视频剪辑从入门到精通[M].天津:天津科学技术出版社,2023.

[2]李杰,王路平.大模型时代的 AIGC 设计新范式[J].设计,2024,37(2).

[3]张乐资,李雅筝,孔正毅.从 OGC 到 AIGC:媒体内容生产模式的变革与展望[J].传播与版权,2024(2).

[4]周宏伟,匡野,宋馨谷.智媒时代 AI 赋能互动叙事的传播策略探析[J].传媒,2024(2).

[5]齐雅文.人工智能生成内容持续加速行业变革[N].中国新闻出版广电报,2024-01-30(8).

10

第十章

AI影视编辑基础

学习重点

AI对影视行业的影响

AI影视编辑的基本工具及运用

AIGC运用于影视编辑的原则

学习难点

AIGC的创作理念和生产流程

AI文本生成工具、图片生成工具、视频生成工具、音频生成工具等的应用

能力目标

提升影视编辑的AI素养

在影视编辑创作中实现人机协同

本章微课

本章知识更新

正如“技术学派”代表人物马歇尔·麦克卢汉(Marshall McLuhan)所说的“媒介即讯息”,新媒介为社会的发展带来更多的可能性,这一点无论是在印刷时代还是在电视时代都在某种程度上得到了验证。在当前科技浪潮下,人工智能无疑成为推动人类进入智能时代的决定性力量,而媒介对技术高度依赖的特征,也为媒介生产的革新带来新机遇。2022 年 11 月,OpenAI 发布智能模型 ChatGPT,其强大的内容生成能力和人机对话功能迅速在各行各业引发轰动。相较于以往的智能产品,它能进行符合人类逻辑的自然语言生成,能利用超强的记忆能力与用户进行可持续对话,联系上下文理解用户(提问者)的意图,进行无限多轮对话。此后,微软、谷歌、百度、腾讯等互联网巨头纷纷入局 AI 领域,随之而来的是巨量数据参数支撑下的人工智能大语言模型的层出不穷,推动了人工智能生成内容(AIGC)模式的发展。2025 年是人工智能技术持续突破并不断深耕各服务领域的一年,以 Runway、可灵、即梦为代表的生成式 AI 工具完成了画质由高清到超高清的跃升,不断满足影视创作者的专业级需求。生成式 AI 工具在影视编辑领域逐渐得到重视并被影视工作者广泛使用,推动影视行业生态迭代升级。需要注意的是,“媒介是人的延伸,但延伸意味着截除”。AI 影视编辑在提升生产效率的同时,也带来隐私泄露、媒介伦理的失范等问题。AIGC 模式的兴起更是对影视编辑从业者的挑战,影视编辑从业者应该提升自身的专业素养和思想境界,因此,掌握 AIGC 的创作原则和思路尤为重要。

第一节　AI 的兴起及 AIGC 的发展

AI 作为推动人类进入智能时代的决定性力量,已经在全球范围内引起了新一轮技术革命,各国纷纷转型布局人工智能创新生态。虽然人工智能这一专有名词已几乎人尽皆知,但人们对人工智能的定义、发展历史以及发展趋势等认识尚浅。此外,AIGC 作为一种新兴的内容生成模式,算法正逐渐取代人工成为内容生产的主体,其高效生成、智能筛选、定制生产的特点能够满足用户的个性化需求,因此,了解 AIGC 的发展尤为重要。本书将从概念界定、发展历程、发展趋势等方面分析 AI 与 AIGC,以期为影视编辑工作者更好地理解与运用 AI 打下认知上的基础。

一、AI 的概念界定

关于 AI(Artificial Intelligence,人工智能)的定义,学界尚未达成统一共识,作为一门交叉型学科,它综合了计算科学、控制论、信息论、哲学、语言学等诸多学科。美国斯坦福大学人工智能研究中心尼尔斯·约翰·尼尔森(Nils John Nilsson)教授认为:“人工智能是关于知识的学科——怎样表示知识以及怎样获得知识并使用知识的科学。”麻省理工学院帕特里克·温斯顿(Patrick Winston)教授认为:“人工智能就是研究如何使计算机去做过去只有人才能做的智能工作。"①总的来说,人工智能是通过研究人类活动规律,从而创造出能模仿人类活动的人工系统科学技术。人类研究人工智能的最终目的是开发出一种机器,这种机器能够通过模仿人类某项或者多项有规律的活动,执行一种或者多种工作,从而代替人类活动。2023 年是 AI 技术大发展的重要的一年,在文本生成领域涌现出以 ChatGPT 和 Claude 等为代表的生成式大模型;在图像生成方面,涌现出以 Stable Diffusion 和 Midjourney 等为代表的生成式大模型。在国外大模型快速发展的背景下,国内各大厂商也在不断发力大模型的研发。可以说,目前世界上有实力的国家均把发展人工智能作为提升国家竞争力和维护国家安全的重大战略,力图在全球科技竞争中掌握主导权。我国也不例外,党和国家高度关注人工智能的发展,将加快发展新一代人工智能作为事关我国能否抓住新一轮科技革命和产业变革机遇的战略问题来看待。影视编辑从业者应该站在时代前沿,以客观冷静的态度去观察和思考人工智能未来的走向,以积极的心态去接触、学习和深度使用人工智能。

二、AI 的发展历程

人工智能的概念最早可以追溯到古希腊神话里的机械仆人和中世纪炼金术士构想的仿生人。学术上真正关于"人工智能"的探讨则始于 20 世纪 40 年代。1943 年,沃伦·麦卡洛克(Warren McCulloch)和沃尔特·皮茨(Walter Pitts)提出了最初的神经网络模型,这是模仿人类大脑机制的早期尝试。1956 年的达特茅斯会议是人工智能学科的里程碑式事件。会议讨论的主要内容为"人工智能",来自不同领域的专家一致认为机器不仅能使用语言,也能进行抽象思考和解决问题。"人工智能"这一术语由约翰·麦卡锡(John McCarthy)在此会议上首次提出,并在会后与马文·明斯基(Marvin Minsky)、艾伦·纽厄尔(Allen Newell)等人共同开展了影响深远的研究。此后,学界初步划分了人工智能研究的三个领域:控制论、图灵测试以及符号推理。

伴随着人工智能研究的深入,科学家遇到越来越多的困难,预期的研究成果大多数也并未完成,甚至出现了反人工智能倾向。20 世纪 80 年代,人工智能的发展遇到了新契机。1977 年,科学家爱德华·费根鲍姆(Edward Feigenbaum)教授在第五届国际人工智能联合会上提出了"知识工程"的概念,这标志着人工智能研究新的转折点,即实现了从获取智能的基于能力的策略向基于知识的方法研究的转变。基于人工智能基础理论以及计算机科学的发展,多种人工智能实用系统实现了商业化,取得了较大的经济和社会效益。② 自 20 世纪 90 年代起,尤其是 21 世纪以来,互联网技术的发展加速了人工智能的创新研究,人工智能的应用领域也深入我们生活的方方面面。2016 年年初,AlphaGo 与韩国围棋国手李世石对弈,AlphaGo 最终获胜,人工智能再次成为人们关注的焦点。此后,大数据、云计算、互联网、物联网等技术的发展不断推动人工智能技术取得新突破,深度神经网络技术的出现推动了人工智能在图像分类、语音识别、知识问答、人机对弈等领域的进步。伴随着巨量数据库的建立,基于深度神经

---

①② 胡昌昊.浅析人工智能的发展历程与未来趋势[J].经济研究导刊,2018(31):33-35,196.

网络技术,OpenAI 成功发布了名为 ChatGPT 的大语言模型。ChatGPT 通过深度学习和大规模数据训练,能理解复杂的人类语言,并生成具有连贯性和创造性的回应。ChatGPT 的问世是人工智能在自然语言处理领域的一大里程碑,开启了人工智能的新纪元。微软、谷歌、百度、腾讯、科大讯飞等国内外互联网巨头纷纷入局 AI 领域,人工智能行业迎来黄金发展期,人们的生产生活方式也正在发生革命性变化。延伸至影视编辑领域,便是 AIGC 的兴起对影视编辑从业者创作观念和生产流程的改变。

三、AIGC 的发展

AIGC(Artificial Intelligence Generated Content,人工智能生成内容)是一种利用 AI 技术自动生成内容的新型生产方式,是从内容生产者的角度对内容进行分类的一种内容生产类型,也是一种自动生成内容的技术。AIGC 在多个领域都有应用,如文本生成、图像生成、音频生成等。

早在 1950 年,艾伦·麦席森·图灵(Alan Mathison Turing)在《计算机器与智能》一文中提出了著名的"图灵测试",即判定机器是否具有"智能"的试验方法,探讨机器能否模仿人类的思维方式来生成内容继而与人类交互。经过半个多世纪的发展,随着数据快速积累、算力性能提升和算法效力增强,今天的人工智能不仅能够与人类进行互动,还可以进行写作、编曲、绘画、视频制作等创意工作。2023 年,ChatGPT 的出现是 AIGC 产业的一次突破。在这背后,是 AIGC 数十年的积累和酝酿,其演进历程大致可分为四个阶段。

第一,专家系统阶段。20 世纪 50 年代前后,人工智能开始萌芽,基于规则的专家系统占据主导地位。这一时期,使用复杂的逻辑规则能够处理字符匹配、词频统计等简单任务,机器翻译以及语言对话的初级产品出现。1966 年麻省理工学院发布的世界上第一台聊天机器人 Eliza 可以看作生成式人工智能最早期的产品之一。Eliza 能够根据接收到的文本,遵循简单的语法规则,模拟与人类用户的对话。当然,其系统存在词汇量有限、缺乏上下文逻辑和过度依赖规则等缺点,生成创造性内容的能力非常有限。

第二,机器学习与神经网络阶段。1980 年,美国的卡内基梅隆大学召开了第一届机器学习国际研讨会,标志着机器学习在全世界兴起。20 世纪 90 年代以后,神经网络作为一种新的生成式人工智能方法出现了。神经网络受到人脑的启发,能够以规则的系统不能实现的方式从数据中学习,由此带来了 AI 技术的突破。自此,AI 可以基于神经网络创建逼真和有创意的内容。

第三,深度学习阶段。2006 年,加拿大多伦多大学教授、机器学习领域的泰斗、神经网络之父——杰弗里·辛顿(Geoffrey Hinton)和他的学生鲁斯兰·萨拉赫丁诺夫(Ruslan Salakhutdinov)在顶尖学术刊物《科学》上发表文章,提出深层网络训练中梯度消失问题的解决方案,至此开启了深度学习在学术界和工业界的浪潮。同期,图形处理器(GPU)、张量处理器(TPU)等算力设备的性能不断提升,互联网使数据规模快速膨胀并为各类人工智能算法提供了海量训练数据,使人工智能发展取得了显著的进步。2012 年,首个真正意义上的深度卷积神经网络——AlexNet 凭借其优秀的学习能力，在当年的 ImageNet 大规模视觉识别挑战赛中一举夺魁，比第二名传统机器学习算法的错误率降低了近 11 个百分点，开启了深度学习时代的序幕。深度学习作为一种基于神经网络的机器学习方法，通过大规模的对数据特征的学习，对不同场景具备很强的自适应性，同时可以通过增加层数和节点数，实现对更复杂问题的解决，提升了模型的准确性和真实性，并且基于分布式计算和 GPU 加速等技术，能够训练更大规模的数据和更大尺寸的模型。深度学习在人工智能领域中的应用将 AIGC 带入了新高度。直到现在，AIGC 依然建立在深度学习的基石之上。

第四，大模型阶段。2017 年，谷歌发布著名论文《注意力满足一切》（*Attention is All You Need*），提出了基于自注意力机制所构建的模型 Transformer，2018 年 OpenAI 和谷歌分别推出了 GPT 模型和 BERT 模型，均是在 Transformer 的基础上构建。2022 年 11 月，OpenAI 发布 ChatGPT，标志着 AIGC 在文本生成领域的重大飞跃，并在多项能力上超越了人类基准。未来随着更强大的语言大模型、多模态大模型和视觉大模型等技术的突破，AIGC 的前景将会更加广阔。①

第二节　AI 对影视行业的影响

从技术应用的角度看，目前，生成式人工智能大爆发，迅速渗透多个领域。生成式人工智能超越了简单的聊天机器人，能与用户自然对话，提供信息、建议和解决方案等，缩短响应时间，提高用户体验感；能用于设计和优化各种产品，根据用户的特定需求生成多个方案。在内容创作领域，生成式人工智能可以帮助人们创作各种类型的内容，例如文章、诗歌、歌曲、电影、游戏等，这些内容可以用于娱乐、教育等多种行业。生成式人工智能作为灵感碰撞工具，可以帮助创作者实现创意的无限可能，极大提高了创作效率和质量。②

从行业发展的角度看，AI 与各行各业融合的进程在不断加快。随着 AI 理论和技术的日臻成熟，AI 场景融合能力不断提升，商业化应用已经成为 AI 科技企业布局的重点。目前，AI 技术已在金融、医疗、安防、教育、交通、制造、零售等多个领域实现技术落地，应用场景愈加丰富。广播电影电视与网络视听作为现代社会不可或缺的媒体形式，也开始积极探索并应用 AI 技术，改进生产模式，变革行业生态。具体而言，AI 对影视行业有以下三方面的影响。

一、顶层设计：政策支持推动行业生态转型

我国政府自“十四五”规划以来将科技自立自强作为国家发展的战略支撑，并将

① 许雪晨，田侃，李文军．新一代人工智能技术（AIGC）：发展演进、产业机遇及前景展望［J］．产业经济评论，2023（4）：5-22．

② 王鹏．拥抱变革，共创 AI 时代：2024 年 AI 产业发展趋势与应对策略［J］．现代商业银行，2024（4）：52-55．

人工智能列为重点发展产业之一。为解决 AI 技术的“卡脖子”问题,加快 AI 创新成果的转化应用,科学技术部等六部门于 2022 年出台了《关于加快场景创新 以人工智能高水平应用促进经济高质量发展的指导意见》,科学技术部还印发了《关于支持建设新一代人工智能示范应用场景的通知》。这些政策和措施以规划、鼓励、建设为主要方向,旨在深入推进 AI 技术在医疗健康、智能交通、智慧城市、工业制造等领域的应用和发展,有效推动中国经济社会的智能化转型。①

政策的支持带来的是行业的繁荣。2025 年 1 月,国产大模型 DeepSeek-R1 迅速走红,其相对较低的训练成本和卓越的对话能力,在一定程度上打破了传统 AI 发展的高成本壁垒,促进了 AI 的普及;2025 年 3 月,超高清技术应用平台 4K 花园宣布推出其自主研发的基于广电标准的超高清 AI 超分修复系统——蝶变 2.0,实现了从标清到广电标准 4K 超高清的升级,画面清晰度显著提升,在分辨率、帧率、色域、高动态范围和量化特性等关键指标上均符合广电 4K 标准,并且支持大规模制作,利用 AI 将传统手工修复的生产效率提升了 20 倍以上;2025 年 5 月,腾讯云 AI 产业峰会在北京召开,会议以“离产业最近的 AI”为核心,围绕大模型创新、智能体开发、知识库建设与 AI 基础设施升级等关键领域进行了深入探讨;在政策的推动和技术的支持下,我们坚信,“AI+”模式的短视频将成为未来影视制作的主流趋势。

二、技术赋能:AIGC 模式下的生产全流程更新

随着 AI 生成视频技术的到来,影视产业正迎来一场前所未有的颠覆性变革。这场变革不仅改变了影视产业链条上的各个环节,比如影视制作技术、内容创作形态、生产方式、创作进程、应用场景、运营和宣发手段等,还为观众带来了全新的观影体验。

传统的影视制作通常需要大量的人力、物力和时间,从剧本创作、选角、拍摄、剪辑到后期特效处理,每个环节都需要专业人员参与。然而,AI 生成视频技术的出现使得影视制作变得更为高效和便捷。

AI 技术通过自动化和智能化的方式简化了影视制作的流程,打破了传统的制作壁垒,降低了影视制作的门槛,使得更多人可以轻松地参与到影视制作中来。同时,AI 技术还可以辅助完成一些烦琐的工作,如自动剪辑、智能调色等,进一步提高了生产效率。

从成本的角度来看,通过 AI 算法和模型可以自动生成高质量的视频内容,这将大幅降低制作成本,缩短制作周期。据《千秋诗颂》导演透露,在 AI 技术辅助下,团队的制作速度从一个月 1 集加速到一个月 3 集,真正实现了提质增效。②

AI 生成视频技术的应用范围非常广泛,不仅限于传统的电影、电视剧等领域,还可应用于动画、虚拟现实等多种领域,这将进一步拓宽影视行业的应用场景,为观众带

---

① 赵志君,庄馨予.中国人工智能高质量发展:现状、问题与方略[J].改革,2023(9):11-20.

② 李水青.AI 创作 182 分钟动画片登央视一套播出![EB/OL].(2024-02-26)[2024-10-12].https://baijiahao.baidu.com/s?id=1791755222314504012&wfr=spider&for=pc.

来更加多样化的影视作品。有了 AI 技术的加持，未来的影视行业很可能会进入一个更加高效、更具创意的新时代。

三、“AI+”模式推动多领域的跨界融合

AI 技术在广播电影电视和网络视听领域中的应用正在快速发展。未来，AIGC 技术将会在广播电视和网络视听领域中扮演更加重要的角色，“AI+”模式逐渐形成，推动多领域的跨界融合，进而实现多样化、智能化、精准化的内容创新，同时也推动行业向智慧化、个性化、创新化方向发展。

“AI+主播”已经成为当前广播电视行业节目创新制作的重要模式之一。AI 借助深度学习算法，对大量人类主播的视频和音频数据进行分析和学习，从而生成具有逼真、自然的语音和动作的虚拟主播，展现出与真人主播无异的信息传达效果，并实现了虚拟主播随时随地上线。虚拟主播的出现和发展，极大地丰富了影视行业数字内容的形态和表现方式。2022 年“两会”期间，百度利用 AI 技术生成虚拟数字人主播“度晓晓”。“度晓晓”通过多模态交互技术、3D 数字人建模、机器翻译、语音识别、自然语言理解等技术，能够快速、准确地播报新闻内容，且具有自主学习能力。北京广播电视台推出中国首个广播级智能交互数字人“时间小妮”，利用先进的人工智能视频合成技术，包括人工智能、深度学习和卷积神经网络技术，经过情绪仿真引擎处理，创造出高度逼真的“数字人”，其外貌、语音、口型、肢体动作与真人相似度达到 97%。该数字人可用于营销宣传、新闻报道、教育教学、智能问答等多个领域，并且拥有广播级别的智能交互功能。虽然“AI+主播”在人性化情感表达方面仍存在不足，但能实现 24 小时不间断播报，解决了传统主播工作中存在的疲劳和失误问题。

此外，“AI+内容审核”“AI+智能推荐”等不同模式能够推动内容审核效率的提高。如 AI 技术能够通过自然语言处理和图像识别技术快速对大量数据进行处理，识别和标记涉黄、暴力和政治敏感等不良信息，帮助审核机构和平台快速发现并删除违规内容，提高内容审核的效率和精度。AIGC 技术通过对用户的观看行为、视频偏好等数据进行分析，建立完整的用户画像，智能推荐符合用户兴趣的音视频内容，还可以通过生成个性化的音视频内容来满足为用户生成个性化的新闻播报、广告宣传等特定需求。

总的来说，AI 技术确实会对影视行业产生深远影响，不仅是改变生产方式、拓宽应用场景，还会引发产业结构的变革。虽然新事物的出现总会带来各种各样的问题，但我们没有理由去阻止技术的进步，不如大胆拥抱变化带来的新机遇。

面对这一变革的冲击，影视行业需要积极拥抱新技术，加强技术创新和人才培养。同时，创作者要保持创作的创新性和独特性，以应对未来的挑战和机遇。此外，相关部门也要持续关注并解决版权保护、隐私保护和伦理道德等问题，确保技术的健康发展和可持续应用。

第三节　AI 影视编辑工具

2024 年 2 月,OpenAI 发布 Sora——文本生成视频类 AI 工具。从官网展示的视频来看,Sora 生成的视频非常惊艳,最长可达 60 秒,远超市面上已有的 AI 视频生成工具。AI 工具的不断迭代促使影视工作者转变观念,增强人机协同意识。从文本类生成工具 ChatGPT 到图片类生成工具 Midjourney 再到视频类生成工具 Sora,影视创作的门槛在不断降低。AI 工具如雨后春笋般涌现,综合来看,它们主要分为文本生成、图片生成、视频生成以及音频生成四大类,具体分类详见表 10-1。此处,笔者主要介绍几款最为常用的 AI 工具,旨在帮助影视编辑人员了解并熟练运用各类主流 AI 影视编辑工具,从而提高工作效率和质量。影视编辑人员理应站在时代前沿了解并熟练运用各类主流 AI 影视编辑工具,只有这样,才能创作出精品力作,才能凸显专业性。

扫码可看
表 10-1

一、文本类生成工具

(一)ChatGPT

ChatGPT 是由 OpenAI 开发的一款基于大规模语言模型的人工智能聊天机器人。其名称“ChatGPT”中的“Chat”表示聊天,而“GPT”表示“生成预训练的转换器”。ChatGPT 的工作原理是使用深度学习技术和大量文本数据进行训练,使其能够理解和生成人类语言。该技术可用于各种文本生成任务,如聊天对话、文章写作、语言翻译等。

作为文本类生成工具,其突出的功能有以下几方面。

对话功能:ChatGPT 可以进行智能对话,与用户进行自然语言交互,回答用户的问题、提供建议和解决问题。

语言生成功能:ChatGPT 可以生成文本,包括自然语言描述、文章、摘要、答案等。

文本分类功能:ChatGPT 可以对文本进行分类,将文本归为不同的类别,如情感分类、主题分类等。

文本摘要功能:ChatGPT 可以对一篇文本进行自动摘要,提取文本中的重要信息,生成简短的摘要。

机器翻译功能:ChatGPT 可以进行机器翻译,将一种语言翻译成另一种语言。

语音合成功能:ChatGPT 可以将文本转换成语音,生成逼真的合成语音。

自然语言处理功能:ChatGPT 可以进行自然语言处理,包括分词、命名实体识别、情感分析、语言模型训练等。

涉及在广播电影电视和网络视听行业的实际应用,ChatGPT 则更多体现在与多模态技术结合下的全流程 AI 生产机制,如通过给定的主题辅助视听节目制作团队生成剧本或分镜头脚本;可以作为“智能电视助手”预装到智能电视中,帮助老年用户等群体更加便捷地观看电视;可以借助多轮对话方式了解老年用户的意图,通过聊天问询、语音操控等,为用户提供更加人性化的使用体验;可以与搜索技术结合,进一步提高用户内容精准获取的可靠性和有效性。例如,用户可以通过简单的语音指令,告诉 ChatGPT 想要观看哪个频道或者播放哪个视频内容,当用户对自己需求的描述不清楚时,ChatGPT 可以通过多轮对话帮助用户挖掘其检索需求。①

作为文本类生成工具,ChatGPT 能够为影视编辑行业提供全流程的智能思维模式,同时为高效内容生产和内容智能监管与审核等方面提供自动化解决方案,但也存在内容安全风险和技术应用风险。因此,建议从技术研发、内容管理和应用监管三个方面着手,加强相关技术研究、规范制定和监督管理,以便在享受智能技术带来的便利的同时,保障广大民众的安全和权益。

(二)Claude

Claude 是由 Anthropic 公司开发的一款人工智能聊天机器人。与 ChatGPT 类似,Claude 旨在通过自然语言处理技术与用户进行交互,提供信息、解答问题,并在特定领域提供帮助。Claude 的设计考虑到了用户的使用环境,力求在提供高效帮助的同时,确保交互的友好性和易用性。

Claude 的使用依赖于 Slack 平台,用户需要在 Slack 上创建账号并授权 Claude 应用,以便在 Slack 工作区内使用 Claude 的功能。通过与 Claude 的互动,用户可以体验到 AI 技术在语言学习、编程、日常对话等多个方面的应用。Claude 的应用领域十分广泛,在医疗保健、金融服务、教育技术、云服务、企业应用以及实时交互等方面都有较佳的应用表现。在广播电影电视和网络视听行业,Claude 在用户反馈、伦理隐私、数据加密等方面的能力显著,具有较高的可信度和透明度。随着 AI 技术的不断发展,Claude 有望在未来提供更加丰富和完善的服务,成为 AI 领域的重要工具之一。

(三)文心一言

文心一言是由百度推出的国内较早发布的 AI 大模型,其被定义为知识增强大语言模型,具备跨模态、跨语言的深度语义理解与生成能力,能够与人对话互动,回答问题,协助创作,高效便捷地帮助人们获取信息、知识和灵感。文心一言有五大能力,即文学创作、商业文案创作、数理逻辑推算、中文理解和多模态生成,其在搜索问答、内容创作生成、智能办公等众多领域都有着较为广阔的应用前景。

文心一言作为国内的人工智能大模型,其最大的特征在于根植本土文化。基于强大的语言库数据和中文理解能力,文心一言可以应用于搜索引擎、智能客服、智能家居以及学术训练等领域。除了常规的文字问答,文心一言的另一特色在于其免费嵌入的插件,如百度搜索、览卷文档、E 言易图、说图解画、一镜流影等。文心一言已经具备多种功能,从单一的自然语言理解延伸到多模态,包括文档、文图、语音等多模态多功能。

---

① 郝洺,施玉海.ChatGPT 的技术演进及其在广电行业中的应用、风险与建议[J].广播与电视技术,2023,50(11):22-25.

(四) Kimi Chat

Kimi 是月之暗面(Moonshot AI)于 2023 年 10 月推出的一款智能助手,主要应用场景为翻译和理解专业学术论文、辅助分析法律问题、快速理解 API 开发文档等,是全球首个支持输入 20 万汉字的智能助手产品。2024 年 3 月 18 日,Kimi 在长上下文窗口技术上取得重大突破,将无损上下文长度提升到 200 万字,这一能力远远超过了其他大模型。这种超长的文本处理能力使得 Kimi Chat 能够更深入地理解上下文,提供更准确、更有深度的回答。它甚至可以直接处理一本书的 PDF,并即时总结其中的主要内容,为用户提供高效的信息提取服务。2025 年 1 月 20 日,Kimi 推出了其最新研发的多模态思考模型——k1.5。作为该模型的核心技术之一,"长上下文扩展"特别适合于通用对话式 AI 和推理任务的应用。例如,在智能写作助手、创意写作工具以及需要深度交互的聊天机器人领域,Kimi k1.5 能够提供更为自然和智能的对话体验。不仅如此,Kimi k1.5 的长文本处理能力也使其能够轻松应对复杂的文档和报告生成任务。

Kimi Chat 具备较强的多语言能力。相较于当前市场上以英文为基础训练的大模型服务,Kimi Chat 在中文上具备显著优势,这使得它在处理中文语境时更加得心应手。多语言支持不仅拓宽了 Kimi Chat 的应用场景,也增强了其跨文化交流的能力。

二、图片类生成工具

(一) Midjourney

Midjourney 是一款基于 AI 技术的绘画软件,它利用深度学习算法来辅助用户进行绘画创作。通过对大量的绘画作品进行学习,Midjourney 能够理解各种绘画风格和技巧,从而帮助用户轻松创作出具有个性化风格的作品。这款 AI 工具适用于各种绘画领域,如插画、漫画、油画等,无论是专业画家还是绘画爱好者,都可以在 Midjourney 中找到适合自己的创作方式。

Midjourney 是 AI 绘画界中最受欢迎的工具之一。它提供了简单易用的功能,包括通过文本描述、图片输入和混合图片等方式生成创意图片。其生成图片的方式主要有以下三种。

第一,文字生成图片。通过在输入框中描述图片场景的关键词,AI 会根据描述生成相应的画作。

第二,图片生成图片。上传一张特定风格的图片,并描述该图片的关键词,AI 将生成相同风格的新图片。

第三,混合图片生成图片。将多张图片输入,给 AI 进行混合,生成一张融合多个图片的新作品。

作为生成式图像技术的代表,Midjourney 带来了图像创作领域的大变革,给创作者带来更多的灵感和创作的无限可能,“人人都能成为大画家”的时代已经悄然来临。①

(二)DALL-E 3

DALL-E 3是ChatGPT推出的文本到图像生成系统,不仅能够根据文本描述创建非常详细和准确的图像,也具备显著的安全性提升,例如能够拒绝对公众人物的生成请求,以及对可能产生的有害内容(如暴力、涉黄等内容)进行一定程度的控制。此外,它也通过与ChatGPT的集成,使得用户能够更为精准地调整生成的图像。通过这些优化和新的集成功能,DALL-E 3在图像再现、结果的准确性和内容过滤等方面有了显著提高。

相比Stable Diffusion,DALL-E 3在使用上非常简单,只需要一句或几句简单的文字描述即可生成期望的图片,不必像Stable Diffusion那样还要提供复杂的“咒语”。OpenAI对DALL-E 3进行了大量的文本和图像数据训练,使其能够将自然语言描述转化为具有高质量视觉效果的图像。

DALL-E 3具有以下特色:

第一,细节丰富。DALL-E 3能够理解文本中的细节,从而将这些细节呈现在生成的图像中,例如,物体颜色、纹理、大小和图像中的文本描述。

第二,图片生成质量高。根据用户的描述生成的图像色彩逼真,具有高分辨率,其效果跟专业画师相比不相上下。

第三,可助力发挥无限创意。DALL-E 3可以根据用户的想象力创造出千变万化的图像,不局限于固定的模板或算法。

第四,应用领域广泛。DALL-E 3可用于游戏开发、广告创意设计、服装设计、影视制作等,是一款可应用于多领域的图像生成工具。

当文本类生成工具与图片类生成工具相结合,尤其是二者的模型开发和数据训练来自同一家公司时,或许能够帮助我们解决图片侵权以及语义不通的问题。但需要注意的是,所谓AI生图,终究是辅助手段,真正起作用的依旧是其背后有思想、有创意、有内涵的影视工作者。

(三)文心一格

文心一格是百度推出的AI艺术和创意辅助平台,定位为面向有设计需求和创意的人群,基于文心大模型智能生成多样化AI创意图片,辅助创意设计,打破创意瓶颈。与DALL-E 3相似,文心一格也实现了与母公司的文本类生成工具的相互结合,能够更为高效地生成创意图片,其产品具有以下特色。

第一,一语成画,智能生成。用户只需要输入一句话,文心一格就能够自动生成创意画作。用户输入简单的描述,模型就能自动从视觉、质感、风格、构图等角度智能补充,从而生成精美的图片。

---

① 张彤彤,杨璠.Midjourney对图像生产及主体重塑的媒介之思[J].青年记者,2024(1):55-59.

第二,东方元素,中文原生。文心一格是国内公司自主研发的原生中文文生图 AI 系统,凭借在中文和中国文化理解及生成上的优势,文心一格及其背后的文心大模型在数据采集、输入理解等多个层面持续探索,形成了具备中文能力的技术优势,对中文用户的语义理解深入到位,适合中文环境下的使用。

第三,多种功能,满足体验。如果生成一张图片之后用户不那么满意,文心一格有很多功能可以帮助用户进行二次编辑,如涂抹功能和图片叠加功能等。文心一格已推出海报创作、图片扩展和提升图片清晰度等功能,提供多种生图服务,以满足用户需求。

(四)无界 AI

作为国内首批 AIGC 产品的先行者,无界 AI 提供了文本生成图像、图像生成图像、AI 动画制作、3D 模型构建等多种功能。其独到的"AI 叙事生成"功能能够根据文字故事内容创作出一系列连续的分镜头脚本,非常适合网络文学作者和短视频制作团队使用。此外,无界 AI 专注于中国风格,如国风、国潮和国漫等,这使得其生成内容更加贴近中国用户的审美喜好和文化认同,能够为中国市场提供更加个性化的内容。这也使无界 AI 在这一领域占有独特优势。同时,无界 AI 利用区块链技术为 AI 生成的作品提供版权登记和保护。这使创作者可以放心大胆创作,而不用担心作品被他人侵权或盗用。相较于国内其他 AI 图片生成工具,无界 AI 具有以下特色。

第一,基于深度学习的自然语言处理技术,能够将文本转化为高流畅度、可读性和专业性的 AI 大语言模型,自动输出符合专业标准的文章和文本内容。

第二,智能化的 AI 算法,可以根据用户需求自动调整文章的结构、内容和风格,支持自定义任务和领域语言模型,让用户更好地应对各种场景需求。

第三,海量的数据库支持,能够收集和分析用户行为数据,为用户提供更加智能、高效的文本编辑功能。

第四,提供多种文本样式供用户选择,包括新闻、文献、日记、论文、诗歌、随笔等,涵盖大部分用户需求。

第五,集提示词搜索、AI 图库、AI 创作、AI 广场、词/图等功能于一身,提供一站式 AI 搜索、创作、交流、分享服务。

第六,支持多种多样的 AI 绘图风格,如科技、神话、二次元、儿童等,并在不同的风格下提供细分模型类型,帮助用户快速定位到喜欢的图片风格。

总之,无界 AI 是一个开放创新的人工智能艺术内容生成平台。它研发中国风格的生成模型,利用区块链技术保护作品版权,集聚人才,推动产业化应用,在数字艺术创作领域具有独特视角和优势。无界 AI 为人工智能赋能艺术创作开拓新的天地,必将产生深远影响。

三、视频类生成工具

(一)Runway

Runway 是由一家名为 Runway 的公司开发的利用 AI 技术进行视频剪辑和制作的

在线平台。该公司成立于2018年,提供了一系列AI工具,旨在降低视频创作的门槛,帮助用户制作出内容强大且富有创意的视频内容。Runway已经开发了30多个AI魔法工具,其中包括根据文本生成图像、根据图像生成风格化变体、图像延展外绘、根据文本生成3D纹理贴图、视频局部无损放大等技术。Runway的技术原理主要基于深度学习和计算机视觉的最新技术成果,特别是在图像和视频生成领域的技术成果。Runway提供了一系列AI工具,包括但不限于:

第一,文本生成,利用AI生成文本内容。

第二,图像生成,基于Stable Diffusion模型,用户可以生成高质量的图像。

第三,音频处理,提供音频编辑和处理功能。

第四,视频抠图,使用AI技术进行视频抠图,简化视频编辑流程。

第五,视频编辑,基于Web端的视频编辑工具,主打协作和快速编辑。

第六,定制化人工智能培训(custom AI training),允许用户上传特定图像进行模型训练,生成定制的图像内容。

Runway还更新了笔刷工具,用户可以通过简单的画笔动作来选择视频中的特定区域进行编辑。这种直观的操作方式大大降低了视频编辑的学习难度,使得用户无须深入了解复杂的视频编辑软件即可创作。同时,Runway的笔刷工具提供了多种编辑选项,包括改变视频中物体的颜色、添加特效,甚至进行物体的移除和替换。这些功能为用户提供了极大的创作自由度,使得视频编辑变得更加灵活和个性化。然而,需要注意的是,尽管Runway的笔刷工具在许多方面都非常出色,但它仍然受限于当前AI技术的发展水平。例如,在处理复杂场景或进行高度精细的编辑时,笔刷工具可能无法达到专业视频编辑软件的效果。此外,对于一些特定的编辑任务,用户可能仍然需要依赖于传统的编辑工具和技术。因此,AI工具只是众多的工具之一,在进行影视编辑时,相关工作人员不可顾此失彼,要将AI影视编辑工具与传统影视编辑软件结合使用。

(二)Pika

Pika Labs的成立是AI视频生成技术领域的一次创新尝试。公司的愿景是通过技术创新,降低视频创作的门槛,使得非专业用户也能参与到视频内容的创作。

相较于其他AI工具,Pika在AI视频生成方面的创新主要体现在以下几个方面。

第一,多样化的视频风格生成。Pika支持生成多种风格的视频,包括3D动画、动漫、卡通和电影风格。多样化的风格支持为用户提供了广阔的创作空间,使得视频内容的创作更加丰富多彩。

第二,高效的视频编辑功能。Pika提供了视频局部编辑和扩充功能,使用户能够对视频进行精确修改,例如,更换角色服装、更新视频风格等。这些编辑功能极大地提高了视频创作的灵活性和便捷性。

第三,零门槛的视频生成体验。Pika被称为"零门槛视频生成神器",意味着即使是没有专业视频制作经验的用户也能够轻松地生成短视频。只需上传一张图片并提供一句话进行描述,用户就可以在短时间内生成视频,极大地降低了视频创作的门槛。

第四,支持多种输入类型的视频生成。Pika不仅支持从文本生成视频,还可以从图像、视频剪辑甚至视频中的对象生成新的视频内容。

第五,商业化和订阅模式的探索。Pika Labs 推出了不同层次的版本,包括免费版本和多个付费档位的版本,以满足不同用户的需求。

第六,对社区和用户体验的重视。Pika Labs 在 Discord 官网上建立了社区,用户可以在这里体验 Pika 的服务,分享创作成果,并得到技术支持。这种社区驱动的模式有助于收集用户反馈,促进产品的迭代和优化。

第七,技术进步的快速迭代。Pika Labs 在短时间内完成了多轮融资,并迅速吸引了大量用户,这表明公司在技术创新和产品迭代方面具有快速的反应能力和执行力。

需要注意的是,Pika 虽然在功能多样性上取得了显著的进展,但仍存在技术不成熟的问题,如存在抖动、闪现和画面跳变等,影响了视频内容的稳定性和真实感。不可否认的是,Pika 在 AI 视频生成领域展现出了巨大的潜力和创新能力。

(三)Dreamina

Dreamina(即梦)是字节跳动公司基于 AI 技术在创意产业中的快速崛起和广泛应用推出的 AI 创作工具,旨在利用 AI 技术简化和加速内容创作过程。

作为国产版 Sora,Dreamina 具有以下功能特色。

第一,文本到图像的转换。Dreamina 的核心功能之一是将文本描述转换为图像,这一功能利用了先进的自然语言处理和图像生成技术。用户可以通过输入描述性文本,生成与之相符的图像内容。

第二,多风格图像生成。Dreamina 支持多种图像风格,包括抽象、写实、动漫等,满足不同用户的创作需求和审美偏好。

第三,视频生成能力。Dreamina 的视频生成功能进一步扩展了其在动态内容创作中的应用范围,使用户能够创建具有动态效果的视频内容。

第四,图像编辑和修整。除了生成新图像,Dreamina 还提供了图像编辑功能,允许用户对生成的图像进行大小比例的调整和模板选择,提供更多的个性化和定制化选项。

第五,用户体验优化。Dreamina 的设计注重用户体验,提供简洁直观的用户界面,使得没有专业设计背景的用户也能轻松上手。

Dreamina 作为字节跳动公司在 AI 创作领域的一次重要尝试,展现了该公司在技术创新和产品开发方面的实力。尽管目前还存在一些技术和市场挑战,但随着产品的不断迭代和优化,Dreamina 有望成为创意产业中的重要工具,并推动 AI 技术在内容创作领域的进一步应用。

(四)腾讯智影

腾讯智影作为腾讯公司推出的一款 AI 智能创作助手,旨在通过 AI 技术提升内容创作者的生产效率,并解决专业生成内容(Professionally Generated Content,PGC)和用户生成内容(User Generated Content,UGC)在内容创作中遇到的核心难题。

腾讯智影具有以下功能特色。

第一,智影数字人。腾讯智影的核心功能之一是“智影数字人”,用户可以通过输入文本或音频内容生成数字人播报视频。这一功能使得内容创作变得更加便捷,尤其在新闻播报、短视频创作等领域。

第二,文本配音和音色定制。腾讯智影提供了文本配音功能,用户可以选择上百种音色,输入文本即可生成自然语音。此外,还有音色定制和智能变声功能,适用于多种场景。

第三,视频剪辑和素材库。腾讯智影结合了视频剪辑工具和丰富的素材库,帮助用户进行视频化表达。它还提供了字幕识别、文章转视频等功能,进一步简化了视频制作流程。

第四,自动化处理。腾讯智影能够自动化去除视频中的冗余词,通过声音克隆和音频训练技术,对原视频中的部分语句进行修改。

当然,受当前技术不成熟的影响,腾讯智影也存在内容生成不准确的问题,这要求用户进行人工调整,以确保内容的准确性和一致性。

综上所述,腾讯智影作为 AIGC 技术在内容创作领域的应用,展现了腾讯在 AI 技术研究和应用方面的领先地位。随着技术的不断进步和产品的持续优化,腾讯智影有望在未来解决现有问题,为内容创作者提供更加强大和便捷的创作工具。

四、音频类生成工具

(一) Suno

Suno 是由一家名为 Suno 的人工智能公司开发的一款专注于音乐创作的 AI 工具,其核心模型为 Chirp 模型,用户能够通过文字描述获得逼真的音乐和声音效果,包括配乐、人声、音效等。这在很大程度上降低了音乐创作的门槛,也为影视编辑人员提供了更为便利的创作条件和更为低廉的音乐创作成本,其核心功能包括但不限于以下几方面。

第一,Suno 通过歌词驱动创作,能够根据用户提供的歌词内容,无论是古诗词还是电影台词等,自动匹配相应的旋律与人声。此外,Suno 还允许用户通过输入"verse(主歌)""chorus(副歌)"等专业音乐术语,精确地控制歌曲的节奏和结构。

第二,能够提供音乐风格的个性化定制。用户可以依据个人喜好,在歌曲风格描述界面输入相应的关键词,例如,可以输入"中国风+钢琴"或"赛博朋克风+架子鼓"等组合。目前,Suno 曲库已经内置了超过 500 种风格标签,并支持根据用户的描述自由组合,甚至能够满足对传统中国民乐、歌剧等小众类型的定制需求。

第三,能够对人声和音色进行控制。Suno 在其 4.0 版本中引入了"任意声音克隆"功能,用户可以根据自己的需求上传样本音乐,进而创建定制化的个性音乐。

第四,具有智能提示词扩写功能。在其 4.5 版本中,Suno 集成了自主研发的 AI 对话大模型。当用户不确定如何编写提示词时,可以通过与该模型的互动获得灵感和专业的歌词建议,从而帮助用户精确地把握音乐的风格和情感表达。

尽管 Suno 为用户带来了极大的便利,但目前它在中文识别方面仍存在不足,表现为偶尔的"吞字"现象。因此,用户在使用过程中需要不断进行校对,并借助"同音字"

等技巧来规避 Suno 的一些局限性,以顺利进行音乐创作。

(二)魔音工坊

2020 年,魔音工坊的问世标志着 AIGC 在中国开启了商业应用。它致力于为客户提供全方位的配音解决方案,广泛服务于短视频制作、有声读物录制、广告宣传、教育培训等多个行业。凭借其庞大的声音库、高效的配音功能以及用户友好的操作界面,魔音工坊赢得了广泛的市场认可。该平台不仅提供 AI 智能配音服务,还提供真人配音选项,以满足用户对声音品质的多元化需求。以下是魔音工坊的主要功能特点:

第一,魔音工坊提供多样化的语音选择,有超过 500 种声音选项可供挑选,涵盖不同性别、口音、方言,以及知名发音人的声音,以满足用户对个性化定制的需求。

第二,魔音工坊具备智能配音功能,用户仅需输入文本,系统便能自动生成语音,支持多种音色和语调的选择,以适应不同场景下的配音需求。

第三,魔音工坊提供丰富的音频编辑工具,包括剪切、复制、粘贴、删除等操作,同时支持多轨混音功能,能够实现复杂的音频效果。

第四,魔音工坊内置多种背景音和音效库,用户可以根据个人需求自由添加,以增强音频作品的层次感和吸引力。

第五,魔音工坊支持实时预览生成的语音效果,用户可以根据预览结果进行调整,确保音频作品的质量。

本章小结

"媒介即讯息",我们应该去拥抱技术的发展。AI 的发展是时代的趋势,因此我们应该去探寻 AI 的发展历史,去预测 AI 的发展趋势,去预防 AI 带来的隐患、推动 AI 的发展。本章分别从 AI 的发展历史、AI 的发展现状、AI 影视编辑工具和 AI 编辑的基本类型等方面介绍了 AI 在影视编辑中的应用,以期对影视工作者以及影视爱好者提供参考。

本章思考题

1.请结合 AI 技术的现状,谈谈 AI 的历史与发展趋势。

2.在当前媒介深度融合的背景下,影视编辑应如何更好地利用 AI 技术来实现作品内容与传播方式的双破圈?

3.当前主流的 AI 影视编辑工具有哪些?各有怎样的特色?

4.面对 AI 产业的蓬勃发展,影视工作者应如何应对?

参考文献

[1]胡昌昊.浅析人工智能的发展历程与未来趋势[J].经济研究导刊,2018(31).

[2]许雪晨,田侃,李文军.新一代人工智能技术(AIGC):发展演进、产业机遇及前景展望[J].产业经济评论,2023(4).

[3]王鹏.拥抱变革,共创 AI 时代:2024 年 AI 产业发展趋势与应对策略[J].现代商业银行,2024(4).

[4]赵志君,庄馨予.中国人工智能高质量发展:现状、问题与方略[J].改革,2023(9).

[5]郝洺,施玉海.ChatGPT 的技术演进及其在广电行业中的应用、风险与建议[J].广播与电视技术,2023,50(11).

[6]李水青.AI 创作 182 分钟动画片登央视一套播出![EB/OL].(2024-02-26)[2024-10-12].https://baijiahao.baidu.com/s?id=1791755222314504012&wfr=spider&for=pc.

[7]张彤彤,杨璠.Midjourney 对图像生产及主体重塑的媒介之思[J].青年记者,2024(1).

[8]张乐资,李雅筝,孔正毅.从 OGC 到 AIGC:媒体内容生产模式的变革与展望[J].传播与版权,2024(2).

[9]马贤丽.AIGC 兴起对广电行业的影响及应对[J].传媒,2023(19).

11

第十一章

AI编辑工具的操作应用

学习重点

Adobe Premiere Pro 2023 AI功能的应用
剪映AI功能的应用
Kimi的应用实践
Midjourney的应用实践
Runway的应用实践

学习难点

AI编辑工具的句型结构与提问技巧
多种AI影视编辑工具的综合应用

能力目标

熟练运用各种AI影视编辑工具进行影视创作
掌握全流程AI操作思维

本章微课

本章知识更新

在当今数字化时代,AI 技术的应用已经成为编辑工作中不可或缺的一部分。在本章中我们将具体分析 AI 编辑工具的应用,探索如何利用这些智能工具来提升编辑效率和内容质量,并实现个性化内容创作。从文本校对到图像编辑,从语音识别到自动翻译,AI 编辑工具正在不断拓展编辑领域的边界,为编辑工作带来革命性变化。通过本章的学习,我们将掌握如何有效运用 AI 编辑工具,为内容创作注入新的活力,开启编辑工作的新篇章。

第一节　传统影视编辑软件的 AI 功能及应用

一、Adobe Premiere Pro 2023 的 AI 功能及应用

面对 AI 技术的飞速进步,Adobe 不仅勇于迎接 AI 带来的挑战,更是将 AI 技术巧妙地融入其产品与服务中。此举旨在激发创作者的创造力、提升其工作效率,并巩固 Adobe 自身在行业中的领先地位。鉴于本书的定位,我们将重点介绍 Adobe 旗下广受欢迎的视频剪辑软件 Premiere Pro 2023 中的 AI 功能,展现它如何通过智能化手段为视频编辑工作带来革新。

(一)基于文本的快速编辑

2023 年 5 月 9 日,Adobe Premiere Pro 2023 增加了一个非常重要的功能——基于文本的编辑。该功能由 Adobe Sensei 提供支持,它使用最新的 AI 工具自动转录用户的源媒体。Adobe Sensei 是一个可以应用于 Adobe 旗下各款产品的人工智能工具。Sensei 利用 Adobe 长期积累的大量数据和内容,包括图片及影像,能够帮助人们解决在媒体素材创意过程中面临的一系列问题,帮助用户把一些固定、重复的操作变得自动化和简单化。

在这里,我们以采访视频为例讲述 Premiere 基于文本的编辑功能。用户将视频导入 Premiere 项目面板后,选择基于文本的编辑选项,软件将自动对视频中的文本内容进行分段。同时,用户也可根据需求手动编辑采访者角色。软件自动分析完成后,用户可在搜索栏中搜索关键词,软件将迅速定位到相应段落。用户选择文本右键剪切,软件会将与文本对应的视频片段自动分割,用户可根据需求将片段移动到时间线面板的任意位置。基于此,我们可通过对转录文本的剪切、插入、删除等操作,实现对应画面内容的编辑。

1.点击“基于文本的编辑”选项

用户在导入相应视频后,在剪辑面板的右上方点击工作区(如图 11-1 所示),并在下拉菜单中选择“基于文本的编辑”选项(如图 11-2 所示)。

图 11-1　工作区选项

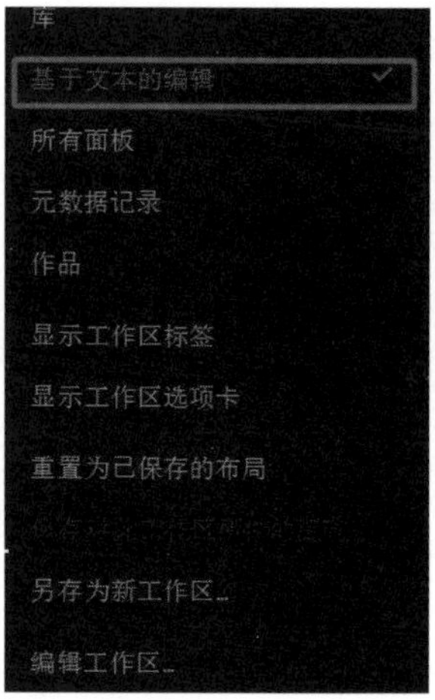

图 11-2　“基于文本的编辑”选项

2.选择发言者角色

选中右上角剪辑面板中的视频(如图 11-3 所示),点击右键会出现一系列菜单选项,选择菜单中的“转录”选项(如图 11-4 所示),选择后弹出如图 11-5 的面板。在该面板中,“语言”选择默认的“简体中文”,“发言者标签”选择“是,区分发言人”,修改完成后点击“转录”即可。

图 11-3　剪辑面板中的视频

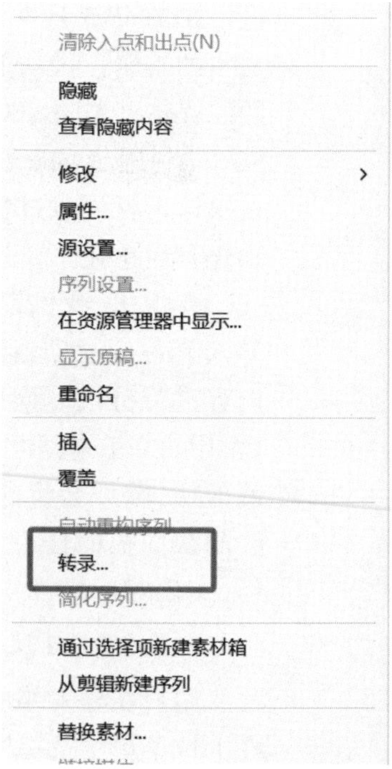

图 11-4　下拉菜单中的转录选项

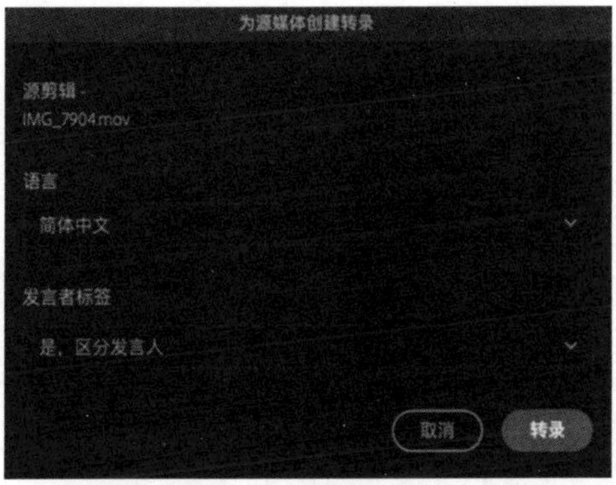

图 11-5　语言选择及发言者标签设定

3.转录面板介绍

转录完成后，用户可在剪辑面板左上角看到软件将文本进行了分段（如图 11-6 所示），每一段上方会标注段落的开始时间和结束时间（如图 11-7 所示）。观察文本我们会发现“[...]”符号，该符号一方面表示视频中发言人的语气暂停，即“[...]”部分没有语音内容；如果出现发言人发音不清楚，软件未能精准识别的情况，也会出现这种符号（如图11-8所示）。此外，用户也可以利用搜索栏进行关键词搜索来实现自定义编辑，输入关键词后，转录文本中的相应关键词会有高亮显示，以便用户查找（如图 11-9 所示）。

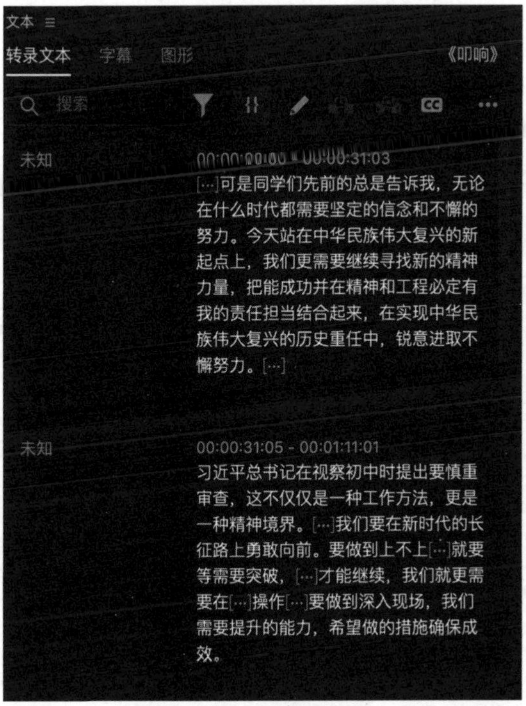

图 11-6　转录的文本

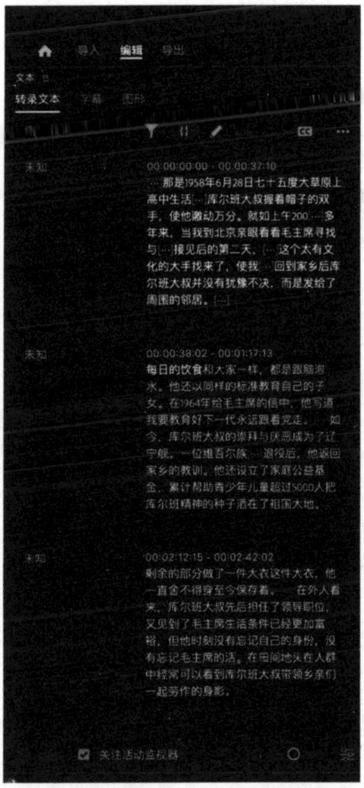

图 11-7　每个段落上方标注开始时间与结束时间

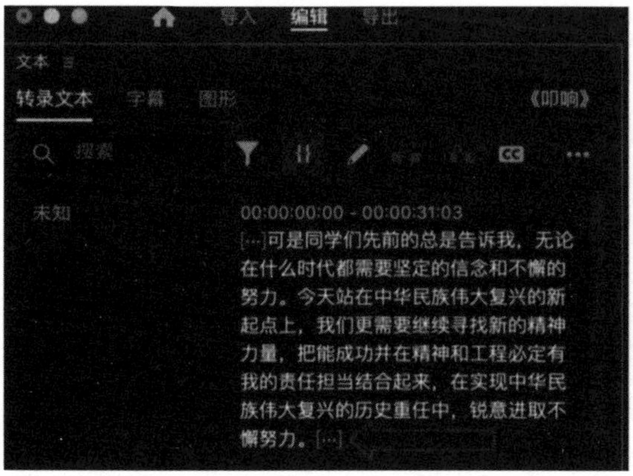

图 11-8 “[...]”符号

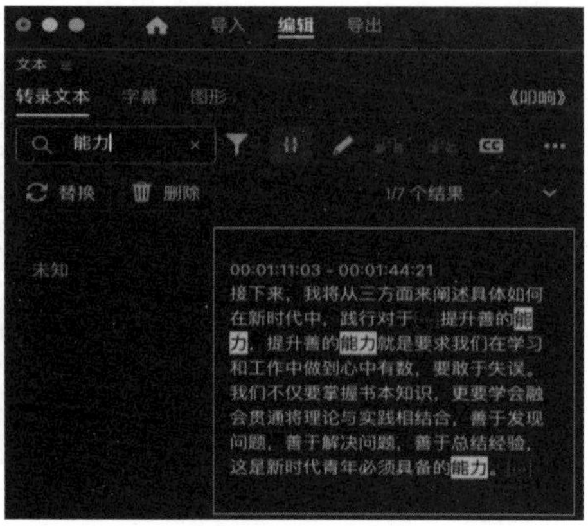

图 11-9 关键词显示

4.视频插入

视频转录的完成,一方面意味着文字转录的完成,另一方面也意味着软件对视频进行了处理。用户可以根据需要选中目标文字,此时时间线面板上与目标文字对应的视频部分会有高亮显示(如图 11-10 所示)。右键单击目标文字,则会出现一系列选项(如图 11-11 所示)。用户可以点击“剪切(提取)”选项,此时时间线面板上与目标文字对应的视频部分将会被自动裁剪(如图 11-12 所示)。用户也可以点击“复制”,此时时间线面板上与目标文字对应的视频部分可以被自由地粘贴到时间线面板的任意位置(如图 11-13 所示)。另外,如果软件识别的文字不准确,用户可以点击菜单中的“正确的文本”选项进行修改(如图 11-14 所示)。注意,对文本进行的编辑会被保存到源剪辑之中,省去了用户重新校对文本的时间。

图 11-10 与目标文字对应的视频有高亮显示

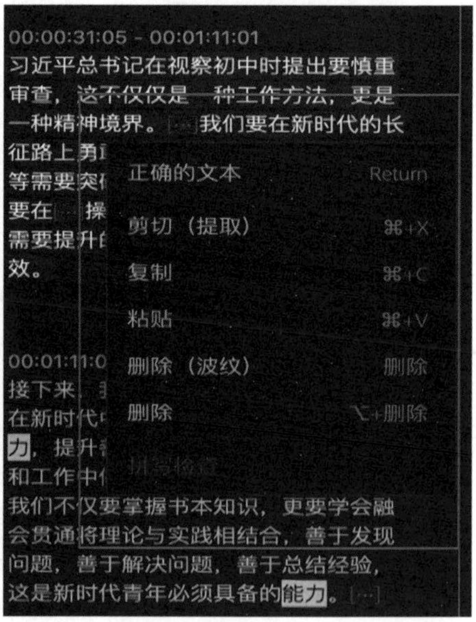

图 11-11 右键单击目标文字后出现的菜单

图 11-12 点击“剪切(提取)”后的时间线面板

图 11-13 点击“复制”后的时间线面板

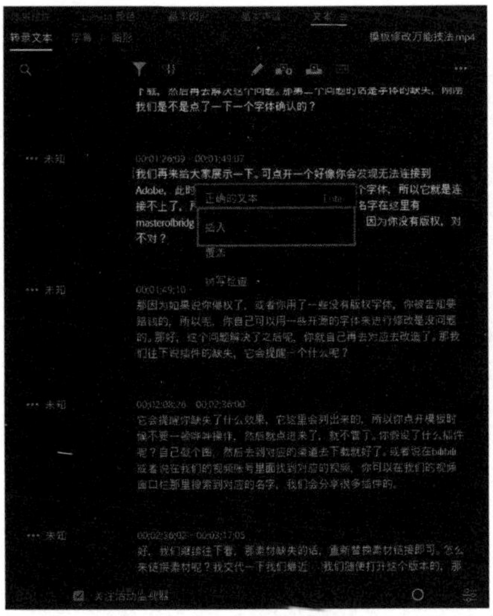

图 11-14　修改文本内容

综上,用户可以根据需求进行视频编辑。基于文本的编辑功能推出之后,用户可通过对转录后的文本进行关键词搜索等操作来快速编辑视频,不再需要为了找到合适的片段而观看数小时的镜头,这极大地提高了编辑效率,尤其是对新闻采访和口播视频的剪辑。当编辑完成后,基于文本的编辑会为用户提供现成的文字记录,可用于快速生成字幕。

(二)智能 AI 音频剪辑

Adobe 引入了全新的 AI 音频编辑功能,包括自动标记声音(automatic labelling of sounds)、增强语音(enhance speech)、交互式淡入淡出处理(interactive fade handles)和音频类别标记(audio category tagging)等功能。用户一方面可运用增强语音功能自动调整视频的对话质量和清晰度,减少背景噪声并改善音质,实现一键提升剪辑中的对话效果;另一方面也可以通过自动标记声音快捷地区分声音类型并进行后续操作,同时还可以通过交互式淡入淡出处理使音频的衔接更加自然。总之,智能 AI 音频编辑功能的更新为用户处理音频提供了极大的便利,让音频的编辑更加高效。

1.自动标记声音

用户将目标音频导入时间线面板,在时间线面板中选择目标音频,点击剪辑面板中右上方的"基本声音"选项(如图 11-15 所示),此时"基本声音"选项会出现下拉菜单,点击"自动标记"选项(如图 11-16 所示),软件会自动分析目标音频的音频类型。此时,双击时间线面板的音频,右上角会自动弹出相应的音频类型以及对应的菜单选项,如音频类型是"对话",就会弹出"对话"对应的各种菜单选项(如图 11-17 所示),接下来用户就可以根据需求进行音频的自定义编辑了。

图 11-15　"基本声音"选项

图 11-16　点击"自动标记"选项

图 11-17　“对话”效果面板

2.增强语音

用户首先需要将目标音频导入时间线面板，然后选中目标面板中包含对话的音频，点击剪辑面板右上方的“基本声音”选项（如图 11-18 所示）。打开基本声音面板后，选择“增强语音”选项（如图 11-19 所示）。此时，基本声音面板中将出现进度条，用于估计效果应用完成的时间（如图 11-20 所示）。此任务在后台执行，在增强语音的同时，用户可以编辑视频的其他部分。

此外，用户还可以根据情况进行不同程度的语音增强，该操作可以通过“混合量”控件的左右滑动完成（如图 11-21）所示，该过程完成后，音频将更加清晰，语音也更容易识别，从而提高对话的整体质量。

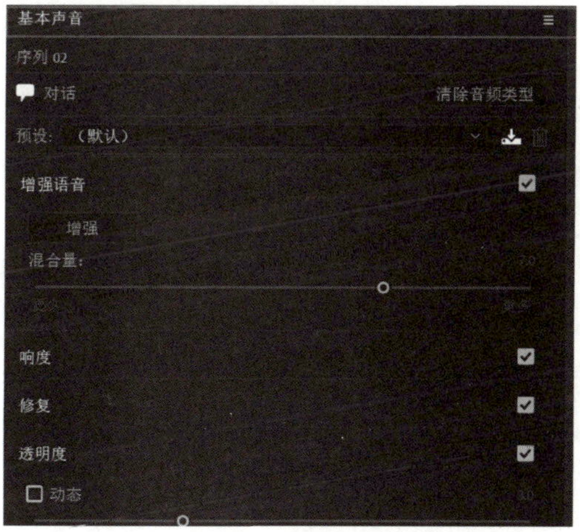

图 11-18　“基本声音”选项

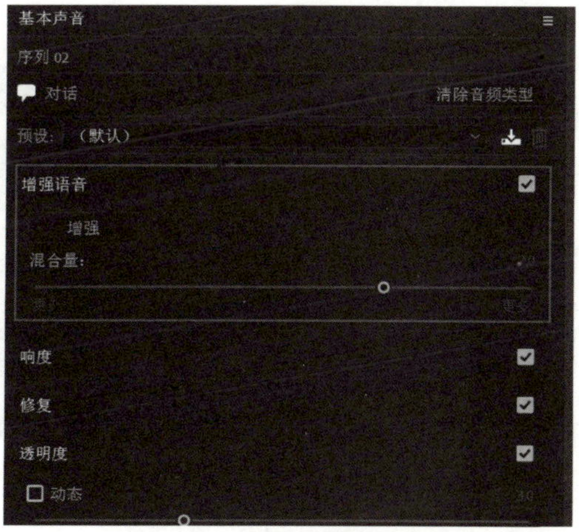

图 11-19　“增强语音”选项

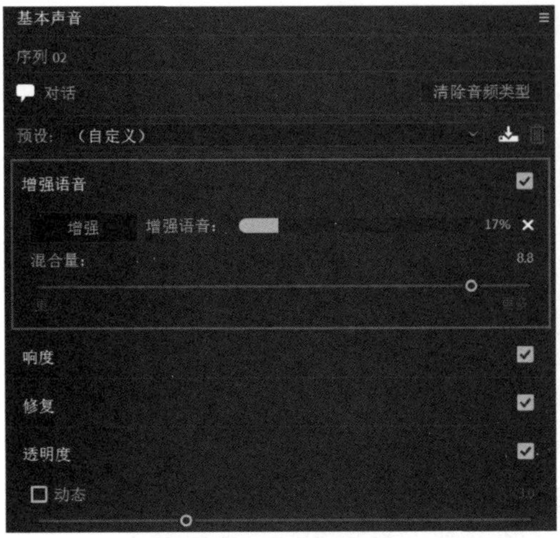

图 11-20 “增强语音”效果进度条

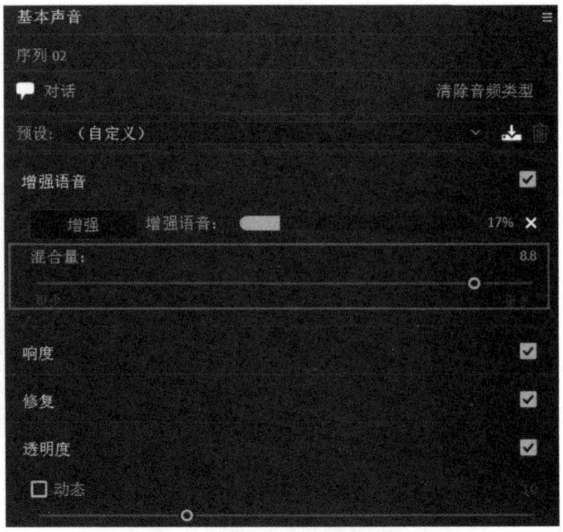

图 11-21 “混合量”控件选项

3.交互式淡入淡出处理

除了增强语音，Adobe 还推出了其他 AI 驱动的音频工具，例如“交互式淡入淡出处理”功能，该功能的推出让用户在音频编辑时更加高效。该功能操作简单，对于初学者相当友好，这也是 Premiere 更加趋于人性化的重要体现。相较于以往的 Premiere 版本，该版本允许用户直接操作音频两边的淡化手柄进行不同程度的自定义淡化效果操作，具体操作如下：

当用户在时间线面板中垂直展开目标音轨时，会发现音轨的两端有两个圆点，即淡化手柄，用户拖动剪辑边缘的交互式淡化手柄即可创建音频淡化效果，鼠标单击并拖动可创建各种自定义淡化效果。注意，按住 Option 键的同时拖动，将调整限制到仅一个轴：从上到下调整斜率，或从左到右调整持续时间。按住 Shift 键可更改交叉淡化效果的一端。用户也可以按住 Option 键并将其向左或向右拖动，以更改曲线或持续时间（如图 11-22 所示）。

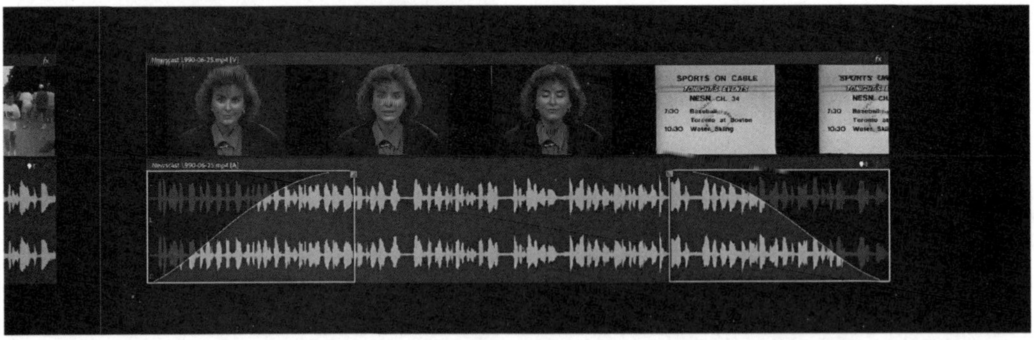

图 11-22 拖动剪辑边缘的交互式淡化手柄即可创建音频淡化效果

如果是处理两段音频之间的交叉淡化，则首先需要垂直展开这两个音轨，并确保两段音频处于邻近位置,且两段都经过修剪(如图 11-23 所示)。之后,拖动视觉淡化手柄,创建自定义交叉淡化。按住 Shift 键可更改交叉淡化效果的一端,或者按住 Option 键将其向左或向右拖动,以更改音频的曲线或持续时间。

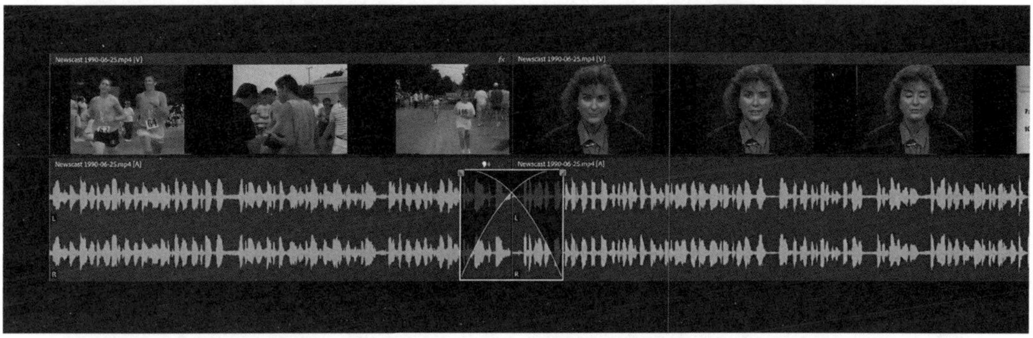

图 11-23　音频间的交叉淡化

(三)自动调色

调色已经成为影视后期工作的重要组成部分,通过对亮度、饱和度、色温等参数的调节,可以进一步改善画质,提升成片质量。Premiere Pro 2023 提供自动色彩基本校正功能,可以一键优化画面的色彩,也可以自动调节诸如曝光不足、饱和度过高等问题,为后期用户的调色工作提供了极大的便利。具体操作如下:

导入视频至素材箱,将目标素材拖至时间线面板,选中目标素材,对素材进行调色,将时间指示器调整到相对应的画面位置,点击右上方的剪辑面板中的"Lumetri 颜色"选项(如图 11-24 所示)。在下拉菜单中选择"基本校正"选项(如图 11-25 所示)。点击其中的"自动"选项(如图 11-26 所示),软件会自动分析当前画面,并且执行色彩优化。自动校色完成后,用户还可以在此基础上进一步调色,比如进一步增加对比度或者压低高光区的亮度。此外,该功能也支持强度调节,用户可以通过强度滑块改变画面的全局强度。如果用户对调整后的效果不满意,可以选择"重置"选项一键恢复,以重新进行色彩调节。

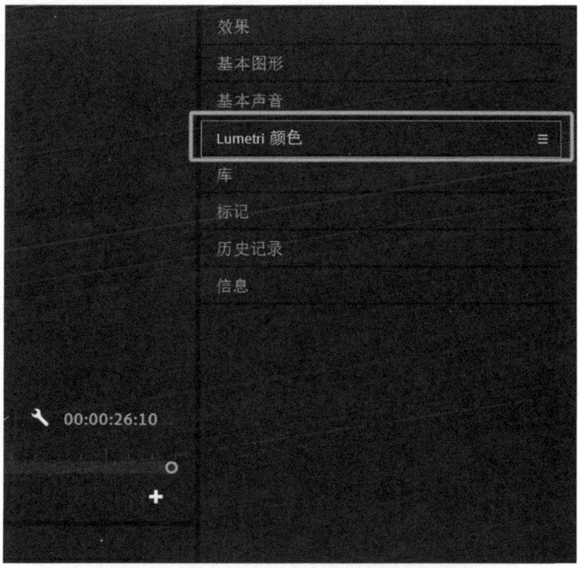

图 11-24　"Lumetri 颜色"选项

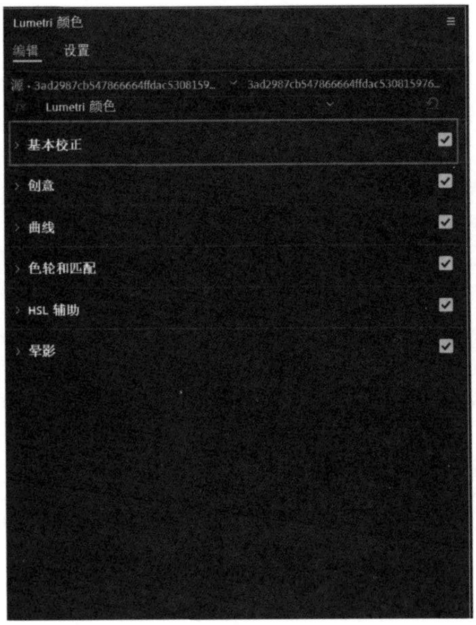

图 11-25 “基本校正”选项

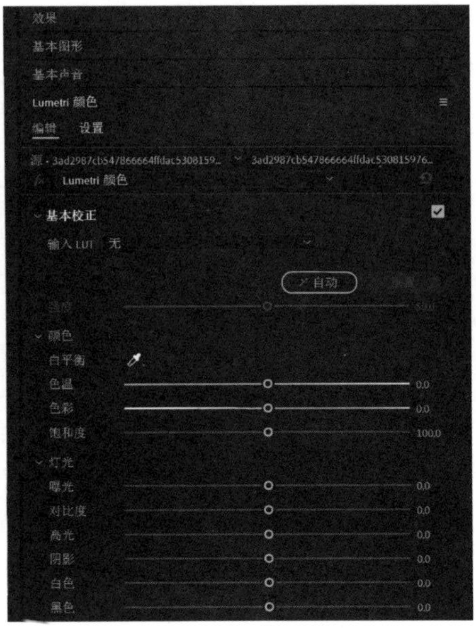

图 11-26 自动调色面板

(四)场景编辑检测

根据用户添加的视频素材,Premiere 可自动检测视频中包含的多个场景,并按场景自动剪辑视频片段,用户可以根据需要选择片段进行二次剪辑,这将大幅度提高用户粗剪的效率。下面介绍使用 Premiere 对素材进行自动检测和剪辑的具体操作方法。

导入视频至素材箱,将目标素材拖至时间线面板上,选中目标素材,单击右键,选择“场景编辑检测”选项(如图 11-27 所示)。此时软件会自动弹出“场景编辑检测”输出选项(如图 11-28 所示)。一般默认选择“在每个检测到的剪切点应用剪切”选项,点击“分析”,软件会根据视频的场景进行分析,分析一般需要几十秒的时间,用户可根据进度条来观察分析的完成进度(如图 11-29 所示)。分析完毕后,素材将会按场景被分割为若干段,用户可根据需求进行自定义剪辑(如图 11-30 所示)。

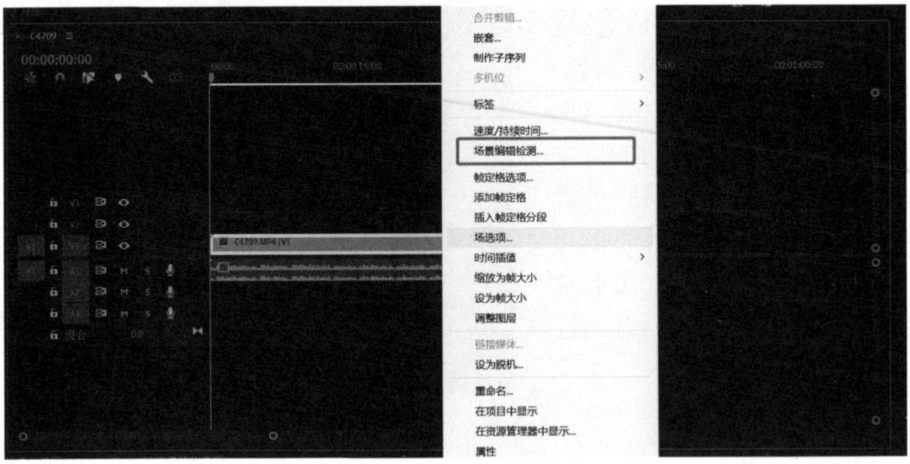

图 11-27 场景编辑检测

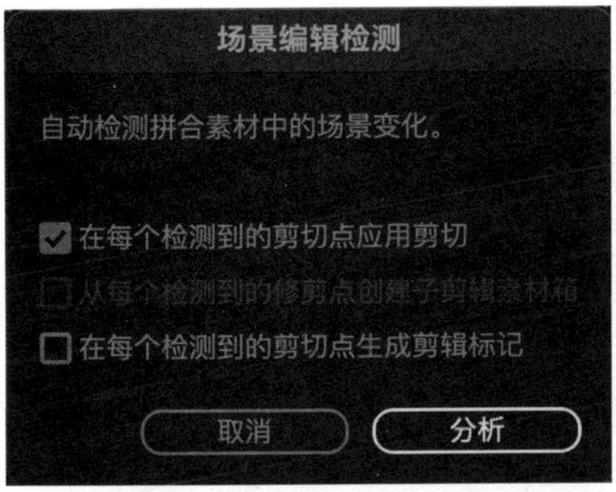

图 11-28　“场景编辑检测”输出选项

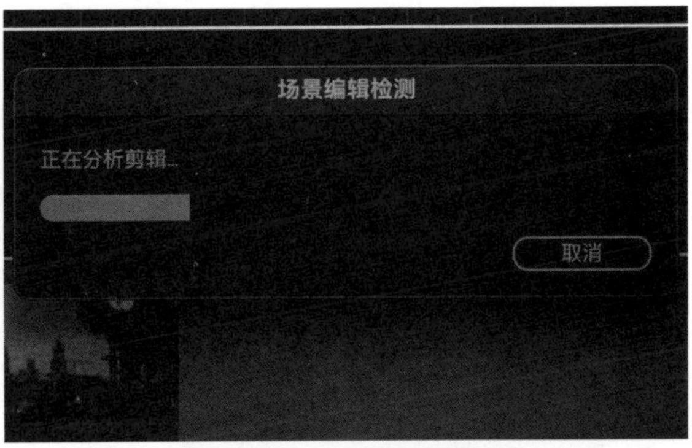

图 11-29　分析进度显示

图 11-30　“场景编辑检测”分析结果

二、剪映的 AI 功能及应用

自 2019 年首次亮相以来,剪映凭借其友好的操作界面和多样化的模板设计,迅速赢得了广大非专业用户群体的青睐。面对 AIGC 这一新兴创作模式的兴起,剪映展现出快速的适应能力和创新精神,在脚本创作、图像与文本的融合、后期色彩调整、声音合成等多个环节都引入了 AI 技术。

(一)图文成片

图文成片功能在剪映的初始界面即可看到,该部分的操作极其简单,用户只需要按照步骤提示操作即可,极大地降低了视频制作的门槛。本书以电脑端剪映专业版为演示软件进行实操演示,具体操作如下:

1.图文成片界面

打开剪映专业版后,在“开始创作”选项的下方可以看到“图文成片”选项(如图 11-31 所示),双击打开界面。

图 11-31 图文成片选项

2.文案输入

打开“图文成片”界面后,首先呈现的是“文案输入”界面。文案的输入模式有“自由编辑文案”和“智能写文案”两种(如图11-32所示)。其中,“智能写文案”下设“情感关系”“励志鸡汤”“美食教程”“美食推荐”“营销广告”“家居分享”“旅行感悟”“旅行攻略”“生活记录”九大类别。从分类中我们也可以看出剪映的主要服务对象是短视频制作者。

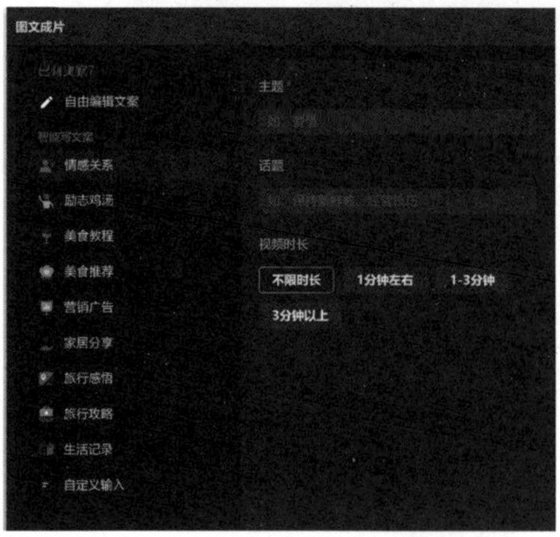

图 11-32 图文成片的文案输入界面

在此,我们以“励志鸡汤”类别的操作为例来介绍“图文成片”功能是如何进行文案输入的(其他类型的操作相同)。在图 11-33 中,我们可以看到在文字输入框中有“主题”“话题”“视频时长”三类选项,根据需求对这三类选项输入简单的要求，如在“主题”中输入“梦想”，在“话题”中输入“与现实的差距”，“视频时长”选择“不限时长”，输入完毕后，点击“生成文本”即可，文案结果如图11-33所示，即“文案结果1”。如果对生成的文案不满意，用户还可以点击面板底部的“重新生成”选项，系统会再次生成文案。

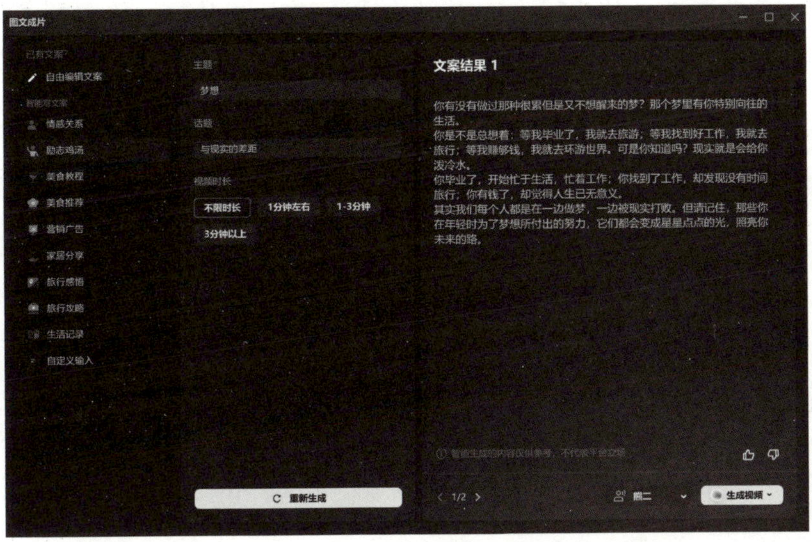

图 11-33　文案生成及类型限制

此外，制作文本除了可以选择“智能写文案”选项，也可以选择“自由编辑文案”选项，用户可以在文本框中输入诸如“主题”“风格”“文案结构”等方面的创作要求进行文案的编辑（如图 11-34 所示）。

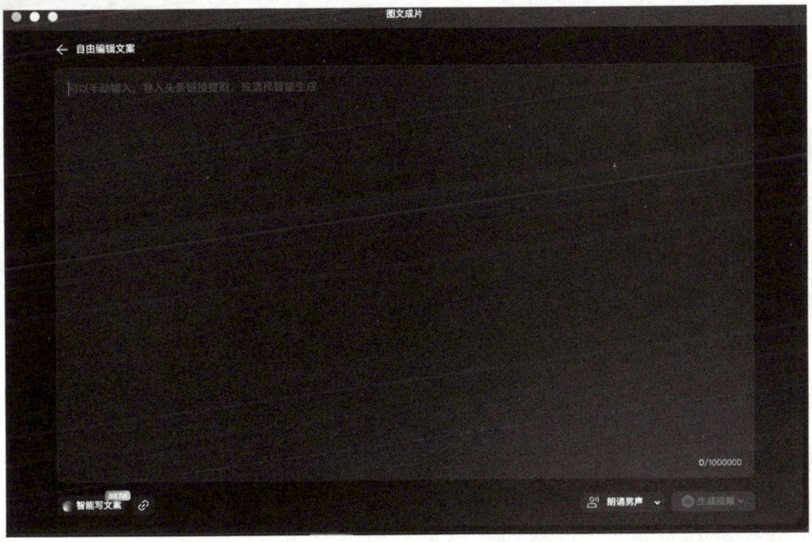

图 11-34　自定义文本输入

3.声音选择

在生成了满意的文案之后,用户可以根据影片需求自由选择 AI 声音(如图11-35所示),选择的声音将成为最终视频的配音。

4.成片方式

选择完声音类型后,用户需选择“成片方式”。对于成片方式的选择,剪映的设置也相对人性化,它提供了“智能匹配素材”“使用本地素材”“智能匹配表情包”三种方式(如图 11-36 所示),用户可以根据自己的需求进行选择,选择完成后点击“生成视频”,系统将会自动剪辑,并切换到剪辑界面(如图 11-37 所示)。

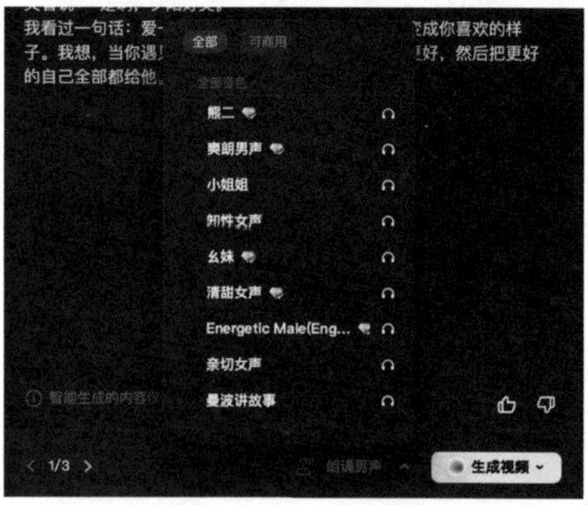

图 11-35 AI 声音的选择

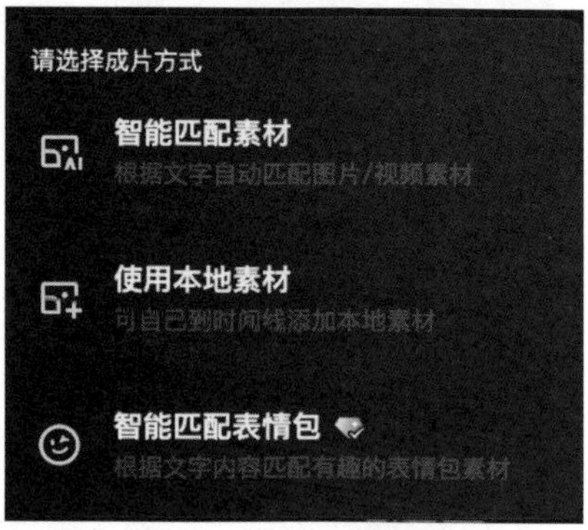

图 11-36 成片方式选择

图 11-37 “图文成片”的成品

(二)智能裁剪

智能裁剪是剪映为适应用户的横竖屏自由切换需求而推出的 AI 功能,界面如图 11-38 所示。用户点击“导入视频”选项将欲进行裁剪的视频导入。在该窗口的右边,剪映提供了目前几种主流的视频比例,如“9∶16”“16∶9”“4∶3”等,选择完成后,系统将自动对视频进行裁剪,裁剪完毕后,点击“导出”即可(如图 11-39 所示)。

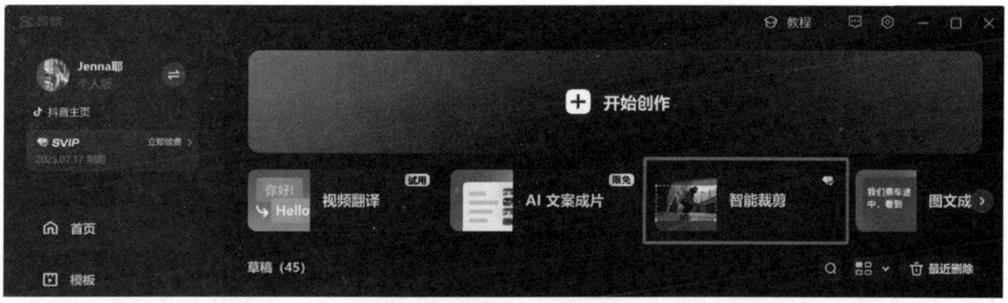

图 11-38　智能裁剪

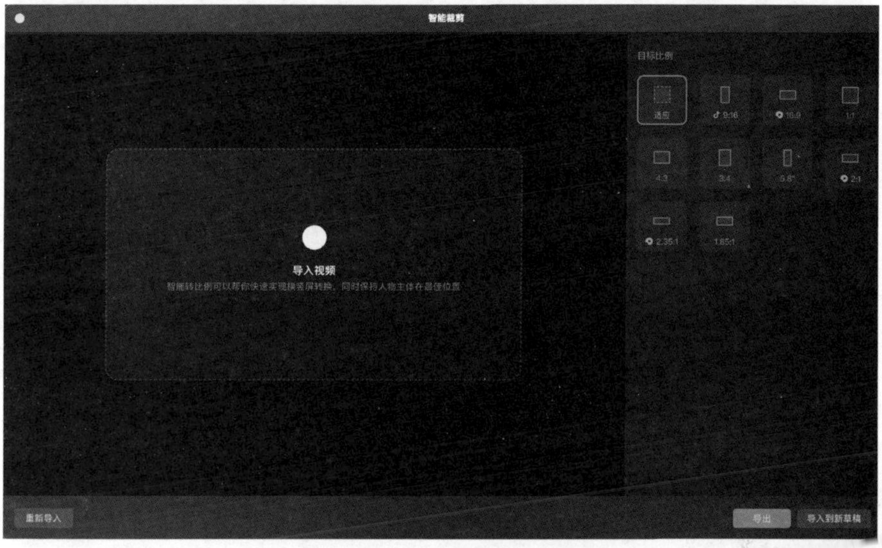

图 11-39 智能裁剪比例转换界面

（三）声音克隆

声音克隆是剪映基于 AI 声音技术推出的功能。以下是具体操作：

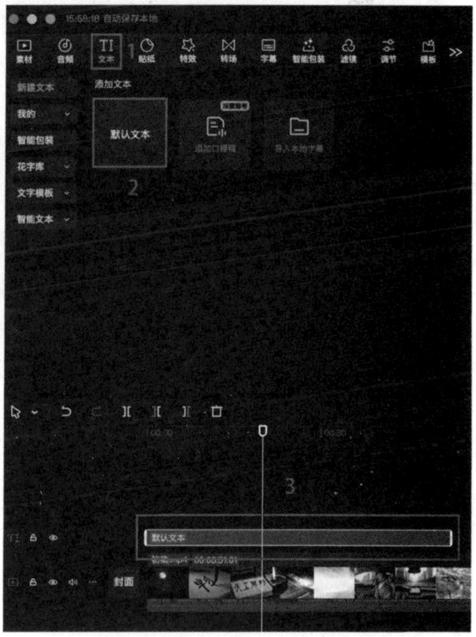

图 11-40　导入文本

打开剪映的剪辑面板并导入目标素材后，首先要将素材拖到时间线面板上，然后点击上方工具栏中的“文本”选项，在左侧的菜单选项中选择“新建文本”，此时用户会看到右侧的“默认文本”选项（如图 11-40 所示），将鼠标放到“默认文本”处，在黑色方框的右下角会出现“+”标志，单击即可将文本添加至轨道。将文本添加到轨道后，系统默认选中文本。如图 11-41（1）所示，点击上方工具栏中的“朗读”选项，选择“克隆音色”，剪映会弹出如图 11-41（2）的界面，勾选“我确认并同意《“剪映”AI 功能使用规范》”，并点击“去克隆”,系统跳转至如图 11-41(3)的界面,选择“录制音频”,点击“去克隆”,来到如图 11-41(4)的界面,选择“点按开始录制”并按照例句读出文字,等待克隆声音完成即可,克隆完成后用户会获得专属自己的音频类型。

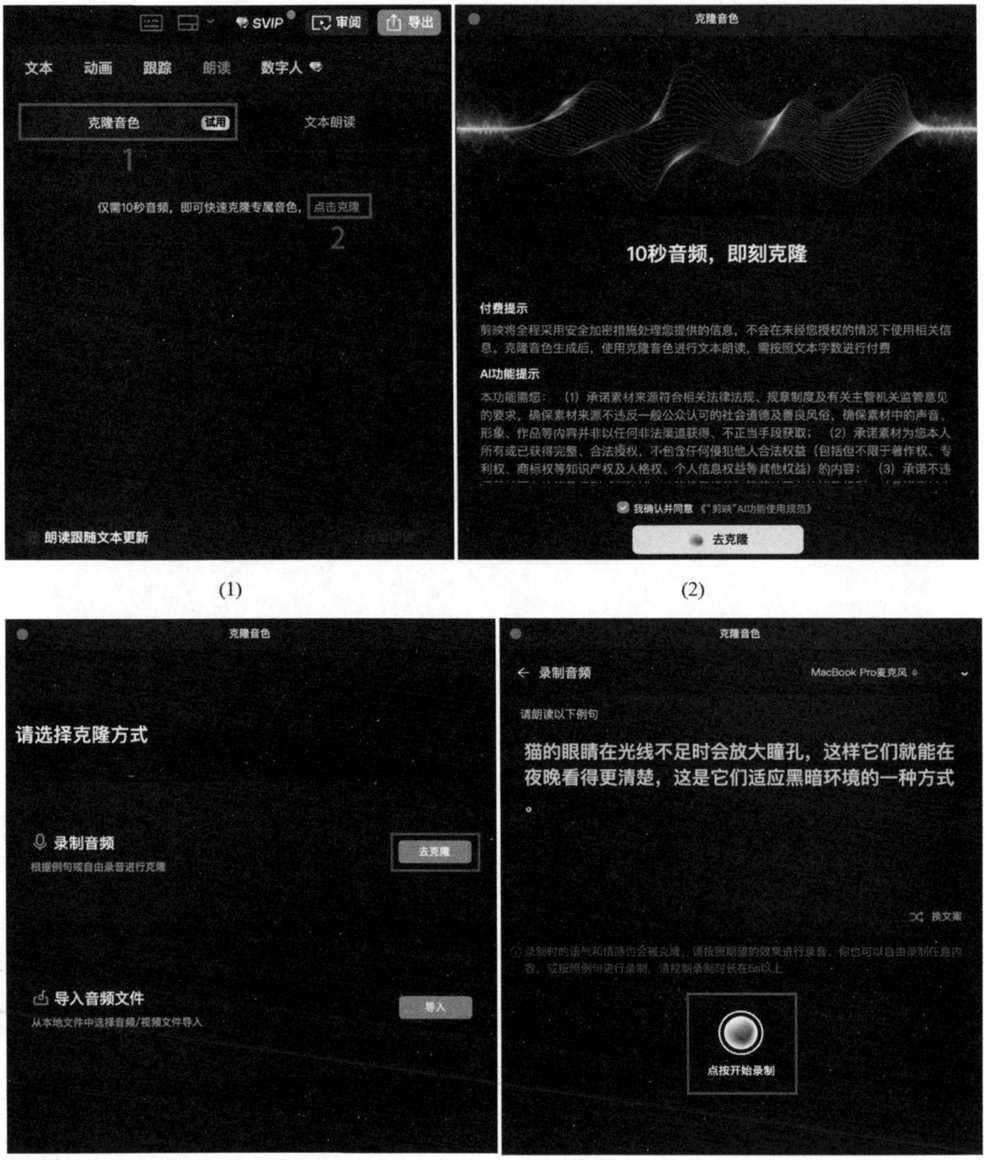

(1) (2) (3) (4)

图 11-41　声音克隆操作界面

(四)数字人

目前,市场上主要有“仿生数字人”“孪生数字人”“原生数字人”三大类别,剪映上线的数字人主要为孪生数字人,能够代替影视工作者介绍作品思路,甚至代替新闻记者进行新闻报道。

在剪映中,“数字人”的应用非常简单。打开剪映的剪辑面板,导入目标素材后,首先将素材拖到时间线面板上,然后点击左上角工具栏中的“文本”选项,在左侧的菜单选项中选择“新建文本”,此时用户会看到右侧的“默认文本”选项,将鼠标放到“默认文本”处,在黑色方框的右下角会出现“+”标志,单击即可将文本添加至轨道。将文本添加到轨道后,系统默认选中文本。点击“数字人”选项,在窗口中选择符合影片调性的数字人,并添加至轨道(如图 11-42 所示)。之后,系统将会根据文本内容进行渲染,并让数字人有感情地朗读文本(如图 11-43 所示)。

图 11-42　数字人界面

图 11-43　数字人效果呈现

(五)AI 调色及色彩匹配

调色是用户在后期剪辑中的重要操作,色彩的丰富度和还原度等都是衡量影片质量的重要标准。不同于达芬奇软件复杂的操作,剪映的调色界面对初学者相当友好,同时,其所具备的色彩克隆功能更是解决了后期调色中色调统一的大难题。以下是操作界面及操作介绍:

用户将素材导入时间线面板后,选中需要调色的素材,点击右上方的“调整”选项(如图 11-44 所示),在下拉菜单中选择“色彩克隆”,“色彩克隆”下方可选择“目标图”(即调整色调参考的画面),用户可以根据需求选择视频中的其中一帧作为目标图,从而让整体画面的色彩都向目标图的色彩靠拢,也可以选择本地图片作为色彩匹配图进行调节(如图 11-45、图 11-46 所示)。

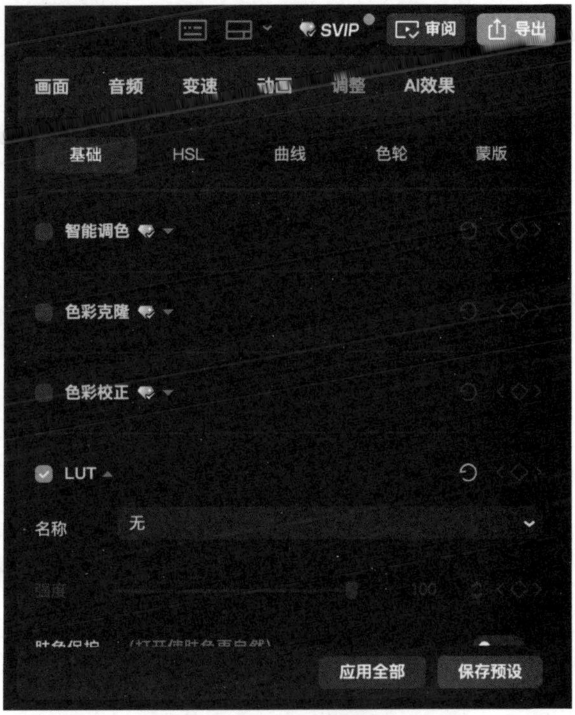

图 11-44　调整选项

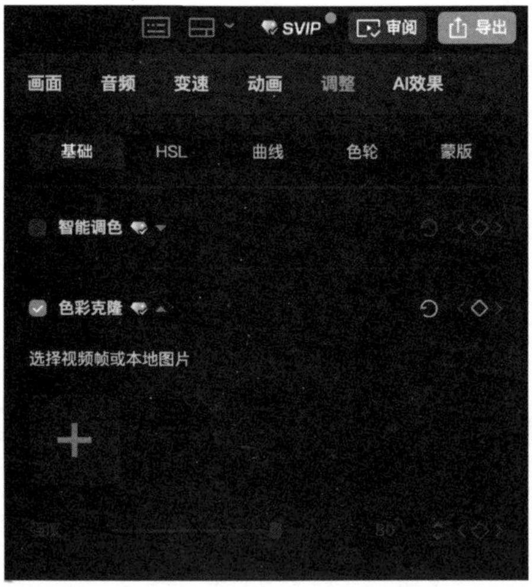

图 11-45　色彩匹配

图 11-46　目标图的选择

(六)AI 效果

AI 效果是剪映为适应当前热门 AI 玩法而单独设立的窗口,窗口分为两部分:AI 特效和玩法。用户根据需求选择“玩法”并选择合适的 AI 特效添加至需要添加效果的面板即可,具体界面如图 11-47 所示。

图 11-47　AI 效果界面

第二节　生成式 AI 工具的功能及应用

伴随着 Sora、Stable Diffusion、Runway 等 AI 影视编辑工具的发布与应用，影视行业面临着巨大的挑战。影视工作者应积极拥抱 AI，努力实现“人机协同”，利用 AI 技术为创意生产插上想象的翅膀，进而真正实现 AI 对影视后期行业的赋能。本节将对 Kimi、Midjourney、Runway 三种 AI 工具进行功能及其应用的介绍，并对从脚本生成到图片生成再到视频生成的全流程 AI 影视编辑进行演示，以期为初学者提供参考和启示。

一、AI 辅助撰写文案及脚本

AIGC 生产模式在快速发展，国内外生成式语言大模型层出不穷，此处主要以国内大模型——Kimi 为例介绍 AI 在文案及脚本撰写方面的应用。作为国内新兴的对话类 AI 工具，Kimi 在脚本撰写、分镜头撰写、资料查询等方面有着突出的表现。

（一）Kimi 的基本界面

输入网址“https://www.kimi.com”，即可进入 Kimi 首页。Kimi 的对话框有不同选项，对应着不同的功能。

1.常用语

常用语即常用提问句型（如图 11-48 所示），对于不同职业的使用者而言，添加不同专业的术语与提问结构能够大大提升工作效率，如影视领域的“景别”“景深”“镜头运动方式”等。

图 11-48　常用语按钮

2.素材搜集

素材搜集部分需要用户允许 Kimi 接入互联网,这样有利于提高 Kimi 回答问题的精准度和时效性。同时,Kimi 的 k1.5 大模型更为擅长长文本的思考与撰写,建议开启。对于影视行业的工作者而言,开启联网搜索和“长思考”功能也有利于用户在与 Kimi 对话时让其搜集影视热点,并进行深度思考,从而帮助用户创造出贴近时代前沿的作品(如图 11-49 所示)。

图 11-49　联网搜索和“长思考”功能

3.格式支持

Kimi 一方面可以承载大量的文件,最多可达 50 个,另一方面也支持多种主流文件类型(如图 11-50 所示)。

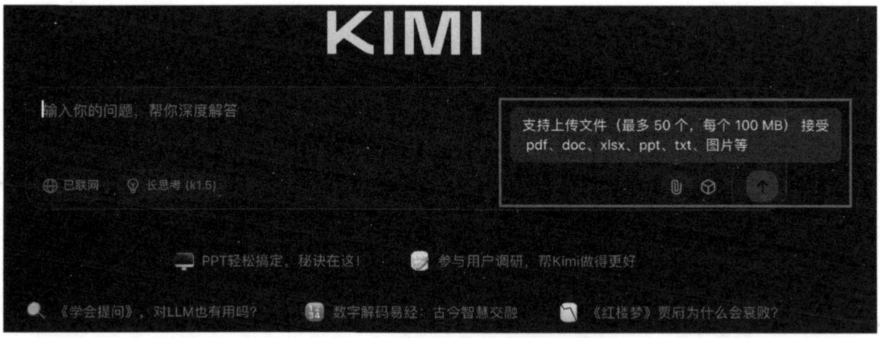

图 11-50　支持的文件格式及数量

4.历史会话记录查询

用户在登录账号之后,Kimi 会将其与用户的会话记录进行保存。用户可以点击左上角的“历史会话”选项查找往期的会话记录(如图 11-51 所示),点开想要查找的会话记录,用户还可以在此基础上进一步进行对话。

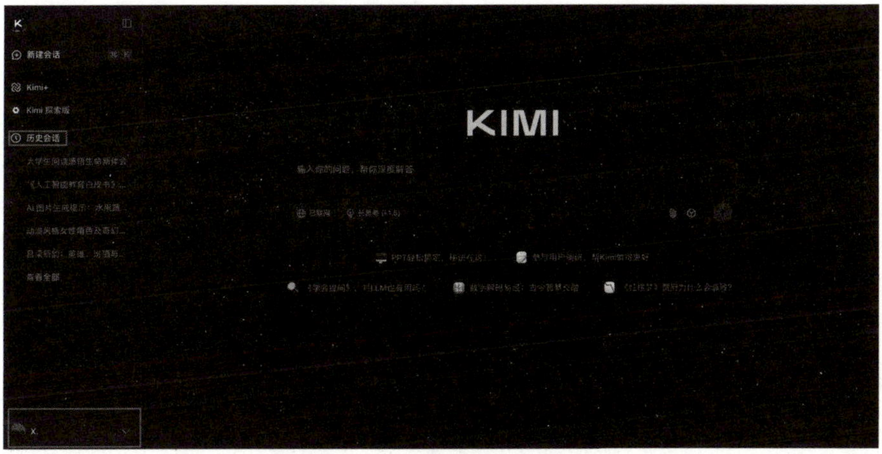

图 11-51 历史会话记录查询

（二）提问模型

众所周知，对于以 Kimi 为代表的生成式 AI 工具来说，提示词至关重要，提示词的质量在很大程度上决定着 AI 生成的内容。针对影视文案及脚本创作，笔者总结出 ICCS（identity setting、content overview、conceptualisation、graphics and style requirements）提问句型。

身份设定（identity setting）：用户需要为 AI 设定如短视频创作者、编剧等身份，从而为 AI 的内容生成提供大方向的引导。

内容概述（content overview）：用户需要向 AI 阐述视频的基本内容，包括主题设定、创意概述、生成要求（如需要用表格的形式列出，表格的内容包括什么）等，从而为 AI 的回答规定更为精细化的方向。

概念阐释（conceptualisation）：当用户在阐述某些内容时涉及相关概念，如“碳中和”“审美日常生活化”等专业术语，则需要进行专业的概念解释，从而让 AI 更好地理解相关概念或学术用语，以便让 AI 生成更为精准的内容。

画面及格式要求（graphics and style requirements）：包括对画面风格（如赛博朋克风、国风等）、景别（远景、全景、中景、近景、特写等）、景深（大景深、小景深）、镜头运动方式（推、拉、摇、移、跟、升、降、综合运动）、色彩色调（冷色调、暖色调）和光线影调（硬调、软调、亮调、暗调、中间调）等的要求。

（三）脚本撰写实操

以下是笔者根据 ICCS 提问结构用 Kimi 撰写短视频《精卫新篇：守护蔚蓝》①脚本时的提问过程。

---

① 基于本视频故事的内容需求和主题表达，本案例中 AI 工具所回答的内容对精卫填海的故事进行了一定程度的改编。

1.身份设定+主题论述+内容要求(引导 Kimi 进行大方向的思考)

▶**提问:**

假如你是一名短视频制作者(**身份设定**),想制作一个短视频,借助传统民间故事、神话传说、成语谚语等,将其与现代社会遇到的重要议题相结合(**内容概述**)。例如,可将女娲补天与当代环境污染及保护问题相结合(**概念阐释**)。本着这样的思路,有哪些中国民间故事、神话传说、成语谚语等与现代社会亟须关注和迫切解决的议题能结合在一起呢?采用"中国民间故事/神话传说/成语谚语——当今议题"的格式列出来,并阐释二者衔接起来的理由和思路(**画面及格式要求**)

▶**回答:**

中国民间故事/神话传说/成语谚语——当今议题

(1)精卫填海——环境保护与持续发展

衔接理由:精卫填海的故事讲述了小鸟精卫不畏艰难,坚持不懈地用嘴里的石头和树枝填平东海。这个故事可以象征现代社会中人们对环境保护的不懈努力。面对日益严重的环境问题,我们需要精卫填海的精神,持续不断地采取措施,保护我们的地球。

(2)大禹治水——防洪减灾与水利工程

衔接理由:大禹治水的故事展现了大禹的智慧和其坚韧不拔的精神,他通过疏导而非堵塞的方式成功治理了洪水。在现代社会,这个故事可以与防洪减灾和水利工程的议题相结合,强调科学规划和综合治理的重要性,以及在面对自然灾害时的预防和应对措施。

(3)愚公移山——坚持与创新

衔接理由:愚公移山的故事讲述了愚公决心移走挡在家门口的两座大山,最终感动天神而得以成功。这个故事可以与现代社会中坚持与创新的议题相结合,鼓励人们在面对困难和挑战时不轻言放弃,通过创新思维和方法,坚持不懈地追求目标。

(4)孟姜女哭长城——文化遗产保护

衔接理由:孟姜女哭长城的故事反映了人们对亲人的深切思念以及对不义行为的抗议。在现代社会,这个故事可以与文化遗产保护的议题相结合,强调保护历史遗迹和文化传统的重要性,以及对历史不公行为的反思。

(5)成语"亡羊补牢"——危机管理与预防

衔接理由:成语"亡羊补牢"意味着在出现问题后及时采取措施,防止损失进一步变大。在现代社会,这个成语可以与危机管理与预防的议题相结合,提醒人们在面对各种社会、经济、环境等问题时,要及时发现问题并采取措施,防止问题恶化。

(6)成语"塞翁失马,焉知非福"——生活态度与适应变化

衔接理由:这个成语讲述了塞翁对失马事件的淡然态度,以及随后发生

的一系列意外之福。在现代社会,这个成语可以用来鼓励人们面对生活中的不确定性和变化时保持积极乐观的态度,学会适应和把握机遇。

通过这些传统故事和现代社会议题的结合,我们可以创作出既有文化底蕴又有现实意义的短视频内容,既传承了文化,又启发了思考。

2.主题选定+内容要求+格式要求(进一步细化内容)

▶**提问:**

精卫填海——环境保护与持续发展

衔接理由:精卫填海的故事讲述了小鸟精卫不畏艰难,坚持不懈地用嘴里的石头和树枝填平东海。这个故事可以象征现代社会中人们对环境保护的不懈努力。面对日益严重的环境问题,我们需要精卫填海的精神,持续不断地采取措施,保护我们的地球。

我现在想做一个短视频,主题为环境保护,呵护人类共同的家园。短视频想从精卫填海这个故事说起,引出当今海洋核污染、海洋资源滥用的问题,既要肯定精卫填海的精神,又要自然过渡到当今海洋生态保护问题(**内容概述**)。请据此做出一个短视频的内容梗概,分清楚场景(**画面及格式要求**)。

▶**回答:**

短视频的内容梗概(详细旁白版):

场景一:故事引入

开场画面:以动画或插画展示精卫填海的传说,精卫在海边辛勤地搬运石块和树枝。

旁白:在古老的东方,有一只名叫精卫的小鸟,它的家园被无情的海水吞噬。为了恢复失去的土地,精卫决心填平东海。每天,它从西山衔来石子,从东林折来树枝,投入波涛汹涌的大海。尽管海浪一次次将石子和树枝冲走,但精卫从未放弃,它的坚持和毅力成为永恒的传说。

场景二:现代海洋现状

画面转换:展现现实中的海洋,海水从清澈渐变为被污染的景象,油污、塑料垃圾随处可见。

旁白:然而,当我们回望精卫的故事,不禁感慨现代海洋的悲哀。核废水的排放、过度捕捞、塑料污染,我们的海洋正遭受前所未有的威胁。海洋生物因环境恶化而濒临灭绝,人类的生存环境也岌岌可危。我们必须采取行动,保护这片蔚蓝的家园。

场景三:精卫精神的现代体现

画面:展现环保志愿者在海滩清理垃圾,科学家在研究海洋生态,政府和组织在推动环保政策。

旁白:在这个故事的启发下,世界各地的人们正在以实际行动传承精卫的精神。他们清理海滩、保护珊瑚礁、减少污染排放,每一个小小的努力,都是对海洋生态的呵护。正如精卫填海一样,我们相信,持之以恒的努力终将汇聚成改变世界的力量。

场景四:行动呼吁

画面:展示日常生活中的环保行为,如使用环保购物袋、节约用水、支持可持续海产品。

旁白:现在,是时候让我们每个人都成为现代的"精卫"。从减少一次性塑料产品的使用到支持环保产品,从节约每一滴水到参与社区的环保活动,每一个选择都至关重要。让我们携手行动,共同守护我们的蓝色星球。

场景五:未来展望

画面:展望未来,海洋恢复生机,海洋生物自由游弋,人类与自然和谐共存。

旁白:想象一下,如果我们每个人都能像精卫一样,坚持不懈地保护我们的海洋,那么不久的将来,我们将看到一个更加美丽、健康的海洋。让我们共同努力,为了我们和子孙后代的未来,让海洋重现生机。

结尾:

画面:精卫填海的动画与现代海洋保护的画面交替出现,形成对比。

旁白:精卫填海的故事,不仅是对过去的回顾,更是对未来的期许。让我们继承这种不屈不挠的精神,共同创造清洁、和谐的海洋环境。加入我们,为了地球,为了我们共同的家园。

3.概念阐释+画面及格式要求(规范画面及格式要求,为生成理想的分镜头脚本提供思路)

▶提问:

请将这个故事按照场景,一个场景接一个场景地写出分镜头脚本。分镜头脚本要详细,镜头序号、时长、镜头景别、镜头运动方式、画面内容、旁白、音响音效、音乐等各为一列,分镜头用表格的形式呈现。(**内容概述**)

景别可分为远景、全景、中景、近景、特写等,如果该镜头是运动镜头,比如推镜头,要写出景别的变化,如"远景—近景";镜头运动方式包括固定镜头和运动镜头,运动镜头可分为推、拉、摇、移、跟、升、降、综合运动等,如果该镜头是固定镜头,写"固定",如果该镜头是运动镜头,写清楚运动方式,比如"摇"。(**概念阐释**)

要将分镜头脚本写得详细,同时加快镜头剪辑率。(**画面及格式要求**)

剪辑率指单位时间内镜头的数量,数量越多剪辑率越高,视频的节奏也就越快。(**概念阐释**)

这个短视频的总时长为1—2分钟。镜头数量要在20个以上。画面内容还不够详细,请在"画面内容"栏中将该镜头的画面写详细,要具有画面感,即看到文字就仿佛看到了画面。

▶回答：

分镜头脚本详细版：

表 11-1 《精卫新篇：守护蔚蓝》的分镜头脚本

镜序	时长	景别	运动方式	画面内容	旁白	音响音效	音乐
1	3秒	全景	摇镜头（从左至右）	动画：精卫在海边辛勤地搬运石块，海浪拍打着岸边	在古老的东方，有一只名叫精卫的小鸟，它的家园被无情的海水吞噬	海浪声	古典音乐
2	4秒	特写	推镜头（中景至特写）	精卫嘴里的石块和其坚定的眼神	为了恢复失去的土地，精卫决心填平东海	鸟鸣声	古典音乐
3	3秒	中景	拉镜头（特写至中景）	精卫投入石块到海中的动作，石块被海浪冲走	每天，它从西山衔来石块，从东林折来树枝，投入波涛汹涌的大海	海浪声	古典音乐
4	5秒	远景	固定镜头	海浪冲走石块的瞬间，画面渐渐过渡到现实海洋的清澈画面	尽管海浪一次次将石块和树枝冲走，但精卫从未放弃	海浪声渐弱，转为现实海浪声	古典音乐过渡至轻音乐
5	4秒	全景	摇镜头（从右至左）	现实海洋的清澈画面，阳光下波光粼粼，之后，海面逐渐出现油污和垃圾	然而，当我们回望精卫的故事，不禁感慨现代海洋的悲哀	海浪声，海面漂浮的垃圾碰撞的声音	轻音乐
6	3秒	中景	推镜头（远景至中景）	海面上漂浮的油污和垃圾，特写一只海鸟在努力避开垃圾	核废水的排放、过度捕捞、塑料污染，我们的海洋正遭受前所未有的威胁	环境噪声	轻音乐
7	4秒	特写	拉镜头（特写至中景）	海洋生物在污染中挣扎，特写一只海龟被塑料缠绕	海洋生物因环境恶化而濒临灭绝，人类的生存环境也岌岌可危	海鸟叫声，海龟挣扎声	轻音乐
8	3秒	全景	移镜头（从左至右）	环保志愿者在海滩上忙碌的身影，手持垃圾袋	在这个故事的启发下，世界各地的人们正在以实际行动传承精卫的精神	清洁工具声	励志音乐
9	3秒	近景	推镜头（中景至近景）	科学家在显微镜下观察海洋样本，专注的表情	他们清理海滩，保护珊瑚礁，减少污染排放，每一个小小的努力都是对海洋生态的呵护	实验室背景声	励志音乐
10	3秒	中景	固定镜头	政府官员在会议上讨论环保政策，举手表决	正如精卫填海一样，我们相信，持之以恒的努力终将汇聚成改变世界的力量	会议声	励志音乐

续表

镜序	时长	景别	运动方式	画面内容	旁白	音响音效	音乐
11	2秒	全景	移镜头(从右至左)	人们在超市使用环保购物袋,孩子们在旁边玩耍	现在,是时候让我们每个人都成为现代的“精卫”	超市背景声	励志音乐
12	2秒	特写	推镜头(中景至特写)	孩子在水龙头下节约用水,关紧水龙头的动作	从减少一次性塑料产品的使用到支持环保产品,从节约每一滴水到参与社区的环保活动	水流声	励志音乐
13	3秒	远景	固定镜头	未来海洋的和谐画面,海洋生物自由游弋,阳光穿透水面	想象一下,如果我们每个人都能像精卫一样,坚持不懈地保护我们的海洋	海浪声	励志音乐
14	4秒	全景	综合运动(远景至中景至特写)	精卫填海动画与现代海洋保护画面交替,展示人类与自然和谐共存	那么不久的将来,我们将能看到一个更加美丽、健康的海洋	海浪声	励志音乐
15	3秒	特写	推镜头(中景至特写)	“加入我们”字样出现,随后画面渐变为地球图像	让我们共同努力,为了我们和子孙后代的未来,让海洋重现生机	无	励志音乐
16	2秒	全景	固定镜头	地球图像,展示全球环保行动的图标	加入全球环保行动,从我做起	无	励志音乐
17	2秒	特写	固定镜头	手按动开关,点亮代表环保的绿色灯泡	每一个小小的行动,都能照亮地球的未来	开关声	励志音乐
18	3秒	中景	固定镜头	人们在海边植树,为海洋生态恢复贡献力量	让我们携手种下希望,共同守护这片蔚蓝	植树声	励志音乐
19	2秒	特写	固定镜头	孩子在画布上绘制海洋生物,展示创意和希望	让我们的想象,成为改变世界的力量	绘画声	励志音乐
20	3秒	全景	固定镜头	夕阳下的海滩,人们在享受清洁的海洋环境	这是我们共同的家园,让我们珍惜每一刻	海浪声	励志音乐

由以上脚本撰写实操可以看出,Kimi 在脚本撰写的过程中会存在理解偏差的问题,笔者一贯主张的观点是:AI 之上要有人,人类在使用 AI 的时候,要将 AI 当成头脑风暴的伙伴和助手,而不是人类的替代品。要人机协同,在 AI 生成内容的基础上进行人工修改,只有这样,才能让人类所创造的 AI 真正为人类造福,人类的创造力和想象力才不会被抹杀,而会被更好地激发出来。

二、AI 辅助图片素材的生成

（一）Midjourney 的简介

Midjourney 是一款基于 AI 技术的绘画工具，它利用深度学习算法来辅助用户进行绘画创作。通过对大量的绘画作品进行学习，Midjourney 能够理解各种绘画风格和技巧，从而帮助用户轻松创作出具有个性化风格的作品。这款 AI 工具适用于各种绘画领域，如插画、漫画、油画等，无论是专业画家还是绘画爱好者，都可以在 Midjourney 中找到适合自己的创作方式。

（二）Midjourney 的登录界面

目前，Midjourney 架设在 Discord 平台上，用户需要注册 Discord 才能使用。用户可以用浏览器或者 Discord 客户端登录，再进入 Midjourney 频道使用 AI 绘画功能，以下是其操作过程：

1. *启动* Discord

打开浏览器，输入“https://www.midjourney.com/home”，浏览器将跳转到 Midjourney 的首页（如图 11-52）所示，点击“Sign Up”选项，会弹出如图 11-53 所示的对话框，选择“Continue with Discord”选项后，页面跳转至 Discord 的授权界面，点击“授权”即可。注意，如果没有注册过 Discord 账号，则需先注册一个 Discord 账号才能授权登录使用，可以选用谷歌账号、微软账号、手机号进行注册。页面自动跳转到 Discord 后，进入网页，点击“登录”，来到登录界面。

图 11-52　Midjourney 首页

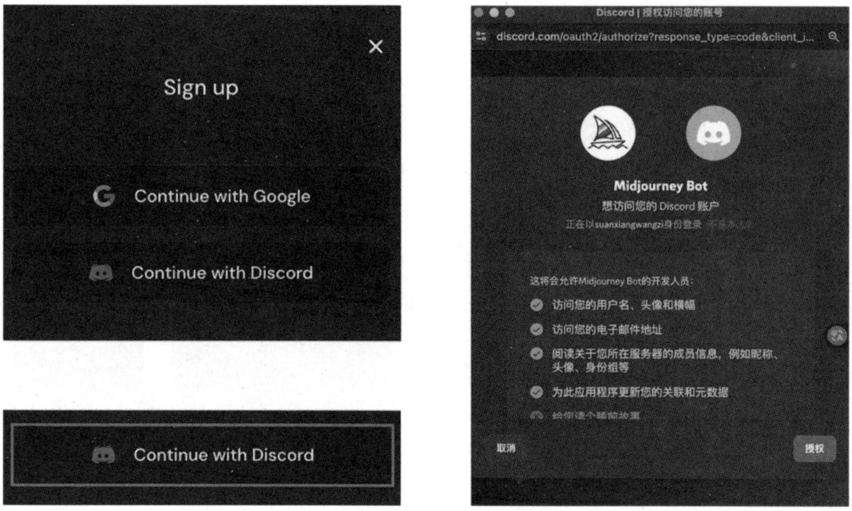

图 11-53　选择登录方式

如果已经注册账号,用户可在 Discord 登录界面输入账号和密码登录(如图 11-54 所示)。

图 11-54　输入账号和密码登录

2.添加服务器

登录成功后,页面自动跳转到 Midjourney 的初始界面,用户可点击"+"选项来添加新的服务器(如图 11-55 所示)。此时页面会弹出"创建您的服务器"界面,用户可以选择"亲自创建",也可以选择相应的模板进行创建(如图 11-56 所示)。

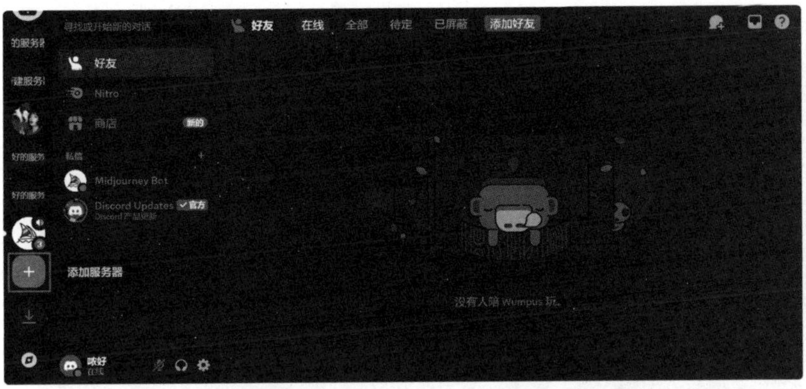

图 11-55　Midjourney 初始界面

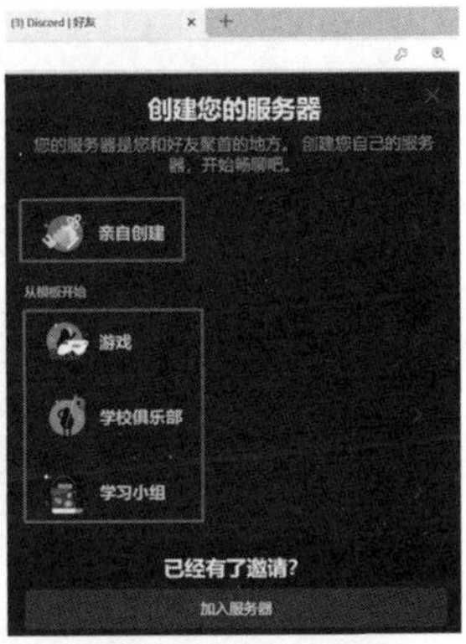

图 11-56　创建新的服务器

在这里我们选择“亲自创建”，选择“仅供我和我的朋友使用”选项（如图 11-57 所示）。在弹出的界面中，用户可以根据需求自定义服务器，可以随意命名（如图 11-58 所示）。

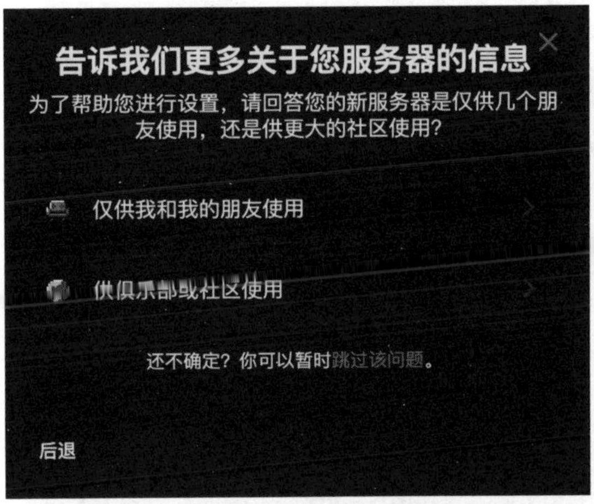

图 11-57　选择“仅供我和我的朋友使用”

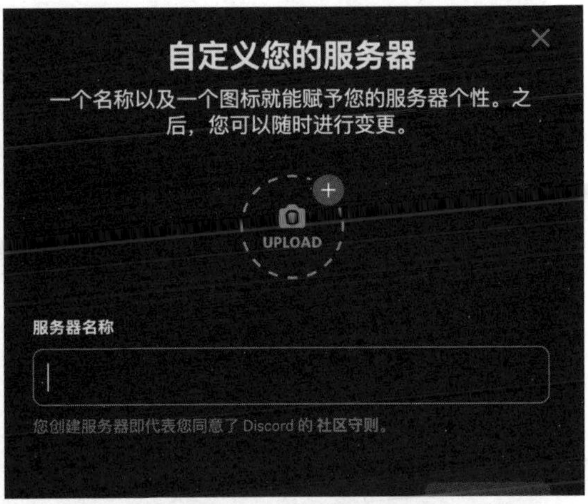

图 11-58　自定义服务器

如图 11-59 所示，点击左侧的绿色图标，在右下方的页面中找到“Midjourney”选项，点击并进入下个界面。进入界面后，点击左侧的“announcements”选项，再点击如图 11-60 所示的右上方的“人物”图标，找到并点击“Midjourney Bot”（Midjourney 机器人）选项，然后在弹出的界面中点击“添加至服务器”选项。

图 11-59　Midjourney 操作界面

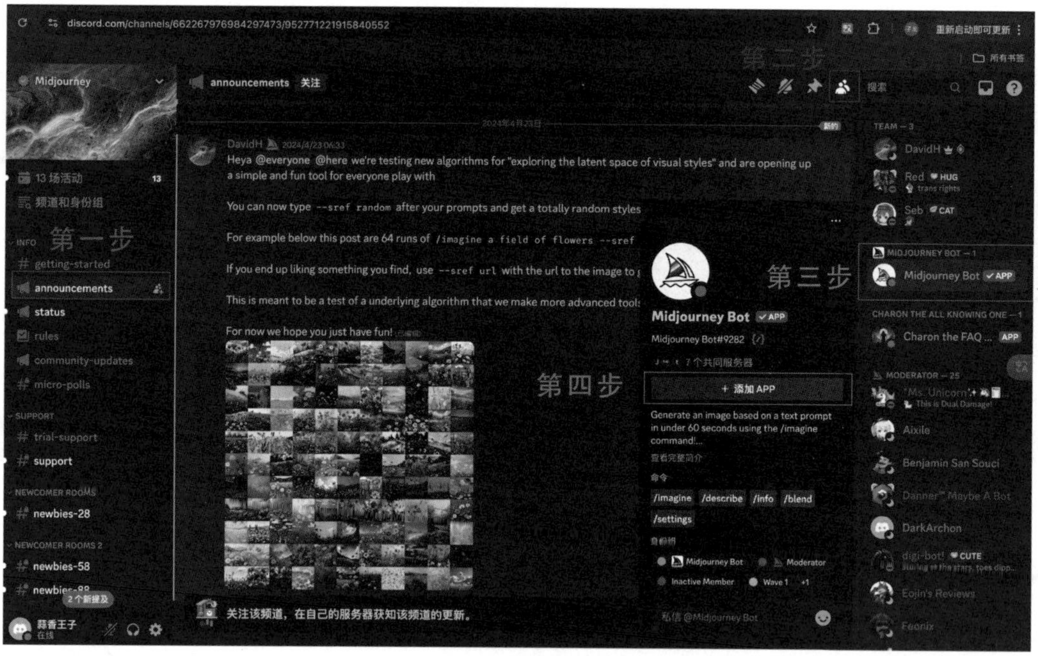

图 11-60　添加至服务器

之后，在弹出的界面下拉选择自己创建的服务器名字，然后点击“继续”选项，并在弹出的界面点击“授权”，这时“Midjourney Bot”就会被拉到用户所创建的服务器中（如图11-61所示）。

图 11-61　授权界面

授权完毕后，点击页面左侧的所建服务器的图标，回到自己的服务器(如图 11-62 所示)，此时，在用户创建的服务器界面，点击右侧的成员栏就可以看到邀请进来的机器人(如图 11-63 所示)。

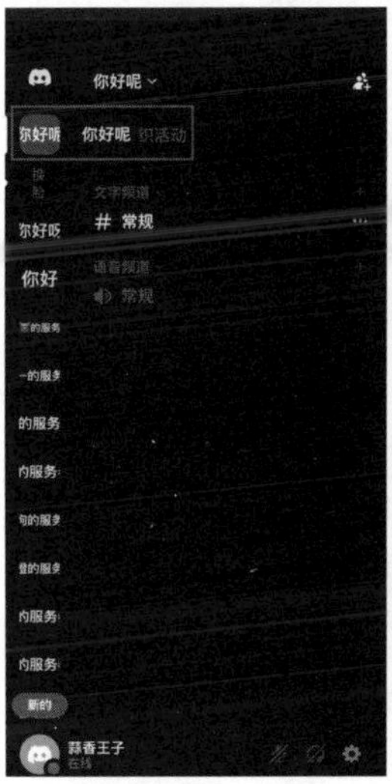

图 11-62　查看所建服务器界面

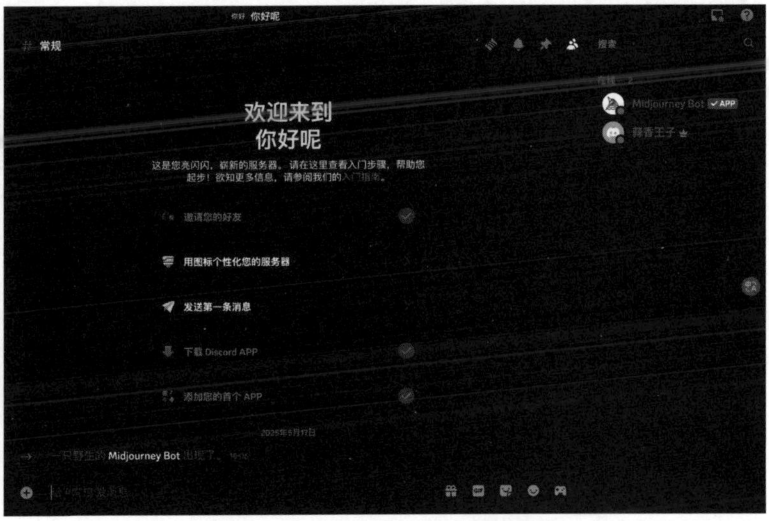

图 11-63 用户创建的服务器界面

(三)通过文本生成图片

用户可以在文本输入框中描述所要生成图片的提示词，如“景别”“风格”“场景描述”等，Midjourney 会根据提示词指令生成相应的图片，用户也可以在此基础上进行微调，直到生成满意的图片。具体操作如下：

图 11-64　命令输入界面

图 11-65　机器人版本号及各命令选项

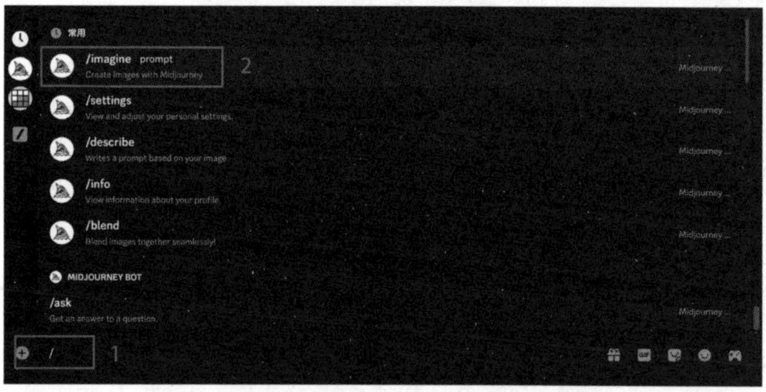

图 11-66　基础命令输入

图 11-67　提示词输入

首先是基础设置，用户可在底部文本输入框中输入“/”符号，并在弹出的菜单中点击选择“/settings”命令，按下空格键确认(如图 11-64 所示)。

需要注意的是，在设置界面，系统默认选择最新的机器人版本号(如图 11-65 所示)，不同版本号的机器人生成的画风略有差异。设置完机器人版本号后(一般选择最新的机器人版本号)，再次在文本输入框输入“/”符号调出菜单，点击“/imagine prompt”选项，按回车键确认，文本输入框中会出现“/imagine prompt”(如图 11-66 所示)。

接下来，输入对图片描述的提示词指令。注意，在输入提示词前，需按下空格键，以生成有效的指令；输入提示词后按下回车键，Midjourney 开始生成图片。提示词描述的详细程度直接决定了后续生成图片的风格和质量，因此，提示词越详细生成的图片越符合预期(如图 11-67 所示)。

如图 11-68 所示，Midjourney 会一次性生成 4 张图片，分别对应“U1”“U2”“U3”“U4”。

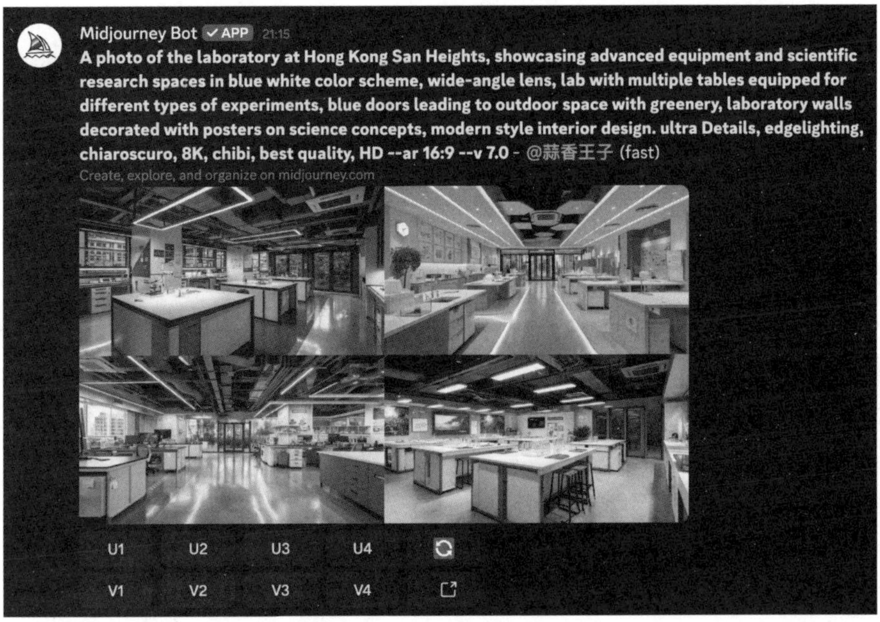

图 11-68　生成界面

用户可在四张图片中选择相对满意的图片。如对第二张比较满意,即可点击下方的“U2”按钮,系统将会生成大图,以方便用户查看更多细节(如图 11-69 所示)。

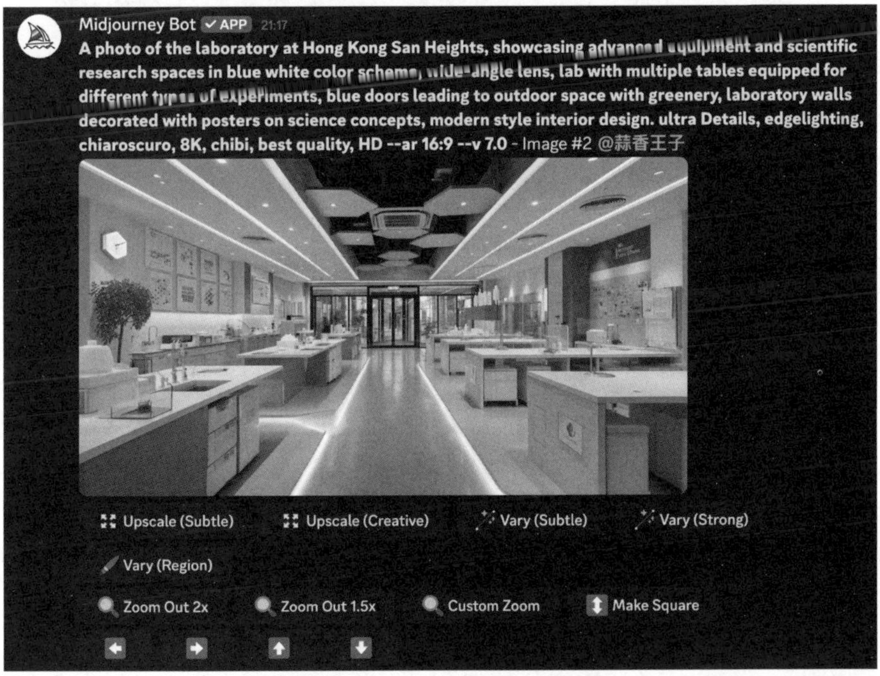

图 11-69　生成大图后查看细节

观察生成的图片界面,会发现"V"命令。当我们选择完相对满意的图片后,可以点击下方的"V"命令,系统将生成 4 个与选中的原图在风格和构图上相似的图片(如图 11-70 所示)。

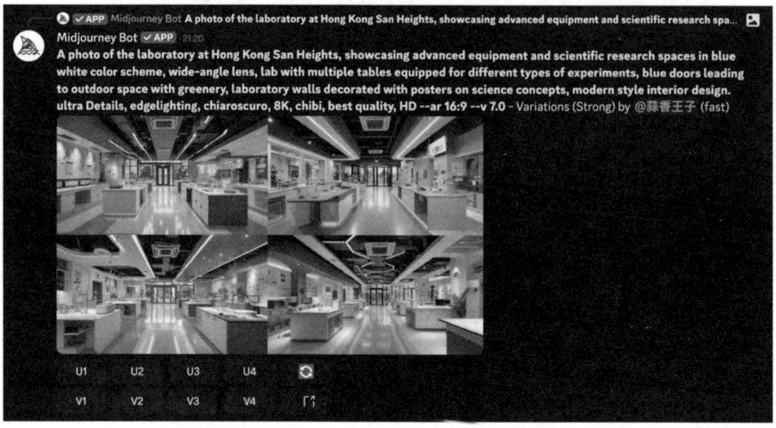

图 11-70 点击"V"命令后生成的图片

接下来,我们介绍 Upscale 功能。其中,"Upscale(Subtle)"表示将图像放大,同时保持原图的相似细节;"Upscale(Creative)"表示不但将图像放大,而且在图像中添加新的细节(如图 11-71 所示)。

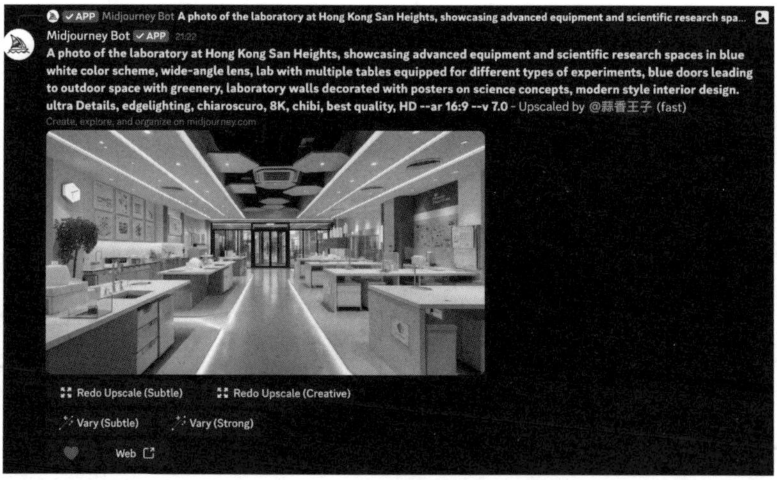

图 11-71 "Upscale"命令

在图片生成的界面中还有"Vary"功能,点击该按钮,系统将完全改变风格并重新生成 4 张图片。其中,"Vary(Subtle)"表示稳定变化,保持原图的大体风格,并轻微改变细节;"Vary(Strong)"表示强变化,即只保留原图的小部分细节,风格大变;"Vary(Region)"则需要用户框选所需变化的部分,进行局部风格的改变。以上 3 种方式生成的效果图如图 11-72 所示。

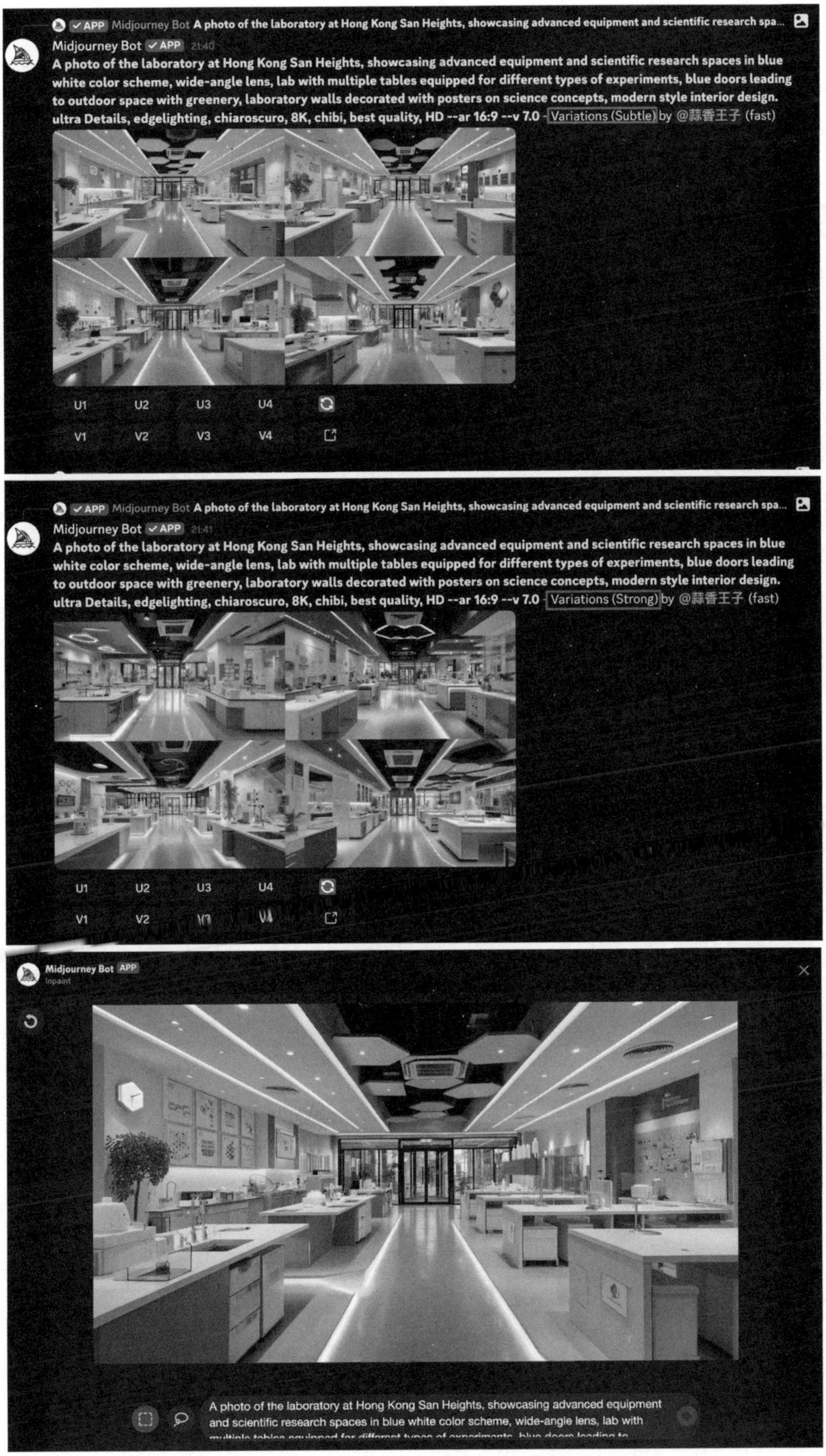

图 11-72 “Vary”命令三种方式生成的效果图

所谓“Zoom out”,就是放大扩展图像,“Zoom out 1.5”表示将原图扩展 1.5 倍;“Zoom out 2.0”表示将原图扩展 2 倍(如图 11-73 所示)。此外,点击“Make Square”选项,可以修改非正方形图像的纵横比并将其转换为正方形;点击“Custom Zoom”选项,可以调整提示词以纳入原始镜头中缺少的其他上下文。

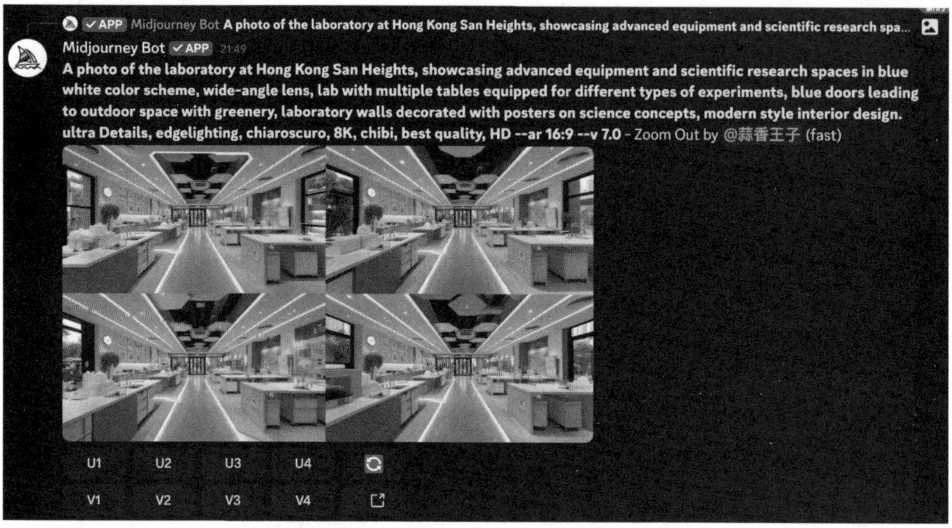

图 11-73 “Custom Zoom”命令

在经过多次调整后,选出满意的图片。此时,用户可以点击图片进行放大,点击“在浏览器中打开”选项,在新打开的页面中单击右键,选择“图片储存为”选项,即可将图片保存(如图 11-74 所示)。

图 11-74 单击右键选择“图片存储为”

(四)通过图片生成图片

除了通过文字描述生成图片外,Midjourney 也支持通过图片生成图片。上传一张特定风格的图片,输入描述该图片的提示词,Midjourney 将根据提示词生成相似风格的图片,具体操作如下。

首先,在底部对话框中点击左侧的“+”选项,选择“上传文件”(如图 11-75 所示)。

图 11-75　上传文件

在打开的文件夹中,选择想要的图片,点击“打开”选项(如图 11-76 所示)。

选择的图片被上传到底部对话框后,按下回车键发送图片(如图 11-77 所示)。

图 11-76　选择图片

图 11-77　上传并发送图片

点击图片,选择“在浏览器中打开”,之后,复制浏览器中显示的图片链接(如图11-78所示)。

图 11-78　复制图片链接

回到底部对话框,输入“/”,调出“/imagine prompt”指令,粘贴复制的网址,按下空格键后,再输入提示词,按下回车键,系统开始生成新的图片(如图 11-79 所示)。

此刻,生成的大图便是在原有图片风格基础上生成的 4 张具有原图特征的图片(如图 11-80 所示)。

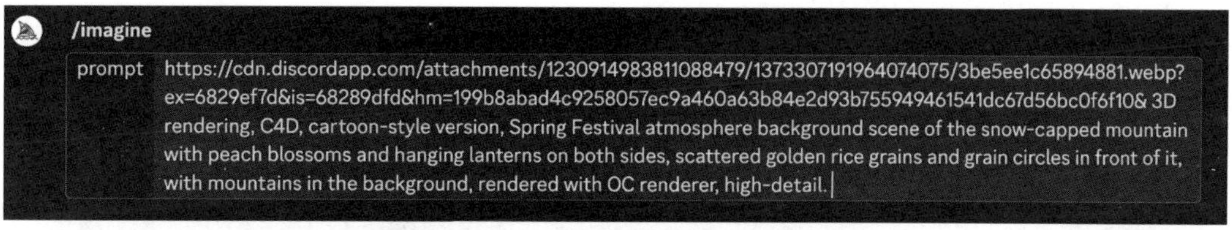

图 11-79 粘贴链接和输入提示词

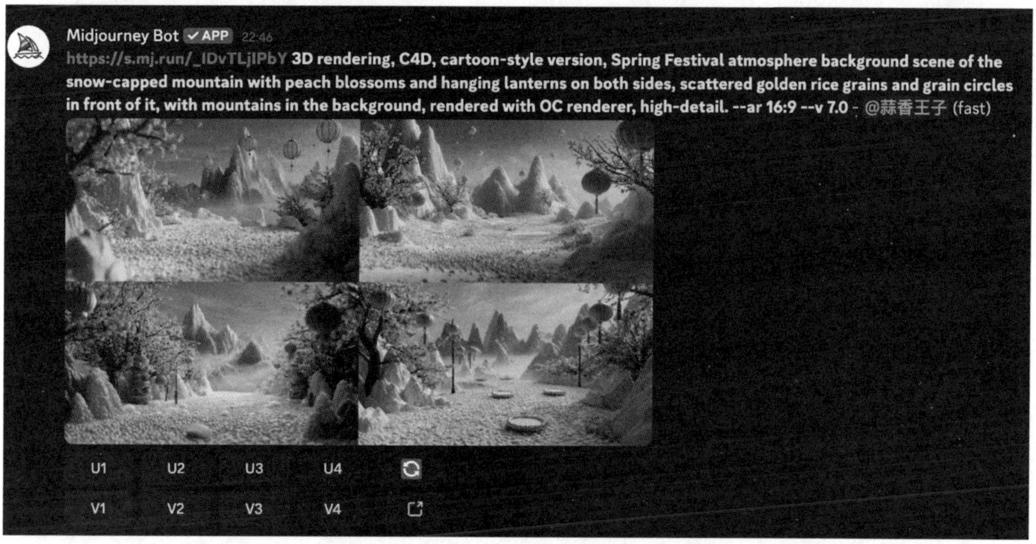

图 11-80 生成相似图片

如果只想要相似画风，但不想保留原图形象，则需要先输入提示词，按下空格键后，输入"--sref 链接"，后跟"--sw 0—1000"指令，用户可以根据需求调整风格权重（如图 11-81 所示）。此时系统会生成 4 张画风一致但细节不一致的图片，如果不满意可以点击"刷新"按钮重新生成（如图 11-82 所示）。

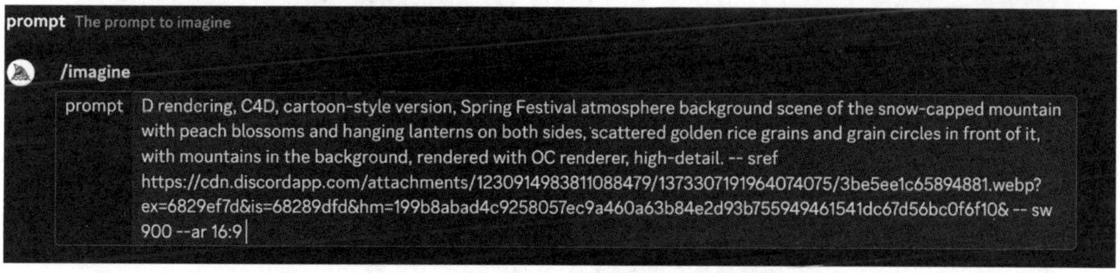

图 11-81 sref 命令

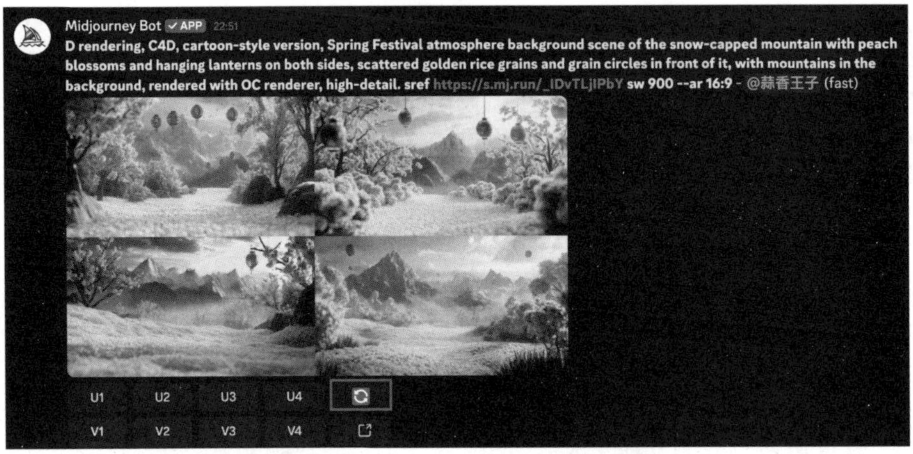

图 11-82　点击“刷新”按钮可重新生成图片

在 Midjourney 6.0 和 6.1 版本中,可以通过输入保持人物一致性指令“--cref”+链接+“--cw 0—100”来调整控制生成主体一致性的权重(如图 11-83 所示)。但值得注意的是,AI 工具的发展变化飞快,用户需要密切关注 AI 在功能上的迭代。

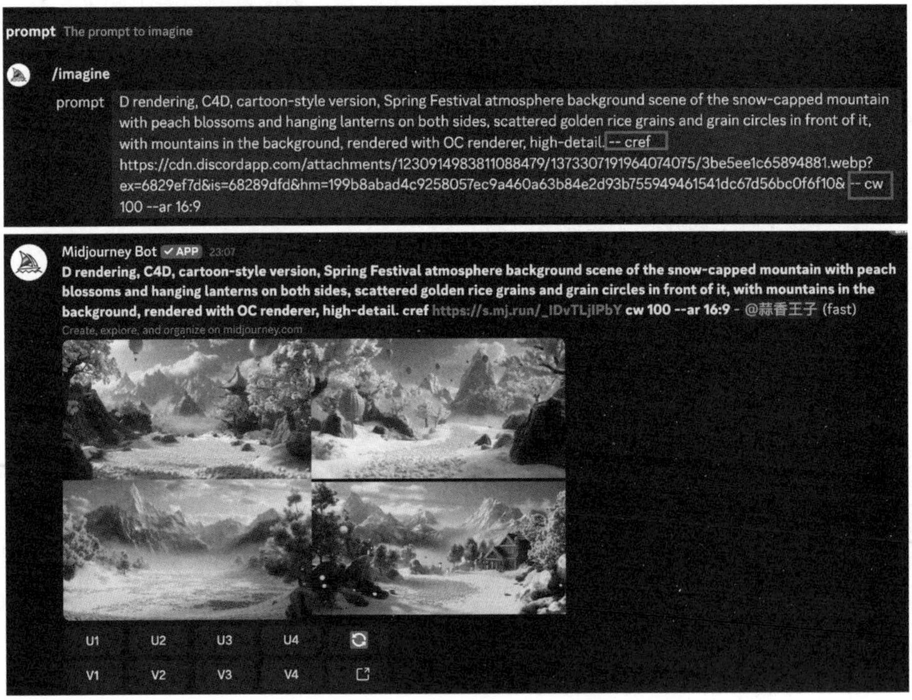

图 11-83　主体一致性的系列图片

(五)图片混合

Midjourney 支持将多张图片进行混合,生成融合了多个图片的新作品,具体操作如下。

用户输入“/”，调出“/blend”选项，按下回车键，将命令置入文本输入框（如图 11-84 所示）。

图 11-84　blend 指令

用户选择好需要混合的图片，至少两张，最多 5 张，最好是人物和背景分开的不同图片，将图片上传后复制链接至文本输入框（如图 11-85 所示）。

图 11-85　混合图片命令

按下回车键，系统开始混合图片，Midjourney 将会生成 4 张混合后的大图，如果不满意可以按下“刷新”按钮重新生成（如图 11-86 所示）。

图 11-86　混合后的图片

在 Midjourney 生成图片的过程中,最重要的是提示词的描述。用户可以按照一定的模型对图片进行描述,如"内容+风格+构图+参数",在这种情况下生成理想图片的概率将会大幅提升。

三、AI 辅助视频素材的生成

在讲述 AI 辅助视频素材生成的方式之前,首先需要明确一点,无论是国内的可灵AI、即梦 AI,还是国外的 Runway、Luma,它们在视频生成方面的基本逻辑是一致的,主要区别在于算法的严密性和 AI 大模型训练的深度。评估视频生成效果的标准包括人物动作的连贯性、镜头运动的稳定性以及视频是否达到预期效果等。因此,AI 视频生成类工具的基础功能都是大同小异的,其中包括"文生视频""图生视频""首尾帧"等功能以及一些工具的独特功能。因此,掌握其中一款具有代表性的 AI 视频生成类工具后,便可以此为参考,尝试不同的 AI 视频生成类工具。在此,笔者以目前较具代表性的 AI 视频生成类工具 Runway 为例,展开介绍其基础界面、核心功能等,以期为初学者提供参考。

(一)界面初识

首先打开浏览器(推荐谷歌浏览器),在网页搜索栏中输入网址"https://runwayml.com/"即可进入 Runway 官方网站主页面,点击"Get Started"按键进入 Runway 登录界面(如图 11-87 所示)。如果用户拥有自己的账号,则直接输入账号和密码即可。此外,用户还可以选择"谷歌账户""苹果账户""SSO(Single Sign-On)账户"进行登录,推荐使用"谷歌账户"登录。

图 11-87 Runway 官方网站主页面及登录界面

其次,登录完毕后用户将进入如图 11-88 所示的 Runway 的初始界面,左侧为工具菜单栏,分为"Home+Runway Watch""ASSETS""CREATE"三部分。

第一部分的"Home"按钮功能为"返回主页面","Runway Watch"部分为用户在 Runway 软件中创作并发布的作品。

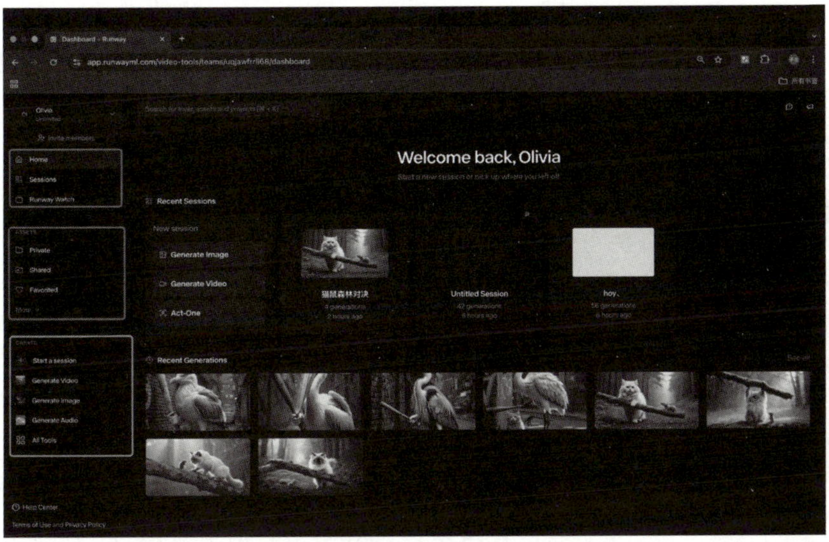

图 11-88　Runway 的初始界面

第二部分包括“Private”（个人文件）、“Shared”（分享：创作者在 Runway 平台上分享的个人作品）、“Favorited”（喜欢：类似“点赞收藏”文件夹）、“Custom Elements”（自定义元素）、“Video Editor Projects”（视频编辑器）。其中，“Custom Elements”包含“Custom Character”（自定义角色）、“Custom Style”（自定义风格）、“Custom Object”（自定义对象）。

第三部分包括 Runway 提供的 32 类工具，主要工具有文生视频、图生视频、视频生视频、文生图等。

（二）核心功能认知

Runway 提供“文/图生视频”“文/图生图片”、“音频生成”三大核心功能（如图 11-89 所示）。其中，“文/图生视频”部分提供了特色功能“首尾帧”；“文/图生图片”部分提供了“人物一致性”控制功能。

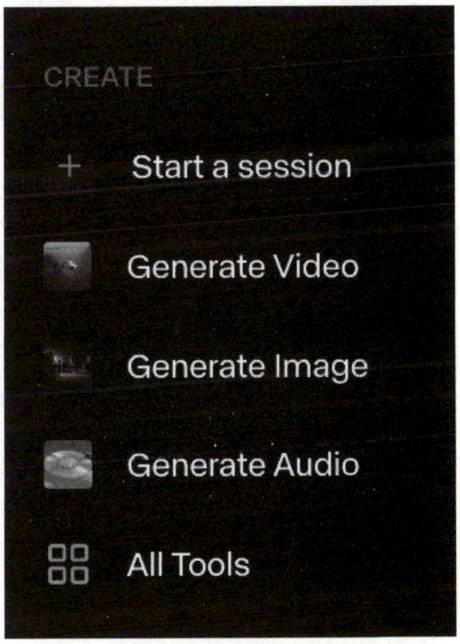

图 11-89　Runway 的核心功能

1.通过文本生成视频

点击“Generate Video”按键进入视频生成界面。我们可以看到，该界面分为三个区域。左上方为图片输入区，用户上传图片后，系统可以结合图片和提示词生成动态视频）；左下方为文字提示词输入区，用户输入提示词并选择模型后，系统可以直接根据提示词生成动态视频或配合上方的参考图片生成动态视频，该区域还包含模型选择（目前 Runway 提供 Gen－4 Turbo、Gen－4、Gen－3 Alpha

Turbo、Gen-3 Alpha 几种模型)和视频时长选择(目前 Runway 支持 5 秒和 10 秒的视频生成时长)两个部分;右侧为视频预览区,用户可以由此查看视频生成进度及效果。

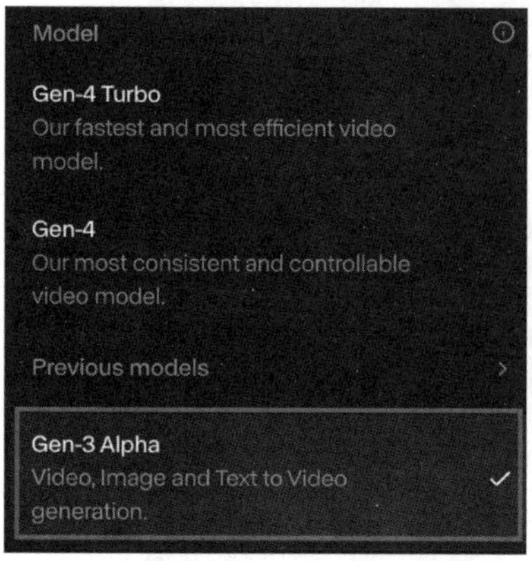

图 11-90　各版本模型的功能介绍

首先,在左下方的提示词输入区输入提示词,推荐按照“画面主体+环境描述+镜头运动方式+画面景别+画面风格”的格式进行提示词的撰写。需要注意的是,目前“Gen-4 Turbo”“Gen-4”“Gen-3 Alpha Turbo”模型无法使用文生视频功能。因此,在使用文生视频功能时需要选择“Gen-3 Alpha”模型(如图 11-90 所示)。

其次,如果不知道如何撰写镜头的运动方式以及画面景别的提示词,则可以点击“”选项调出 Runway 提供的案例,再点击案例右侧的“”选项,则可以看到相应的提示词(如图 11-91 所示)。选择合适的提示词后点击“Apply”选项即可将其添加至提示词输入框中(如图 11-92 所示)。

最后,选择所生成视频的时长,用户可以根据需求选择 5 秒或 10 秒(如图 11-93 所示)。全部设置完毕后,点击生成即可,效果如图 11-94 所示。

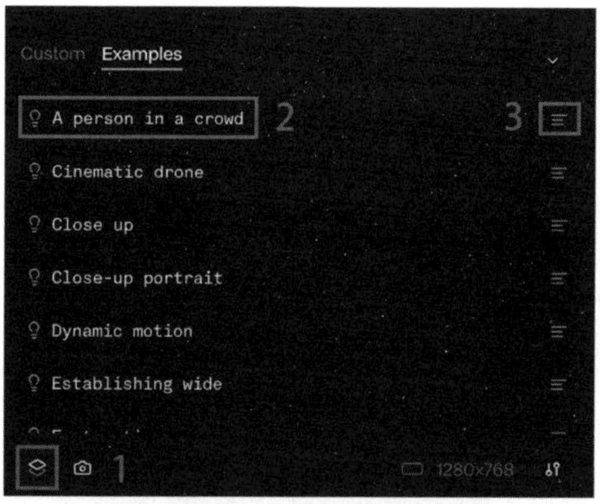

图 11-91　提示词输入案例

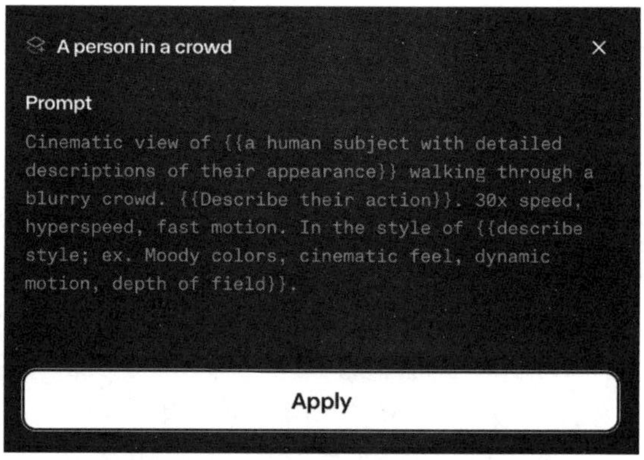

图 11-92　添加提示词至提示词输入框

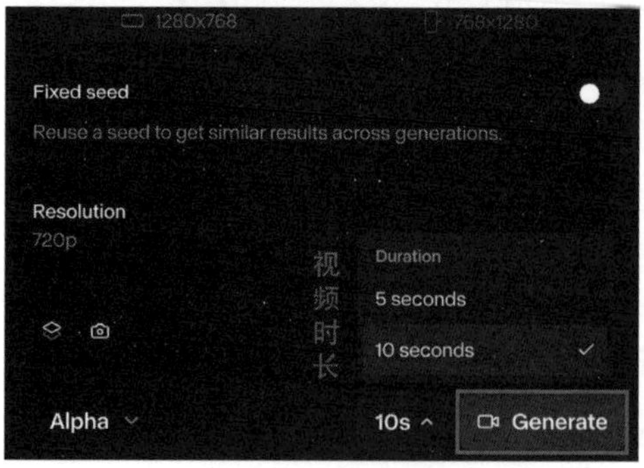

图 11-93　视频时长选择及生成按钮

图 11-94　生成效果图

2.通过图片生成视频

首先,点击“Drop an image”选项(上传本地图片)或点击“Select Asset(从资源库中选择)”以及“Create image(生成图片)”选项都可以完成参考图片的上传(如图 11-95 所示)。

其次,选择参考图片并点击“打开”按钮(如图 11-96 所示)。

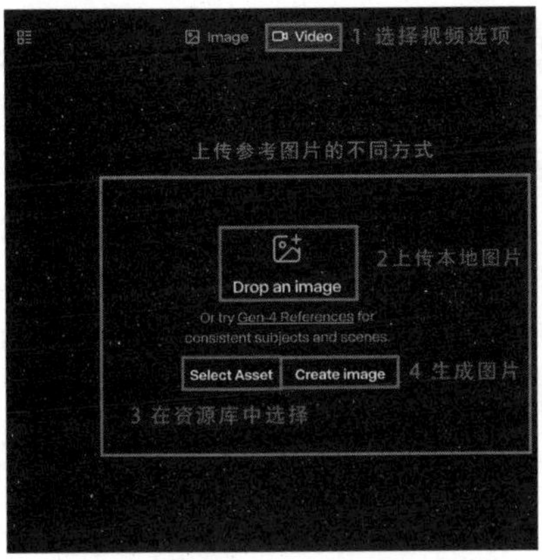

图 11-95 上传图片界面

图 11-96 打开参考图片

再次,对于已上传的参考图片,用户可以根据需求进行图片比例的裁剪,以控制后续视频生成的比例(如图 11-97 所示)。需要注意的是,如果需要生成竖屏(768×1280)比例的视频,则需要将模型切换至“Gen-3 Alpha Turbo”(如图 11-98 所示)。

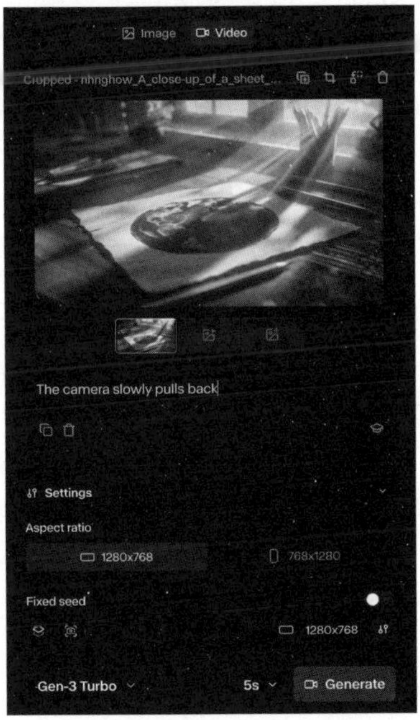

图 11-97 图片比例的裁剪

图 11-98 应用竖屏比例要切换模型

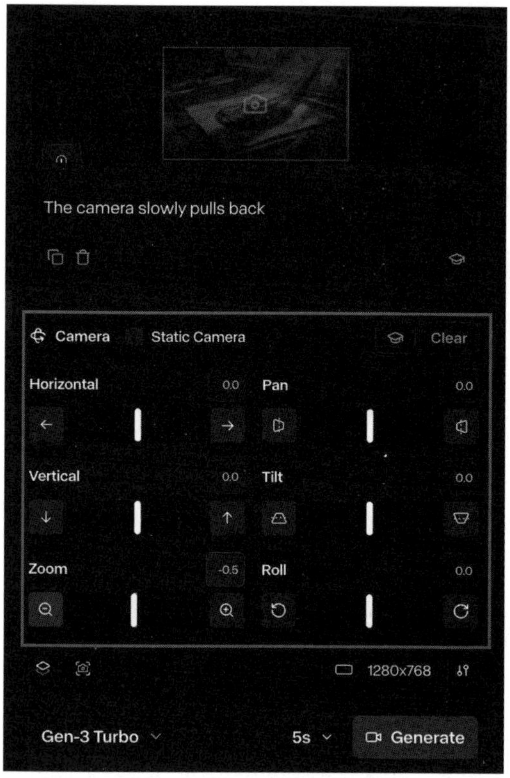

图 11-99　相机控制功能

最后,在提示词输入框中输入相关内容描述词,输入完成后点击“Generate”即可开始生成。此外,如果对最终视频的镜头运动方式不满意,则可以使用“相机控制”功能,对画面的运动方式进行调节(如图 11-99 所示)。

使用相机控制功能时,我们可以通过控制相机的角度实现不同角度画面的生成。

Horizontal:水平移动。可以控制水平方向 X 轴的运动变化,此时相机的运动类似于人在左右走动,适用于一些角色跟随、展示环境的镜头。

Pan:水平旋转。相机位置不变,绕 Y 轴旋转改变方向,类似于人站在原地左右转头环顾。

Vertical:垂直移动。可以控制垂直方向 Y 轴的运动变化,此时相机的运动类似于电梯的上下运动,适用于展示高层建筑或俯仰角视角的转换。

Tilt:垂直旋转。相机位置不变,绕 X 轴旋转改变方向,类似于人在上下点头,适用于上下观察高度差较大的镜头。

Zoom:变焦。可以改变相机的焦距,实现画面的缩放,适用于画面的缩小或放大,从而产生视角的转变。

Roll:横向倾斜。相机绕 Z 轴旋转。实现画面的倾斜或旋转,适用于制作一些“盗梦空间”式的镜头。

3.首尾帧功能

在 Runway 软件中,有一个重要的功能——首尾帧。首尾帧是视频制作和动画领域中的一个术语,指的是定义特定时间点上对象状态的帧。首帧通常指的是动画开始时的关键帧,而尾帧则是动画结束时的关键帧。在视频制作中,首尾帧用于确定动作的起始和结束状态,以及它们之间的过渡。在 AI 视频生成工具中,首尾帧功能可以让用户指定视频的起始帧和结束帧,通常是通过上传两张图片来实现,从而形成“起点+过渡+终点=完整的故事”的创作模式。作为生成创意 AI 视频的常见手段,首尾帧功能常用于创建各种视觉效果,如物体的变形、场景的转换、角色的动作等。其优势在于一方面能够最大限度上满足用户精准控制的需求,另一方面可以充分发挥 AI 的想象力,从而实现创意概念的原型制作和测试。

在 Runway 更新的 Gen-3 Alpha Turbo 模型中,用户可以上传 3 张图片,分别为首帧图片、过渡图片、尾帧图片。相较于 Gen-3 Alpha 模型,其支持上传过渡图片的功能为用户更为精准地控制视频生成的方向奠定了基础。控制的关键在于提示词的撰写,与“文生视频”的提示词撰写不同,首尾帧功能的提示词撰写涉及更为具体的内容,需要包含首帧图片、过渡图片、尾帧图片画面元素的变化,以及从首帧图片到过渡图片到尾帧图片的过渡方式(比如,从首帧图片到过渡图片采取遮罩的方式转场,从过渡图片到尾帧图片采取叠加的方式转场)。

详细的操作步骤如下:

首先,选择合适的模型,此处推荐使用“Gen-3 Alpha Turbo”模型(如图 11-100 所示)。分别上传不同视角不同景别的参考图片作为首帧图片、过渡图片、尾帧图片(如图 11-101 所示)。

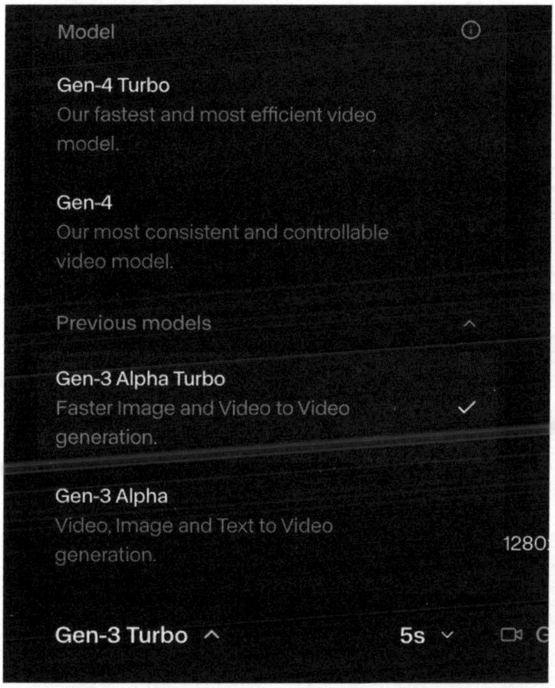

图 11-100 Gen-3 Alpha Turbo 模型

图 11-101 上传图片

其次,详细描述首帧图片向过渡图片的运动过渡方式和过渡图片向尾帧图片的运动过渡方式。例如:首帧图片中镜头逐渐推近小男孩的眼睛,他的眼睛中逐渐呈现出过渡图片的样子,首帧图片以遮罩转场的方式过渡到过渡图片,然后镜头继续向前推,自然地过渡到尾帧图片。将该段文字以英文的形式输入至提示词输入框中(如图 11-102 所示)。此外,如果需要调换图片的顺序,可以将鼠标置于需要调换的图片之上,点击出现的调换按钮即可(如图 11-103 所示)。

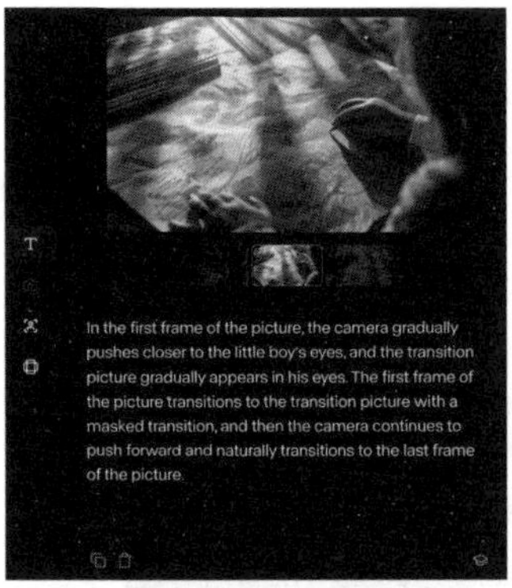

图 11-102　提示词输入

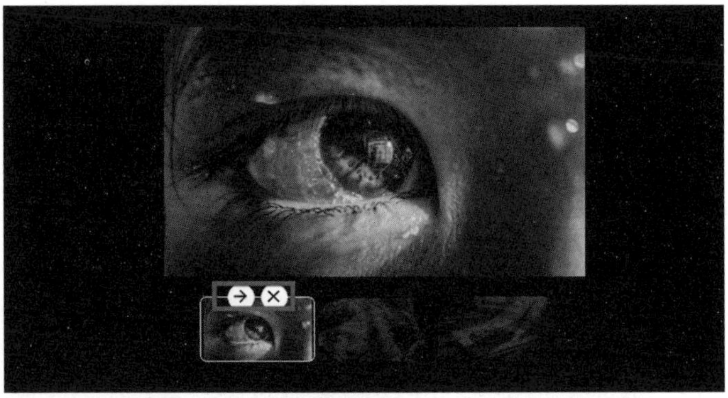

图 11-103　图片调换按钮

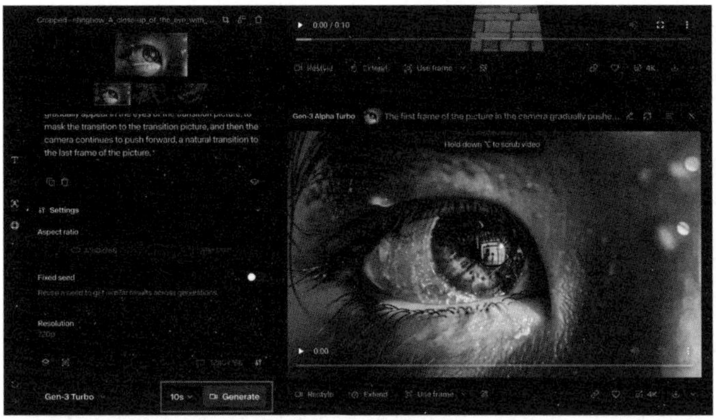

图 11-104　等待视频生成界面

最后,选择视频时长,并等待视频生成(如图 11-104 所示)。如果对视频生成效果不满意,则可以点击“重新生成”按钮(如图 11-105 所示)。如果想要查看完整的提示词,则可以点击生成视频右上角的“ ”按钮查看详细信息。生成满意的视频后,点击“下载”按钮即可(如图11-106 所示)。

图 11-105　“重新生成”按钮

图 11-106　视频详细信息及下载选项

需要注意的是,“Gen-3 Alpha Turbo”模型生成的视频默认画质为“720p”,因此,用户可以点击图 11-107 中方框内的按钮提升画质。

图 11-107　提升画质按钮

第三节　AI短视频《精卫新篇：守护蔚蓝》案例分析

本节将通过对创作实例AI短视频《精卫新篇：守护蔚蓝》的拆解来介绍AIGC背景下短视频的创意生发、脚本创作、图片生成、视频生成、视频剪辑等工作流程。

一、组图创作思维

组图创作思维是一种视觉叙事策略，它鼓励我们在拍摄和编辑图片时，不但关注每张图片单独的美感，而且思考它们如何共同作用，形成一个有连贯主题和情感的视觉故事。在短视频和社交媒体内容创作中，这种思维方式尤为重要，因为它帮助我们像制作电影一样，用一系列图片来捕捉和表达生活的多个维度。借助AI技术，创作者可以更高效地识别图片间的共性，发掘它们内在的联系，从而在后期编辑中创作出更加引人入胜和有意义的作品（如图11-108所示）。

在组图创作思维中，“统一性”是关键，它要求我们在色彩、风格、内容和影调上实现一致性。首先，色彩的统一确保了整个组图的色调协调，包括色调的和谐以及饱和度的平衡。其次，风格的统一通过一致的拍摄手法和视觉效果实现，强化了组图的艺术表达。再次，内容的统一让每张照片紧扣主题，避免了无关画面的干扰，保证了叙事的连贯性。最后，影调的统一关乎明暗处理，它让组图中的每一张照片在亮度和对比度上达成一致，共同营造一种氛围。这样的统一不仅让每张照片单独展现美感，还让整个组图成为一个引人入胜、情感丰富的视觉故事（如图11-109所示）。

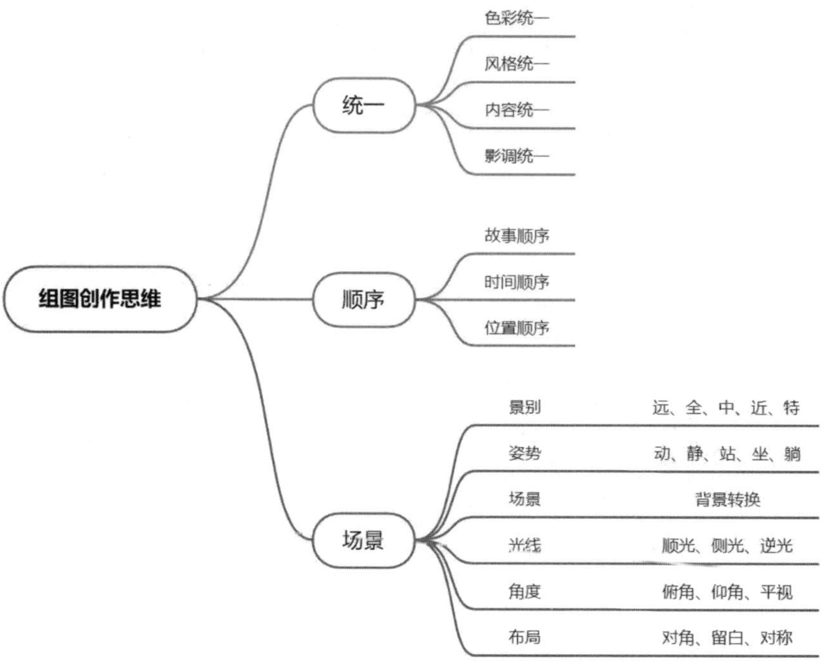

图 11-108 组图创作思维导图

图 11-109 风格统一的一组图片

二、创作实例

《精卫新篇:守护蔚蓝》是一部 AI 短视频,它由本书作者和团队成员携手打造,从创意策划到分镜头脚本撰写再到视音频编辑均借助 AI 工具完成。这部作品的创作过程充分展现了 AI 在视频编辑中的应用。脚本和分镜头由 Kimi 生成,确保了故事情节的连贯性和视觉呈现的创新性;图片素材由 Midjourney 生成,为视频注入了生动的视觉元素;视频的生成则交由 Runway 完成,它将静态图像转化为流畅的动态画面。在后期剪辑环节,我们采用了剪映、Premiere 和 After Effects 等专业影视编辑软件,对视频进行了精心的编辑和特效处理,以提升最终作品的观赏性和艺术表现力。

AI 短视频:《精卫新篇:守护蔚蓝》

(一)脚本生成

在前文的Kimi实操讲解中,本书已经展示了本案例脚本生成的过程,因此,此处仅呈现脚本的最终版本。

场景一:故事引入

开场画面:细腻的水墨画风中,精卫在晨曦初照的海岸边,一次次地将石块投入海中。它的羽翼在初升的太阳下闪耀着坚毅的光芒,周围是生机盎然的古树和繁花。

旁白:昔有精卫,面对天灾,其家为海水吞没。不忍生灵涂炭,常衔石于西山,以石填海,以枝覆土,誓要恢复大地生机,其坚韧不拔,为后人敬仰。

场景二:现代海洋现状

画面转换:镜头缓缓推进,展现一片宁静的海洋,阳光在水面上洒下斑驳的光影。画面渐变,油污与塑料垃圾浮现,海鸟与海龟在困境中挣扎,孩子们的眼神中透露出对未来的坚定与希望。

旁白:然而,当我们回望精卫的故事,不禁感慨现代海洋的悲哀。核废水的排放、塑料污染……我们的海洋正遭受前所未有的威胁。海洋生物因环境恶化而濒临灭绝,人类的生存环境也岌岌可危。

场景三:精卫精神的现代体现

画面:孩子们在海边拾起废弃物,模仿精卫填海的动作,将垃圾放入回收箱。志愿者们在海滩上继续清洁,科学家们在实验室里研究如何将废弃物转化为能源,政府官员在国际会议上讨论碳中和政策。

旁白:精卫之志,今已传承,从孩子们的纯真行动到全球的环保合作,我们也正以自己的方式守护自己的家园,研发环保产品,召开环保大会,每一步都是精卫精神的现代传承。

场景四:行动呼吁

画面:家庭中,父母与孩子们一起种植花草;学校里,老师教导孩子们如何节约资源;城市中,人们选择步行或骑行,减少碳排放。

旁白:其实每个人都能成为现代的精卫。在我们的日常生活中,节能减排、绿色出行、垃圾分类,这些简单的行为,都是对精卫精神的传承和实践。

场景五:未来展望

画面:孩子们在清澈的海水中嬉戏,海洋生物自由游弋,城市与自然和谐共存,绿色科技改变生活,地球呈现出一派生机勃勃的景象。最后闪过不同年龄不同国家的人物,之后定位到地球上,彰显现代精神。

旁白:未来,我们的海洋将恢复往日的清澈,我们的家园将更加美丽和谐。精卫填海的故事,不仅是对过去的回顾,更是对未来的期许。让我们携手,为了地球,为了我们共同的家园,共创繁荣昌盛的未来。

(二)图片生成

在前文的实操讲解中,本书对 Midjourney 的界面细节、各项指令的含义以及操作步骤进行了详尽的阐释,在此不再赘述。我们将直接深入创作过程,展示如何巧妙地使用 Midjourney,通过输入精心挑选的关键词和指令来指导软件完成图片生成。

1.关键词:天灾

Mountains are crumbling, the sea is flooding, people are running in all directions, and crumbling wooden houses are everywhere. Panorama. The aspect ratio is 16 : 9.

山崩地裂,海水泛滥,人们四处奔逃,残破的木屋随处可见。全景。画面比例为 16 : 9。

图 11-110 开头天灾效果图

2.关键词:精卫

The birds and clouds are getting less, the sky is dark, the clouds are rolling in, the sea is choppy, and JingWei is in a swooping position. JingWei is a small bird shaped like a crow, with patterned head feathers, white beak, and red feet. The picture is comic ancient style, the background of the picture is cloudy, JingWei is flying in the air to throw crushed stones into the sea. Do not generate any text on the screen, including Chinese characters and English, etc. In addition, no seals are allowed in the screen, it could only have JingWei, the sea, the crushed stone and the clouds. Panorama. The aspect ratio is 16 : 9.

画面中的鸟与云在变少,天色昏暗,乌云滚滚,海面波涛汹涌,精卫呈俯冲状。精卫是一只形似乌鸦的小鸟,头部羽毛有花纹,红脚白喙。画面风格为漫画古风,画面背景云雾缭绕。精卫在空中飞舞,将碎石扔入海中。画面上不要生成任何文字,包括汉字和英文等。另外,画面中不允许出现印章,只允许出现精卫、大海、碎石和云朵。全景。画面比例为16:9。

图11-111 精卫斗争效果图

3.关键词:落石

The crushed stones are a little bigger, a little more numerous. All kinds of crushed stones fall from the sky, interspersed with branches, some of which are falling, some of which are floating on the sea, and some of which are submerged. Panorama. The aspect ratio is 16:9.

碎石块更大一些,数量更多一些。各种碎石掺杂着树枝从天而降,有的正在下降,有的漂浮在海面上,还有的沉入水中。全景。画面比例为16:9。

图11-112 乌云落石效果图

4.关键词:精卫特写

An ancient crow-like bird, its beak is white, with white feathers on the head, the feathers are mostly white, but white with black. There are mysterious patterns on the head, a little red stripes on the face, and its eyes refracted the surging seawater. The picture is Chinese ink painting style, the layers of colour should be rich. Close-up shot. The aspect ratio is 16 : 9.

一只古老的乌鸦模样的鸟,喙部呈白色,头上有白色的羽毛,羽毛大部分为白色,但是白中带黑。头上有神秘的花纹,脸上有少许红色的条纹,眼睛折射出汹涌的海水。画面风格为中国水墨画风格,色彩的层次要丰富。特写镜头。画面比例为 16 : 9。

图 11-113　精卫特写效果图

5.关键词:海水咆哮

There are no buildings in the scene, only a close-up of the mountain peaks, which are crushed by the waves. The mountains are made of stones. Panorama. The aspect ratio is 16 : 9.

画面中没有建筑物,只有被海浪冲击的山峰特写。山峰是由石头堆砌的。全景。画面比例为 16 : 9。

图 11-114　海啸效果图

6.关键词:精卫填海后大地恢复生机

The weather is clear, the sea has regained calm. A bird with red feet and white beak, resembling a crow, flies up from the cliffs. Both sides of the cliffs are covered with green trees and red flowers. Panorama. The aspect ratio is 16∶9.

天气晴朗,海面恢复平静。一只红脚白喙、酷似乌鸦的鸟从悬崖上飞起。两岸的悬崖峭壁上长满了绿树红花。全景。画面比例为 16∶9。

图 11-115　家园恢复生机效果图

7.关键词:回放精卫填海的故事

A small bird shaped like a crow with red feet and white beak is flying in the scene. This bird flies out of the book and into reality, hovering between heaven and earth. Panorama. The aspect ratio is 16:9.

画面中一只红脚白喙、酷似乌鸦的鸟正在飞翔。这只鸟从书中飞出,飞入了现实,盘旋在天地之间。全景。画面比例为 16∶9。

图 11-116　精卫填海故事效果图

8.关键词:海洋污染

Oil spills on the blue sea.There is a black area on the sea surface.Realistic film style.Close-up shot.The aspect ratio is 16∶9.

蔚蓝的大海上有石油泄漏。海面上有一片黑色区域。写实的电影风格。特写。画面比例为16∶9。

图11-117 海洋污染效果图

9.关键词:塑料污染

All kinds of plastic rubbish are floating on the sea,and some seabirds are standing on rubbish bottles.Realistic flim style.Panorama.The aspect ratio is 16∶9.

海面上漂浮着各种塑料垃圾,有海鸟站在塑料瓶上。写实的电影风格。全景。画面比例为16∶9。

图11-118 塑料污染效果图

10.关键词:海洋动物

The refraction of the sunlight illuminates the surface of the sea. Below the sea,huge whales are swimming,with a variety of small fishes slowly swimming by.

Panorama. The aspect ratio is 16：9.

阳光的折射照亮了海面。海面下，巨大的鲸鱼在游动，各种小鱼缓缓游过。全景。画面比例为16：9。

图11-119 海洋动物效果图

11. 关键词：孩子眼睛特写

Chinese children's eyes reflect the shadows of the people who protect the oceans. Close-ups shot with realistic film style. The aspect ratio is 16：9.

中国儿童的眼睛里映着保护海洋的人们的影子。写实的电影风格特写。画面比例为16：9。

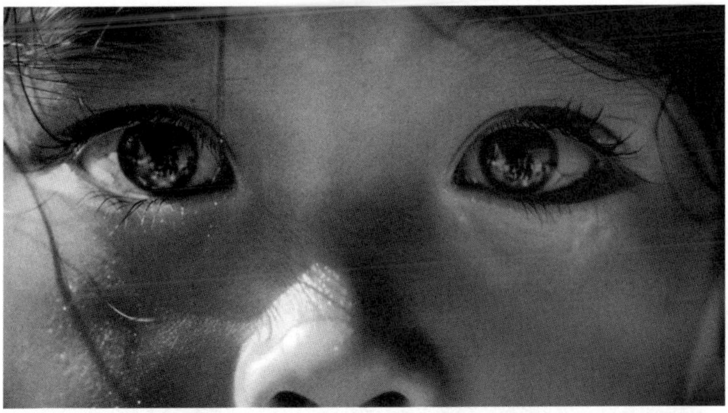

图11-120 孩子眼神特写效果图

12. 关键词：小朋友捡拾垃圾

The sea is calm in the afternoon, but plastic rubbish is all over the coast, a few children are bending down to pick up the plastic rubbish on the beach. The foreground of the scene is a panoramic view of a child picking up rubbish, and the child should occupy the majority of the scene.Pay attention to the coordination of children's bodies.The aspect ratio is 16 : 9.

下午的海面风平浪静,塑料垃圾遍布海岸,几个孩子正弯腰捡拾海滩上的塑料垃圾。画面的前景是一个孩子捡拾垃圾的全景,孩子占据画面的大部分。要注意孩子们身体的协调性。画面比例为 16 : 9。

图 11-121　孩子们捡拾垃圾效果图

13.关键词:绿色出行

In the city street,the sun is shining,the road is neat and clean,on both sides of the street are neatly placed green and blue shared bicycles.People are walking on the street and some of them are travelling on bicycles.Realistic film style.Close-up shot.The aspect ratio is 16 : 9.

在城市的街道上,阳光明媚,路面整洁干净,街道两旁摆放着整齐的绿色和蓝色的共享单车。人们在街道上行走,有的还骑着自行车出行。写实电影风格。特写。画面比例为 16 : 9。

图 11-122　绿色出行效果图

14.关键词:垃圾分类

In a clean and tidy street of a Chinese city, a pair of parents with their children throw the rubbish in their hands into the bins. There are three different colours of clean and tidy bins placed by the side of the road, and the surrounding area of the bins is clean and tidy. Close-up shot of the bins. Realistic film style. The aspect ratio is 16 : 9.

在中国某城市干净整洁的街道上,一对父母带着他们的孩子将手中的垃圾扔进垃圾桶,路边摆放着三个颜色各异、干净的垃圾桶,垃圾桶周边环境干净整洁。垃圾桶的特写。写实电影风格。画面比例为 16 : 9。

图 11-123 垃圾分类效果图

15.关键词:父亲和孩子一起观察植物生长

In front of a pot of green plants, a father and his son are watering the plants with smiles on their faces. The Chinese father and his son smile naturally, without missing teeth. The surroundings are a cosy family environment. Close-up shot. The aspect ratio is 16 : 9.

一对父子正在给一盆绿色植物浇水,脸上洋溢着笑容。中国父子微笑自然,没有牙齿缺失。周围环境是舒适温馨的家庭环境。特写。画面比例为 16 : 9。

图 11-124 父亲和孩子一起观察植物生长的效果图

16.关键词:干净的城市

Sunlight shines on modern city roads in China.The traffic is busy.The road is lined with trees.Realistic film style.Panorama.The aspect ratio is 16∶9.

阳光洒在中国的现代城市道路上。交通繁忙,道路两旁绿树成荫。写实电影风格。全景。画面比例为16∶9。

图11-125 干净的城市效果图

17.关键词:画中的地球

The drawing paper is placed on a desk with the sun pouring down on it,and the paper shows a primary school student's drawing of a green earth.Close-up shot of the paper.The aspect ratio is 16∶9.

画纸放在桌子上,阳光倾泻而下,画纸上是一个小学生画的绿色地球。画纸的特写。画面比例为16∶9。

图11-126 画中的地球效果图

18.关键词:看《精卫填海》漫画书的小男孩

A young boy is seriously reading a comic book about a story that a bird shaped like a crow with red feet and a white beak carries rocks and branches and throws them into the sea in the hope of filling the sea. Back shot. Overhead shot. Close shot. The aspect ratio is 16∶9.

一个小男孩正认真地看着漫画书。漫画讲述的是一只形似乌鸦、红脚白喙的鸟儿叼着石头和树枝并把它们扔进大海,希望把大海填平的故事。背面拍摄,俯拍。近景。画面比例为16∶9。

图 11-127 看《精卫填海》漫画书的小男孩效果图

三、后期编辑难点的解决

《精卫新篇:守护蔚蓝》是一部融合了中国神话与传统文化精髓,同时深受党的二十大精神启发的影视作品。创作团队在剪辑《精卫新篇:守护蔚蓝》时,将其分为三部分:精卫填海的故事、如今的环境污染、精卫之志与今之环境保护相承接。该片巧妙地将精卫填海的精神与现代的环境守护相结合,同时融入"人类命运共同体"意识。在本次创作过程中,创作团队将 AI 工具与传统影视编辑软件相结合,以 Premiere 和剪映为主要编辑软件,以 After Effects 和达芬奇特效工具为特效与调色辅助工具,同时在调色和配音方面采用 AI 进行辅助。尽管目前的 AI 技术已经获得了长足的发展,尤其是 Sora 的发布让 AIGC 模式迅速成为影视编辑行业的重要生产方式,但技术的不成熟也让众多 AI 视频生成工具在大幅动作和多人对话等相对复杂的场景中表现得不够出彩。本书作者所带领的创作团队在实践中总结了相关经验,在此分享如下。

作为一部 AI 短视频,《精卫新篇:守护蔚蓝》的难点在于对精卫形象一致性的控制,即把握角色一致性的问题。创作团队除了通过常规的高频率镜头切换和多角度呈现以规避角色形象差异的问题,还通过 Runway 解决这一问题。

在不断迭代的过程中,Runway 逐渐摸索出对角色一致性问题的解决方式,例如其推出的 Gen-4 模型就为该问题提供了解决路径。2025 年 3 月 31 日,Runway 公司正式发布新一代模型——Gen-4,其在保真性、动态性和一致性方面实现了全面升级。

其最大的突破在于实现了“世界一致性”(World Consistency),能够跨场景、跨镜头保持角色、物体、环境的高度统一。因此,团队在制作《精卫新篇:守护蔚蓝》时采用 Runway 的 Gen-4 模型对精卫的形象进行控制,生成了形象相对一致的一系列场景图片,具体操作步骤如下。

首先,进入 Runway 官网首页后,点击“Generate Image”选项,进入图片生成界面,随后,点击“References”选项,在其下方的子菜单栏中有两种图片上传模式——“Assets”(从资源库中上传)和“Upload”(从本地上传),这里选择“Upload”(从本地上传)选项(如图 11-128 所示)。

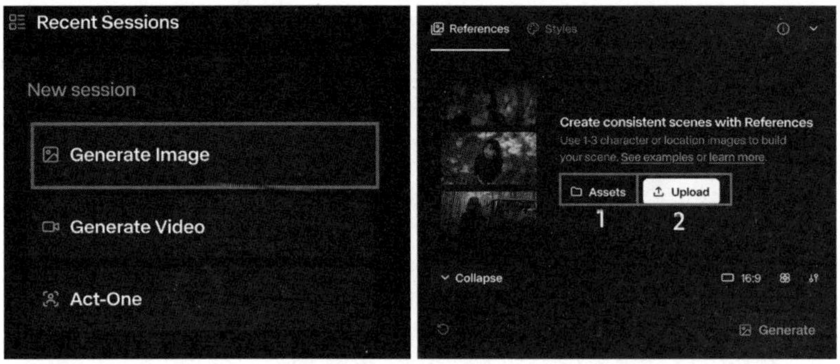

“Generate Image”选项　　“Upload”选项

图 11-128　图片上传

其次,将已经设计好的精卫形象上传至 Runway,会出现如图 11-129 所示的界面。上传完毕后,选中上传的图片并点击鼠标右键为图片命名,进而便于 Runway 进行角色识别(如图 11-130 所示)。

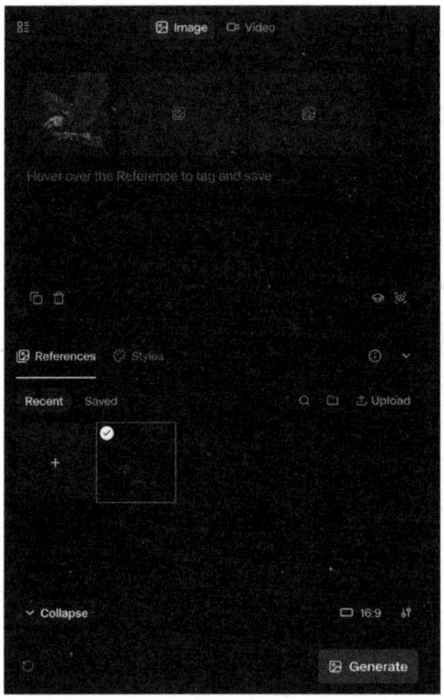

图 11-129　图片上传后的界面

图 11-130　图片命名

再次，Runway 目前最多支持上传 3 张图片。用户可以在第一张图片的位置上传角色形象，在第二张和第三张图片的位置上传角色所处的环境，比如，希望“精卫在海面之上飞翔”，则可以在第二张图片的位置上传一张惊涛骇浪的空镜头图片，同时在下方的提示词输入框中输入提示词以控制效果，推荐按照“Show me+ @（角色名称）+画面描述+镜头景别”的格式进行撰写（如图 11-131 所示）。

最后，如果用户不知该生成何种风格的图片，则可以点击“Styles”选项，根据 Runway 提供的风格参考进行选择，并勾选合适的图片比例（如图 11-132 所示）。

图 11-131　图片上传及提示词的撰写

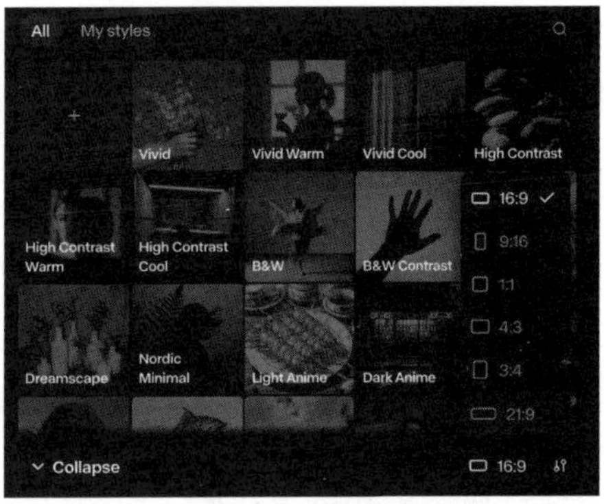

图 11-132　风格参考及图片比例选择

一切设置完毕后，点击“Generate”（生成）按钮。如果用户对图片效果不满意，则可点击“重新生成”按钮，直至选到满意的图片，点击“下载”按钮（如图 11-133 所示）。

图 11-133　重新生成及下载图片按钮

第四节　Sora 的界面认识与基础功能应用

2024 年 2 月 15 日,OpenAI 公司发布了人工智能文生视频大模型——Sora。因其迟迟未发布公测版本,用户只能通过官网发布的参考视频去想象其能力。2024 年 12 月 10 日,伴随着 OpenAI 公司正式推出 Sora Turbo(Sora 2.0),视频生成领域也真正迎来了类似 ChatGPT 的革命性时刻。Sora Turbo 拥有更高质量、更灵活的视频生成能力。

Sora 能够将简单的文本描述转化为连贯、逼真的视频内容,其技术支持文生视频、图生视频以及视频生视频,生成的视频时长最长可达 20 秒,最高画质为 1080p。在这里需要特别强调的一点是,Sora 目前支持直接输入中文提示词进行视频的生成,这给在视频中使用中文字幕或中文符号带来了极大的便利。

Sora 最为亮眼的功能是其故事板功能,它允许用户通过文本、图片或已有视频添加分镜头,这也意味着 Sora 成为最有希望打通 AI 生产流程壁垒的人工智能模型。影视创作者可以根据已有剧本迅速实现从文本到视频的转化,而其嵌入的融合(Remix)和重新剪辑 (Re-cut)功能也为影视创作者的创作提供了更大的自由。此外,其提供的多种风格模板和剪辑功能也增强了视频创作的灵活性。

Sora 的精准模拟能力和友好的用户界面,使得其在影视制作、广告、教育和娱乐等多个领域展现出较强的应用潜力,大大降低了视频制作的技术门槛,为创意人士提供了极大的创作自由度,释放出无限的创意潜能。Sora 的出现标志着人工智能在视频内容创作领域迈出了一大步,为未来的多媒体内容创作和交互体验开辟了新的可能性。

一、Sora 的界面

Sora 的界面相对简洁,我们可以将其分为三个部分——公共作品库、个人作品库和操作界面(如图 11-134 所示)。

图 11-134　Sora 的界面

（一）公共作品库

公共作品库部分共分为三个板块。

1.最近生成的视频（Recent）

该部分展示 Sora 用户最近运用 Sora 生成并上传的视频，其他用户可以在 Sora 界面观看这些作品并参考一些优秀作品的提示词，为以后的创作提供启示。

2.精选视频（Featured）

该部分为 Sora 官方精选的特色视频，也是初学者需要重点关注的部分。在这里用户可以通过观看他人制作的精品视频，学习背后的提示词和具体的操作方式。同时，用户还可以在他人的视频的基础上进行修改，生成属于自己的精品视频（如图 11-135 所示）。

图 11-135　精选作品中的提示词及重新操作界面

3.已保存的视频（Saved）

该部分为用户保存的精品视频。

（二）个人作品库

个人作品库部分也分为三个板块。

1.所有视频（All videos）

该部分为用户自己创作的所有视频，用户可以在该板块中查找自己创作的作品。

2.点赞收藏（Favourites）

该部分类似于抖音、快手软件的点赞或收藏界面，用于查看用户点赞收藏的视频。

3.上传（Uploads）

该部分用于上传用户自己的图片或视频，方便用户在后期图生图、图生视频中寻找素材。

二、Sora 的基础功能应用

Sora 的操作界面相对简洁，主要包含“图片及视频上传”“风格预设”“画面比例”“画面分辨率”“视频时长”“视频生成数量”“生成视频消耗点数”“故事板”等模块（如图 11-136 所示）。

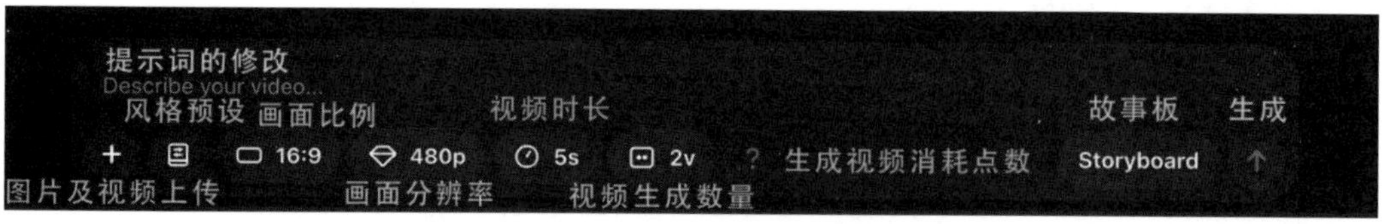

图 11-136　Sora 的操作界面

(一)图片及视频上传

该部分主要用于图生视频或者视频生视频时的参考图/视频上传,用户可以选择从本地文件上传或者从素材库(用户运用 Sora 生成的图片或视频,存储于个人作品库)中上传素材(如图 11-137 所示)。

图 11-137　图片及视频上传模块

(二)风格预设

这是 Sora 相对人性化的一点,用户可以基于需求选择想要的风格。选择完成后,Sora 将自动根据风格预设填充关键词,从而生成独具特色的视频。比如,当我们点击黑色电影(Film Noir)风格时,Sora 就会根据该风格预设生成相应的视频,相应界面及 Film Noir 风格下生成的效果图如图 11-138 所示。

图 11-138　“风格预设”模块以及“Film Noir”风格下生成的效果图

(三)画面比例

目前 Sora 能够提供 3 种画面比例模式——16 : 9、1 : 1 和 9 : 16,这也是目前影视行业相对常用的画面比例模式(如图 11-139 所示)。

(四)画面分辨率

Sora 目前最高支持 1080p 分辨率,而这也意味着 AI 视频不再为低画质所困扰,能够最大限度地满足专业化影视编辑的需求(如图 11-140 所示)。

图 11-139 Sora 支持的画面比例

图 11-140 Sora 支持的分辨率

(五)视频时长

目前 Sora 最长支持生成 20 秒的视频(如图 11-141 所示)。这也意味着用户选择镜头的余地更多,同时也可以运用"重新混合(Remix)""重新剪辑(Re-cut)""故事板(Storyboard)"等功能生成更为符合自身需求的视频。

(六)视频生成数量

目前 Sora 最多支持同时生成 4 个视频(如图 11-142 所示)。在这里,我们需要强调的是,同样的提示词生成的不同视频,并非简单的重复,而是不同角度的视频,用户可以用蒙太奇手法将其组成长视频。

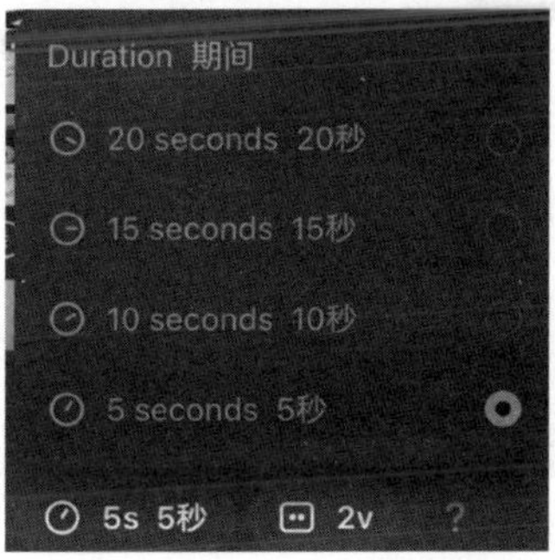

图 11-141 Sora 支持的视频时长

图 11-142 Sora 支持生成的视频数量

比如,用户输入提示词"A wide, serene shot of a family of wooly mammoths in an open desert(一个宁静而视野开阔的镜头:一片广阔的沙漠中,一群毛茸茸的猛犸象)",将得到 4 个视频(如图 11-143 所示)。

如果用户希望在其中某个视频的基础上进行深度编辑,则可以点开相对满意的视频进行编辑(如图 11-144 所示)。

图 11-143　同一提示词下生成的不同视频画面

图 11-144　视频深度编辑界面

下面我们针对几个重点功能进行详细论述。

1.场景融合(Remix)

该功能主要用于修改视频中的某个特定对象,对于已经生成的视频,用户可以通过提示语,让 Sora 将原有主体进行修改或替换,用户只需用自然语言描述想做的更改,Sora 便会自动完成替换。比如,要将猛犸象换成机器人,那么在生成猛犸象(如图 11-145所示)后,用户可以输入提示词“replace the wooly mammoths with robots”,然后设置融合强度,一般我们选择“Strong(强融合)”(如图 11-146 所示),融合后的画面如图 11-147 所示。

图 11-145　猛犸象效果图

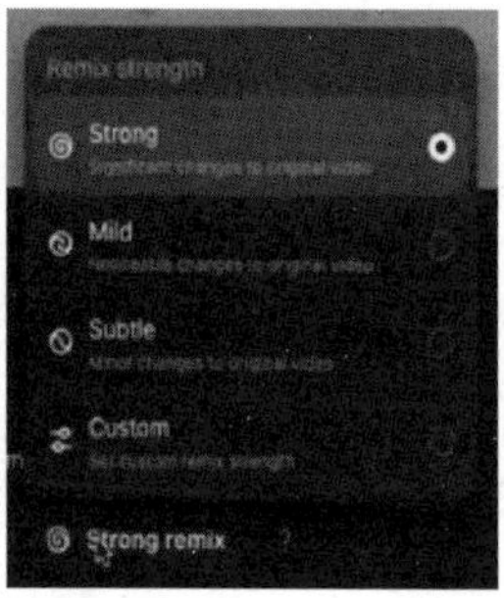

图 11-146　融合强度的选择

图 11-147　机器人效果图

2.融合多个视频(Blend)

该功能可以让两个视频的过渡更为平滑,用户可以利用该功能创作想象力更为丰富的创意视频。例如,如果想将蝴蝶和兰花融合,可以在把两个视频拖到一起后,点击“Blend”选项(如图 11-148 所示)。此时,两个视频的过渡部分会出现一条曲线,曲线的两端会有调节点,当我们往上拖动节点时,过渡时 Sora 则会更多地参考蝴蝶视频的特征;当我们往下拖动节点时,过渡时 Sora 则会更多地参考兰花视频的特征。

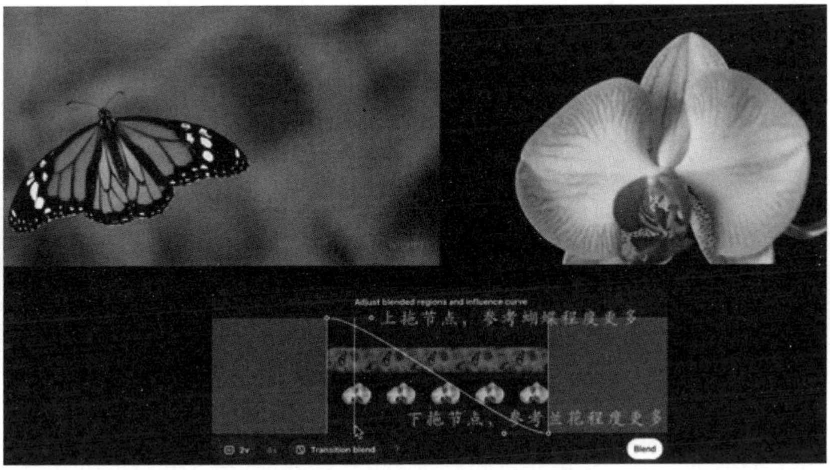

图 11-148　融合视频的操作

3.创建循环视频(Loop)

该功能可以帮助用户轻松创作出一个无限循环的创意视频。例如,如果想让绵羊跑圈,用户可以选取视频中的首尾帧(第一帧和最后一帧)之间的一段视频,选择循环过渡的时间,然后点击“Loop”选项,就可以生成完美的绵羊跑圈视频(如图 11-149 所示)。

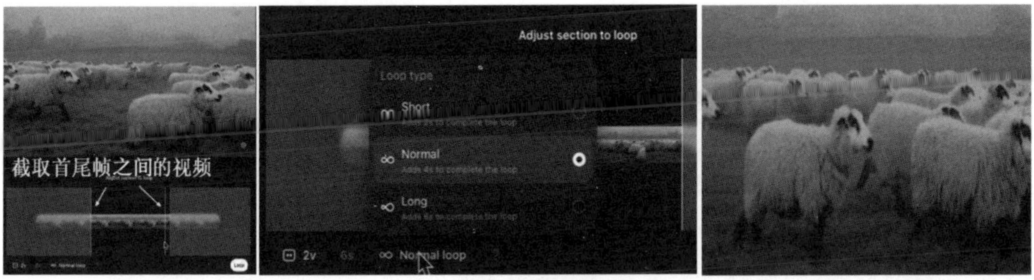

图 11-149　循环视频的生成

(七)生成视频消耗点数

因为目前 Sora 暂时没有提供免费版本,所以,无论根据提示词生成几个视频都需要消耗一定的积分点数。图 11-150 显示了 Sora 提供的生成视频服务所需消耗的积分数,以供参考,方便用户更合理地利用积分。

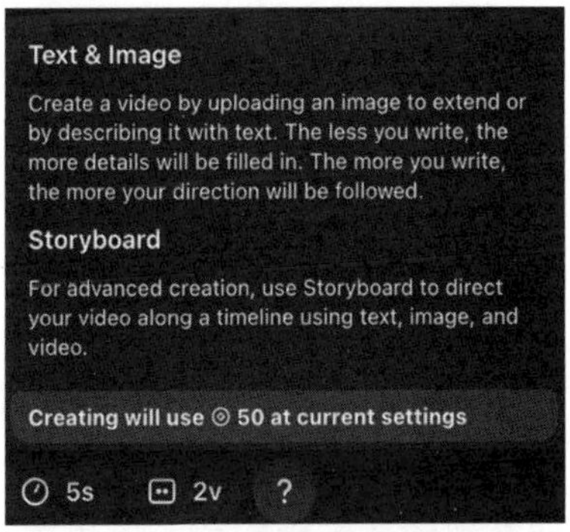

图 11-150　生成视频消耗点数说明

(八)故事板

该部分是 Sora 最具特色的部分。故事板是一个生成长视频的控制工具,用户还可以通过这个工具将多个视频组成一个有故事情节的长视频。用户可以点击 Sora 界面的“操作面板”右边的“Storyboard(故事板)”(如图 11-151 所示),进入如图11-152所示的故事板操作界面。

图 11-151 “故事板”选项

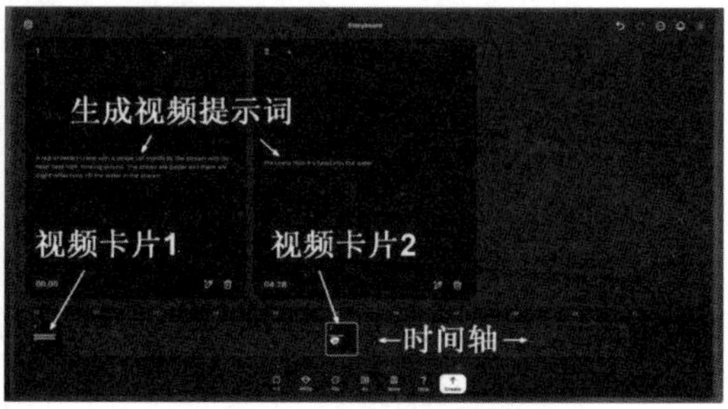

图 11-152 “故事板”操作界面

在故事板操作界面中,下侧是时间轴,上侧是视频卡片。用户可以在这个轴上设置多个视频卡片,Sora 会根据卡片生成多个同一主体且情节连贯的视频。例如,用户在第 0 秒输入“一只黄尾巴丹顶鹤在溪水边”,在第 5 秒输入“丹顶鹤将头埋入溪水”,Sora 就会自动生成符合这两张卡片描述的内容的视频(如图 11-153 所示)。这个功能类似于可灵 AI 和即梦 AI 的首尾帧功能,不过 Sora 是通过文字进行提示的,可灵 AI 和即梦 AI 是通过图片进行提示的。但注意要在两个卡点之间留出适当的时间,让 Sora 自动创建出符合物理运动规律的视频画面。

图 11-153 丹顶鹤喝水的效果图

总体而言,Sora 在产品形态上打造出视频创作完整的工作流,为我们提供了全新的视角,但目前 Sora 仍存在以下问题:

第一,稳定性问题。目前,Sora 生成的视频内容会高频出现逻辑不连贯或突兀切换的现象。

第二,理解能力不足。对于复杂或精确的提示词,Sora 的解析能力有限。

第三,风格化表现薄弱。在特定风格或定制化需求上,Sora 的生成效果可能偏离预期,暂时无法有效实现在商用场景中的个性化要求。

客观而言,在视频生成质量、功能独创性、技术复杂度等方面,Sora 的确超出了目前其他的文生视频产品。更为重要的是,Sora 提供了配套的视频编辑器,使生成内容的可控性大幅提升。因此,我们有理由相信,在不久的将来,随着技术的不断进步和用户反馈的积累,Sora 将解决现有的问题,进一步优化其算法,提高视频内容的连贯性和逻辑性。同时,通过增强对复杂提示词的理解能力,Sora 有望在风格化表现上取得突破,满足更多个性化和专业化的市场需求。此外,Sora 的视频编辑器也会不断升级,为用户提供更加直观和强大的编辑工具,从而在视频创作领域占据一席之地。

本章小结

本章探讨了 Kimi、Midjourney、Runway 等 AI 工具的界面设计、基本操作流程以及一些实用的实操技巧,同时,对 Adobe Premiere Pro 2023 和剪映中新增的 AI 功能进行了介绍。本章以 AI 短视频《精卫新篇:守护蔚蓝》为例,为初学者提供了实操思路和参考。初学者在探索 AI 工具时,应首先培养人机协同的意识,明确人的思想是核心,而 AI 工具仅作为辅助手段。其次,应重点掌握各类 AI 工具的基本操作,并学会如何利用它们实现更高效的工作流程。最后,将 AI 工具与传统影视编辑软件相结合,以期达到最佳创作效果。值得注意的是,Kimi、Midjourney、Runway 等 AI 工具的功能远不止本章所展示的这些,读者应在这些基础知识之上进行拓展,通过不断学习和实践,深入理解 AIGC 的生产模式,为未来的影视创作打下坚实的基础。

本章思考题

1.Kimi、Midjourney、Runway 分别适用于影视编辑的哪些环节?各 AI 工具的基本界面和基本功能分别是什么?

2.Kimi、Midjourney、Runway 等 AI 工具为用户提供了丰富的特效和特技,如何确保这些特效特技能够服务于故事的叙述,而不是单纯地为了炫技而使用特效特技?结合具体实例进行分析。

3.通过操作各 AI 工具,你如何理解 AIGC 这一生产模式?

本章实训题

1.以中国神话传说为素材来源,并将其与现代社会关注的重要议题相结合,创作完整的短视频脚本和成片。

要求:

(1)根据所选神话故事选择合适的现代议题,搜集相关资料。

(2)用 Kimi 辅助生成短视频脚本,用 Midjourney 辅助生成图片,用 Runway 辅助生成视频片段,以 Adobe Premiere Pro 2023 为剪辑软件。

(3)使用 Adobe Premiere Pro 2023 新增加的 AI 功能。

(4)将编辑完成的影片输出为 MP4 影片格式。

2.以"AI 校园"为主题,使用 AI 工具制作一部 3 分钟左右的短视频,使用 Adobe Premiere Pro 2023 进行后期编辑。

(1)选择你所在高校校园里的代表性建筑,生成 AI 形象。

(2)故事要求有趣味性、有创新性。

(3)使用 AI 工具进行全流程创作。

(4)最后运用 Adobe Premiere Pro 2023 进行剪辑,制作片头和片尾,输出成片。

参考文献

[1]郭绍义,杜利明.剪映:短视频剪辑从入门到精通[M].天津:天津科学技术出版社,2023.

[2]李杰,王路平.大模型时代的 AIGC 设计新范式[J].设计,2024(2).

[3]冯玉泉.AIGC 在工业设计上的应用与思考[J].包装工程,2024(8).

[4]张乐资,李雅筝,孔正毅.从 OGC 到 AIGC:媒体内容生产模式的变革与展望[J].传播与版权,2024(2).

[5]周宏伟,匡野,宋馨谷.智媒时代 AI 赋能互动叙事的传播策略探析[J].传媒,2024(2).

[6]齐雅文. 人工智能生成内容持续加速行业变革[N]. 中国新闻出版广电报,2024-01-30(8).

AI影像云赏

这近二十部在央视频、人民日报客户端、学习强国等主流媒体平台播出的AI短视频均由作者团队创作，内容涵盖AI+城市形象、AI+文博、AI+广告、AI+科普、AI+校园文化、AI+文旅、AI+传统文化、AI+企业宣传、AI+MV等。

扫码可观看

AI教学练助手

6个智能体加持，赋能教与学。学习助手可为学生梳理知识要点，帮助学生复习所学内容，随机出模拟自测题检验学生的学习效果，亦可协助学生进行影视创作；备课助手可帮助教师优化教学设计，辅助教师建立题库、撰写和调整教学大纲，批改学生的作业及自测内容，等等。

扫码可使用

拓展阅读

本书提供了“非线性编辑系统”“Final Cut Pro非线性编辑软件的应用”“大洋非线性编辑软件的应用”几方面的拓展阅读内容。

扫码可阅读

本书课件

本书提供全套教学课件，供老师们参考使用。

扫码可下载